TABLEAU DE LA NATURE

OUVRAGE ILLUSTRÉ A L'USAGE DE LA JEUNESSE

LA TERRE

AVANT LE DÉLUGE

IMPRIMERIE GÉNÉRALE DE CH. LAHURE
Rue de Fleurus, 9, à Paris

LA TERRE

AVANT

LE DÉLUGE

PAR LOUIS FIGUIER

ouvrage contenant

25 VUES IDÉALES DE PAYSAGES DE L'ANCIEN MONDE

DESSINÉES PAR RIOU

322 AUTRES FIGURES ET 8 CARTES GÉOLOGIQUES COLORIÉES

CINQUIÈME ÉDITION

PARIS

LIBRAIRIE DE L. HACHETTE ET Cie

BOULEVARD SAINT-GERMAIN, Nº 77

1866

Droit de traduction réservé

PRÉFACE.

Je vais soutenir une thèse étrange

Je vais prétendre que le premier livre à mettre entre les mains de l'enfance doit se rapporter à l'histoire naturelle ; et qu'au lieu d'appeler l'attention admirative des jeunes intelligences sur les fables de la Fontaine, les aventures du Chat botté, l'histoire de Peau d'âne, ou les amours de Vénus, il faut la diriger sur les spectacles naïfs et simples de la nature : la structure d'un arbre, la composition d'une fleur, les organes des animaux, la perfection des formes cristallines d'un minéral, l'arrangement intérieur des couches composant la terre que nous foulons sous nos pieds.

Bien des lecteurs vont se récrier à une proposition pareille. N'est-il pas évident, en effet, que les contes de fées, les fables, les légendes, la mythologie, ont toujours été le premier aliment intellectuel offert à l'enfance, le moyen naturel de l'amuser et de la distraire ?

Et, ajoutera-t-on, la société ne s'en porte pas plus mal !

C'est ici que je vous arrête.

Je pense, tout au contraire, que le mal de notre société peut, en partie, être attribué à cette cause. C'est parce qu'on l'a

1

nourrie du dangereux aliment du mensonge, que la génération actuelle renferme tant d'esprits faux, faibles et irrésolus,
prompts à la crédulité, enclins au mysticisme, prosélytes acquis
d'avance à toute conception chimérique, à tout extravagant
système.

Notre intelligence est à peine formée qu'on s'empresse de
la dénaturer et de l'abâtardir, en la traînant, dès ses premiers pas, dans les sentiers de la folie, de l'impossible et
de l'absurde. On écrase, pour ainsi dire, le bon sens dans
son œuf, en concentrant les idées de l'enfance sur des con-
ceptions mensongères et contraires à la raison ; en la faisant vivre dans ce monde fantastique où s'agitent pêle-mêle
les dieux, demi-dieux et quarts de dieux, ou héros du paganisme, mêlés aux fées, lutins, sylphes, follets, esprits bons
et mauvais, enchanteurs, magiciens, diables, diablotins et démons, sans paraître se douter des dangers que présente pour
une raison naissante la continuelle évocation de tant d'idées
subversives du sens commun. A une époque où l'intelligence
est comme une cire molle, qui prend et conserve les plus faibles impressions, lorsque, vierge encore de toute connaissance,
elle est avide d'en acquérir, on la fausse, on la brise, comme à
plaisir, et l'on s'étonne que cette intelligence, que cette cire
molle et docile, conserve plus tard la marque indélébile des
absurdités que l'on y a gravées.

Supposez qu'il se trouvât un peuple assez sage pour ne chercher que dans la contemplation raisonnée de la nature le moyen
de distraire et d'intéresser l'enfance ; une génération qui aurait
été ainsi dirigée de bonne heure vers l'examen et l'étude de la
création, qui aurait formé son jugement sur la vérité nue, sa
raison sur la logique infaillible de la nature, qui aurait appris
à comprendre et à bénir le Créateur dans son œuvre, n'assure-
rait-elle point à l'État des citoyens honnêtes, d'un esprit droit,

ferme et éclairé, pénétrés de leurs devoirs envers Dieu, leurs parents et la patrie !

Vivrais-je cent ans, je n'oublierai jamais l'affreuse confusion que laissa dans ma jeune tête la lecture de mon premier livre. C'était naturellement l'*Abrégé de la Mythologie*, et j'y trouvai les choses que vous savez : Le nommé Deucalion qui crée le genre humain en jetant des pierres par-dessus son épaule ; et de ces pierres il naît des hommes ; — Jupiter qui se fait fendre le crâne, pour en extraire Minerve, avec tous ses accessoires ; — Vénus qui naît un beau matin de l'écume de la mer ; — le vieux Saturne qui a la mauvaise habitude de dévorer ses enfants, et comment on trompa un jour la voracité paternelle en substituant une pierre au dernier-né ; — et cet Olympe si mêlé, où dieux et déesses commettaient chaque jour tant de vilaines actions. — Un cerveau de quatre ans est-il capable de résister à un tel renversement des plus simples notions du bon sens, et n'est-il pas déplorable d'entrer ainsi dans le paradis de l'intelligence par la porte de la folie?

Aux fantaisies vagabondes des légendes prétendues religieuses du paganisme, viennent s'ajouter le merveilleux et le fantastique des contes de Perrault, de Mme de Beaumont et *tutti quanti*. L'enfant apprend à lire dans un conte de fées, qui est, pour ainsi dire, le hochet de son intelligence à peine éclose. La bonne et la mauvaise fée, Urgèle et Carabosse, le magicien Rothomago et l'enchanteur Merlin, les palais dormants, les bottes de sept lieues, les hommes changés en souris, les souris changées en princes, les vieilles mendiantes qui, d'un coup de baguette, deviennent de jeunes princesses toutes ruisselantes de pierreries : voilà sur quelles belles pensées on exerce une imagination à son aurore. Sans compter les ombres chinoises, les escamotages et tours de gobelets, qui, chez Séraphin et Robert Houdin, épaississent encore autour d'un jeune cerveau cette atmosphère

abrutissante. Au milieu de ce débordement de folies, comment
un enfant pourrait-il sauvegarder la raison que la Providence
lui a départie? Hélas! il ne la sauve jamais tout entière; il y
laisse une bonne partie de son bon sens primitif, car l'amour
du merveilleux, qui malheureusement est inhérent à l'humanité, ainsi excité dès l'enfance, ne le quittera plus.

Déjà éveillé dès le berceau par les paroles et les chansons de
la nourrice, qui lui faisait peur de Croquemitaine et du Loup-
garou, qui ne savait le distraire qu'au spectacle des marion-
nettes, avec leur escorte obligée de diables et de démons; entretenu par la lecture habituelle des contes de fées et autres
histoires imaginaires, ou par l'interminable mythologie,
l'amour du merveilleux, c'est-à-dire de tout ce qui est opposé
et contraire à la raison, trouve de nouveaux aliments dans la
jeunesse. Le jeune homme ne recherche au théâtre que la féerie,
la diablerie, la fantasmagorie et l'allégorie. Et le théâtre ne lui
laisse que l'embarras du choix. Il lui sert le diable à toute
sauce : *Robert le Diable, le Diable à quatre, le Diable boiteux, le
Diable à Paris, le Diable à Séville, le Diable amoureux, les Diables
noirs, les Diables roses, le Diable d'argent, le Diable à l'école, le
Diable au moulin, les Cinq cents Diables, les Pilules du Diable, les
Bibelots du Diable, la Part du Diable, le Fils du Diable, la Fille du
Diable, le Démon de la nuit, le Démon du foyer, le Démon familier;*
j'en passe et des meilleurs. *Le Pied de Mouton, Rothomago, la
Poule aux œufs d'or, la Biche au Bois, Giselle, les Filles de l'Air, le
Fils de la Nuit, Robin des Bois ou les Trois balles enchantées, le Fil
de la Vierge, la Lampe merveilleuse, le Vampire, le Vaisseau fan-
tôme, l'Ange de minuit, Zémire et Azor ou la Belle et la Bête, la
Chatte merveilleuse,* autrement dit *le Chat botté,* et le cortége uniforme des revues-féeries de chaque année, entretiennent soi-
gneusement chez le jeune homme le culte, on dirait presque
la religion, des magiciens et des fées. Dans le roman, il voit

revivre les personnages qui ont occupé son enfance : Barbe-
bleue, l'Ogre, le marquis de Carabas ; il les retrouve dans
Monte-Cristo, *d'Artagnan* et tous les héros invaincus des romans
de cape et d'épée, types issus en droite ligne des contes de Perrault.

Ainsi, le merveilleux qui s'est emparé d'une âme à l'heure
trop accessible de son éveil, ne lâchera plus sa proie. Comment dès lors être surpris des vacillations de l'esprit public ?
Comment s'étonner de l'invasion alternative d'un fanatisme
ignorant ou d'un socialisme plein de menaces ? ou bien encore
de ces épidémies qui, sous le nom de *magnétisme animal*, de *tables
tournantes* et d'*esprits*, viennent nous ramener périodiquement
aux superstitions et aux pratiques du moyen âge ?

La proposition que nous voulons défendre était donc moins
paradoxale qu'elle ne le paraissait d'abord. Les contes et les
légendes que l'on donne en pâture à l'enfance sont dangereux,
parce qu'ils entretiennent et surexcitent cette inclination au
merveilleux qui n'est déjà que trop naturelle à l'esprit humain.
Les premiers livres donnés à l'enfance ne devraient tendre
qu'à fortifier, qu'à consolider sa jeune raison.

Mais, nous dira-t-on, vous voulez donc mutiler l'âme humaine, en la réduisant à la seule faculté de la raison, en reje-
tant de sa sphère l'imagination et l'idéal ? Vous supprimez ainsi
toute poésie et même toute littérature, car l'une et l'autre n'ont
d'autre fondement que le merveilleux, ou, pour mieux dire,
elles sont le merveilleux même. Une génération qui aurait été
élevée dans de tels principes, raisonnerait juste sans doute, et
son esprit serait bien meublé ; mais elle serait dépourvue de
tout idéal, destituée d'imagination, d'inspiration et de sentiment : ce serait une collection de *machines à calculer*. Or l'homme
doit entretenir dans son âme le sentiment à l'égal de la raison.
Il est bon qu'il apprenne à se rendre compte des phénomènes

matériels qui l'entourent et le pressent, mais il doit apprendre encore à aimer et à sentir. S'il doit cultiver son esprit, ne doit-il pas aussi former son cœur ?

Voilà une objection qui se présente naturellement à la pensée de chacun. Et voici notre réponse.

La faculté de l'imagination, qui permet d'idéaliser et d'abstraire, qui fait les poëtes, les inventeurs et les artistes, est inhérente à notre âme et ne périt qu'avec elle : c'est une partie intégrante de l'intelligence. Tout ce qui concourt à fortifier, à enrichir l'intelligence, à agrandir la sphère de son activité, tourne donc, ou doit tourner plus tard, au profit de l'imagination elle-même, qui n'est qu'une partie de ce tout. C'est pour cela qu'il faut de bonne heure remplir notre intelligence de notions exactes et rigoureuses, la nourrir de vérités incontestables, la préserver de toute stérile fiction, afin que, sainement et fortement constituée, elle puisse exercer dans toute sa liberté, à l'abri de toute entrave et de tout écart funeste, cette admirable faculté de l'imagination, mère de la poésie et des arts. Commencez par faire de solides esprits dès l'enfance, et vous ne manquerez jamais ni de poëtes ni d'artistes.

Ces notions rigoureuses, ces vérités incontestables, dont il importe de nourrir l'enfance et la jeunesse, sont-elles d'ailleurs difficiles à trouver ? Faut-il, pour les lui présenter, imposer à l'enfant une grande fatigue ? Il suffit de le prendre par la main, de le mener dans la campagne et de lui dire d'ouvrir les yeux. L'oiseau des bois, la fleur des champs, l'herbe de la prairie, le rossignol qui chante sur les derniers lilas, le papillon qui trace dans l'air son sillon de rubis et d'émeraudes, l'insecte qui tisse silencieusement, sous une feuille desséchée, son linceul temporaire, la rosée du matin, la pluie féconde, la brise attiédie qui caresse la vallée : voilà le théâtre varié de ses naïfs travaux, voilà son *plan d'études*.

Le sentiment d'une insatiable curiosité possède l'âme aux premiers temps de la vie : le besoin, le désir de savoir s'éveille avec la raison. Ce désir, naturel à tous les âges, est bien plus vif pendant la jeunesse. Vide alors de toutes connaissances, notre esprit est impatient d'en acquérir, et il se jette avec ardeur sur toutes les nouveautés qu'on lui présente. Il y aurait évidemment grand avantage à profiter de cette disposition pour infuser dans un jeune esprit des notions et des vérités utiles. Or l'étude de la nature répond parfaitement à cet objet. C'est un travail qui n'occasionne aucune fatigue, qui s'accompagne au contraire d'un véritable attrait, et qui est à la portée de tous, puisqu'il n'est point empêché par la différence des langues ou des nationalités.

En s'habituant à regarder, en cherchant à comprendre les spectacles grands et petits de la création, en lisant dans ce livre admirable de la nature, ouvert à tous les yeux et pourtant si peu lu, l'enfant ornera son esprit de connaissances usuelles et pratiques ; il apprendra à admirer dans ses merveilles, dans l'infiniment grand comme dans l'infiniment petit, le divin Auteur de toutes choses ; il mettra son âme en état de recevoir avec efficacité la fructueuse semence de la religion, de la science, de la philosophie et de la morale. Et, dernier avantage qui, pour être négatif, n'en a pas moins de prix à nos yeux, il écartera de son esprit le poison, c'est-à-dire les féeries, la mythologie, les légendes, et tout l'attirail suspect du merveilleux enfantin, qu'il vienne de Perrault et consorts, ou qu'il soit l'héritage du paganisme de l'antiquité.

Nous avons voué notre existence à la tâche, difficile sans doute, mais assurément féconde en douces satisfactions, de répandre dans la masse du public contemporain le goût des études scientifiques. Ce que nous avons fait jusqu'à ce jour pour les intelligences toutes formées, nous voulons le tenter maintenant pour les intelligences naissantes. Fortement pénétré des immenses avantages que présente dans le jeune âge l'étude ou le simple examen de la nature, et de la nécessité de mettre de très-bonne heure les esprits dans le chemin des vérités scientifiques, nous avons formé le projet de composer, pour l'instruction et la distraction de la jeunesse, un ensemble d'ouvrages didactiques sur l'histoire naturelle.

Nous donnons le titre général de *Tableau de la nature* à une série de livres élémentaires, que nous nous proposons de publier à la fin de chaque année, sur les différentes parties des sciences naturelles. Le mot de *tableau* est ici bien justifié, car il ne s'agit point de traités purement scientifiques, mais de vues rapides de la nature, accompagnées de représentations pittoresques destinées à mettre sous les yeux des jeunes lecteurs les principaux objets et les principales scènes du monde organisé.

Nous consacrerons deux volumes à la description de la terre. Dans le premier, que nous publions aujourd'hui sous ce titre : *La terre avant le déluge,* nous faisons connaître les états successifs par lesquels a passé notre globe pour arriver à sa forme, à son état actuel, et nous décrivons les différentes générations d'animaux et de plantes qui ont précédé la création contemporaine.

Le volume suivant : *La terre et les mers,* sera une sorte de géographie physique, contenant la description du globe actuel. Les volumes qui viendront après seront consacrés à l'étude des *Plantes,* des *Animaux* et de l'*Homme.* Dans un autre volume, qui aura pour titre : *le Monde invisible, ou les merveilles du microscope,* nous ferons connaître les organismes inférieurs, animaux et végétaux, qui échappent à la vue par leur petitesse, et qui ne peuvent s'étudier qu'avec le secours du grossissement optique.

COUPE IDÉALE DE L'ÉCORCE SOLIDE DU GLOBE TERRESTRE

Montrant la superposition et la disposition des terrains sédimentaires et éruptifs

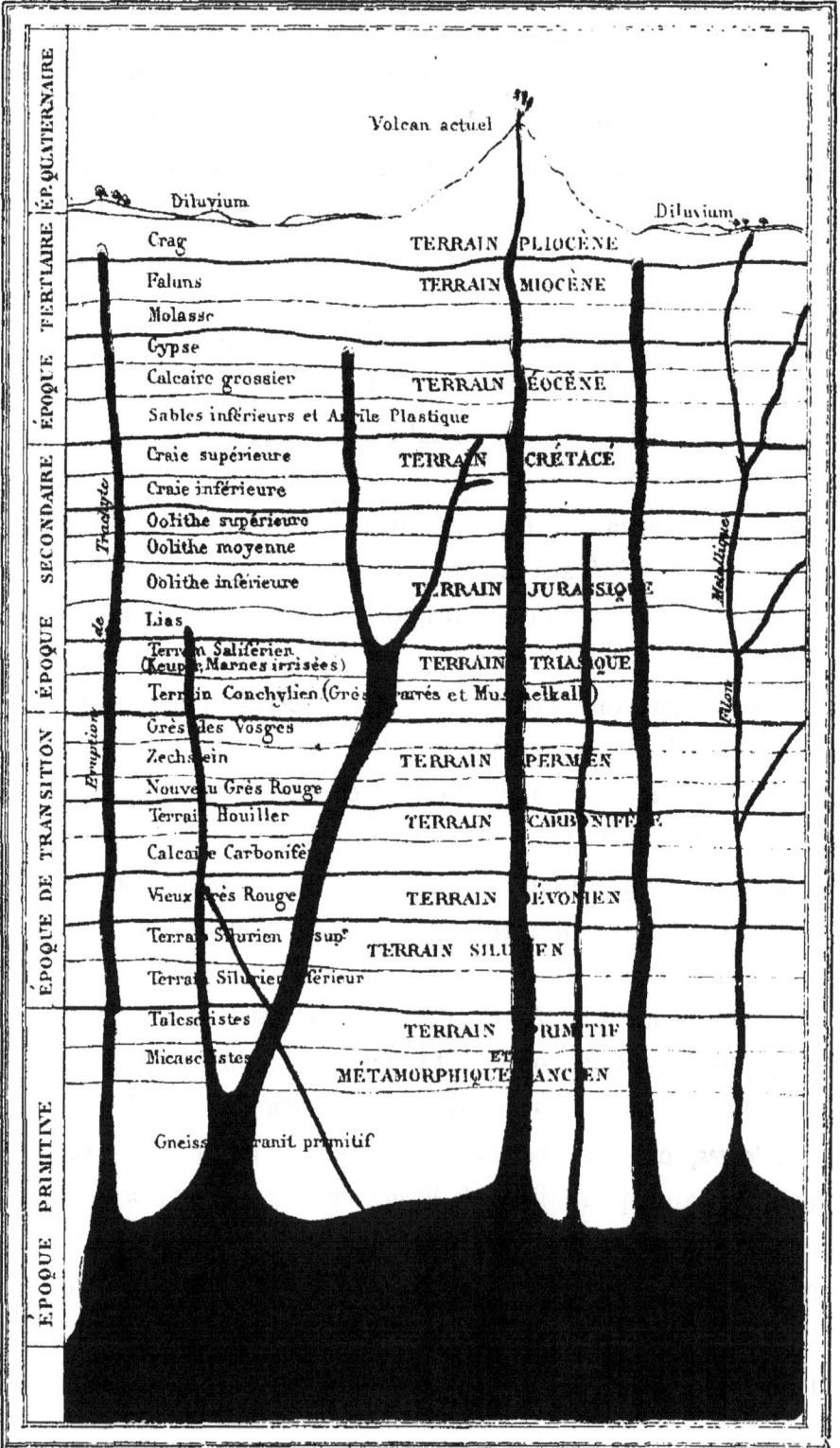

Volcan actuel

Diluvium

Diluvium

ÉP. QUATERNAIRE

Crag — TERRAIN PLIOCÈNE

Faluns — TERRAIN MIOCÈNE

Molasse

ÉPOQUE TERTIAIRE

Gypse

Calcaire grossier — TERRAIN ÉOCÈNE

Sables inférieurs et Argile Plastique

Craie supérieure — TERRAIN CRÉTACÉ

Craie inférieure

Oolithe supérieure

Oolithe moyenne

Oolithe inférieure — TERRAIN JURASSIQUE

Lias

ÉPOQUE SECONDAIRE

Terrain Saliférien (Keuper, Marnes irrisées) — TERRAIN TRIASIQUE

Terrain Conchylien (Grès bigarrés et Muschelkalk)

Grès des Vosges

Zechstein — TERRAIN PERMIEN

Nouveau Grès Rouge

Terrain Houiller — TERRAIN CARBONIFÈRE

Calcaire Carbonifère

Vieux Grès Rouge — TERRAIN DÉVONIEN

Terrain Silurien supᵉ — TERRAIN SILURIEN

Terrain Silurien inférieur

ÉPOQUE DE TRANSITION

Talcschistes — TERRAIN PRIMITIF

Micaschistes — ET MÉTAMORPHIQUE ANCIEN

Gneiss et Granit primitif

ÉPOQUE PRIMITIVE

Trachyte de — Éruption —

Métallique — Filon

Dressé par Vuillemin.

Un volume spécial, ayant pour titre *le Ciel*, sera consacré à fixer la situation qu'occupe notre planète dans le monde solaire, et à décrire l'ensemble des astres qui brillent à nos yeux dans la sérénité des nuits.

Il est un recueil qui a fait l'admiration et le bonheur de nos aïeux : c'est le *Spectacle de la nature*, de l'abbé Pluche. Composé par un homme de goût, qui était en même temps bon naturaliste, réunissant la solidité du fond scientifique à l'agrément littéraire, le *Spectacle de la nature*, qui forme huit volumes in-18, n'a pas cessé d'être réimprimé pendant tout le dix-huitième siècle. La génération actuelle ignore jusqu'au nom de cet ouvrage, qui ne se trouve plus que dans les vieilles bibliothèques de campagne ; mais la longue faveur dont il a joui pendant le dernier siècle, prouve que, même à cette époque où les sciences étaient encore si peu comprises, si peu recherchées du vulgaire, il répondait à un besoin réel, et qu'un recueil qui présente avec simplicité à la jeunesse toutes les branches des sciences naturelles, est appelé à rendre de grands services dans l'éducation.

Selon le goût du dix-huitième siècle, le *Spectacle de la nature* est composé de dialogues ou d'entretiens, système d'exposition que Fontenelle avait mis à la mode. Nous n'avons pas hésité à rejeter cette forme surannée, qui a le tort, selon nous, d'être un continuel obstacle à la clarté du style. La fiction qui consiste à introduire sur la scène divers personnages, et à mettre dans leur bouche la description des phénomènes scientifiques, nous a toujours paru fausse, puérile et allant directement contre le but à atteindre. Rien, selon nous, ne doit se jeter à la traverse de la démonstration ou du développement d'un fait naturel, sur lequel il importe de maintenir l'attention du lecteur, sans cesse dirigée, et d'où la détournent, sans aucun profit, tous ces vains artifices. Au milieu des continuelles interruptions, réflexions et questions du *chevalier*, du *comte* et du *prieur*, je perds trop souvent, mon cher abbé, le fil de vos savantes descriptions.

C'est pourquoi nous ne conseillons à personne de ressusciter ce genre vieilli. Nous pourrions, en effet, citer plus d'un ouvrage récent de science populaire composé selon ce système, et dont la lecture est mille fois plus obscure et plus fatigante que si l'auteur se fût borné à exposer sans prétention des faits en eux-mêmes fort simples. « Vous voulez, Acis, dit la Bruyère, me dire qu'il fait froid; que ne disiez-vous : Il fait froid? Vous voulez m'apprendre qu'il pleut ou qu'il neige; dites : Il pleut, il neige.... Est-ce un grand mal d'être entendu quand on parle, et de parler comme tout le monde? » Vous voulez me parler de physiologie; parlez-moi donc de physiologie. Est-il donc nécessaire de compliquer la difficulté de la science par l'emploi d'une fiction gratuite dont personne n'est la dupe, qui fatigue l'esprit du lecteur, et obscurcit les questions au lieu d'en simplifier l'exposé?

Le style grave et précis du professeur dans ses cours, ou, comme on le disait au dernier siècle, le ton de la conversation entre honnêtes gens, voilà, selon nous, ce qui convient le mieux aux ouvrages destinés à populariser les sciences. Chercher constamment la clarté par la simplicité du discours, la justesse de l'expression, l'enchaînement logique, la succession graduelle et bien calculée des notions et des pensées, telle est, selon nous, la poétique à suivre dans l'exposition familière des faits scientifiques.

Un mot sur ce premier volume du *Tableau de la nature.*

Dans *la Terre avant le déluge,* nous nous proposons d'exposer les diverses transformations que la terre a subies pour arriver à son état actuel, de décrire sa structure intérieure, et de faire revivre les diverses générations d'animaux et de plantes qui ont habité notre planète avant la création de l'homme et des animaux contemporains.

A l'exemple de Buffon dans ses *Époques de la nature,* et conformément à une division adoptée dans plusieurs traités de géologie, nous partageons en *époques* l'incommensurable intervalle de temps qui s'est écoulé depuis la création primitive de la terre jusqu'à nos jours. Ces *époques* se subdivisent elles-mêmes en *périodes,* dont nous avons fixé les caractères et les limites d'après les notions scientifiques les plus récentes et les plus rigoureuses. Nous donnons la description des terrains correspondant à ces périodes géologiques, et nous décrivons les êtres organisés qui ont vécu pendant chacune de ces périodes.

De toutes les sciences la géologie est une des plus utiles ; elle vient, dans l'ordre d'importance, après l'astronomie. Quoi de plus nécessaire à l'homme que de connaître la terre, son domaine et son séjour pendant cette vie, d'expliquer le mode d'arrangement des couches profondes et le relief apparent du sol? L'agriculture, l'industrie, les voyages ont, à chaque instant besoin de ces données. D'un autre côté, rien ne frappe plus vivement notre esprit, rien n'éveille autant de réflexions et n'ouvre à la pensée des horizons aussi étendus, que l'idée de l'existence, antérieure à la nôtre, d'un grand nombre d'animaux et de plantes aujourd'hui anéantis, et qui, par l'étonnante grandeur de leurs dimensions, l'étrangeté de leurs formes, font un complet contraste avec la création actuelle. Nous donnerons, sous ce rapport, c'est-à-dire pour la description des êtres antédiluviens, ample satisfaction à la curiosité du lecteur.

Pour faire bien saisir le caractère de la vie animale et végétale pendant chaque période de l'histoire de la terre, il fallait parler aux yeux. Imitant en cela une intéressante publication faite il y a quinze ans en Allemagne, par M. Unger, directeur du Jardin botanique de Vienne, nous avons fait exécuter des dessins de paysages représentant des vues de la terre pendant chaque période géologique, c'est-à-dire réunissant les plantes et les animaux qui sont propres à cette période. Les restes organiques maintenant ensevelis sous d'énormes épaisseurs de roches, nous les rassemblons dans une page idéale; nous les rangeons à la place que leur assigne la chronologie géologique, pour faire bien saisir les caractères de la vie aux diverses phases de l'évolution de la terre.

Nous accompagnons ces *vues idéales des paysages de l'ancien monde* de l'image des principaux êtres fossiles qui appartiennent à chaque période. La parfaite exactitude et la valeur scientifique de ces dernières figures paraîtront suffisamment établies, quand nous dirons qu'elles sont empruntées au *Cours élémentaire de paléontologie et de géologie stratigraphiques* de M. Alcide d'Orbigny. Ce savant paléontologiste les fit exécuter sous ses yeux, pour accompagner ce *Cours*. MM. Victor Masson et fils, propriétaires de cet ouvrage et de ces figures, ont bien voulu nous en céder les clichés.

Il nous a paru intéressant de donner une application des

faits développés dans ce livre en montrant, au moyen de quatre cartes coloriées, la formation successive des terrains de cette partie de l'Europe qui devait un jour s'appeler la France.

En outre de ces cartes, en quelque sorte historiques, nous donnons les *cartes géologiques de la France et de l'Europe actuelles*, dressées toutes les deux d'après les meilleurs documents scientifiques, et qui seront d'un grand secours pour le jeune naturaliste.

Le tableau colorié placé au frontispice de l'ouvrage présente la classification des terrains sédimentaires et éruptifs; il fait saisir d'un coup d'œil l'étendue de chaque époque et de chaque période géologique: c'est un résumé synoptique de la partie stratigraphique de l'ouvrage.

L'étude de la géologie a paru longtemps suspecte pour l'instruction de la jeunesse, et nous pourrions même citer un grand pays de l'Europe dans lequel l'enseignement public de cette science a été interdit comme antireligieux. Ces appréhensions étaient peut-être légitimes alors que régnait et dominait dans la géologie cette idée, reconnue maintenant erronée, des révolutions générales et des cataclysmes continuels du globe; alors que pour expliquer la disparition des espèces organiques on se croyait obligé d'invoquer, conformément à l'opinion de Cuvier, une révolution, un bouleversement, un cataclysme à chaque période. On sait aujourd'hui à quoi s'en tenir sur ce système d'explication. Sans doute notre globe a été le théâtre de fréquentes catastrophes: d'immenses déchirures ont éventré son écorce solide, et des éruptions, de nature diverse, se sont fait jour à travers ces abîmes; ces grands mouvements ont ébranlé le sol, noyé des continents, creusé des vallées profondes et fait surgir de hautes montagnes. Mais tous ces phénomènes, malgré leur puissance et leur redoutable intensité, ne pouvaient s'étendre au globe tout entier, pour y détruire tous les êtres vivants.

Leur action était nécessairement locale. Si donc les espèces organisées diffèrent d'une période à celle qui suit, ce n'est point parce qu'une révolution générale du globe est venue détruire une génération vivante, pour édifier sur ses ruines une génération nouvelle. On a infiniment trop abusé, de nos jours, de cette idée des révolutions générales du globe qui auraient moissonné un grand nombre de fois tous les êtres vivants. Cette pensée est en opposition avec les faits ; elle est contredite par la régularité habituelle des assises qui renferment les différentes espèces de fossiles, et par le fait de la persistance de beaucoup d'espèces à travers une longue série d'étages de terrains. Il y aurait donc danger à l'admettre et à la propager dans un ouvrage de science populaire. Non, Dieu n'a pas créé des espèces organiques pour détruire chaque fois, et de ses propres mains, son ouvrage. Ce serait mal juger la majesté de ses desseins, ce serait mal apprécier la grandeur de ses vues dans l'ordonnance de la nature et dans le plan de son œuvre admirable, que de les subordonner à ces alternatives continuelles, à ces pas en avant et en arrière. Les espèces organiques sont mortes tout naturellement, de leur belle mort, comme on le dit en termes vulgaires. Les races doivent mourir, comme doivent mourir les individus. Le Maître souverain qui a créé les animaux et les plantes, a voulu que la durée de l'existence des espèces à la surface de la terre fût limitée, comme est limitée la vie de chaque individu. Il n'a pas eu besoin, pour les faire disparaître, de soulever les éléments, d'appeler à son aide les feux réunis de la terre et des cieux. C'est d'après un plan émané de sa toute-puissance et de sa sagesse que les races qui ont vécu un certain temps sur le globe, ont fait place à d'autres, et souvent à des races perfectionnées.

Cette idée des bouleversements incessants de la surface de la terre, qui auraient périodiquement détruit les êtres organisés, idée contraire à ce qui nous est révélé dans la *Genèse*, est donc aujourd'hui effacée de la science.

Un autre accord important de la géologie et de la révélation biblique a été mis hors de doute par des travaux de date récente : nous voulons parler de la question de l'existence de la race humaine à l'époque du grand déluge de l'Asie occidentale. On a cru longtemps pouvoir battre en brèche le récit de Moïse concernant le *déluge de Noé*, en alléguant que l'homme n'est apparu sur la terre qu'après le grand ébranlement géologique qui produisit l'inondation des contrées situées au pied de la longue chaîne du Caucase. Les découvertes récentes de divers géologues, et surtout de MM. Boucher de Perthes, Lartet, Lyell, ont mis complétement hors de doute l'existence de l'homme à cette époque, prouvé que la terre était habitée avant le déluge asiatique par la race humaine, et justifié de cette manière le récit de l'historien sacré.

La géologie est donc loin de porter atteinte à la religion chrétienne, et l'antagonisme qui pouvait exister autrefois ici a fait place au plus heureux accord. Rien n'est plus propre que l'étude de la géologie à mettre en évidence l'éternité et l'unité divines. Elle nous montre, pour ainsi dire en action, la puissance créatrice de Dieu. Nous voyons l'œuvre sublime de la création se perfectionner sans cesse entre les mains de son divin Auteur. Au sinistre chaos succède un globe encore incandescent, qui se modèle en formes régulières, et se refroidit assez pour donner accès à la vie organique. Nous le voyons s'épurer, se perfectionner sans cesse. Sa brûlante surface, d'abord rugueuse et nue, se couvre peu à peu et se décore d'arbustes et de forêts; les continents et les mers prennent leurs limites définitives ; les fleuves et les rivières coulent entre des rives tranquilles, et la terre revêt enfin son aspect actuel de magnificence et de tranquillité. Nous assistons, d'autre part, aux débuts et aux perfectionnements continuels de l'organisation animale. Aux premiers êtres, imparfaits et chétifs, qui apparurent sur les rivages brûlants et dans les eaux, encore chaudes, des mers primitives, succèdent des êtres nouveaux, jusqu'à ce que Dieu fasse sortir de ses mains créatrices son dernier ouvrage, l'homme, orné de cet attribut suprême de l'intelligence, par lequel il domine toute la nature et la soumet à ses lois.

Ainsi, rien ne fait mieux pénétrer dans l'esprit de la jeunesse la pensée de l'unité de Dieu et de sa toute-puissance que l'étude de l'évolution successive de notre globe, et celle des générations vivantes qui ont précédé et préparé la venue de l'homme. L'œuvre fait adorer l'Ouvrier. C'est aussi pour cela que nous avons tenu à placer en tête du *Tableau de la nature* l'histoire de la terre primitive et de ses habitants.

AVERTISSEMENT

POUR LA CINQUIÈME ÉDITION.

Trente mille exemplaires de cet ouvrage vendus en trois ans établissent suffisamment la faveur avec laquelle a été accueillie *la Terre avant le déluge*. Pour un livre de science populaire, ce succès est sans précédent en France. Nous avions donc bien préjugé des sentiments du public en émettant le vœu que les ouvrages destinés à la jeunesse fussent désormais empruntés, non aux dangereuses fictions des contes et des légendes, mais aux enseignements utiles de la science et de la vérité.

Jaloux de répondre à cette bienveillance excessive, l'auteur n'a rien négligé pour augmenter la valeur scientifique de son livre. Il l'a soumis aux naturalistes les plus compétents de Paris et de la province, en sollicitant leurs critiques ; et il doit le dire, il a été touché de l'empressement avec lequel cette demande de concours a été reçue. Nos géologues ont accueilli avec une sorte de reconnaissance le premier ouvrage sérieux publié en France pour populariser la géologie. Le considérant comme une œuvre nationale, ils ont voulu contribuer à son perfectionnement.

C'est avec la plus vive effusion que l'auteur remercie les naturalistes qui ont bien voulu lui prêter, dans cette circonstance, le précieux secours de leurs lumières, et contribuer ainsi à faire de *la Terre avant le déluge* le tableau exact, quoique sommaire, de l'état présent de la géologie.

Nous devons une reconnaissance toute particulière à M. d'Archiac (de l'Institut), professeur de paléontologie au Muséum d'histoire naturelle de Paris. L'illustre auteur de l'*Histoire des progrès de la géologie* a pris la peine de revoir, avec un soin minutieux,

2

notre œuvre dans son entier. Grâce à ses conseils, nous avons pu rapporter à la véritable date de leur existence un grand nombre d'espèces fossiles, bien limiter les étages principaux de chaque terrain, mettre, en un mot, cet ouvrage en rapport avec l'état actuel de la science, tout en donnant à son ensemble plus de simplicité et d'harmonie.

M. Fournet, professeur de minéralogie à la Faculté des sciences de Lyon, et M. Raulin, professeur de géologie à la Faculté des sciences de Bordeaux, ont bien voulu également revoir toutes les parties de cet ouvrage, tant pour la stratigraphie et les fossiles caractéristiques de chaque étage, que pour la partie minéralogique.

M. Édouard Collomb, dont tout le monde connaît les belles recherches concernant les glaciers, a fait, pour notre livre, un travail original dont tous les géologues reconnaîtront l'utilité. Il a composé la *Carte de l'extension des anciens glaciers pendant l'époque quaternaire*, qui figure dans cette édition. Comme la question des glaciers et de leur rôle dans l'histoire ancienne de notre globe a pris, depuis plusieurs années, une très-grande importance, comme elle tend à transformer beaucoup de théories géologiques, on comprendra le service que doit rendre, pour préciser les faits et fixer les idées, une carte qui résume, d'après les travaux les mieux autorisés, les véritables limites des anciens glaciers, et met sous les yeux, selon leur distribution géographique, les faits controversés.

M. Eugène Deslongchamps, préparateur de géologie à la Faculté des sciences de Paris, nous a prêté, avec beaucoup de zèle, le concours de ses connaissances. C'est à lui que nous devons l'indication, qui accompagne chaque figure de fossile, de sa grandeur réelle, élément dont l'utilité se comprend sans peine. L'indication de l'échelle étant presque toujours négligée dans les ouvrages de géologie, le lecteur ou l'élève reçoit souvent les plus fausses notions de la grandeur des objets dans la nature; il peut considérer comme égaux en dimensions à une Ammonite des Foraminifères que le dessinateur a dû grossir cinq à six fois; il peut croire le Ptérodactyle aussi grand que l'Ichthyosaure, etc. Ces erreurs seront impossibles avec l'indication de la dimension réelle des objets fossiles que nous avons introduite dans cette édition.

La botanique fossile avait été négligée dans les deux premières éditions de *la Terre avant le déluge*, comme elle l'est d'ailleurs dans tous les ouvrages de géologie élémentaire, vu l'état peu avancé de nos connaissances dans ce genre de faits. Grâce au concours de M. Eugène Deslongchamps, les végétaux propres à chaque période géologique sont présentés, dans cette troisième édition, sous un jour nouveau. Nous donnons l'image restaurée des grands végétaux fossiles, le *Lepidodendron*, le *Calamites*, la *Fougère*, le *Sphenophyllum*, le *Voltzia*, le *Banksia*, etc., comme nous avions présenté, dans la première édition, l'image restaurée des animaux antédiluviens.

M. Delesse, ingénieur des mines, professeur de géologie à l'École normale, a bien voulu nous aider de ses conseils pour la rédaction du chapitre du *Métamorphisme des roches*, que nous avons ajouté à celui des *Roches éruptives*, pour donner une idée de l'état actuel de la science sur ce sujet nouveau, qui doit tant aux recherches et aux études de MM. Delesse et Daubrée.

M. Bayle, professeur de géologie à l'École des ponts et chaussées, nous a été du plus grand secours lorsque, dans la première édition de cet ouvrage, nous avons eu à composer ces *Vues idéales de la terre* pendant les diverses périodes géologiques, qui ont été si bien accueillies du public.

Ces savants ne sont pas les seuls qui aient bien voulu nous éclairer de leurs bienveillantes remarques. Qu'il nous soit permis de citer encore, au même titre, les noms de MM. Lecoq, professeur à la Faculté des sciences de Clermont-Ferrand, dont la *Géographie botanique* nous a été d'un grand secours pour décrire l'état de la végétation du monde ancien pendant ses différentes périodes; — Leymerie, professeur de minéralogie à la Faculté des sciences de Toulouse; — Albert Gaudry; — Hébert, professeur de géologie à la Faculté des sciences de Paris; — de M. le professeur Ch. Martins, de Montpellier; — enfin du savant bibliothécaire du Muséum, M. Desnoyers, dont nous avons mis tant de fois à l'épreuve l'inépuisable obligeance pour tous les ouvrages que nous avons eu à consulter dans le riche trésor confié à sa garde.

Ainsi étendue et complétée, ainsi améliorée par le concours de divers naturalistes dont le nom fait autorité en Europe, *la Terre avant le déluge*, l'auteur l'espère du moins, répondra aux deux objets suivants :

1° Présenter aux gens du monde les principes fondamentaux, les données essentielles de la géologie et de la paléontologie; faire connaître l'origine, les diverses évolutions et transformations de notre globe, et donner l'idée exacte des différents êtres organisés qui ont précédé sur la terre l'homme et la création contemporaine.

2° Servir d'*Introduction à l'étude de la géologie* pour les élèves de nos Facultés des sciences, des écoles industrielles et agricoles et des classes supérieures des lycées.

La géologie est exposée dans cet ouvrage d'après les travaux les plus récents et conformément aux principes professés dans les cours de l'Université. C'est un résumé de l'état actuel de cette science, présenté selon l'esprit d'éclectisme qui réunit aujourd'hui dans une sage synthèse des systèmes autrefois ennemis. L'auteur croit donc pouvoir demander au corps enseignant son appui pour faire de *la Terre avant le déluge*, l'*Introduction*, à la fois populaire et classique, *à l'étude de la géologie*.

LA TERRE

AVANT LE DÉLUGE.

CONSIDÉRATIONS GÉNÉRALES.

L'observateur dont le regard embrasse une riche et fertile
plaine arrosée par des rivières et des cours d'eau qui suivent,
depuis une longue série de siècles, la même route uniforme et
tranquille ; — le voyageur qui contemple une grande cité, dont
la fondation première se perd dans la nuit des temps, et qui
témoigne ainsi de l'invariabilité des choses et des lieux ; — le
naturaliste qui parcourt dans tous les sens une montagne ou
un site agreste, et qui retrouve en leurs mêmes places et en
leur même état les reliefs et les accidents du sol dont les plus
anciennes traditions historiques ont conservé le souvenir, —
ne peuvent croire que de graves bouleversements aient jamais
altéré la surface de notre globe. Mais la terre n'a pas toujours
présenté l'aspect de calme et de stabilité qu'elle offre aujour-
d'hui à nos regards. Enfoncez-vous dans les profondeurs du
sol, par exemple dans une de ces excavations immenses que
l'intrépidité du mineur a creusées pour l'exploitation des gisements de houille ou des filons métalliques, et un grand nombre
de phénomènes, portant avec eux leur conclusion nécessaire,
frapperont votre esprit. Une élévation notable de température
se manifestera dans ces lieux souterrains : si vous avez eu la

précaution de vous munir d'un thermomètre, il vous sera facile de constater que la température de la terre s'élève de 1^0
environ à chaque 33 mètres de profondeur au-dessous de son
niveau. Si vous examinez les parois verticales de la tranchée
qui forme le puits de la mine, vous les verrez formées d'une
série de couches, quelquefois horizontales, mais plus souvent
obliques, redressées, ou même plissées et comme retournées
sur elles-mêmes. Vous verrez des couches horizontales et
parallèles subitement traversées par l'éruption, droite ou
oblique, d'une veine de terrain de tout autre nature et d'un
aspect différent. Ces ondulations et l'inclinaison des couches
terreuses en plusieurs sens montrent bien qu'une cause puissante, une violente action mécanique, a dû intervenir pour les
produire. Enfin, si vous examinez avec plus d'attention encore
l'intérieur des couches; si, armé de la pioche du mineur, vous
attaquez et creusez la terre qui vous environne, il ne sera pas
impossible que ce premier effort accompli dans la voie et dans
les travaux ordinaires du géologue soit récompensé par la découverte de quelque fossile. Les débris des plantes et des animaux appartenant aux premiers âges du monde sont, en effet,
assez communs; des montagnes entières en sont formées, et
dans certaines localités on ne peut creuser le sol, à une certaine profondeur, sans en retirer des fragments d'os et de coquilles, ou des empreintes de végétaux fossiles, restes ensevelis
des créations éteintes.

Ces ossements, ces débris animaux ou végétaux que la pioche
de notre nouveau géologue a arrachés aux profondeurs du sol,
appartiennent à des *espèces organiques* aujourd'hui disparues;
on ne peut, en effet, les rapporter à aucun des animaux, à
aucune des plantes qui vivent de nos jours. Mais, évidemment,
ces êtres dont on trouve les débris maintenant ensevelis à de
grandes profondeurs, n'ont pas toujours occupé cette place; ils
ont vécu à la surface de la terre, comme les plantes et les animaux que nous y voyons de nos jours, dont ils avaient toute
l'organisation. La couche dans laquelle ils reposent aujourd'hui
formait donc autrefois la surface, le relief du sol, et la seule
présence de ces ossements, de ces plantes fossiles, prouve que
la terre a subi diverses mutations en des temps reculés.

La *géologie* nous explique les transformations diverses qu'a éprouvées la terre pour arriver de son état primitif à sa situation présente. On détermine, avec son secours, l'époque à laquelle appartiennent des couches quelconques de terrain, et celles qui leur sont superposées. De toutes les sciences, la géologie est la plus récente ; ce n'est qu'au commencement de notre siècle qu'elle s'est constituée d'une manière positive. C'est aussi, de toutes les sciences modernes, celle qui se modifie de la manière la plus profonde et la plus rapide. On comprend, en effet, que, reposant uniquement sur l'observation, elle doive se transformer en partie à mesure que les faits sont mieux constatés, les observations rectifiées ou étendues.

La géologie, dont les applications sont nombreuses et variées, projette dans une foule d'autres sciences ses utiles clartés. Nous ne lui demanderons ici que les renseignements qui servent à expliquer l'origine de notre globe, la formation progressive des différentes couches et veines minérales qui le composent, enfin la description et la restauration des espèces animales et végétales aujourd'hui disparues, et qui formaient, selon le langage des naturalistes, la *Flore* et la *Faune* de l'ancien monde.

Pour expliquer l'origine de la terre et la cause de ses mutations diverses, les géologues modernes invoquent deux ordres de faits ou de considérations fondamentales :

1° La considération des fossiles ;

2° L'hypothèse de l'incandescence des parties centrales du globe ; et, comme corollaire de la précédente, l'hypothèse des *soulèvements* de la croûte du globe, soulèvements ayant produit des révolutions locales. Ces soulèvements ont eu pour résultat de superposer des matériaux nouveaux sur les terrains antérieurs, d'introduire des roches anormales, dites *éruptives*, enfin de faire réagir ces roches éruptives sur les dépôts précédents, de façon à les dénaturer de diverses manières. De là dérive une troisième classe de roches, dites *métamorphiques*, dont la connaissance est de date toute récente.

Fossiles. — On donne le nom de *fossile* à tout corps ou vestige de corps organisé, animal ou végétal, enfoui naturellement dans les couches terrestres et n'appartenant à aucune des espèces qui vivent de nos jours. Ces corps fossiles n'ont ni l'éclat ni la grâce de la plupart des êtres vivants : mutilés, décolorés, souvent informes, ils semblent se dérober aux regards du savant qui les interroge avec patience ou génie, et qui cherche à reconstruire, à leur aide, la Faune et la Flore des âges passés.

Ces restes des créations primitives ont été longtemps considérés et c'assés scientifiquement comme des *jeux de la nature*. C'est ainsi qu'on les trouve appréciés et désignés dans les ouvrages des philosophes de l'antiquité qui ont écrit sur l'histoire naturelle, et dans les rares traités d'histoire naturelle que le moyen âge nous a légués.

Les ossements fossiles, particulièrement ceux d'Éléphants, ont été connus dans l'antiquité, et ont donné lieu, tant chez les anciens que chez les modernes, à toutes sortes de légendes ou d'histoires fabuleuses. La tradition qui faisait attribuer à Achille, à Ajax et à d'autres héros de la guerre de Troie, une taille de 20 pieds, se rattachait sans doute à la découverte d'ossements d'Éléphants. Du temps de Périclès, on assurait, en effet, avoir trouvé dans le tombeau d'Ajax une rotule de ce héros troyen, qui était de la grandeur d'une assiette : ce n'était probablement que la rotule d'un Éléphant fossile.

Notre grand artiste Bernard Palissy eut la gloire de reconnaître et de proclamer le premier la véritable provenance des débris fossiles qui se rencontrent en si grand nombre dans certains terrains, en particulier dans ceux de la Touraine, qui avaient fait l'objet particulier de ses observations. Bernard Palissy soutint, en 1580, dans son ouvrage sur les *Eaux et fontaines*, que les *pierres figurées*, comme on appelait alors les fossiles animaux ou végétaux, étaient des restes d'êtres organisés qui s'étaient déposés autrefois, et conservés au fond des mers, dans les lieux mêmes où on les retrouve [1].

---

1. L'existence de coquilles marines sur le sommet des montagnes avait déjà frappé l'esprit des anciens. Témoin ces vers d'Ovide dans le livre XV des *Métamorphoses* :

> . . . . *Vidi factas ex æquore terras*
> *Et procul a pelago conchæ jacuere marinæ,*
> *Et vetus inventa est in montibus anchora summis.*

« J'ai vu des terres formées aux dépens de la mer, et des coquilles marines gisant loin de l'Océan; bien plus, une ancre antique a été trouvée au sommet d'une montagne. »

Le géologue danois Stenon, qui publia ses principaux ouvrages en Italie, au milieu du dix-septième siècle, fit des études approfondies sur les coquilles fossiles qui avaient été découvertes dans les terrains de l'Italie. Le peintre italien Scilla fit paraître, en 1670, un traité latin sur les fossiles de la Calabre, dans lequel il établit la nature organique des coquilles fossiles.

Au dix-huitième siècle, qui a vu naître les deux théories contradictoires de l'origine ignée, ou *plutonienne*, de notre globe, et de son origine aqueuse, ou *neptunienne*, les géologues italiens donnèrent une sérieuse impulsion à l'étude des êtres fossiles. Il faut citer ici les noms de Vallisneri [1], à qui la science doit les premières études sur les dépôts marins de l'Italie et sur les débris organiques les plus caractéristiques qu'ils renferment ; — de Lazzaro Moro [2], qui continua les études de Vallisneri ; — du moine Gemerelli, qui réduisit en un système scientifique complet les idées de ces deux derniers géologues, et qui s'efforça d'expliquer tous les phénomènes, comme le voulait Vallisneri, « *sans violence, sans fictions, sans hypothèses, sans miracles ;* » — de Marselli et de Donati, qui étudièrent d'une manière très-scientifique les coquilles fossiles de l'Italie, en particulier celles de l'Adriatique, et qui reconnurent qu'elles affectaient dans leurs gisements un ordre de superposition régulier et constant [3].

En France, notre immortel Buffon donna, par ses éloquents écrits, une grande popularité aux idées des naturalistes italiens concernant l'origine des débris organiques fossiles. Dans ses admirables *Époques de la nature*, cet immortel écrivain cherche à établir que les coquilles que l'on trouve en grande quantité enfouies dans le sol, et jusque sur le sommet des montagnes, appartiennent bien réellement à des espèces autres que celles de nos jours. Mais cette idée était trop nouvelle pour ne pas trouver de contradicteurs ; elle compta parmi ses adversaires le hardi philosophe qui aurait dû l'adopter avec le plus d'ardeur :

---

1. *Dei corpi marini Lettere antiche*, etc. , 1721.
2. *Sui crostaccei ed altri corpi marini che sè trovano sui monti*, 1740.
3. Consultez pour l'histoire des travaux relatifs aux êtres fossiles pendant les deux derniers siècles : Lyell, *Principes de géologie*, in-18, t. I, pages 56-112, et le *Cours de paléontologie* de M. d'Archiac, in-8°, t. I, Paris, 1862.

Voltaire accabla de ses lazzis et de ses mordantes critiques la doctrine scientifique de l'illustre novateur. Buffon insistait, avec raison, sur l'existence des coquilles sur le sommet des Alpes, pour prouver que les mers avaient autrefois occupé cet emplacement. Voltaire prétendit que les coquilles trouvées dans les Alpes et les Apennins avaient été jetées là par des pèlerins à leur retour de Rome[1]. Buffon aurait pu répliquer à son antagoniste en lui montrant des montagnes entières formées par l'accumulation de ces coquilles ; il aurait pu le renvoyer aux Pyrénées, où les coquilles d'origine marine occupent d'immenses espaces, jusqu'à 2000 mètres de hauteur ; mais comme son génie se prêtait mal à la polémique, il ne sut que s'emporter contre son contradicteur. Le philosophe de Ferney jugea bon d'arrêter là une discussion où il n'aurait pas eu le beau rôle : « Je ne veux pas, écrivit-il, me brouiller avec M. de Buffon pour des coquilles. »

Il appartenait au génie de George Cuvier de retirer de l'étude des fossiles les plus admirables conséquences. C'est par l'étude de ces débris que s'est constituée, de nos jours, la géologie positive, puissamment aidée d'ailleurs par la minéralogie, science dont on fait aujourd'hui trop souvent abstraction.

Cuvier admet que c'est aux fossiles qu'est due la naissance de la théorie concernant la formation de la terre :

« C'est aux fossiles, dit ce grand naturaliste, qu'est due la naissance de la théorie de la terre. Sans eux l'on n'aurait peut-être jamais songé qu'il y ait eu dans la formation du globe des époques successives et une série d'opérations différentes. Eux seuls, en effet, donnent la certitude que le globe n'a pas toujours eu la même enveloppe, par la certitude où l'on est qu'ils ont dû vivre à la surface avant d'être ainsi ensevelis dans la profondeur. Ce n'est que par analogie que l'on a étendu aux terrains primitifs la conclusion que les fossiles fournissent directement pour les terrains secondaires ; et s'il n'y avait que des terrains sans fossiles, personne ne pourrait soutenir que ces terrains n'ont pas été formés tous ensemble[2]. »

Écoutons Cuvier exposant l'immense problème dont il s'était

---

1. *Physique* de Voltaire, tome I, chap. xv (des *Singularités de la nature*) ; tome XIX, pages 369 et suivantes de l'édition de Lefèvre. Paris, 1818.

2. *Ossements fossiles* (in-4°). *Discours sur les révolutions du globe*, tome I, page 29.

proposé la solution, et nous racontant ensuite comment il procéda pour reconstruire les squelettes des animaux antédiluviens, en particulier ceux qui remplissaient les plâtrières de Montmartre. C'est, en effet, sur les ossements de Mammifères retirés de la colline de Montmartre, aux portes de Paris, qu'ont porté presque toutes les études paléontologiques de notre immortel naturaliste. La méthode suivie par Cuvier pour la reconstruction et la restauration des animaux fossiles trouvés dans les terrains tertiaires de Montmartre a servi de modèle aux autres naturalistes, qui, après lui, ont appliqué les mêmes procédés à l'examen des ossements fossiles découverts dans d'autres terrains et dans diverses parties de l'Europe.

« Dans mon ouvrage sur les *Ossements fossiles*, dit Cuvier, je me suis proposé de reconnaître à quels animaux appartiennent les débris osseux dont les couches superficielles du globe sont remplies. C'était chercher à parcourir une route où l'on n'avait encore hasardé que quelques pas. Antiquaire d'une nouvelle espèce, il me fallut apprendre à la fois à restaurer ces monuments des révolutions passées et à en déchiffrer le sens ; j'eus à recueillir et à rapprocher dans leur ordre primitif les fragments dont ils se composaient, à reconstruire les êtres antiques auxquels ces fragments appartenaient, à les reproduire avec leurs proportions et leurs caractères, à les comparer enfin à ceux qui vivent aujourd'hui à la surface du globe : art presque inconnu, et qui supposait une science à peine effleurée auparavant, celle des lois qui président aux coexistences des formes des diverses parties dans les êtres organisés. Je dus donc me préparer à ces recherches par des recherches bien plus longues sur les animaux existants ; une revue presque générale de la création actuelle pouvait seule donner un caractère de démonstration à mes résultats sur cette création ancienne, mais elle devait en même temps me donner un grand ensemble de règles et de rapports non moins démontrés, et le règne entier des animaux ne pouvait manquer de se trouver en quelque sorte soumis à des lois nouvelles, à l'occasion de cet essai sur une petite partie de la théorie de la terre [1]. »

. . . .

« Lorsque la vue de quelques ossements m'inspira, il y a plus de vingt ans, l'idée d'appliquer la règle générale de l'anatomie comparée à la reconstitution et à la dénomination des espèces fossiles ; lorsque je commençai à m'apercevoir que ces espèces n'étaient point toutes parfaitement représentées par celles de nos jours qui leur ressemblaient le plus, je ne me doutais pas encore que je marchasse sur un sol rempli de dépouilles plus extraordinaires que toutes celles que j'avais vues jus-

1. *Ossements fossiles*, tome I, *Discours sur les révolutions du globe*, pages 1-2 (in-4°).

que-là, ni que je fusse destiné à reproduire à la lumière des genres entiers inconnus au monde actuel, et ensevelis depuis des temps incalculables à de grandes profondeurs.

« Je n'avais encore donné aucune attention aux notices publiées dans quelques recueils, sur ces os de nos environs, par des naturalistes qui n'avaient pas la prétention d'en reconnaître les espèces. C'est à M. Vaurin que j'ai dû les premières indications de ces os dont nos plâtrières fourmillent. Quelques échantillons qu'il m'apporta un jour m'ayant frappé d'étonnement, je m'informai, avec tout l'intérêt que pouvaient m'inspirer les découvertes que je pressentis à l'instant, des personnes aux cabinets desquelles cet industrieux et zélé collecteur en avait fourni précédemment. Accueilli par tous ces amateurs avec la politesse qui caractérise dans notre siècle les hommes éclairés, ce que je trouvai dans leurs collections ne fit que confirmer mes espérances et exalter de plus en plus ma curiosité. Faisant chercher dès lors de ces ossements, avec le plus grand soin, dans toutes les carrières, offrant aux ouvriers des récompenses propres à éveiller leur attention, j'en recueillis, à mon tour, un nombre supérieur à tout ce que l'on avait possédé avant moi, et, après quelques années, je me vis assez riche pour n'avoir presque rien à désirer du côté des matériaux.

« Mais il n'en était pas de même pour leur arrangement, et pour la reconstruction des squelettes qui pouvait seule me conduire à une idée juste des espèces.

« Dès les premiers moments, je m'étais aperçu qu'il y avait plusieurs de celles-ci dans nos plâtres ; bientôt après je vis qu'elles appartenaient à plusieurs genres, et que les espèces des genres différents étaient de même grandeur entre elles, en sorte que la grandeur pouvait plutôt m'égarer que m'aider. J'étais dans le cas d'un homme à qui l'on aurait donné pêle-mêle les débris mutilés et incomplets de quelques centaines de squelettes appartenant à vingt sortes d'animaux ; il fallait que chaque os allât retrouver celui auquel il devait tenir ; c'était presque une résurrection en petit, et je n'avais pas à ma disposition la trompette toute-puissante ; mais les lois immuables prescrites aux êtres vivants y suppléèrent, et, à la voix de l'anatomie comparée, chaque os, chaque portion d'os reprit sa place. Je n'ai point d'expressions pour peindre le plaisir que j'éprouvais en voyant, à mesure que je découvrais un caractère, toutes les conséquences plus ou moins prévues de ce caractère se développer successivement : les pieds se trouver conformes à ce qu'avaient annoncé les dents ; les dents à ce qu'annonçaient les pieds ; les os des jambes, des cuisses, tous ceux qui devaient réunir ces deux parties extrêmes, se trouver conformés comme on pouvait le juger d'avance ; en un mot, chacune de ces espèces renaître, pour ainsi dire, d'un seul de ses éléments.

« Ceux qui auront la patience de me suivre dans les mémoires qui composent cette partie, pourront se faire une idée des sensations que j'ai éprouvées en restaurant ainsi, par degrés, ces antiques monuments d'épouvantables révolutions. J'y présente une partie de mes recherches dans l'ordre ou plutôt dans le désordre où je les ai faites, et selon que les faits nécessaires au complément de mes genres se sont offerts successivement[1]. »

Donnons ici quelques indications générales sur les êtres fossiles, en considérant surtout les animaux.

Un certain nombre d'êtres fossiles appartiennent à des espèces semblables à celles qui vivent de nos jours, mais la plupart sont des espèces qui ont tout à fait disparu de la surface du globe. Ces espèces fossiles peuvent constituer des familles naturelles dont aucun des genres n'a survécu : telle est la famille des *Ptérodactyles* (fig. 1) parmi les reptiles, celle des *Ammonites* (fig. 2) parmi les mollusques, celle des *Ichthyosaures*

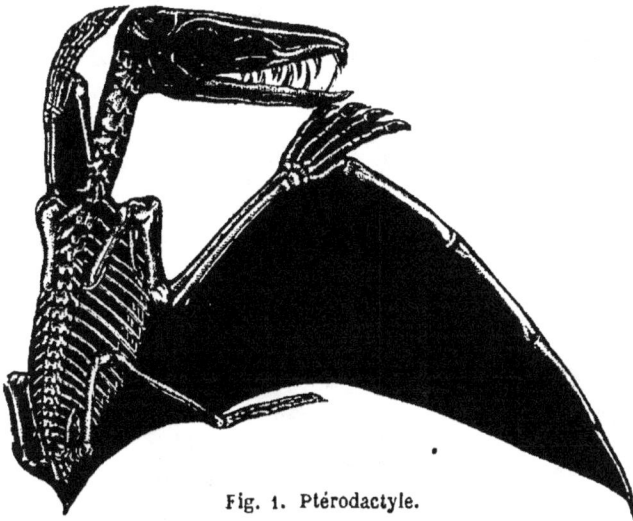

Fig. 1. Ptérodactyle.

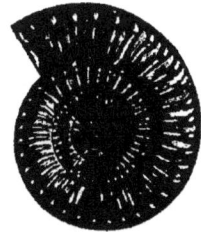

Fig. 2. Ammonite.

(fig. 3) et des *Plésiosaures* (fig. 4) parmi les reptiles. D'autres fois, ce sont seulement des genres perdus appartenant à des familles dont quelques genres sont encore vivants, comme le genre *Palæoniscus* (fig. 5) parmi les poissons, etc. Enfin, on rencontre aussi des espèces perdues appartenant à des genres de la Faune actuelle. Le *Mammouth*, par exemple (fig. 6), est une espèce perdue du genre Éléphant.

Les fossiles sont terrestres, comme le *Cerf à bois gigantesque* (fig. 7), *Limaçon* ou *Helix* (fig. 8); fluviatiles ou lacustres, comme le *Planorbe*, la *Limnée* (fig. 9), la *Physe* (fig. 10), l'*Unio*

1. *Ossements fossiles*, tome IV (in-4°), page 32.

Fig 3. Ichthyosaure.

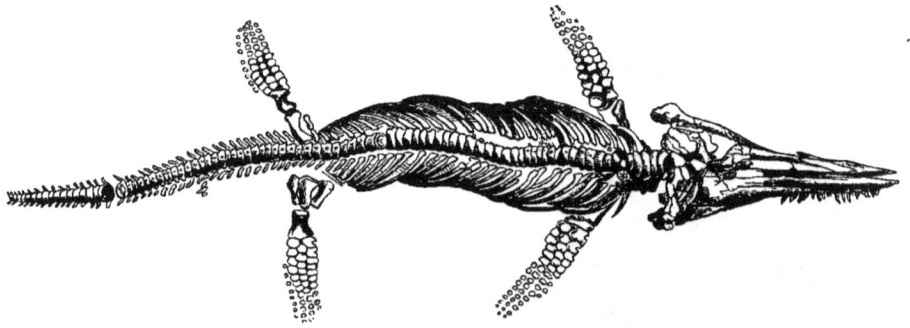

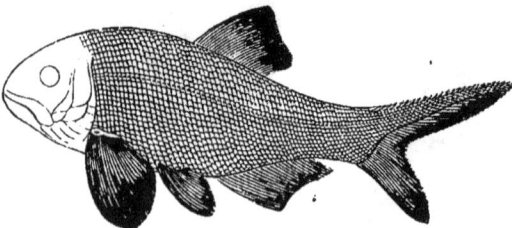

Fig. 5. Palæoniscus

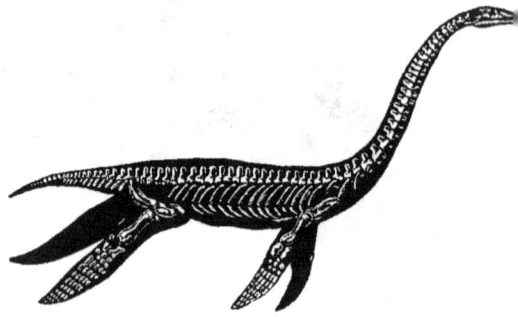

Fig. 4. Plésiosaure.

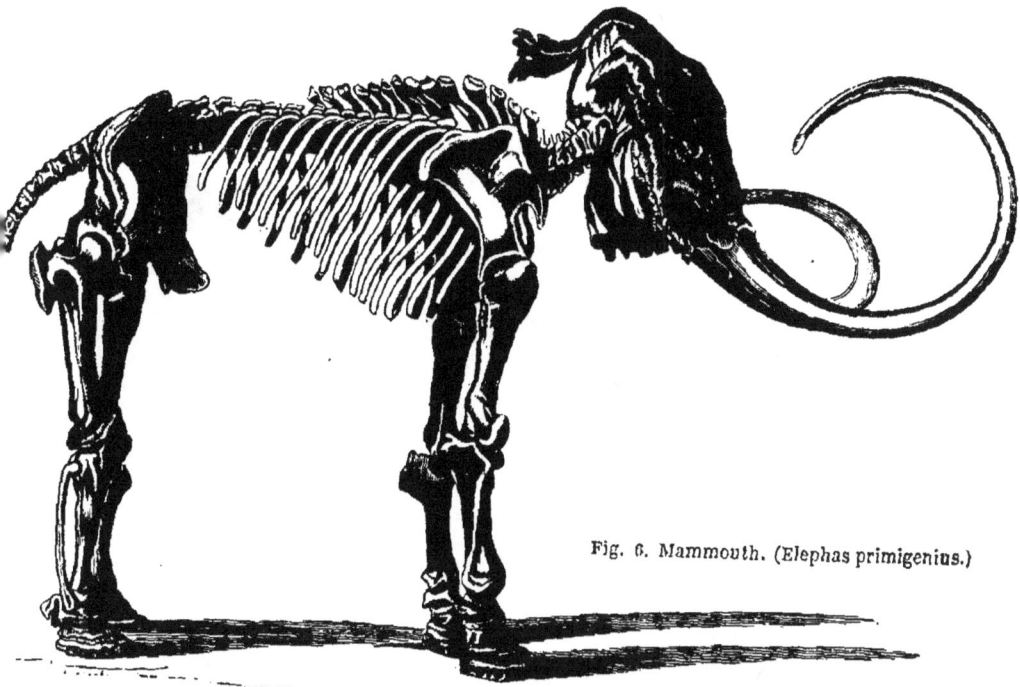

Fig. 6. Mammouth. (Elephas primigenius.)

Fig. 7.
Cervus megaceros.

E. SALLE.

(fig. 11); marins, lorsqu'ils ont dû habiter exclusivement la mer, comme les *Cypræa* (fig. 12), les huîtres (*Ostrea*) (fig. 13).

Fig. 8.
Helix hemispherica.

Fig. 9.
Lymnea
pyramidalis.

Fig. 10.
Physa
columnaris.

Fig. 11.
Unio waldensis.

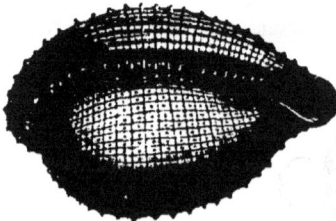

Fig. 12.
Cypræa elegans.

Fig. 13.
Ostrea virgula.

Tantôt les fossiles sont conservés en nature ou très-légèrement modifiés : tels sont les ossements que l'on extrait des cavernes les plus modernes; tels sont encore les insectes que l'on trouve si admirablement enchâssés dans des résines fossiles qui les ont préservés de la putréfaction, et certains mollusques des terrains récents et même de terrains anciens comme les terrains jurassique et crétacé, qui ont gardé les couleurs et l'état nacré de leur coquille [1]. Tantôt ces débris sont altérés, la matière organique ayant disparu en totalité ou en partie; tantôt enfin, mais c'est le cas le plus rare, ils sont *pétrifiés*,

1. A Trouville (*assise Kimméridgienne*) on trouve, dans les argiles et les marnes, de magnifiques Ammonites, toutes éclatantes des couleurs de la nacre. Dans l'argile du gault (terrain crétacé), et surtout à Machéroménil, on trouve des Ancyloceras et des Hamites, encore revêtues d'une nacre à reflets bleus, verts et rouges, d'un effet admirable. A Glos, près Lisieux (*Coral-rag*) non-seulement les Ammonites, mais les Trigonias et les Avicules ont conservé leur nacre brillante.

c'est-à-dire que, la forme extérieure étant conservée, les éléments organiques primitifs ont disparu et sont remplacés par des substances minérales étrangères, par de la silice ou du carbonate de chaux.

La géologie a su tirer aussi un parti très-important de certains débris fossiles dont la véritable nature a été longtemps méconnue, et qui ont donné lieu à de nombreux travaux, suivis de longues discussions; nous voulons parler des *coprolithes* [1].

Comme leur nom l'indique, les *coprolithes* (fig. 14) sont les excréments pétrifiés des grands animaux fossiles. L'étude de ces singuliers débris a beaucoup éclairé la connaissance des mœurs et de l'organisation physiologique des grands animaux antédiluviens. Leur examen a fait reconnaître des écailles de poissons, des dents, etc.,

Fig. 14.
Coprolithe de poisson.

qui ont permis de déterminer de quelles espèces se nourrissaient les animaux de l'ancien monde. Prenons un exemple. Les coprolithes du grand reptile marin qui porte le nom d'*Ichthyosaure*, contiennent des os d'autres animaux, en même temps que des vertèbres ou des phalanges d'Ichthyosaure. Cet animal se nourrissait donc habituellement de la chair de ceux de son espèce, comme le font de nos jours presque tous les poissons et surtout les poissons voraces.

Les empreintes laissées sur l'argile ou le sable que le temps a durci et transformé en grès, fournissent au géologue une autre source de précieuses indications. Les reptiles de l'ancien monde, en particulier les Tortues, ont laissé sur des sables que le temps a changés en blocs pierreux, des empreintes qui représentent le moule exact du pied de ces animaux. Ces empreintes ont quelquefois suffi aux naturalistes pour reconnaître à quelle espèce appartenait l'animal qui les imprima sur l'argile humide. Les figures 15 et 16 représentent. des empreintes de ce genre. La première contient des traces, ou *pistes*, sur lesquelles nous aurons à revenir plus loin; la seconde nous offre les traces de pas du grand reptile connu sous le nom de *Labyrinthodon* ou *Cheirotherium*, pour rappeler

1. Du grec κόπρος, excrément, et λίθος, pierre.

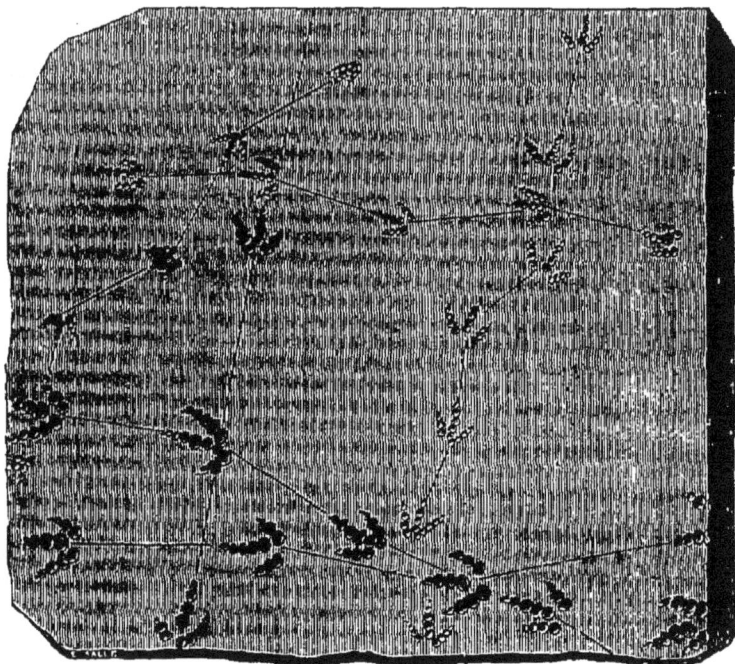

Fig. 15. Empreintes de pas d'animaux fossiles.

Fig. 16. Empreintes de pas de Cheirotherium, ou Labyrinthodon.

que les pattes de cet animal ressemblaient un peu aux mains de l'homme.

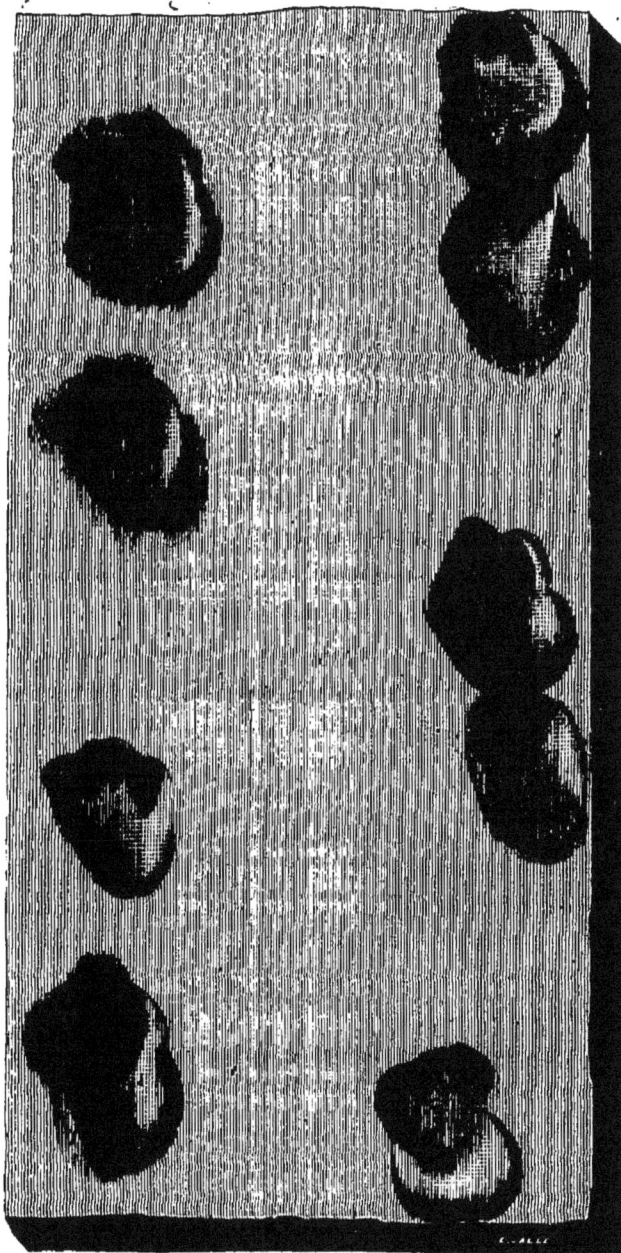

Fig. 17. Empreintes de pas de Tortue fossile.

La figure 17 reproduit l'empreinte laissée sur les grès du comté de Dumfries (Écosse) par des Tortues fossiles.

Qu'il nous soit permis d'émettre à ce sujet une courte réflexion. C'est en vain que l'historien ou l'antiquaire parcourent aujourd'hui les champs de bataille grecs ou romains, pour y retrouver les traces de ces conquérants dont les armées ravagèrent le monde : le temps, qui a renversé les monuments de leurs victoires, a aussi effacé l'empreinte de leurs pas; et de tant de millions d'hommes dont les envahissements semèrent la désolation sur l'Europe, il ne reste pas même l'empreinte d'un seul pied. Au contraire, les reptiles qui rampaient, il y a des milliers de siècles, à la surface de notre planète encore dans l'enfance, ont imprimé sur le sol le souvenir indélébile de leur passage. Annibal et ses légions, les Barbares et leurs hordes sauvages, ont passé sur la terre sans y laisser subsister une marque matérielle, et la pauvre Tortue qui se traînait sur les rivages silencieux des mers primitives, a légué à la postérité savante l'image et l'empreinte d'une partie de son corps. Ces empreintes, nous les apercevons aussi distinctement sur le roc que les traces que laisse après lui, sous nos yeux, l'animal qui marche sur le sable humide, ou qui traverse la neige récemment tombée. Quelles graves réflexions éveille en nous la seule vue de ces blocs d'argile durcie qui reportent notre pensée aux premiers âges du monde; et combien les découvertes de nos archéologues, qui s'extasient devant quelque poterie grecque ou étrusque, doivent nous sembler mesquines à côté de ces véritables antiquités de la terre!

Les paléontologistes [1] tiennent aussi très-soigneusement compte des sortes de moules que les corps organisés ont laissés quelquefois dans les fins sédiments qui sont venus les envelopper après leur mort. Beaucoup d'être animés n'ont pas laissé leurs propres débris en nature, mais on trouve leurs empreintes parfaitement conservées sur des grès, sur des calcaires, sur des argiles ou des marnes, sur des houilles; et ces moules suffisent pour faire discerner l'espèce à laquelle appartenaient ces êtres vivants.

Nous étonnerons sans doute nos lecteurs en leur disant que

---

1. La *paléontologie*, comme l'indique son nom, tiré du grec (παλαιός, ancien, ὄντος, être, λόγος, dissertation ou discours), est la science qui s'occupe de l'étude des êtres animés qui ont anciennement vécu sur notre globe.

l'on possède l'empreinte de certaines gouttes de pluie tombées sur le sol de l'ancien monde. Les empreintes de ces
gouttes de pluie faites sur les sables s'y sont conservées par la
dessiccation, et ces mêmes sables s'étant transformés plus tard

Fig. 18. Empreintes de gouttes de pluie fossiles trouvées aux États-Unis, d'après
l'*Iconographs from the sandstone of Connecticut river*, par M. J. Deane, ouvrage
publié à Boston en 1861.

en grès solides et cohérents, ces impressions se sont ainsi maintenues jusqu'à nos jours. La figure 18 représente des empreintes

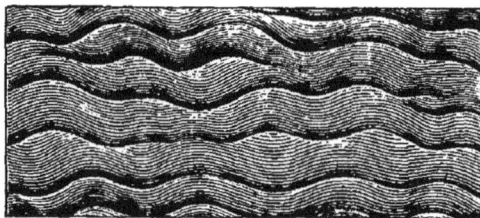

Fig. 19. Ondulations laissées par les eaux de l'ancien monde.

de ce genre recueillies aux États-Unis, et reproduites par la
photographie. Il y a plus : les ondulations laissées par le passage des eaux sur les sables des mers du monde primitif se

sont conservées par le même mécanisme physique. La figure 19 représente les traces consolidées d'ondulations de ce genre, qui ont été recueillies en France, aux environs de Boulogne-sur-Mer[1].

Hypothèse de l'incandescence des parties centrales du globe. — Le *feu central* est une hypothèse fort ancienne. Admise par Descartes, développée par Leibnitz et Buffon, elle a été confirmée, depuis les travaux de ces grands hommes, par une foule de faits. Voici les principaux de ces faits.

Quand on descend dans l'intérieur d'une mine, on sent que la température s'élève d'une manière très-appréciable, et qu'elle s'accroît avec la profondeur de la mine.

La haute température de l'eau des puits artésiens, quand ces puits sont très-profonds, témoigne de l'accroissement de la chaleur dans l'intérieur de la terre.

Les eaux thermales qui sourdent du sol, et dont la température va quelquefois jusqu'à 100° et au-dessus, comme pour les geysers de l'Islande, sont une autre preuve à l'appui du même fait.

Les volcans modernes sont une visible démonstration de la réalité du feu central. Les gaz échauffés, la lave liquide et rouge de feu, qui s'échappent de leurs cratères, prouvent bien que les parties profondes du globe sont à une température prodigieusement élevée.

Le dégagement de gaz et de vapeurs brûlantes par les fissures accidentelles du sol, qui accompagnent les tremblements de terre, établit encore l'existence d'un centre incandescent à l'intérieur de notre globe.

Nous avons déjà dit que la température du globe s'élève de 1° environ par chaque 33 mètres de profondeur au-dessous du sol. L'exactitude de cette observation a été vérifiée dans un grand nombre de cas, et jusqu'aux plus grandes profondeurs auxquelles l'homme ait pu faire parvenir des thermomètres, c'est-à-dire dans les puits artésiens. Comme on connaît exacte-

---

1. Le même fait s'est présenté d'une manière plus saisissante encore sur des bancs provenant d'une carrière de grès infra-liasique exploitée à Chalindrey (Haute-Marne). Ces bancs conservent, sur une large surface, les traces de l'ondulation des eaux, et bien plus, les empreintes des excréments de vers marins. On se croirait transporté sur une plage de l'Océan au moment du reflux.

ment la longueur du rayon de la sphère terrestre, on a conclu de la progression de cette température, en la supposant régulièrement uniforme, que le centre du globe doit être porté encore aujourd'hui à une température de 195 000°. Aucune matière ne pouvant conserver son état solide à une température si excessive, il en résulte que le centre du globe et les parties voisines de ce centre doivent être dans un état permanent de liquidité.

Les travaux de Werner, de Hutton, de Léopold de Buch, de Humboldt, de Cordier, ont constitué à l'état de théorie cette hypothèse, qui forme la base de toute la géologie moderne.

Modifications de la surface du globe par les soulèvements ou les affaissements de sa croûte solide, résultant de l'état de liquidité de ses parties centrales. — Comme une conséquence de l'hypothèse du feu central, on admet que notre planète a été agitée par une série de commotions locales, c'est-à-dire par des ruptures de sa croûte solide, survenues à des intervalles plus ou moins éloignés.

Ces bouleversements partiels de sa surface avaient pour cause, comme nous allons l'expliquer, le refroidissement du globe.

La terre se refroidissant, la solidification de ses parties intérieures, primitivement liquides, faisait des progrès ; une partie de la masse liquide intérieure se concrétait peu à peu. Mais presque tous les corps qui passent de l'état liquide à l'état solide, diminuent de volume. Dans les métaux fondus et qui reviennent, par le refroidissement, à l'état solide, cette diminution va jusqu'au dixième de leur volume. Donc, par l'effet de la solidification des parties internes, l'enveloppe extérieure de la terre restait trop grande ; elle ne pouvait plus s'appliquer exactement sur la sphère intérieure, qui s'était rétractée en se solidifiant. Il se formait alors, dans l'enveloppe solide du globe, des rides, des plis, des affaissements, qui engendraient de grandes inégalités dans le relief du sol, c'est-à-dire qui produisaient ce que nous nommons aujourd'hui des chaînes de montagnes.

D'autres fois, la croûte solide du globe, au lieu de se rider et de se plisser, se rompait sur une étendue plus ou moins grande. Il se produisait des fissures énormes, d'immenses ruptures de cette enveloppe extérieure. Les substances liquides contenues à l'intérieur du globe, pressées ou non par les gaz qu'elles renfermaient, s'échappaient bientôt par ces ouvertures béantes. Parvenue à l'extérieur, la matière de ces éruptions, en se refroidissant et se consolidant, formait des montagnes de hauteurs variables.

Il arrivait quelquefois, et toujours par la même cause, c'est-à-dire par suite du retrait intérieur occasionné par le refroidissement du globe, que des fissures plus étroites se produisaient dans l'enveloppe terrestre ; des matières liquides incandescentes s'élevaient ensuite à l'intérieur de ces fissures, les remplissaient, et formaient au milieu des terrains ces longues et étroites traînées désignées aujourd'hui sous le nom de *filons*.

Il arrivait enfin qu'au lieu de matières fondues, telles que les granits ou les composés métallifères, il s'échappait à travers les fractures ou les crevasses du globe de véritables fleuves d'eaux bouillantes, chargées, en abondance, de divers sels minéraux, c'est-à-dire de silicates, de composés calcaires et magnésiens. Ces masses de sels minéraux, se réunissant d'abord à celles que renfermaient déjà les mers, et se séparant plus tard de ces mêmes eaux, se déposaient et composaient ainsi des terrains fort étendus, c'est-à-dire les *terrains de sédiment*.

Ces rides, ces plis et ces fractures de la croûte terrestre, qui ont changé l'aspect de sa surface et momentanément déplacé le bassin des mers, étaient suivies de périodes de calme. Pendant ces périodes, les débris arrachés par le mouvement des eaux à certains points du continent étaient transportés en d'autres points du globe par le courant des eaux. En se déposant plus tard, ces matériaux hétérogènes accumulés finissaient par former de nouveaux terrains, c'est-à-dire des *terrains de transport*.

Telle est, en résumé, l'origine des montagnes, celle des roches éruptives, ainsi que des filons métallifères, celle des *terrains de sédiment* et des *terrains de transport*.

Ces quatre phénomènes : ridement et soulèvement de l'écorce terrestre, — émission de matières ignées, — émergence d'eaux thermales chargées de sels minéraux, — décomposition des

roches superficielles par les eaux des mers et par les eaux plu-
viales, — production de dépôts sédimentaires, — ont constamment marché de front pendant toutes les périodes géologiques
qui se sont succédé jusqu'à nos jours. C'est à cette série de
phénomènes complexes que l'écorce terrestre doit sa structure
interne et externe, si variable et si compliquée.

On peut, d'après les considérations qui précèdent, diviser les
matières minérales qui composent notre globe, en trois groupes
généraux, comprenant :

1° Les *terrains cristallisés*, partie de la croûte terrestre primitivement liquide par suite de la chaleur du globe et solidifiée à
l'époque de son refroidissement;

2° Les *terrains sédimentaires*, provenant des matières minérales diverses déposées par les eaux de la mer, telles que la
silice, les carbonates de chaux et de magnésie.

3° Les *terrains éruptifs*, cristallins comme les premiers et
formés à toutes les époques géologiques, par l'éruption ou l'injection à travers tous les terrains, de la matière liquide qui occupe les parties intérieures de notre globe.

Les masses minérales qui constituent les *terrains sédimentaires*, forment des couches affectant entre elles un ordre constant de superposition, lequel indique leur âge relatif. La
structure minéralogique de ces couches et les restes de corps
organisés qu'elles renferment, leur impriment des caractères
qui permettent de distinguer chacune de ces couches de celle
qui la précède ou qui la suit.

Il ne faudrait pas croire, cependant que l'ensemble de toutes
ces couches se rencontre, régulièrement superposé, sur tous les
points de l'enveloppe de notre globe; la géologie serait alors
une science très-simple, et pour ainsi dire toute du ressort
des yeux. Par suite des fréquentes éruptions des granits, des
porphyres, des serpentines, des trachytes, des basaltes et des
laves, ces couches sont souvent interrompues, brisées et remplacées par d'autres. En certains points, toute une série de
sédimentations et souvent plusieurs ont été déplacées par cette
cause. La série régulière des terrains ne se retrouve donc presque jamais dans son ordre complet. Ce n'est qu'en combinant
les observations recueillies par les géologues de tous les pays,

qu'on est parvenu à superposer, suivant leur ancienneté relative, les diverses couches composant l'écorce solide de la terre,
et dont voici le tableau, en allant de l'intérieur à la superficie :

TERRAIN PRIMITIF.

TERRAIN DE TRANSITION.....	Terrain silurien.
	Terrain devonien.
	Terrain carbonifère.
	Terrain permien.
TERRAIN SECONDAIRE........	Terrain triasique.
	Terrain jurassique.
	Terrain crétacé.
TERRAIN TERTIAIRE........	Terrain éocène.
	Terrain miocène.
	Terrain pliocène.

Nous nous proposons d'exposer les transformations successives que la terre a subies pour arriver à son état actuel; en
d'autres termes, nous allons parcourir, en nous plaçant au
double point de vue historique et descriptif, les diverses *époques*
qui peuvent être distinguées dans la formation graduelle de la
terre, séjour actuel et domaine de l'homme.

Ces *époques*, qui correspondent à la formation des grands
groupes de terrains dont nous venons de donner le tableau,
sont les suivantes :

1° Époque primitive ;

2° Époque de transition ;

3° Époque secondaire ;

4° Époque tertiaire ;

5° Époque quaternaire.

Nous ferons connaître les créations vivantes qui ont peuplé
la terre à chacune de ces époques, et qui ont disparu par une
cause que nous aurons à rechercher. Nous décrirons les plantes
et les animaux propres à chacune de ces grandes phases de
l'histoire du globe. Toutefois, nous ne passerons pas entièrement sous silence la description du terrain déposé par les eaux,
ou lancé par éruption pendant chacune de ces époques ; nous
donnerons une idée sommaire des caractères minéralogiques et

des fossiles caractéristiques propres à chaque terrain. Ce que nous allons entreprendre, c'est donc l'histoire de la formation de notre globe et la description des principaux terrains qui le composent actuellement, avec un coup d'œil rapide jeté sur les diverses générations d'animaux et de plantes qui se sont succédé et remplacées sur la terre depuis le début de la vie organique jusqu'à l'apparition de l'homme.

ÉPOQUE PRIMITIVE

ÉPOQUE PRIMITIVE.

La théorie que nous allons développer, et qui considère la terre comme un soleil éteint, comme une étoile refroidie, comme une nébuleuse passée de l'état de gaz à l'état solide, cette belle conception qui relie d'une manière si brillante la géologie à l'astronomie, appartient au mathématicien français Laplace, l'immortel auteur de la *Mécanique céleste*.

Nous avons admis, en commençant, que le centre de la terre est encore, de nos jours, porté à environ 195 000°, température qui dépasse tout ce que l'imagination peut concevoir. On n'aura aucune peine à admettre que, par une chaleur si excessive, toutes les matières qui entrent aujourd'hui dans la composition de notre globe fussent réduites, à l'origine, à l'état de gaz ou de vapeurs. Il faut donc se représenter notre planète primitive comme un agrégat de fluides aériformes, comme une matière entièrement gazeuse. Et si l'on réfléchit que les substances portées à l'état de gaz occupent un volume dix-huit cents fois plus grand qu'à l'état solide, on en conclura que cette masse gazeuse devait être d'un volume énorme : elle devait être aussi grosse que le soleil, lequel est quatorze cent mille fois plus gros que la terre actuelle.

On a essayé, dans la figure 20, de donner une idée des différences de volume qui existent entre la terre actuelle et sa masse gazeuse primitive. L'un des deux globes, B, représente le volume de la terre à son état gazeux primitif; l'autre, A, le volume de la terre passée à l'état solide : c'est donc une simple comparaison de grandeur que l'on a voulu mettre en relief par cette figure géométrique.

Portée à une température excessive, la masse gazeuse qui constituait alors la terre, brillait dans l'espace comme brille aujourd'hui le soleil, comme brillent à nos yeux, dans la sérénité des nuits, les étoiles fixes et les planètes (fig. 21).

Circulant autour du soleil, selon les lois de la gravitation universelle, cette masse gazeuse incandescente était néces-

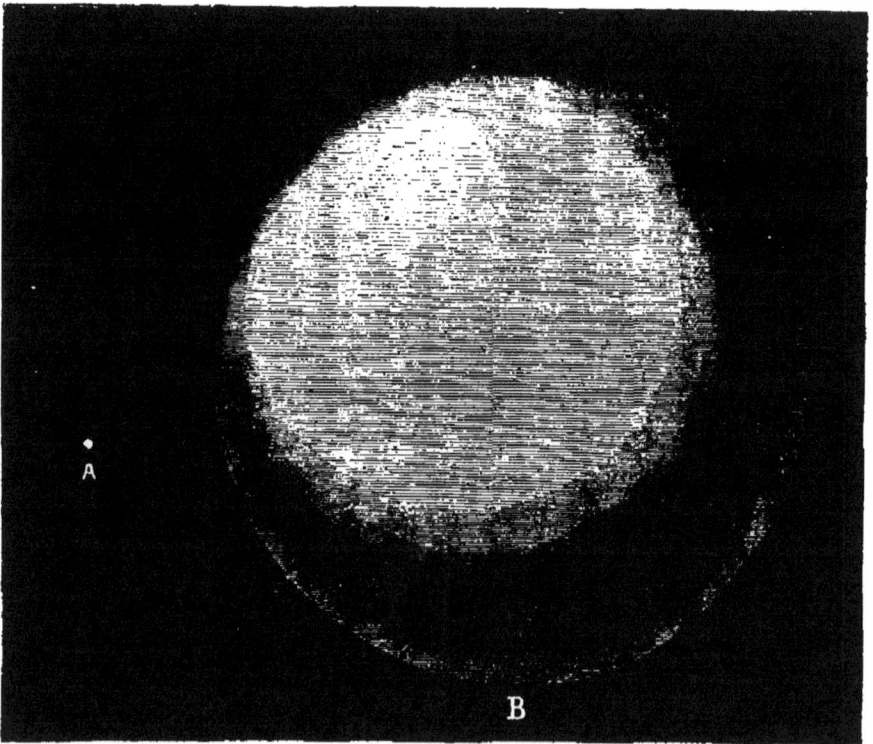

Fig. 20. Volumes comparatifs de la terre à l'état de gaz et de la terre actuelle.
A volume de la terre actuelle; **B** volume de la terre à son état gazeux primitif.

sairement soumise aux lois qui régissent les autres substances matérielles. Elle se refroidissait, elle cédait graduellement une partie de sa chaleur aux régions glacées des espaces interplanétaires au milieu desquelles elle traçait le sillon de sa flamboyante orbite. Par suite de ce refroidissement continuel, et au bout d'un temps dont il serait impossible de fixer, même approximativement, la durée, l'astre primitivement gazeux arriva à l'état liquide : il diminua alors considérablement de volume.

Fig. 21. La terre à l'état d'astre gazeux circulant dans l'espace.

La mécanique nous enseigne qu'un corps liquide entretenu à l'état de rotation prend la forme sphérique : c'est ainsi que la terre prit la forme sphéroïdale qui lui est propre, comme à la plupart des corps célestes [1].

La terre n'est pas seulement soumise à un mouvement de translation autour du soleil ; tout le monde sait qu'elle exécute, en même temps, un mouvement de révolution sur son axe, mouvement uniforme qui produit pour nous l'alternance régulière des jours et des nuits. Or, la mécanique a établi, et l'expérience confirme cette prévision théorique, qu'une masse liquide en mouvement (par suite de la variation de la *force centrifuge* sur ses différents diamètres) se renfle vers l'équateur de la sphère et s'aplatit vers ses pôles, c'est-à-dire aux deux extrémités de son axe. C'est en vertu de ce phénomène que la terre, lorsqu'elle était à l'état liquide, se renfla à l'équateur, s'aplatit à ses deux pôles, et de la forme primitivement sphérique passa à celle d'un ellipsoïde aplati à ses deux extrémités.

Ce renflement à l'équateur et cet aplatissement vers les pôles sont la preuve la plus directe que l'on puisse invoquer de l'état primitivement liquide de notre planète. Une sphère solide et non élastique, une bille d'ivoire par exemple, aurait beau tourner pendant des siècles sur son axe, sa forme n'en serait nullement changée ; mais une bille liquide ou de consistance pâteuse se renflerait alors dans son milieu et s'aplatirait aux extrémités de son axe. C'est en s'appuyant sur ce principe, c'est-à-dire en admettant la fluidité primitive du globe terrestre, que Newton avait annoncé *à priori* le renflement de la terre à l'équateur, son aplatissement aux pôles, et qu'il avait même fixé par avance le degré de cet aplatissement. La mesure directe de cette dépression et de cet allongement vint bientôt prouver l'exactitude des prévisions du célèbre géomètre anglais. En 1736, Maupertuis, Clairaut, Camus et Lemonnier, auxquels on adjoignit l'abbé Outhier, qui travaillait depuis longtemps à l'Observatoire de Paris, furent envoyés

---

1. Voir, dans les traités de physique, les belles expériences de M. Plateau, qui prouvent que tout corps liquide soumis à la seule force de l'attraction prend la forme sphérique.

en Laponie par l'Académie des sciences. L'astronome suédois Celsius les accompagna, et leur fournit les meilleurs instruments de mesure et d'arpentage. En même temps, l'Académie des sciences envoyait aux régions équatoriales la Condamine et Bouguer. Les mesures prises sur les lieux par ces observateurs établirent l'existence du renflement équatorial et de la dépression polaire; il résulta même de ces mesures que l'aplatissement de la terre aux pôles était sensiblement plus fort que Newton ne l'avait estimé d'après ses calculs.

A la suite du refroidissement partiel de la masse terrestre, toutes les substances gazeuses qui la composaient ne passèrent pas sans exception à l'état liquide; quelques-unes demeurèrent à l'état de gaz ou de vapeurs, et formèrent, autour du sphéroïde terrestre, une enveloppe, ou *atmosphère* (du grec ἀτμός, vapeur, σφαῖρα, sphère : *sphère de vapeur*). Mais on se ferait une idée bien inexacte de l'atmosphère qui enveloppait le globe à cette période reculée, si on la comparait avec son atmosphère actuelle. L'étendue de la masse gazeuse qui enveloppait la terre primitive devait être immense; elle atteignait sans doute jusqu'à la lune. Elle contenait, en effet, à l'état de vapeurs, la masse énorme des eaux qui forment nos mers actuelles, réunies à toutes les matières qui conservent l'état gazeux à la température que présentait alors la terre incandescente. Nous n'exagérons rien en disant que cette température était alors de 2000°. L'atmosphère participait à cette température, et, par suite de cette chaleur excessive, la pression qu'elle exerçait sur le globe devait être infiniment plus considérable que celle qu'elle exerce aujourd'hui. Aux gaz qui composent l'air atmosphérique actuel (l'azote, l'oxygène et l'acide carbonique), à des masses énormes de vapeurs d'eau, venaient s'ajouter d'immenses quantités de matières minérales, métalliques ou terreuses, réduites à l'état de gaz, et maintenues à cet état par l'effroyable température de cette gigantesque fournaise. Les métaux, les chlorures métalliques alcalins et terreux, le soufre, les sulfures, et même les terres à base de silice, d'alumine et de chaux, tout cela devait exister sous forme de vapeurs, dans l'atmosphère du globe primitif.

Il est à croire que les différentes substances qui composaient cette atmosphère s'étaient rangées autour de la terre dans l'ordre de leur densité. La première couche, la plus voisine du globe, était formée des vapeurs les plus pesantes, comme celles des métaux, du fer, du platine, du cuivre, mêlées sans doute à des nuages de fines poussières métalliques provenant de la condensation partielle de la vapeur de ces métaux. Cette première zone, la plus lourde, la plus épaisse, était d'une entière opacité, quoique la surface de la terre fût encore rouge de feu. Par-dessus venaient les matières vaporisables, telles que les chlorures métalliques et les chlorures alcalins, en particulier le chlorure de sodium ou sel marin, le soufre et le phosphore, ainsi que les combinaisons volatiles de ces corps. La zone supérieure devait contenir les matières plus facilement vaporisables, telles que l'eau en vapeur, unie aux corps naturellement gazeux, comme l'oxygène, l'azote et l'acide carbonique. Cet ordre de superposition ne devait pas toutefois se maintenir constamment. Malgré leur densité inégale, ces trois couches devaient souvent se mêler : de formidables ouragans, des ébullitions violentes, devaient fréquemment abaisser, déchirer, soulever et confondre ces zones incandescentes.

Quant au globe lui-même, sans être autant agité que sa brûlante et mobile atmosphère, il n'en était pas moins en proie à de perpétuelles tempêtes, occasionnées par les mille actions chimiques qui s'accomplissaient dans sa masse liquide. D'un autre côté, l'électricité résultant de ces puissantes actions chimiques opérées sur une étendue sans bornes devait provoquer d'effroyables détonations électriques. Les éclats du tonnerre ajoutaient donc à l'horreur de ces scènes primitives, dont aucune imagination, dont aucun pinceau humain ne saurait tracer le tableau, et qui constituaient ce sinistre chaos dont l'histoire légendaire de tous les peuples nous a transmis la tradition.

C'est ainsi que notre globe circulait dans l'espace, traînant à sa suite le panache enflammé de son atmosphère multiple, impropre à la vie et impénétrable encore aux rayons du soleil, autour duquel il traçait sa courbe gigantesque.

La température des régions planétaires est infiniment basse on ne peut pas l'évaluer, selon Laplace, à moins de 100° au-dessous de 0. Les régions glaciales que traversait dans sa course uniforme le globe incandescent, devaient nécessairement le refroidir. Peu à peu et d'abord superficiellement, la terre, un peu refroidie, prit une consistance pâteuse.

Il ne faut pas oublier qu'en raison de son état liquide la terre obéissait alors, dans toute sa masse, à cette action de flux et de reflux qui provient de l'attraction de la lune et du soleil, et qui ne peut s'exercer aujourd'hui que sur les mers, c'est-à-dire sur les parties liquides et mobiles de notre globe. Ce phénomène du flux et du reflux auquel obéissaient ses molécules liquides et mobiles, accéléra singulièrement les préludes de la solidification de la masse terrestre. Elle arriva ainsi graduellement à cette sorte de consistance que présente le fer de nos usines, quand on le retire de la fournaise pour le porter sous le laminoir.

Par les progrès du refroidissement, il se produisit ensuite des couches de substance concrète, qui d'abord flottèrent isolées à la surface de la matière demi-liquide, mais qui finirent par se souder, et par former des bancs continus, comme on voit de nos jours les glaces des mers polaires, rapprochées par l'agitation des flots, s'attacher, se souder l'une à l'autre, et finir par constituer des banquises plus ou moins mobiles.

C'est par l'extension de ce dernier phénomène à la surface entière du globe que s'opéra la solidification totale de sa surface. Une croûte solide, encore d'une faible épaisseur, et d'une très-médiocre résistance, enveloppa ainsi la terre, recouvrant de toutes parts les parties intérieures encore liquides, et dont la solidification ne devait se faire que beaucoup plus tard, puisqu'elle est loin d'être terminée de nos jours.

On évalue l'épaisseur de la couche de notre globe actuellement solidifiée à environ 12 lieues (48 kilomètres). Comme le rayon terrestre moyen est de 1584 lieues de 4 kilomètres, on voit que les parties solidifiées de notre planète ne représentent qu'une bien faible fraction de sa masse totale.

On peut exprimer d'une façon vulgaire, mais juste, les rapports actuels de grandeur entre les parties encore liquides et les parties concrètes de la terre. Si l'on se figure la terre comme une orange, l'épaisseur d'une feuille de papier appliquée sur cette orange représentera à peu près exactement l'épaisseur de la croûte solide qui enveloppe aujourd'hui notre globe.

La figure 22 montre avec exactitude les rapports entre l'épais-

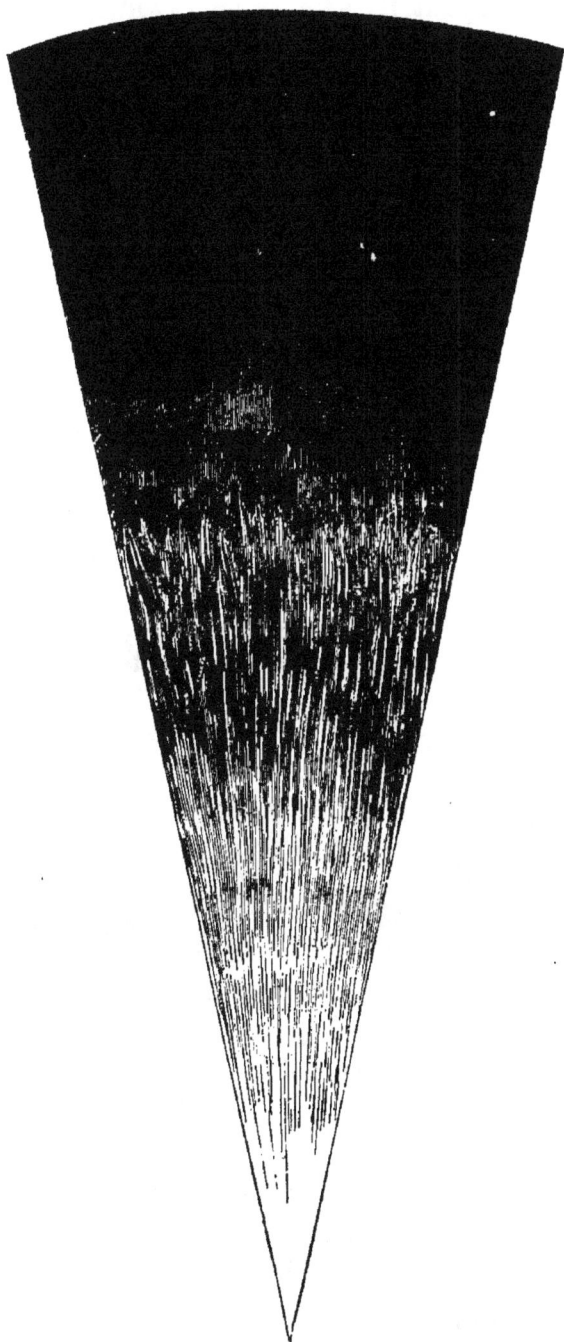

Fig. 22. Volumes relatifs de l'écorce solide et de la masse liquide du globe.

seur de ce que l'on nomme, par une expression très-juste,

l'*écorce terrestre*, et ses parties internes encore liquides. La sphère terrestre ayant 1584 lieues de rayon, par conséquent 3168 lieues de diamètre, l'écorce solide a seulement, avons-nous dit, 12 lieues d'épaisseur, ce qui représente $\frac{1}{264}$ de diamètre, ou $\frac{1}{132}$ du rayon terrestre pour la partie consolidée ; c'est ce rapport qui a été indiqué sur la figure 22.

Déterminer même approximativement le temps que la terre mit à se refroidir, de manière à permettre la solidification d'une croûte extérieure ; vouloir fixer la durée des transforma-

F.g. 23. Formation des montagnes granitiques primitives.

tions dont nous venons de présenter le tableau, serait une tâche impossible.

La première croûte terrestre, formée comme nous venons de l'indiquer, ne pouvait résister aux vagues de cet océan de feu intérieur qu'abaissaient et que soulevaient tour à tour le flux et le reflux quotidien déterminés par l'attraction de la lune et du soleil. Aussi, qui pourrait imaginer les déchirements effroyables, les gigantesques débordements qui en résultèrent ? Qui oserait peindre les sublimes horreurs de ces premières et mystérieuses convulsions du globe ? Des torrents de matières liquides, mêlées de gaz, soulevaient et perçaient la croûte terrestre, encore très-peu résistante; de larges crevasses l'éventraient, et par ces ouvertures béantes s'élançaient des flots de granit liquide qui venaient se solidifier au dehors. C'est ainsi que se formèrent les premières montagnes. C'est ainsi que s'élancèrent à travers les fractures des parties solidifiées les premiers *filons*, véritables injections de matières éruptives provenant des parties intérieures du globe, qui traversent les terrains primitifs, et constituent pour nous aujourd'hui de pré-

Fig. 24. Filons métalliques.

cieux gisements de métaux divers, tels que le cuivre, le zinc, l'antimoine et le plomb.

La figure 23 représente la formation d'une montagne granitique primitive par l'éruption de la matière granitique interne se faisant jour à travers une fracture du globe. La figure 24 représente la structure intérieure d'un *filon*. Dans ce dernier cas, la fracture du globe n'est qu'une fente, que viennent bientôt remplir des injections de matières, souvent de nature diverse, qui, en cristallisant, remplissent totalement la ca-

pacité de cette fente, ou *faille*, ou bien y laissent des vides,
autrement dit des *géodes*, par suite de la contraction de l'ensemble.

Toutes les éruptions de granit ou d'autres substances lancées
de l'intérieur de la terre, et qui viennent remplir ses fentes et
ses crevasses, longitudinales ou obliques, ne s'élèvent pas jusqu'au sol. C'est ce qui se passe lorsque les fentes qui se sont
produites dans l'épaisseur de la masse terrestre n'arrivent pas

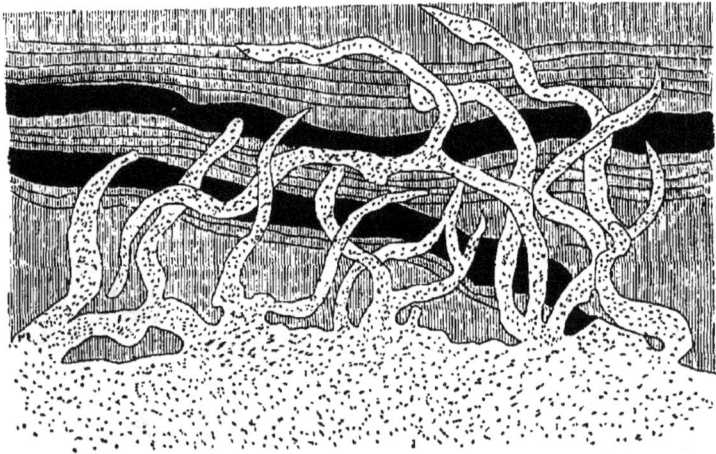

Fig. 25. Éruption de granit.

elles-mêmes au jour. La figure 25 représente une éruption de
granit à travers un terrain sédimentaire : le granit provenant
de la partie centrale du globe est venu remplir les fentes et
fractures qui se sont produites dans l'intérieur de ces terrains;
mais il n'atteint pas jusqu'au niveau du sol.

Sur la terre, d'abord parfaitement ronde et unie, il se forma
donc, dès les premiers temps, des boursouflures, des éminences, des rides, des plis, des crevasses, qui changèrent son
premier aspect; son aride et brûlante surface était partout hérissée d'éminences rugueuses, ou sillonnée de fentes
énormes.

Cependant notre globe continuait à se refroidir. Un moment
arriva où, par les progrès de son refroidissement, sa température ne fut plus suffisante pour maintenir à l'état de vapeurs
les énormes masses d'eau qui flottaient suspendues et vaporisées dans son atmosphère. Ces vapeurs passèrent à l'état

Fig. 26. Condensation et chute des eaux sur le globe primitif.

liquide, et sur le sol tombèrent alors les premières pluies. Faisons remarquer que c'étaient de véritables pluies d'eau bouillante, car, en raison de la pression très-considérable de l'atmosphère, l'eau condensée et liquide se trouvait portée à une température bien supérieure à 100°.

La première goutte d'eau qui tomba sur la surface encore brûlante du globe terrestre, marqua dans son évolution une période toute nouvelle, et dont il importe d'analyser avec soin les effets mécaniques ou chimiques. Le contact des eaux avec la surface consolidée du globe ouvre la série des modifications dont la science peut entreprendre l'examen avec une certaine confiance, ou du moins avec plus d'éléments positifs d'appréciation que l'on n'en possède pour cette période du chaos dont nous venons de peindre quelques traits, et dans laquelle on est obligé de laisser une assez grande part à l'imagination et à l'interprétation personnelles.

Les premières eaux qui vinrent tomber, à l'état liquide, sur le globe un peu refroidi, ne tardèrent pas à être de nouveau réduites en vapeurs, par l'élévation de sa température. Plus légères que le reste de l'atmosphère, ces vapeurs s'élevaient jusqu'aux limites supérieures de cette atmosphère, et là elles se refroidissaient en rayonnant vers les régions glaciales de l'espace; elles se condensaient de nouveau, et retombaient à l'état liquide sur le sol, pour s'en dégager encore à l'état de vapeur, et retomber ensuite à l'état de condensation. Mais tous ces changements d'état physique de l'eau ne pouvaient se faire qu'en soutirant des quantités considérables de chaleur à la surface du globe, dont ce va-et-vient continuel hâta beaucoup le refroidissement: sa chaleur allait ainsi graduellement se perdre et s'évanouir dans les espaces célestes.

Ce phénomène s'étendant peu à peu à toute la masse des vapeurs d'eau qui existaient dans l'atmosphère, des quantités d'eau liquide de plus en plus fortes couvrirent la terre. Et comme la vaporisation de tout liquide provoque un dégagement notable d'électricité, une quantité énorme de fluide électrique résultait nécessairement de la vaporisation de si puissantes masses d'eau. Les éclats du tonnerre, les fulgurantes lueurs

des éclairs accompagnaient donc cette lutte extraordinaire des
éléments (fig. 26).

Combien de temps dura ce combat suprême de l'eau et du
feu, au bruit incessant du tonnerre? Tout ce que l'on peut dire,
c'est qu'un moment vint où l'eau fut triomphante. Après avoir
couvert de vastes étendues à la surface de la terre, elle finit par
occuper et couvrir entièrement cette surface.

Ainsi, à une certaine époque, aux débuts pour ainsi dire de
son évolution, la terre a été recouverte, dans toute son étendue,
par les eaux : l'Océan était universel. A partir de ce moment
commença pour notre globe une période régulière, interrompue
seulement par les révoltes du feu intérieur qui couvait sous son
enveloppe, imparfaitement consolidée.

Pour se rendre compte des actions complexes, tant mécaniques que chimiques, que les eaux, encore brûlantes, durent
exercer sur l'écorce solide du globe terrestre, il faut savoir
quelle était la composition de cette écorce. La roche qui
forme les premières assises, la grosse charpente de la terre,
et sur laquelle repose toute la série des autres terrains, c'est
le *granit*.

Qu'est-ce que le granit, comme roche minéralogique? C'est
une réunion de silicates à base d'alumine, de potasse et de
soude : le *quartz*, le *feldspath* et le *mica* forment, par leur simple
agrégation sans aucun ciment, le *granit*, qui n'est qu'un mélange de ces trois minéraux.

Le *quartz* (*quartzum* des Romains) est de la silice plus ou
moins pure, souvent cristallisée. Le *feldspath* est une matière
cristalline, blanche, composée de silicate d'alumine et de
silicate de potasse ou de soude : le feldspath potassique se
nomme *orthose*; le feldspath sodique, *albite*. Le *mica* est un
silicate d'alumine et de potasse contenant de la magnésie
et de l'oxyde de fer; il tire son nom du latin *micare*, briller,
reluire.

Le *granit* (de l'italien *grano*, grain, en raison de sa structure
en apparence grenue) est donc une roche complexe, formée de
feldspath, de quartz et de mica, et dont les trois éléments sont
cristallisés. On appelle *gneiss* (mot tiré de la langue saxonne)

une variété de granit composée, comme cette dernière roche, de feldspath et de mica, mais dans laquelle le mica prédomine ; sa structure feuilletée fait quelquefois désigner le *gneiss* sous le nom de *granit stratifié*.

Le feldspath qui entre dans la composition du granit, est un minéral que l'eau froide ou bouillante et l'acide carbonique de l'air détruisent, décomposent facilement. L'action chimique de l'eau et de l'air, l'action chimique et mécanique des eaux chaudes qui composaient l'océan universel des temps primitifs, modifièrent profondément la nature des roches granitiques qui formaient le fond de ces mers. Les pluies bouillantes qui tombaient sur les pics montagneux et les aiguilles granitiques, les torrents d'eau qui se précipitaient le long de leurs flancs ou dans les vallées, désagrégeaient les silicates divers qui constituent le feldspath et le mica. Leurs débris finirent par former des bancs immenses d'argile et de sable quartzeux ; ce furent là les premiers terrains modifiés par l'action de l'air et des eaux, et les premiers sédiments déposés par la mer.

Les argiles provenant de cette décomposition des roches feldspathiques et micacées participaient de la température encore brûlante du globe ; elles éprouvèrent un commencement de fusion ; et plus tard, quand elles vinrent à se refroidir, elles prirent, par une espèce de demi-cristallisation, cette structure feuilletée que l'on désigne sous le nom de *structure schisteuse* (du grec σχιστός, facile à diviser, ou σχίστειν, diviser) et dont les ardoises, qui se séparent naturellement en minces feuillets, donnent une idée très-exacte.

Ainsi se formèrent les premières argiles et les roches schisteuses. C'est pour cela qu'une épaisse couche de *schistes*, premiers sédiments connus, repose immédiatement sur les terrains d'origine ignée.

A la fin de cette première phase, le globe terrestre était donc recouvert, sur presque toute sa surface, d'eaux chaudes et vaseuses, produisant des mers peu profondes. Quelques îlots, dressant çà et là leurs pics granitiques, formaient sur ces mers, remplies de débris terreux en suspension, une sorte d'archipel.

Pendant une longue suite de siècles, la croûte solide du globe augmenta d'épaisseur en raison des progrès de la solidification de la matière liquide sous-jacente déterminée par son refroidissement. Cependant cet état de tranquillité ne pouvait être durable. La partie solide du globe avait encore trop peu de consistance pour résister à la pression des gaz et de la matière liquide qu'elle enveloppait et comprimait par sa croûte élastique. Les vagues de cette mer intérieure triomphèrent plus d'une fois de la faible résistance de cette enveloppe. Il se fit alors d'énormes dislocations du sol. D'immenses soulèvements de la croûte solide élevèrent le fond des mers, et firent ainsi surgir des montagnes, qui, cette fois, n'étaient plus exclusivement granitiques, mais se composaient, en outre, de ces roches schisteuses qui s'étaient déposées sous les eaux.

D'un autre côté, la terre, en continuant de se refroidir, se rétractait, et ce retrait, c'est-à-dire cette diminution de volume, était, comme nous l'avons expliqué plus haut, une cause de dislocation de sa surface. Il se produisit alors, dans la continuité de l'écorce du globe, des ruptures considérables ou de simples fissures. Ces fissures se remplirent plus tard par des jets de la matière liquide qui occupe l'intérieur du globe, c'est-à-dire de *granit éruptif* et de composés métalliques divers. Elles livrèrent aussi passage à des torrents d'eaux bouillantes chargées de sels minéraux, de silice, de bicarbonates de chaux et de magnésie, qui se mélangèrent aux eaux du vaste océan primitif, et qui, en se déposant bientôt sur les fonds de ces mers, vinrent accroître la masse des substances minérales du globe.

Ces irruptions de matière granitique ou métallique, et ces vastes épanchements d'eaux minérales à travers l'écorce solide fracturée, se sont reproduits plusieurs fois pendant l'époque primitive. Il ne faut donc pas être surpris de voir les terrains anciens presque toujours disloqués, réduits à une faible étendue, et souvent interrompus par des filons contenant des métaux, des oxydes métalliques, tels que les oxydes de cuivre et d'étain, ou des sulfures, tels que ceux de plomb, d'antimoine et de fer, qu'exploite aujourd'hui l'art du mineur.

Terrain primitif. — En esquissant, comme nous venons de le faire, l'*époque primitive* de la terre, nous avons préparé le lecteur à comprendre la description très-sommaire que nous allons donner du terrain qui constitue la base de toutes les assises minérales du globe, et que l'on désigne sous le nom de *terrain primitif*. Ce terrain, peu répandu dans le centre de l'Europe, occupe, au nord de l'Europe et dans l'Amérique septentrionale, des espaces étendus.

Partout où l'on a pu fouiller la terre assez profondément, on est arrivé au micaschiste qui repose sur le granit. Le granit est donc la base et comme la grosse charpente de la terre. Il sert de support à tous les terrains de sédiment. Comme nous l'avons déjà dit, le granit compose la première masse qui se soit solidifiée à l'intérieur par le refroidissement; mais le micaschiste constitue la première croûte qui se soit formée à l'extérieur, dès que le refroidissement a été suffisant.

L'ensemble de roches cristallines qui constituent le terrain primitif stratifié est composé d'éléments cristallins, ne contenant ni sables, ni cailloux roulés, ce qui indique bien que ce n'est point un terrain formé par l'intermédiaire de l'eau, agissant de la même manière que lorsqu'elle façonna les autres dépôts sédimentaires plus récents. Ce terrain ne renferme aucuns débris de corps organisés; car, à cette époque, la vie n'avait pu encore se manifester sur le sol brûlant de notre planète.

On se tromperait en s'imaginant que le terrain que les géologues désignent sous le nom de *primitif* soit composé purement et simplement de granit. L'action des eaux encore très-chaudes violemment agitées et s'exerçant, avec une forte pression, sur une roche très-attaquable par l'eau bouillante et par l'air, a dû beaucoup modifier le granit.

Outre le granit, qui leur sert de support, on peut reconnaître dans les terrains primitifs trois assises distinctes : 1° les *micaschistes* ; 2° les *gneiss*; 3° les *schistes chloriteux*.

L'assise des *micaschistes* présente, comme élément essentiel, le minéral brillant, foliacé, élastique et transparent qui porte le nom de *mica*. C'est lorsqu'il est agrégé en grandes masses schisteuses qu'on lui donne le nom de *micaschiste*.

Au contact du granit apparaît une formation distincte de la précédente, à cause du feldspath qu'elle contient en quantité variable : elle est connue sous le nom de *gneiss*. Voici sur la question très-controversée de l'origine du gneiss l'opinion de M. le professeur Fournet, de Lyon. Tantôt le gneiss paraît n'être que du granit laminé par suite des tractions dont il a subi l'influence, soit en coulant, soit en s'injectant entre les autres roches. Tantôt il est le produit de l'infiltration capillaire de la pâte du granit entre les feuillets du micaschiste Cette imbibition, effectuée sous l'influence d'une haute température, a laissé à la masse son tissu feuilleté ; mais ce tissu est sujet à se modifier, ses feuillets étant réguliers et parallèles, ou bien tourmentés et froissés. Sa structure stratiforme, généralement bien caractérisée, donne au *gneiss* une certaine ressemblance avec les roches des terrains de sédiment, bien que son origine soit liée à des causes toutes différentes.

Les deux assises des micaschistes et des gneiss paraissent former le quart ou le cinquième de l'écorce solide du globe. On les trouve en France, dans le Lyonnais, le Limousin, la Lozère, les Cévennes, l'Auvergne, la Bretagne, la Vendée, les Vosges, etc. Maigre pour l'agriculture, mais fécond pour le mineur, cet étage est riche en métaux, parce qu'il a été traversé par des filons de tous les âges. On y trouve de l'or, de l'argent (en Saxe), du cuivre (à Falhun, ville de Suède), de l'oxyde d'étain, du fer, des pierres précieuses, comme le grenat, le rubis spinelle, le corindon, etc.

Après les *micaschistes* et les *gneiss*, le terrain primitif renferme l'assise des *schistes chloriteux*.

L'étage des *schistes chloriteux* a pour minéral caractéristique la *chlorite*, substance écailleuse d'un vert plus ou moins sombre, colorée par un silicate de fer.

Les schistes chloriteux apparaissent en Languedoc dans quelques recoins ; mais ils acquièrent un beau développement dans le Lyonnais, où ils sont désignés par les habitants sous les noms de *cornes vertes*, de *cornes rouges*, selon leurs caractères, dépendant des imbibitions feldspathiques.

Les schistes chloriteux sont traversés par un grand nombré

de filons. Dans les Alpes et dans diverses localités, telles que Allevard, Allemont, Cogne, Saint-Marcel, Chessy et Sain-Bel, Alagna, Pestarena, etc., ils renferment des filons de cuivre, de fer oxydulé, de fer carbonaté spathique, de platine, d'argent, d'or et de manganèse.

ÉPOQUE DE TRANSITION

ÉPOQUE DE TRANSITION.

Après les terribles tourmentes de l'époque primitive, après ces ébranlements grandioses du rège minéral, la nature semble se recueillir dans un sublime silence, pour procéder au grand mystère de la création des êtres vivants.

Durant l'époque primitive, la température était trop élevée pour permettre à la vie d'apparaître sur le globe. Les ténèbres d'une épaisse nuit couvraient ce berceau du monde. L'atmosphère était, en effet, tellement chargée de vapeurs de toute nature, que les rayons du soleil étaient impuissants à en percer l'opacité. Sur ce sol brûlant et dans cette constante nuit, la vie organique ne pouvait se manifester. Aucune plante, aucun animal n'existait donc alors sur la terre silencieuse. Aussi ne s'est-il déposé, dans les mers de cette époque, que des couches sans fossiles.

Cependant notre planète se refroidissait toujours, et d'autre part, la continuité des pluies purifiait son atmosphère. Dès lors, les rayons d'un soleil moins voilé purent arriver à sa surface; sous leur bienfaisante influence, la vie ne tarda point à éclore. « Sans la lumière, a dit l'illustre Lavoisier, la nature était sans vie ; elle était morte et inanimée. Un Dieu bienfaisant, en apportant la lumière, a répandu à la surface de la terre l'organisation, le sentiment et la pensée. » Nous allons, en effet, assister à la création des êtres vivants. Nous allons voir sur la terre, dont la température était à peu près alors celle de notre zone équatoriale, naître quelques plantes et quelques animaux. Ces premières générations seront remplacées par

d'autres, d'une organisation plus élevée, jusqu'à ce qu'enfin le
dernier terme de la création, l'homme, doué de cet attribut
suprême qui s'appelle l'intelligence, apparaisse sur la terre.

« Le mot de *progrès*, que nous croyons propre à l'humanité,
et même aux temps modernes, disait M. Albert Gaudry dans
une leçon publique faite en 1863, sur les animaux de l'ancien
monde, a été prononcé par Dieu le jour où il a créé le premier
organisme vivant. »

Les plantes ont-elles apparu avant les animaux ? On l'ignore ;
mais tel a été sans doute l'ordre de la création. Il est certain
que dans les sédiments des premières mers et dans les vestiges qui nous restent des premières périodes de la vie organique sur le globe, c'est-à-dire dans les schistes argileux et
dans les *grauwackes* qui les recouvrent, on trouve à la fois des
plantes et des animaux, et même des animaux à organisation
assez avancée. Mais, d'un autre côté, pendant la plus grande
partie de l'époque de transition, en particulier dans la période
carbonifère, les plantes sont en nombre infiniment considérable, et les animaux terrestres se montrent à peine ; ce qui peut
faire croire que les plantes ont précédé les animaux. Remarquons d'ailleurs que, par leur nature celluleuse, leur tissu lâche
et composé d'éléments très-altérables par l'air, les premières
plantes ont dû se détruire facilement sans laisser subsister
aucun vestige matériel. Il a donc pu exister dans ces temps
primitifs du globe un nombre immense de végétaux dont il ne
reste aujourd'hui aucune trace pour nous.

C'est dans les eaux que la vie a commencé d'éclore. Il ne faut
pas oublier, en effet, qu'aux premiers temps de notre globe
les eaux couvraient la plus grande partie de sa surface. C'est
dans ce milieu que s'est accompli le mystère divin de la première apparition de la vie. Quand les eaux furent assez refroi-
dies pour permettre l'existence des êtres organisés, la création
s'exerça, et elle s'exerça avec une puissance extrême, car elle
se manifesta par l'apparition d'espèces nombreuses et très-
différentes.

Les restes organiques les plus anciens appartiennent aux
mollusques brachiopodes : en particulier au genre Lingule,
qui existe encore dans les mers actuelles ; aux Trilobites,

famille de crustacés exclusivement propre à cette première époque ; puis viennent les Orthocératites, les Productus et les Térébratules, genre de mollusques. Les polypiers, qui ont apparu de très-bonne heure, ont traversé tous les âges et se sont conservés jusqu'à nos jours.

En même temps que ces animaux, des végétaux d'ordre inférieur ont laissé leurs empreintes sur les schistes : ce sont des Algues, plantes aquatiques. Quand les continents se sont un peu agrandis, on voit apparaître des espèces végétales aériennes et d'un port plus élevé : des équisétacées et des fougères herbacées.

Nous allons passer en revue toutes ces espèces organiques, en étudiant les périodes qui composent l'*époque de transition*.

Nous distinguerons trois périodes dans l'époque de transition : les périodes silurienne, devonienne et carbonifère.

PÉRIODE SILURIENNE.

La première période de l'époque de transition est désignée
par les géologues sous le nom de *silurienne*. Expliquons d'abord
ce nom. La nomenclature, c'est-à-dire la langue scientifique,
est fort imparfaite en géologie ; elle ne possède aucune conven-
tion précise. On se borne, en effet, à désigner les terrains ou
les périodes géologiques d'après le nom des localités dans lesquelles prédomine un terrain, ou dans lesquelles il a été étudié
pour la première fois. La désignation de *période silurienne*, par
exemple, a été donnée par le naturaliste anglais Murchison à la
période qui va nous occuper, parce que le terrain formé par les
sédiments maritimes pendant cette période est très-étendu dans
le Shropshire, en Angleterre, région qui fut habitée autrefois
par les *Silures*, peuplade celtique qui combattit avec gloire lors
de l'invasion de la Grande-Bretagne par les Romains. Le lecteur
trouvera sans doute cette règle de nomenclature incommode et
bizarre ; quoi qu'il en soit, et cette explication étant donnée une
fois pour toutes, abordons l'histoire de la période silurienne.

La figure 27 représente une vue idéale de la terre pendant
la période silurienne. Des mers immenses et peu profondes
laissent à nu, çà et là, des récifs sous-marins, couverts d'Algues, et fréquentés par divers mollusques et animaux articulés.
Un pâle soleil, qui perce avec difficulté la lourde atmosphère
du monde primitif, éclaire les premiers êtres vivants sortis des
mains du Créateur, organisations souvent rudimentaires, et
d'autres fois assez avancées pour indiquer le progrès vers des
êtres plus achevés.

La période silurienne (si l'on en écarte les couches inférieures à *Lingules*, dites *cambriennes*, encore peu connues)
doit être distinguée, pour l'exactitude de la description scien-

Fig. 27. Vue idéale de la terre pendant la pério[le] silurienne.

tifique, en deux sous-périodes : l'inférieure et la supérieure.

Période silurienne inférieure. — C'est pendant la période silurienne inférieure qu'ont apparu sur la terre les premières plantes et les premiers animaux[1]. Le terrain silurien inférieur renferme les vestiges certains d'un assez grand nombre d'espèces animales, ce qui prouve que les mers étaient déjà assez peuplées. Dans les couches dites à *Lingules*, on trouve les pre-

---

1. Comme la notion de l'ordre, des classes et des embranchements auxquels les animaux appartiennent, reviendra très-fréquemment dans le cours de cet ouvrage, nous croyons nécessaire de placer sous les yeux du lecteur le tableau synoptique de la classification des animaux. Tout le monde sait bien ce que c'est qu'un mammifère, un oiseau, un reptile, mais tout le monde ne se rend pas compte de la place d'un oursin, d'un polypier, d'un crabe ou d'une araignée dans la série zoologique. Nous aurons à chaque instant à invoquer et à citer les noms des embranchements et des classes auxquelles ces animaux appartiennent; le tableau de la distribution méthodique des animaux sera donc ici extrêmement utile.

M. Milne Edwards, dans son *Cours élémentaire d'histoire naturelle* (Zoologie), adopte la distribution suivante des animaux en quatre embranchements, dont l'ensemble forme vingt-cinq classes. Cette classification a été proposée par Cuvier, quant à l'ensemble, et modifiée dans beaucoup de ses parties, surtout pour les animaux inférieurs, par les zoologistes modernes.

Voici le tableau que nous extrayons, en l'abrégeant, de l'ouvrage de M. Milne Edwards.

	CLASSES.	EXEMPLES DE GENRES.
	MAMMIFÈRES	Homme. Singe. Chien. Cheval. Baleine.
	OISEAUX	Aigle. Moineau. Coq. Autruche. Canard.
1ᵉʳ Embranchement. VERTÉBRÉS.	REPTILES	Tortue. Lézard. Couleuvre.
	BATRACIENS	Grenouille. Salamandre. Protée.
	POISSONS	Perche. Carpe. Anguille. Raie. Requin.

miers animaux du monde ancien : les mollusques brachiopodes
connus sous le nom de Lingules, et qui existent encore dans les

CLASSES.	EXEMPLES DE GENRES.

2ᵉ Embranchement. ANNELÉS.

INSECTES............	Hanneton. Sauterelle. Abeille. Papillon. Mouche.
MYRIAPODES.........	Scolopendre. Iule.
ARACHNIDES........	Araignée. Scorpion. Faucheur. Mite.
CRUSTACÉS.........	Crabe. Écrevisse. Squille. Crevette. Cirrhipèdes.
ANNÉLIDES..........	Néréides. Serpule. Lombric terrestre. Sangsue.
HELMINTHES........	Ascarides. Strongles.
TURBELLARIÉS......	Némertes. Planaires.
CESTOÏDES..........	Ténia.
ROTATEURS..........	Rotifère. Brachion.

3ᵉ Embranchement. MOLLUSQUES.

CÉPHALOPODES.......	Poulpe. Seiche.
PTÉROPODES.........	Hyale. Clio.
GASTÉROPODES	Colimaçon. Buccin. Porcelaine.
ACÉPHALES..........	Huître. Moule. Solen.
TUNICIERS..........	Ascidies. Biphores.
BRYOZOAIRES........	Plumatelles. Flustres.

mers actuelles. Dans les couches dites *Landeilo*, qui viennent ensuite, d'autres formes animales se montrent, et l'on peut compter dans l'ensemble des terrains siluriens inférieurs plus de trente formes animales. Elles ne font toutefois que marquer leur passage éphémère sur le globe, et disparaître sans retour. Ce sont des zoophytes, des articulés et des mollusques. Les vertébrés ne s'y montrent que par de rares poissons.

La classe des crustacés, à laquelle appartiennent de nos jours, le Homard, l'Écrevisse, le Crabe, était ce qui dominait à cette époque, pour ainsi dire rudimentaire de l'animalisation. Leurs formes étaient des plus singulières, et tout à fait différentes de celles des crustacés actuels. La plupart appartenaient à la famille des *Trilobites*, entièrement disparue aujourd'hui, et dont les Cloportes sont, dans le règne animal actuel, les êtres qui pourraient le mieux nous rappeler le type.

Les Trilobites présentaient, en général, la forme d'un bouclier ovale, composé d'une série d'articulations, ou *articles*. L'article le plus antérieur portait les yeux, qui devaient être réticulés comme ceux des insectes; en avant se trouvait la bouche. Les pattes étaient probablement nombreuses et charnues; mais elles ne se sont pas conservées. Plusieurs de ces Trilobites pouvaient se rouler en boule, comme nos Cloportes; ils nageaient sur le dos. Habitant loin des côtes et dans les bas-fonds, ils vivaient en familles nombreuses.

Les figures suivantes représentent différentes espèces de *Trilobites* appartenant à l'étage silurien inférieur; telles sont : l'*Ogygia Guettardi* (fig. 28); le *Trinucleus Pongerardi* (fig. 29); le *Paradoxides spinolosus* (fig. 30). Le *Nereites cumbriensis*

CLASSES.	EXEMPLES DE GENRES.
4ᵉ Embranchement. ZOOPHYTES. PROTOZOAIRES........	Infusoire. Éponge.
POLYPE..............	Corail. Méduse.
ÉCHINODERMES.......	Oursin. Holothurie.

(fig. 31) est une espèce d'annélide du même terrain; on peut encore placer ici des *Graphtolites*.

Les différents ordres de la classe des mollusques avaient

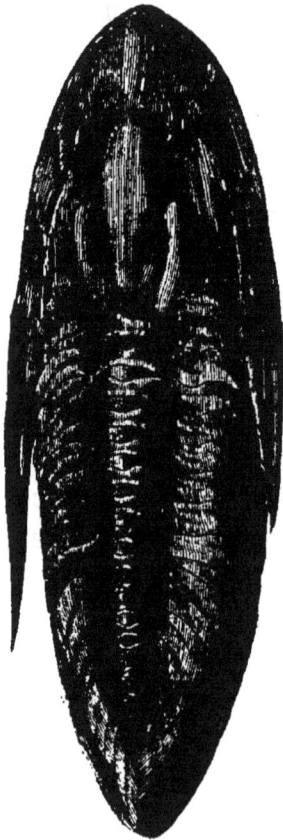

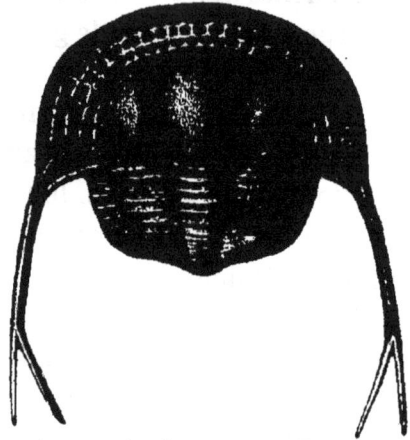

Fig. 29. Trinucleus Pongerardi. (G. N.)

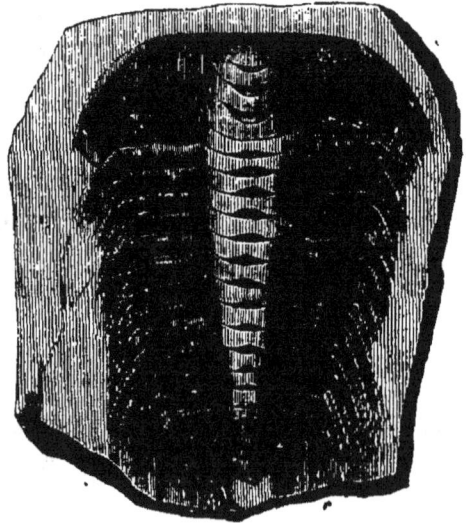

Fig. 28. Ogygia Guettardi. (G. N¹.)   Fig. 30. Paradoxides spinolosus. (1/2 G. N.)

déjà de nombreux représentants. Parmi les mollusques céphalopodes (qui sont formés de deux parties distinctes, ont le corps et la tête armés de bras ou tentacules, et dont le poulpe de nos jours peut donner une idée), vivaient les *Gyroceras*, le *Lituites cornu-arietis* (fig. 32). Le genre *Bellerophon* représen-

<hr>

1. Les lettres G. N. qui accompagnent les figures signifient *grandeur naturelle*, et les chiffres les fractions de cette grandeur.

tait, entre autres, les mollusques gastéropodes, qui, comme le

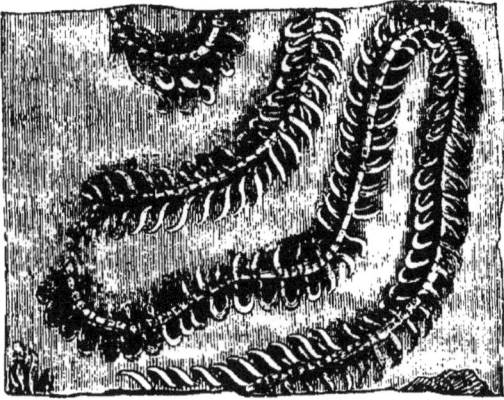

Fig. 31. Nereites cumbriensis. (1/2 G. N.)

Limaçon, rampent sur une partie charnue placée sous le ventre.

Parmi les mollusques lamellibranches, dont l'Huître est le type, qui manquent de tête et sont presque toujours dépour-

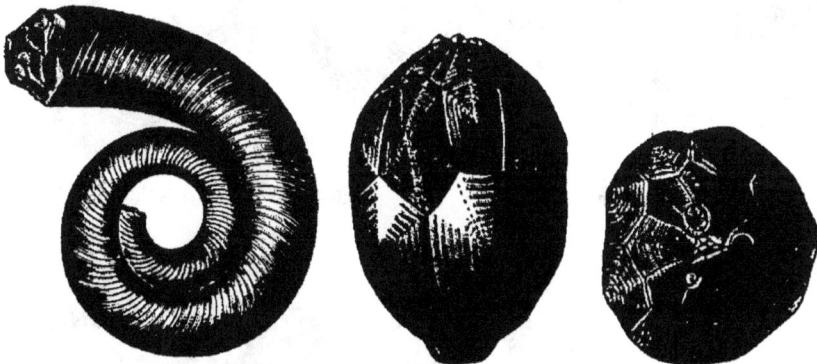

Fig. 32. Lituites cornu-arietis. (1/3 G. N.)   Fig. 33. Hemicosmites pyriformis. (1/3 G.N.

vus de motilité, il existait alors tout un genre, le genre *Ortho-nota*. Il y avait aussi d'autres genres appartenant aux mollusques brachiopodes et bryozoaires. Parmi les zoophytes, on doit citer le genre *Hemicosmites* : la figure 33 représente une espèce de ce genre, l'*Hemicosmites pyriformis*.

Les mers contenaient quelques plantes marines d'une organisation inférieure : c'étaient des sortes de varechs, que l'on a rapportés aux genres *Buthrotephis*, *Palæophicus* et *Sphenothallus*.

Le *terrain silurien inférieur* existe en France, dans le Lan-

6

guedoc, dans les environs de Neftiez et de Bédarrieux, ainsi que
sur le grand massif de la Bretagne. On le retrouve en Angleterre, en Bohême, en Espagne, en Russie, etc., comme aussi
dans le nouveau monde. Des calcaires, des grès, des schistes
(ardoises d'Angers) entrent dans sa composition minéralogique.

Période silurienne supérieure. — (*Wenlock* et *Ludlow's formation*
des géologues anglais.) — Pendant la sous-période silurienne
supérieure, les mers contiennent quelques genres de poissons
inconnus à l'époque silurienne inférieure, un grand nombre
de Trilobites, qui atteignent alors leur maximum de dévelop-

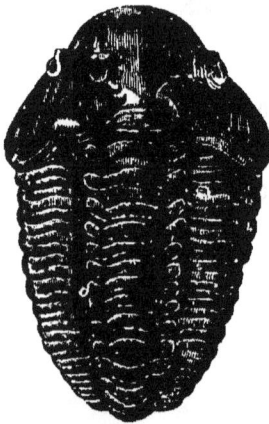

Fig. 34. Calymene Blumenbachii. (G. N.)

Fig. 35. Pentamerus Knightii. (1/3 G. N

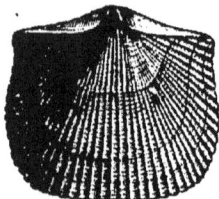

Fig. 36. Orthis rustica. (G. N.)

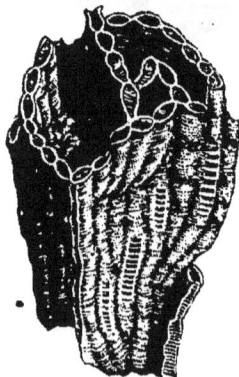

Fig. 37. Halysites labyrinthica. (G. N.

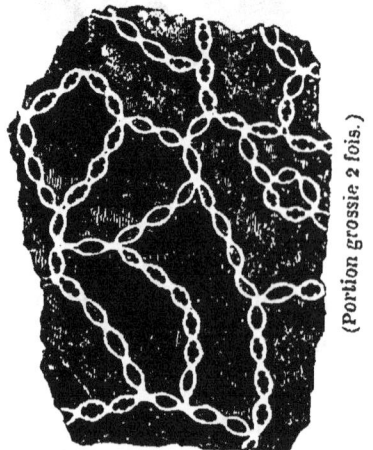

(Portion grossie 2 fois.)

pement, entre autres le *Calymene Blumenbachii* (fig. 34); des
Phragmoceras, des Brachiopodes, parmi lesquels nous citerons

le *Pentamerus Knightii* (fig. 35) et l'*Orthis rustica* (fig. 36) ;
quelques Polypiers, comme l'*Halysites labyrinthica* (fig. 37).

Deux crustacés d'une forme très-bizarre et qui ne ressemble

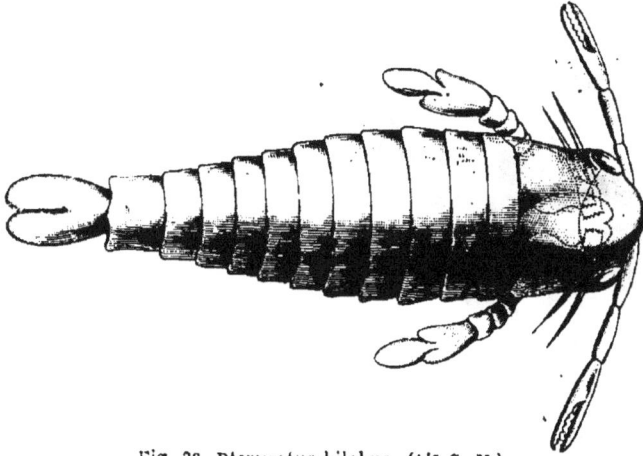

Fig. 38. Pterygotus bilobus. (1/2 G. N.)

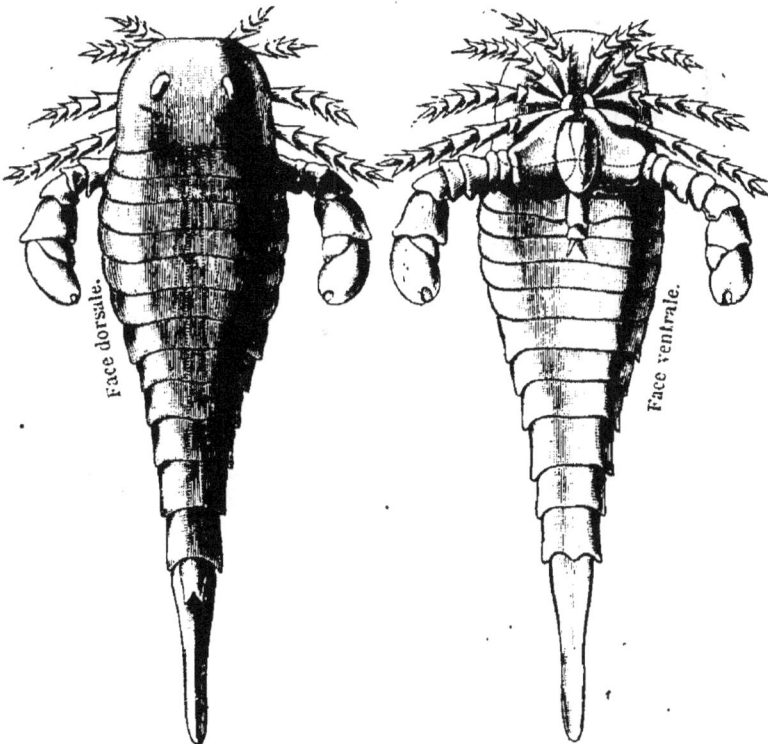

Fig. 39. Eurypterus remipes. (G. N.)

point d'ailleurs à celle des Trilobites, ont été trouvés dans
le terrain silurien de l'Amérique et de l'Angleterre : le *Ptery-*

gotus bilobus (fig. 38) et l'*Eurypterus remipes* (fig. 39). Ces Crustacés habitaient peut-être les eaux douces.

La plupart des Trilobites, avons-nous déjà dit, pouvaient se rouler en boule comme nos Cloportes, sans doute pour se soustraire à l'attaque d'un ennemi. On peut représenter, comme le montre la figure 40, un de ces Trilobites, le *Calymene Blumenbachii*, enroulé sur lui-même.

Les mers étaient déjà abondamment peuplées à la fin de la période silurienne supérieure,

Fig. 40. Calymene Blumenbachii, enroulé sur lui-même. (G. N.)

car les naturalistes connaissent aujourd'hui plus de 1500 espèces végétales et animales appartenant à l'ensemble de la période silurienne.

Parmi les plantes marines, on a trouvé dans le terrain qui correspond à cette sous-période, quelques espèces d'algues que l'on rapporte au genre *Fucoïdes*.

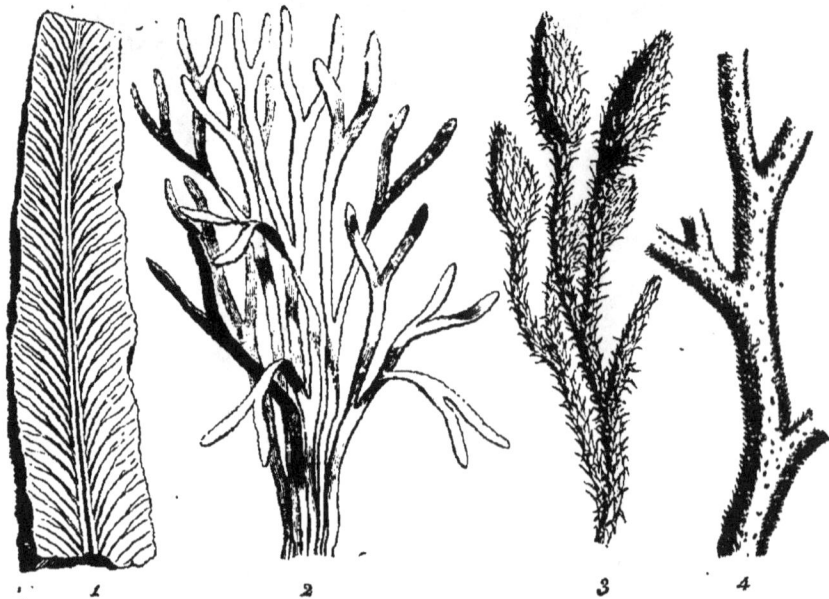

Fig. 41. Plantes de la période silurienne.
1 et 2. Algues. (G. N.) — 3 et 4. Lycopodes. (G. N.)

Nous représentons dans la figure 41 quelques plantes de cette période d'après les empreintes qu'on en a retrouvées.

Le *terrain silurien* se retrouve en France dans les départements de la Manche, du Calvados, de la Sarthe, etc. ; en Angleterre, en Espagne, en Allemagne (bords du Rhin); en Bohême, où il est très-développé, surtout aux environs de Prague; en Suède, où il comprend toute l'île de Gothland; en Norvége, en Russie, etc. On le retrouve dans les deux Amériques, surtout aux environs de New-York [1].

Nous ajouterons, pour caractériser le terrain silurien considéré dans son ensemble, qu'il est de tous les terrains le plus disloqué. Il ne laisse jamais apparaître, dans les pays où on le trouve, que des lambeaux échappés aux nombreuses éruptions qui l'ont traversé depuis les premiers âges. Ses couches, originairement horizontales, sont relevées, contournées, plissées, quelquefois même verticales, comme dans les ardoisières d'Angers. Alc. d'Orbigny a rencontré dans les Andes de l'Amérique l'étage silurien, avec ses fossiles, à la hauteur de 5000 mètres au-dessus de la mer. Quels énormes soulèvements du sol ont été nécessaires pour porter ces fossiles à une telle élévation !

A l'époque silurienne, les mers occupaient encore la terre presque tout entière; elles couvraient la plus grande partie de l'Europe : tout l'espace compris depuis l'Espagne jusqu'aux monts Ourals était sous les eaux. Il y avait seulement en France deux îles émergées : l'une formée des terrains granitiques de la Bretagne et de la Vendée actuelle, l'autre constituée par le grand plateau central et composée des mêmes terrains. La partie nord de la Norvége, de la Suède et de la Laponie russe formait une vaste surface continentale. En Amérique, les terres émergées étaient plus nombreuses. Dans l'Amérique septentrionale, une île s'étendait du 50e au 68e degré de latitude, dans la partie qui porte aujourd'hui le nom de *Nouvelle-Bre-*

---

1. Dans le Languedoc, où la formation silurienne a été découverte et étudiée par MM. Graff et Fournet, ces observateurs ont reconnu, le long de la base de l'Espinouse, les schistes chloriteux, verts et primordiaux, surmontés de leurs ardoises, qui deviennent d'autant plus pures que l'on s'éloigne davantage de ce massif granitique et gneissique pour se rapprocher de la vallée du Jour. C'est sur ces couches que repose le système silurien, lequel s'enfonce vers la plaine, sous les terrains secondaire et tertiaire.

tagne. Une autre île dessinait les côtes actuelles des États-Unis sur l'océan Pacifique, du 32ᵉ au 52ᵉ degré de latitude, c'est-à-dire la Californie, l'Youtah et l'Orégon actuels. Dans l'Amérique méridionale, sur l'océan Pacifique, le Chili formait une île allongée. Sur l'Atlantique, la partie du Brésil contenue entre les 10ᵉ et 30ᵉ degrés de latitude s'élevait au-dessus des eaux. Enfin, dans la région de l'équateur, la Guyane formait un dernier îlot sur la vaste mer qui couvrait encore toutes les autres parties du monde.

Sur la carte placée en regard de cette page, on a représenté les terrains qui s'élevaient au-dessus des eaux pendant la période silurienne, dans la partie de l'Europe qui devait un jour former la France. On voit qu'à cette époque la mer couvrait l'emplacement actuel de notre pays, à l'exception d'une partie de la Bretagne et du plateau central d'Auvergne, qui formaient deux îles sur le vaste océan primordial.

FRANCE
à l'époque
DE LA MER SILURIENNE

Kilomètres

PÉRIODE DEVONIENNE.

On désigne une autre période historique de la terre sous le nom de *devonienne*, parce que le terrain qui correspond à cette période apparaît très-nettement et avec beaucoup d'étendue dans le Devonshire, en Angleterre.

Les continents récemment déposés par les mers s'enrichirent, pendant la période devonienne, de quelques espèces végétales et animales d'une organisation plus complexe que celles qui avaient apparu sur le globe primitif. On suivra sans doute avec intérêt, dans cet ouvrage, les progrès successifs que présente l'organisation des êtres à mesure que la terre avance en âge, et, pour ainsi dire, s'éloigne de son berceau. Le Créateur semble s'appliquer sans cesse à produire des espèces vivantes de plus en plus achevées. Nous avons vu, pendant la période silurienne, la vie éclore et l'organisation débuter par des plantes d'un ordre tout à fait inférieur, par des algues et des lycopodes, par des zoophytes, des articulés, des mollusques. Nous verrons, à mesure que notre globe vieillit, l'organisation se compliquer sans cesse. Les vertébrés, représentés par de nombreux poissons, viendront après les zoophytes, les articulés et les mollusques. Apparaîtront ensuite les reptiles; puis les mammifères et les oiseaux; jusqu'à ce qu'enfin Dieu fasse sortir de ses mains son suprême ouvrage, l'Homme, le roi de la terre, qui a pour signe et pour agent de sa supériorité, l'intelligence, cette flamme céleste, émanation de Dieu[1].

1. Il est bon de remarquer que, tout en débutant par des sortes d'essais, des tentatives d'organisation, la nature y procédait sur une très-grande échelle. Les crustacés sont en nombre déjà considérable dans les terrains siluriens. Les mollusques qui portent le nom de *Goniatites*, et que nous verrons apparaître dans cette période, présentent une organisation déjà passablement compliquée, comme l'est d'ailleurs celle de tous les mollusques de la famille des Ammonidées dont les *Goniatites* font partie, et ils sont répandus dans les terrains devoniens avec une prodigieuse prodigalité. Dans les Pyrénées, par exemple, le marbre

La figure 42 représente une vue idéale de la terre pendant la période devonienne. C'est une vaste mer, couverte de quelques îlots. Sur les rochers, se traînent les articulés et les mollusques propres à cette époque. On voit, échoué sur le rivage, le corps d'un gros poisson cuirassé. L'un des îlots est couvert d'un groupe d'arbustes (*Asterophyllites coronata*) mêlés à des plantes presque herbacées qui ressemblent à des mousses, quoique les véritables mousses n'aient apparu que bien plus tard.

La végétation est encore ici humble dans son développement, car les arbres de haute futaie font complétement défaut ; les Astérophyllites, simples arbustes, élèvent seuls vers le ciel une tige grêle et élancée. La lumière, encore trop pâle, vu la demi-opacité de l'atmosphère, ne permettait guère que le développement d'une végétation essentiellement cellulaire, lâche et vasculaire. Des cryptogames, dont nos champignons actuels peuvent nous donner l'idée, devaient former la plus grande partie de cette végétation primitive ; mais en raison de la mollesse de leur tissu, de leur peu de consistance, de l'absence de fibres ligneuses, les vestiges de ces premières plantes ne sont pas venus jusqu'à nous.

Les formes végétales propres à la période devonienne différaient beaucoup, on le voit, de celles qui appartiennent à l'époque actuelle. Les plantes de cette période tenaient à la fois des mousses et des lycopodes, végétaux cryptogamiques d'un ordre inférieur et qui manquent de fleurs apparentes. Les lycopodes sont des végétaux herbacés qui ne jouent qu'un rôle secondaire dans la végétation actuelle du globe ; mais, dans les premiers temps de la création organique, ils avaient la prédominance dans le règne végétal, tant par la dimension des individus que par la variété et le nombre de leurs espèces.

---

de Campan, dont la couche n'a pas moins de quarante mètres de puissance, n'est pour ainsi dire qu'une pâte calcaire dans laquelle les Goniatites sont entassés les uns sur les autres comme des figues dans leurs caissons. Cette disposition permet de calculer approximativement le nombre de ces animaux que doit contenir un bloc de dimension déterminée. En partant de cette donnée, M. Élie de Beaumont a trouvé qu'une couche de ce calcaire qui n'aurait qu'un mètre d'épaisseur sur un myriamètre carré de superficie, en renferme *vingt-sept mille milliards*.

Fig. 42. Vue idéale de la terre pendant la période devonienne.

L'arbuste élégant qui porte le nom d'*Asterophyllites coronata*, et que l'on voit sur la planche 42, doit être rangé dans une famille, aujourd'hui complétement anéantie, appartenant à cette division des Dicotylédones qui comprend maintenant les *Conifères*, ou arbres verts, et les *Cycadées*. Les feuilles aiguës des Astérophyllites s'étalaient en rayons de cercle, sur des rameaux verticillés.

Nous représentons dans la figure 43 trois espèces végétales

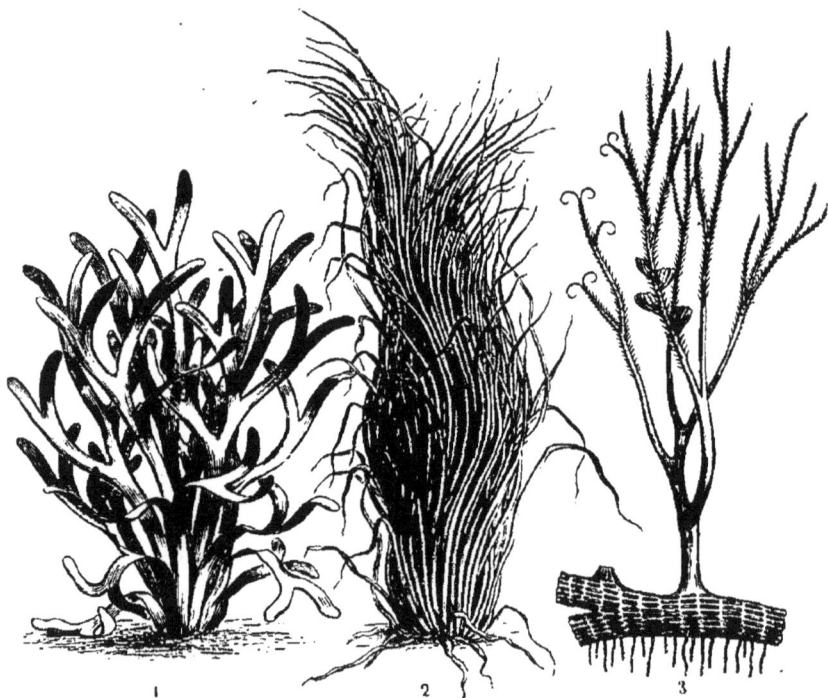

Fig. 43. Plantes de la période devonienne.
1. Algues. — 2. Zostera. — 3. Psilophyton. (G. N.)

aquatiques propres à la période devonienne : ce sont des *Fu-coïdes* (algues), des *Zostera* et le *Psilophyton*.

Jetons maintenant un rapide coup d'œil sur les animaux appartenant à cette période.

La classe des Poissons tenait alors le premier rang par son importance ; mais la structure de ces animaux était bien différente de celle de nos poissons actuels. Il étaient pourvus d'une sorte de cuirasse ; de là leur nom de poissons *ganoïdes*.

c'est-à-dire cuirassés. On possède de nombreux échantillons du *Pterichthys cornutus*, poisson bizarre, dont le corps, revêtu d'une grande carapace à plusieurs pièces, portait une très-petite tête, munie de deux nageoires en forme d'ailes.

Nous représentons dans la fig. 44 le *Pterichthys cornutus*, en même temps que deux autres poissons de la même période, le *Coccosteus* et le *Cephalaspis*. Le *Pterichthys* était entièrement cui-

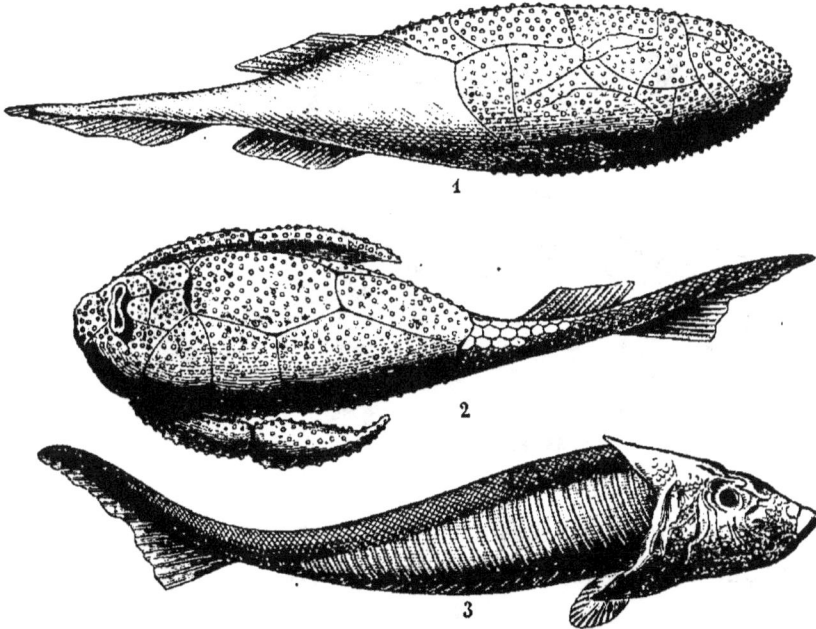

Fig. 44. Poissons de la période dévonienne.
1. Coccosteus (1/3 G. N.); 2. Pterichthys (1/4 G. N.); 3. Cephalaspis (1/4 G. N.).

rassé; le *Coccosteus* n'était défendu que dans la moitié supérieure de son corps, par une cuirasse; le *Cephalaspis* n'était protégé que dans la partie antérieure du corps.

D'autres poissons ne présentaient pas une cuirasse à proprement parler, mais seulement des écailles très-résistantes qui enveloppaient leur corps entier. Tels étaient l'*Acanthodes*, le *Climatius* et le *Diplacanthus*, que nous représentons sur la figure 45.

On trouve encore dans cette période, des *Annélides tubicoles*, animaux vermiformes, protégés extérieurement par une enveloppe testacée, qui se montrent ici pour la première fois, et sont représentés par le genre *Serpule*; des crustacés (*Argès*).

Les Trilobites sont encore assez nombreux, surtout à la base des terrains correspondant à cette période. On y trouve un

Fig. 45. Poissons de la période devonienne.
1. Acantbodes. — 2. Climatius. — 3. Diplacanthus.

grand nombre d'espèces de mollusques dont les brachiopodes forment plus de la moitié. On peut dire de cette période que

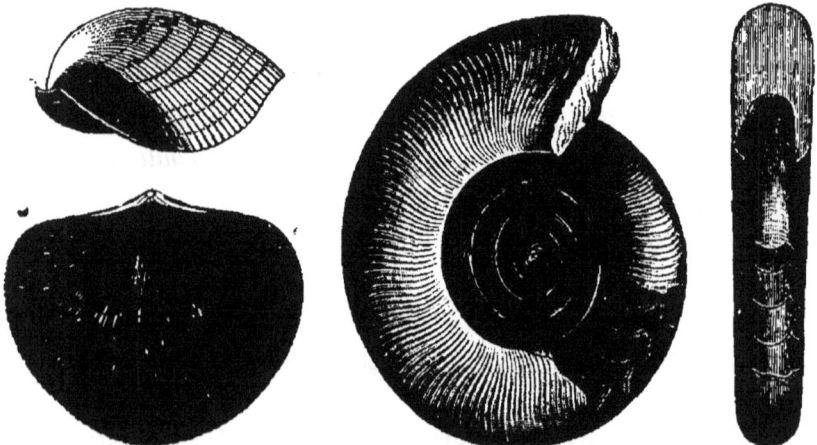

Fig. 46. Atrypa reticularis.　　　Fig. 47. Clymenia Sedgwicki.

c'est le règne des brachiopodes; ils y revêtent des formes extraordinaires, et leurs espèces sont en nombre immense

Parmi les plus curieux, citons l'énorme *Strigocephalus Burtini*, le *Davidsonia Verneuilii*, l'*Uncites gryphus*, la *Calceola sandalina*, mollusques aux formes bizarres, qui s'éloignent de tout ce que nous connaissons. Parmi les plus caractéristiques de ces mollusques sont en première ligne l'*Atrypa reticularis* (fig. 46), les *Spirigera concentrica*, la *Leptæna Murchisoni*. On commence à rencontrer des *Productus subaculeatus*. Citons aussi le *Clymenia Sedgwicki* (fig. 47).

De beaux céphalopodes dont faisaient partie les *Goniatites*, voisins du genre des Ammonites qui caractérisent l'époque secondaire, vivaient pendant la période devonienne.

Parmi les nombreux Radiaires de cette époque, il faut citer

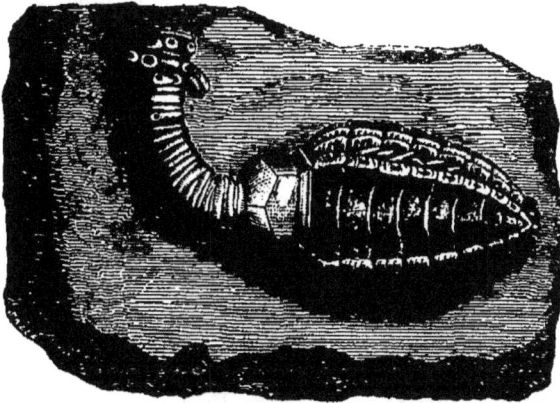

Fig. 48. Cupressocrinus crassus.

en première ligne l'ordre des Crinoïdes. Nous représentons, comme exemple, le *Cupressocrinus crassus* (fig. 48).

Les Encrines, nom sous lequel on désigne souvent tous ces animaux, vivaient attachés dans les lieux rocailleux, au milieu des bancs les plus profonds, la bouche en haut, attendant leur proie, et ressemblant à des arbustes de pierre. En effet, leur corps était ordinairement composé de cinq bras, lesquels s'ouvraient ou s'étalaient pour saisir la proie. Ce corps était porté sur une tige composée de nombreuses articulations, et qui était attachée au sol par une sorte de racine. C'est pour rappeler cette fixité au sol et la facilité de pouvoir ouvrir et fermer ses bras comme le calice d'une fleur, que l'on a quelquefois donné aux Encrines le nom vulgaire de *fleurs de pierre*.

Les Encrines vivaient déjà à l'époque silurienne ; il existait

dans les mers de cette époque un genre tout entier appartenant à l'ordre des Encrines et que nous avons signalé : c'était
le genre *Hemicosmites*. Le nombre des Crinoïdes augmente
beaucoup dans les mers de la période devonienne. Il diminue
à mesure que l'on s'éloigne de cette période géologique, et de
nos jours deux genres seulement représentent ces animaux,
dont les formes ont été si nombreuses et si variées dans les
mers primitives.

Terrain devonien. — Le terrain devonien se compose de
schistes, de grès et de calcaires divers. Il existe dans le nord,
dans l'ouest, dans le midi de la France, et en Belgique, en
Russie, en Espagne, en Amérique, etc. Il constitue le *vieux grès
rouge*, très-répandu en Angleterre, et le terrain dit de *grauwacke*.

Les terrains devoniens renferment les plus anciens dépôts de
combustibles connus. Telles sont probablement les houilles
qui sont exploitées en France dans les départements de la
Loire-Inférieure et de Maine-et-Loire, et en Espagne, dans les
Asturies.

Nous venons de dire que le terrain devonien se compose de
grès, de schistes et de calcaires. La présence des grès et des
schistes argileux dans ce terrain n'aura rien qui surprenne le
lecteur, mais la présence de la chaux pourra, à bon droit, l'é-
tonner : le fait, dans tous les cas, exige une explication.

Dans les substances minérales dont nous avons parlé jusqu'ici comme composant notre globe, on n'a vu figurer encore
que le granit, c'est-à-dire le mélange de silicates de potasse,
de soude et de magnésie qui forment cette roche fondamentale[1]. C'est, avons-nous dit, aux dépens des composés consti-
tuants du granit que se sont formés les grès, les argiles et les
schistes de terrains primitifs et siluriens. Le nom de *chaux*
n'a pas été prononcé jusqu'ici. C'est qu'en effet le carbonate
de chaux, les composés calcaires, se montrent à peine dans les

---

1. Déjà le terrain silurien renferme, il est vrai, des bancs calcaires d'une
grande puissance. Cette remarque pourrait donc se reporter jusqu'à la période
antérieure.

premières assises minérales de notre globe. Toutefois, a partir
des périodes silurienne et devonienne, le carbonate de chaux
fait partie essentielle de ces terrains. Quelle est l'origine de ce
carbonate de chaux? D'où provenait cette substance qui apparaît en quantité déjà si notable dans les terrains devoniens?

Les fractures et dislocations de l'écorce solide du globe
étaient extrêmement fréquentes pendant ses premiers âges. Ce
n'était pas seulement du granit liquéfié qui s'épanchait à travers ses énormes fissures; il s'en échappait aussi des eaux
bouillantes, tenant en dissolution du bicarbonate de chaux,
mêlé quelquefois de bicarbonate de magnésie. De véritables
fleuves calcaires jaillissaient ainsi de l'intérieur du globe, ce
grand et inépuisable réservoir qui a fourni tout ce que la surface de la terre présente aujourd'hui à nos regards. Comme la
mer couvrait alors presque toute l'étendue de la sphère terrestre, ces fleuves d'eaux bouillantes calcaires se déchargeaient
nécessairement dans ses ondes. C'est ainsi que les mers, primitivement dépourvues de composés calcaires, furent chargées
de sels de chaux à partir des périodes silurienne et devonienne.
C'est par la même raison que les terrains formés plus-tard par
les dépôts des mers ont présenté, à partir de cette période, beaucoup de carbonate de chaux. Le même phénomène continuant
de se produire après la période devonienne, nous verrons
les terrains calcaires augmenter en nombre et en importance
dans la suite des âges géologiques dont nous présenterons
le tableau. Pendant les périodes jurassique et crétacée, ces
dépôts couvriront, sur la terre entière, des espaces immenses,
ils formeront des terrains d'une épaisseur de plusieurs centaines de mètres. Le phénomène de l'irruption d'eaux thermales
chargées de sels de chaux était à son origine pendant les périodes silurienne et devonienne: aussi avons-nous dû le mettre
en relief dans ce chapitre.

M. Leymerie, de Toulouse, a donné une autre explication de
l'origine des masses de carbonate de chaux qui existent dans
les terrains de notre globe[1].

---

1. *De l'origine et du mode de formation du calcaire et de la dolomie.* Communication faite à l'Académie de Toulouse, le 21 avril 1864.

Selon M. Leymerie, — et nous devons ajouter que Cordier était arrivé, de son côté, à la même pensée, — les eaux des mers primitives contenaient déjà de la chaux, à l'état de chlorure de calcium. Vers les époques que nous considérons, c'est-à-dire vers la période silurienne, et ensuite dans la période devonienne, il se fit de l'intérieur du globe, à travers des fractures et des dislocations de sa surface, de vastes irruptions d'eaux thermales chargées de carbonate de soude. Ces eaux contenant du carbonate de soude s'étant mêlées aux eaux de la mer, alors très-chargées (dans cette hypothèse) de chlorure de calcium, il se fit entre ces deux sels une double décomposition chimique, d'où résulta d'une part du carbonate de chaux insoluble dans l'eau, et d'autre part du chlorure de sodium soluble.

Ainsi se seraient formés les dépôts de carbonate de chaux amorphe et pulvérulent qui, transportés par les courants, se seraient déposés en divers lieux, formant de véritables terrains.

La même théorie rend compte de la formation du carbonate de magnésie, en admettant que les mers de cette époque renfermassent du chlorure de magnésium.

Cette théorie porte, il faut le reconnaître, un caractère de simplicité bien séduisant.

PÉRIODE CARBONIFÈRE.

A la période devonienne succède, dans l'histoire de notre globe, la période *carbonifère*. C'est dans les terrains qui ont pris naissance à cette époque, que nous trouvons aujourd'hui la *houille*[1] ou *charbon de terre*.

La houille, comme on va le voir, est la substance même des végétaux qui ont vécu dans ces temps reculés. Ensevelis sous d'énormes épaisseurs de roches, ces végétaux s'y sont conservés jusqu'à nos jours, après s'être modifiés dans leur nature intime et leur aspect extérieur. Ayant perdu un certain nombre de leurs éléments constitutifs, ils se sont transformés en une sorte de charbon, imprégné de ces substances bitumineuses ou goudronneuses qui sont les produits ordinaires de la décomposition lente des matières organiques.

Ainsi, la houille qui alimente nos usines et nos fourneaux, qui est l'agent fondamental de notre production industrielle et économique, la houille qui sert à chauffer nos demeures, et qui fournit le gaz employé pour nous éclairer, cette houille est la propre substance des plantes qui composaient les forêts, les herbages et les marécages de l'ancien monde, à une époque que la chronologie humaine ne saurait assigner avec précision. Nous ne dirons pas, avec quelques personnes qui croient que tout dans la nature a été fait à l'intention de l'homme, et qui se font ainsi une idée bien incomplète du vaste ensemble de la création, nous ne dirons pas que les végétaux de l'ancien monde n'ont vécu et ne se sont multipliés que pour préparer un jour à l'homme ses agents de production économique et industrielle. Il faudrait, en effet, regretter

---

1. Le nom de *houille* vient d'un vieux mot saxon : *hulla*, qui servait à désigner, chez les Allemands, ce genre de combustible.

alors que ce précieux héritage de la vie du monde ancien ne se rencontre le plus souvent qu'à des profondeurs inaccessibles à nos atteintes. Mais nous ferons admirer à nos jeunes lecteurs le pouvoir de la science moderne, qui, après un intervalle de temps si prodigieusement reculé, sait découvrir l'origine précise de ces substances végétales, et signaler, avec la plus grande exactitude, les genres et les espèces auxquels ont appartenu des plantes dont aucun représentant identique n'existe aujourd'hui sur la terre.

Le caractère fondamental de la période que nous allons étudier, c'est l'immense développement d'une végétation qui couvrait alors le globe tout entier. L'épaisseur considérable des terrains qui représentent aujourd'hui cette période, les accidents variés qu'on observe dans ces terrains partout où on les rencontre, portent à penser que cette phase historique est peut-être celle qui a le plus longtemps duré.

Arrêtons-nous un instant pour donner une idée exacte du caractère général qu'a dû présenter notre planète pendant la période carbonifère. Une chaleur excessive, une humidité extrême, tels étaient alors les attributs de l'atmosphère. Les congénères des espèces auxquelles appartiennent les végétaux de la période carbonifère, ne vivent aujourd'hui que sous les brûlantes latitudes des tropiques, et les énormes dimensions que nous présentent ces mêmes végétaux à l'état fossile, prouvent, d'autre part, que l'atmosphère devait alors être saturée d'humidité. Le voyageur Livingstone, qui, de nos jours, a fait à l'intérieur de l'Afrique de si importantes observations, nous a appris que des pluies continuelles, jointes à une chaleur intense, sont le caractère climatérique des parties de l'Afrique équatoriale où se plaît la végétation puissante et touffue que l'on y admire.

Circonstance remarquable, cette température élevée, jointe à cette humidité constante, n'était point spécialement propre à certaines régions du globe : la chaleur était la même à toutes les latitudes. Depuis les régions équatoriales jusqu'à cette île Melville (dans l'Océan glacial arctique), où de nos jours les frimas sont éternels; depuis le Spitzberg jusqu'au centre de l'Afrique, la flore carbonifère présente une idendité presque complète. Quand on trouve à peu près les mêmes fossiles a Groënland et dans la Guinée, quand on voit les mêmes espèces végétales aujourd'hui éteintes se rencontrer, avec le même degré de développement, à l'équateur et au pôle arctique, on est bien forcé de reconnaître qu'à cette époque la température du globe était la même partout. Ainsi, ce que nous nommons aujourd'hui le *climat* était inconnu pendant les temps géologiques : il n'y avait qu'un seul climat pour le globe entier. Ce n'est que plus tard, c'est-à-dire à l'époque tertiaire, par les progrès du refroidissement du globe, que le froid a commencé de se faire sentir aux deux pôles terrestres.

D'où provenait cette uniformité de température qui a lieu de nous étonner aujourd'hui ? Elle tenait à l'excessive chaleur du globe. La terre était encore si chaude par elle-même, que sa température propre primait, rendait superflue et inappréciable la chaleur que lui envoyait l'astre central, c'est-à-dire le soleil.

Une particularité établie avec moins d'exactitude que la précédente est relative à la composition chimique de l'air pendant la période carbonifère. En voyant la masse énorme de végétaux qui couvraient alors le globe, et s'étendaient d'un pôle à l'autre, en considérant la grande proportion de carbone et d'hydrogène qui existe dans la houille, toujours remplie de matières bitumineuses, on a cru pouvoir en inférer que l'atmosphère de cette époque devait être beaucoup plus riche en acide carbonique que l'atmosphère de nos jours. On a même voulu expliquer par la forte proportion de gaz acide carbonique qui aurait existé dans l'air atmosphérique, le petit nombre d'animaux, ou du moins d'animaux aériens, qui vivaient alors. C'est là une pure induction manquant de preuves. Rien ne prouve que l'atmosphère terrestre pendant la période carbonifère fût plus riche en acide carbonique que celle de nos jours. Comme on ne peut émettre ici que de vagues conjectures, on ne saurait professer avec confiance l'opinion que l'air atmosphérique, pendant cette période, fût plus riche en acide carbonique que celui que nous respirons.

Ce qu'on peut faire remarquer avec certitude, comme caractère frappant dans la végétation du globe pendant cette phase de son histoire, c'est le développement prodigieux que présentaient alors les espèces végétales.

Les Fougères, qui, de nos jours et dans nos climats, ne sont le plus souvent que des herbes vivaces, se présentaient quelquefois, pendant la période carbonifère, sous la forme d'espèces d'un port très-élevé.

Tout le monde connaît ces herbes marécageuses, à tiges cylindriques, creuses, cannelées, articulées, dont les articles sont munis de gaînes membraneuses, dentées, et qui portent les noms vulgaires de *Prêle, Queue de cheval;* leurs fructifications forment, par leur ensemble, un chaton, composé de plusieurs cercles d'écailles portant à leur face inférieure des sacs pleins de *spores*, lesquelles, par leur évolution, reproduisent la plante mère. Ces humbles prêles étaient représentées, pendant la période houillère, par des arbres herbacés, sortes d'immenses asperges de 7 à 8 mètres d'élévation et de 1 à 2 décimètres de diamètre. Leurs troncs, cannelés longitudinalement et divisés dans le sens transversal par des lignes d'articulation, nous ont été conservés : ils portent le nom de *Calamites.*

Nos Lycopodes actuels sont d'humbles plantes, le plus souvent rampantes : elles n'atteignent pas 1 mètre de haut. Or, les Lycopodiacées de l'ancien monde étaient des arbres de 25 à 30 mètres d'élévation; c'étaient les *Lepidodendrons* qui peuplaient les forêts. Leurs feuilles atteignaient quelquefois un demi-mètre de long et leur tronc avait jusqu'à 1 mètre de diamètre; tel était le *Lepidodendron carinatum*. Une autre Lycopodiacée de cette époque, le *Lomatophloyos crassicaule*, avait aussi des dimensions colossales. Les *Sigillaria* dépassaient quelquefois la hauteur de 30 mètres. Les fougères herbacées, alors prodigieusement abondantes, croissaient à l'ombre de ces arbres gigantesques. C'est la réunion de ces arbres de haute taille et d'arbustes qui formait les immenses forêts de la période carbonifère

Quoi de plus surprenant que l'ensemble de cette exubérante végétation ! ces Sigillariées immenses qui dominaient les forêts; ces Lepidodendrons à la tige élancée et flexible ; ces *Lomatophloyos*, qui offraient l'image d'*arbres herbacés* à taille gigantesque, garnis de feuillets verdoyants ; ces Calamites de 10 mètres de hauteur ; ces élégantes fougères arborescentes, au feuillage

aérien et aussi finement découpé que de la dentelle; ces fougères herbacées, au feuillage indéfiniment accidenté! Rien ne
saurait nous donner aujourd'hui l'idée de ce prodigieux et immense revêtement d'une verdure immuable qui couvrait la
terre d'un pôle à l'autre, sous une température brûlante et la
même partout.

Dans l'épaisseur de ces forêts inextricables, les plantes pa-
rasites se suspendaient aux troncs des grands végétaux en
touffes ou en guirlandes, comme les lianes de nos forêts équatoriales. C'étaient presque toutes de jolies fougères, des *Sphenopteris*, des *Hymenophyllites;* elles s'attachaient aux tiges des grands
arbres, comme les Orchidées et les Broméliacées de nos jours.

Les bords des eaux étaient couverts de plantes diverses, aux
feuilles légères et verticillées, appartenant peut-être aux Dicotylédones : l'*Annularias fertilis*, les *Sphenophyllites* et les *Asterophyllites*.

Combien cette végétation, tout à la fois puissante par les dimensions des individus et par les immenses espaces qu'elle
occupait, bizarre dans ses formes, et généralement simple dans
son organisation, était différente de celle qui embellit aujour-
d'hui la terre et charme nos regards! Elle avait certainement
pour privilége la grandeur, la force et la croissance rapide;
mais combien elle était peu riche en espèces! combien elle était
uniforme dans son aspect! Aucune fleur ne parait encore le
feuillage et ne variait le ton des forêts. Une verdure éternelle
couvrait les branches des fougères, des lycopodes et des prêles,
qui composaient en grande partie la végétation de cette époque,
formée d'une quantité innombrable d'individus, mais réduite à
très-peu d'espèces, appartenant surtout aux types inférieurs
de la végétation, c'est-à-dire aux cryptogames. Aucun fruit
apparent, propre à servir à la nourriture, n'apparaissait sur
les rameaux. C'est assez dire que les animaux terrestres n'existaient pas encore. Les mers seules avaient de nombreux habitants; le règne végétal occupait exclusivement la terre, qui ne
devait que plus tard se couvrir d'animaux à respiration aérienne
et complète. Seulement quelques insectes ailés, des coléoptè-
res, orthoptères et névroptères, animaient les airs, en y pro-
menant leurs couleurs diaprées.

Pour quels yeux, pour quelle pensée, pour quels besoins grandissaient ces forêts solitaires? Pour qui ces majestueux et infinis ombrages? Pour qui ces spectacles sublimes? Quels êtres mystérieux contemplaient ces merveilles? Question insoluble, et devant laquelle s'abîme et se tait notre raison impuissante.

Pour décrire avec exactitude la période carbonifère, il faut la distinguer en deux sous-périodes : la *sous-période du calcaire carbonifère*, qui a donné naissance à d'importants dépôts marins, et la *sous-période houillère*, qui est spécialement continentale. L'une et l'autre de ces sous-périodes ont laissé des dépôts de matière combustible; mais c'est surtout dans la seconde que ces dépôts abondent et peuvent être exploités pour les besoins de l'industrie humaine.

SOUS-PÉRIODE DU CALCAIRE CARBONIFÈRE.

La végétation qui couvrait les nombreuses îles de la mer carbonifère, consistait en fougères, équisétacées, lycopodiacées et dicotylédones gymnospermes.

Les *Annularia* et les *Sigillaria* appartiennent à des familles complétement éteintes de ce dernier embranchement.

Les *Annularia* étaient de petites herbes qui nageaient à la surface des eaux douces; leurs feuilles étaient verticillées en grand nombre à chaque articulation de la tige et des rameaux. Les *Sigillaria* étaient, au contraire, de très-grands arbres, à tronc simple, surmonté d'un panache de feuilles étroites et retombantes, à écorce souvent cannelée, présentant des impressions, ou cicatrices, laissées par les anciennes feuilles, et qui ressemblaient à des sceaux (*sigillum*) : de là leur nom. La figure 49 représente l'écorce d'un de ces *Sigillaria* qui se rencontrent si souvent dans les mines de houille : la figure 50, le tronc du même végétal.

. Les *Stigmaria*, d'après plusieurs paléontologistes, étaient des cryptogames à fructification souterraine. On n'en connaît que les

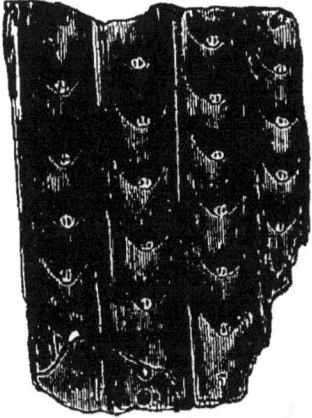

Fig. 49.
Écorce du Sigillaria lævigata. (1/2 G. N.)

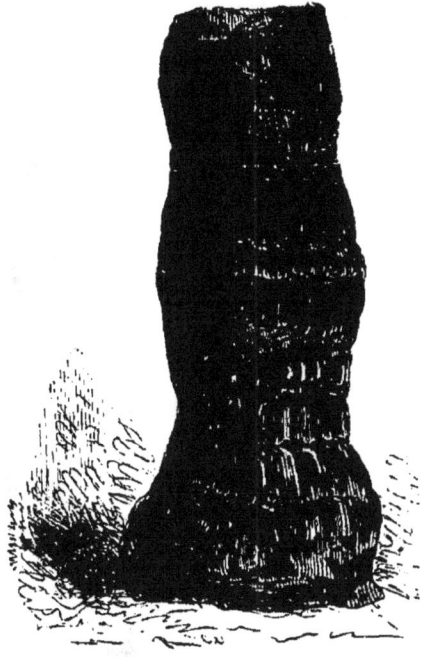

Fig. 50.
Tronc d'un Sigillaria. (1/10 G. N.)

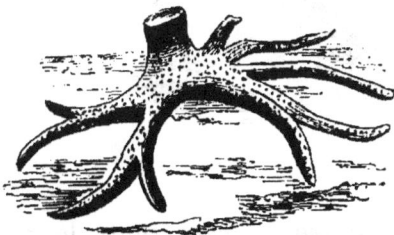

Fig. 51. Stigmaria. (1/20 G. N.)

Fig. 52. Tronc de Calamites. (1/5 G. N.)

longues racines (fig. 51), qui portaient les organes reproducteurs.

Les végétaux gigantesques qui ont reçu le nom de *Calamites* abondaient dans la période du calcaire carbonifère, comme

Fig. 53. Calamite restaurée. (10 à 12 mètres.)

dans la période suivante. La figure 52 représente le tronc de l'un de ces Calamites, les prêles gigantesques de l'ancien monde.

Nous représentons dans la figure 53 une de ces prêles gigantesques, ou Calamite de l'époque houillère, restaurée d'après M. Eugène Deslongchamps.

Cet arbre, à la tige herbacée, est représenté ici avec ses frondes (feuilles) et ses organes de fructification. Les Calamites se développaient comme nos asperges, par une tige souterraine, d'où partaient de distance en distance, des jets nouveaux, comme on l'a représenté sur la figure 53, où deux gros bourgeons sortent de terre.

Deux arbres énormes remplissaient les forêts de cette période : c'étaient le *Lepidodendron carinatum* et le *Lomataphloyos crassicaule.* Tous deux appartiennent à la famille de nos Lycopodiacées actuelles, qui ne renferment aujourd'hui, comme on l'a dit plus haut, que des espèces de très-petite taille.

Le tronc des *Lomatophloyos* était rameux; ses rameaux se terminaient par des touffes épaisses de feuilles linéaires et charnues.

Les *Lepidodendrons* avaient des tiges cylindriques bifurquées. Les branches prenaient leur évolution par *dichotomie*, c'est-à-dire en se divisant continuellement en deux jusqu'au sommet. L'extrémité de ces branches se terminait par une fructification en

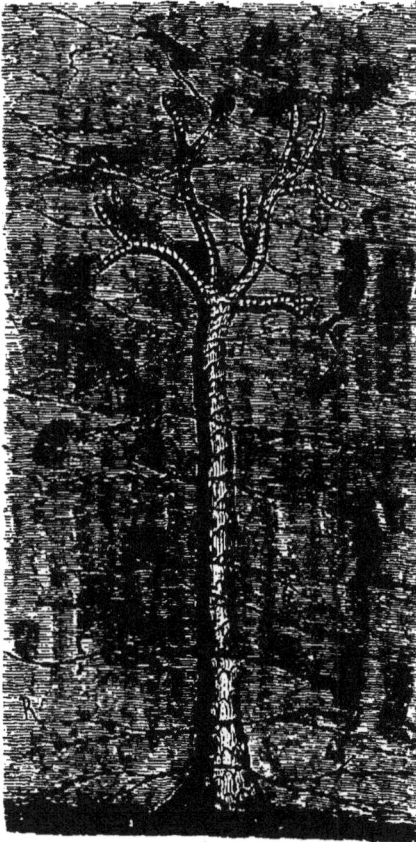

Fig. 54. Lepidodendron Sternbergii.

forme de cône garni d'écailles linéaires, auxquelles on a donné le nom de *lepidostrobus.* Cependant plusieurs de ces rameaux étaient stériles et se terminaient simplement par des frondes (feuilles) allongées.

La figure 54 représente le *Lepidodendron Sternbergii*, tel qu'on le trouve sous les schistes, dans les houillères de Swina, en Bohême. La figure 55 représente le même arbre avec ses rameaux et les traces de ses organes de fructification.

La figure 56 représente une portion de branche, garnie de ses feuilles, du *Lepidodendron elegans*.

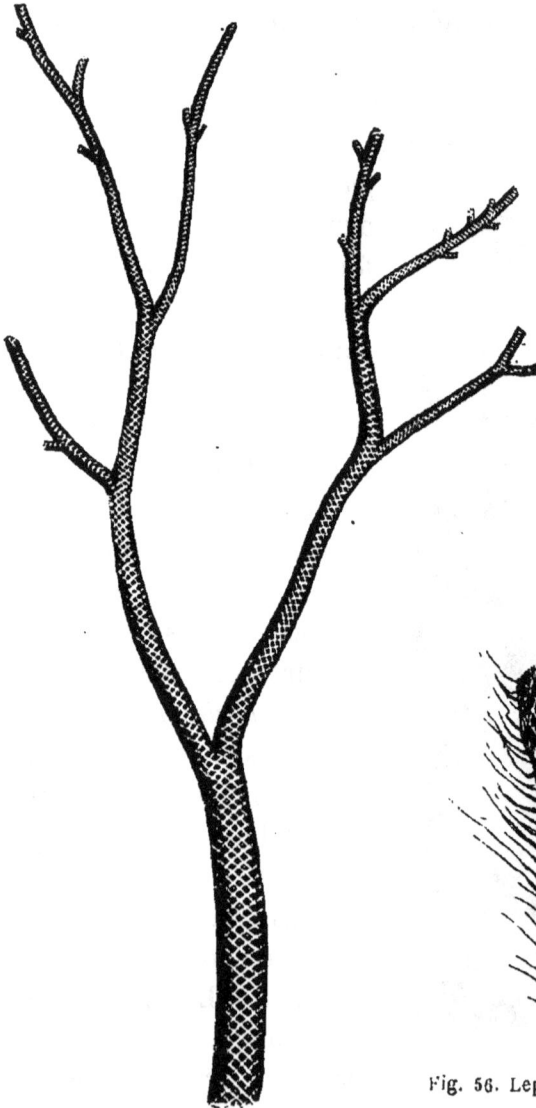

Fig. 56. Lepidodendron elegans. (G. N.)

Fig. 55. Lepidodendron Sternbergii. (1/6 G. N.).

M. Eugène Deslongchamps a bien voulu tracer la restauration du *Lepidodendron Sternbergii*, que nous représentons sur

la figure 57, et qui montre cet arbre entier avec sa tige, ses
rameaux, ses frondes et ses organes de fructification.

Fig. 57. Lepidodendron restauré (12 mètres).

Les fougères composaient une grande partie de la végétation
pendant la période du calcaire carbonifère. Nous mettons sous

les yeux du lecteur (fig. 58) la restauration d'une fougère arborescente, et d'une fougère herbacée de cette période.

Parmi les nombreuses espèces de fougères de la période du

Fig. 58. Fougère restaurée.
(1 et 2, *Fougères arborescentes*; 3 et 4, *Fougères herbacées*.)

calcaire carbonifère, il faut citer, comme la plus caractéristique, le *Sphenopteris laxus*.

Les mers de cette époque renfermaient un grand nombre de

zoophytes, près de 900 espèces de mollusques, quelques crustacés et des poissons.

On peut citer parmi les poissons, les genres *Psammodus* et *Coccosteus*, dont les dents étaient massives, insérées au palais, et propres à broyer; les *Holoptychius* et les *Megalichthys*.

Les mollusques étaient en majeure partie des brachiopodes de grandes dimensions. Les *Productus* atteignent ici un développement exceptionnel; nous citerons seulement le *Productus Martini* (fig. 59) et les *Productus semi-reticulatus* et *giganteus*. Il y

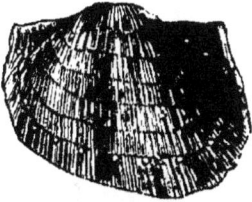

Fig. 59. Productus Martini. (/3 G. N.)   Fig. 60. Spirifer trigonalis. (1/2 G. N.)   Fig. 61. Spirifer glaber. (1/2 G. N.)

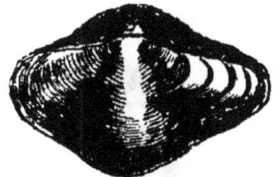

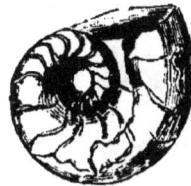

Fig. 62. Bellerophon costatus. (1/2 G. N.)   Fig. 63. Orthoceras. (1/2 G. N.)   Fig. 64. Goniatites evolutus. (G. N.)

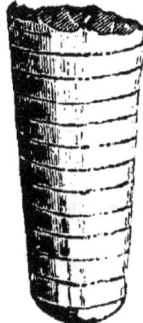

avait de gros *Spirifer*, comme les *Spirifer trigonalis* (fig. 60) et *glaber* (fig. 61). La *Terebratula hastata* nous a été conservée avec les bandes colorées qui ornaient la coquille de l'animal vivant. Les *Bellerophon*, gastéropodes dont la coquille, enroulée symétriquement sur elle-même, rappelle les Nautiles actuels de petite taille, mais n'est pas cloisonnée, étaient alors représentés par plusieurs espèces, entre autres par le *Bellerophon costatus* (fig. 62). Parmi les céphalopodes vivaient les *Orthoceras* (fig. 63), qui ressemblent à des Nautiles droits et rétrécis, et les *Goniatites* (*Goniatites evolutus*, fig. 64), genre voisin des Ammonites, dont il sera bientôt et souvent question.

Les crustacés sont rares dans le terrain du calcaire carbonifère : ce sont les derniers Trilobites (*Phillipsia*) qui s'éteignent
dans ce terrain. Quant aux zoophytes, ils consistaient surtout

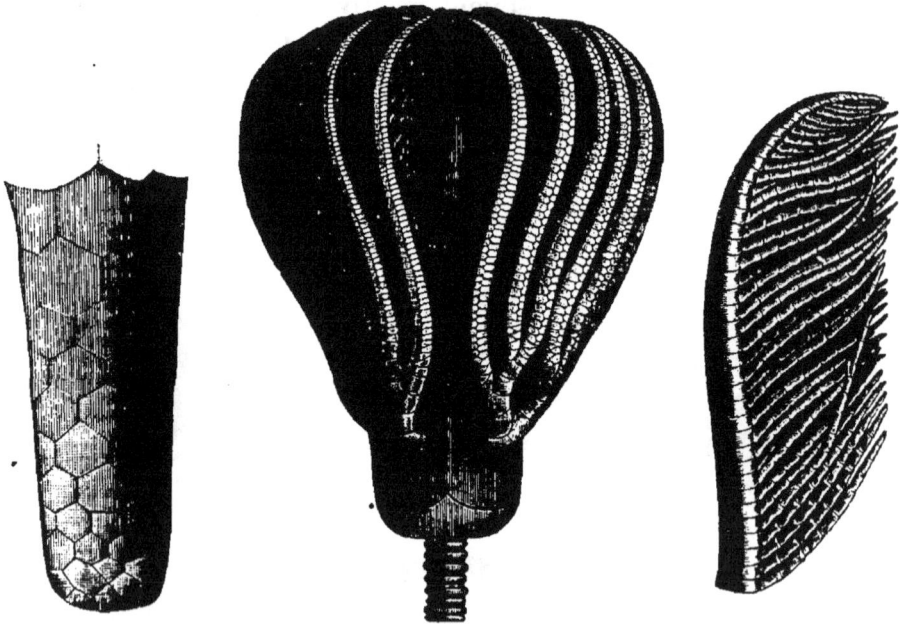

Fig. 65. Platycrinus triacanthodactylus. (G. N.)

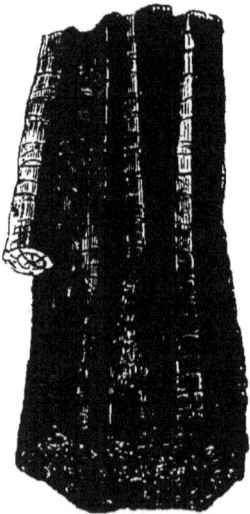

Fig. 66.
Lithostrotion basaltiforme.

Fig. 67.
Lonsdaleia floriformis.

Fig. 68.
Fusulina cylindrica.

en crinoïdes et polypiers. Les Encrines étaient représentés par
les genres *Platycrinus* (fig. 65) et *Cyathocrinus*; on y trouve des
mollusques bryozoaires.

Parmi les polypiers on compte les genres *Lithostrotion* (*Lithostrotion basaltiforme*, fig. 66), *Lonsdaleia* (*Lonsdaleia floriformis*, fig. 67), *Amplexus coralloïdes*. Parmi les mollusques bryozoaires, les genres *Fenestrella* et *Polypora*. Enfin un groupe d'animaux qui joueront un rôle très-important et seront très-abondamment représentés dans les couches des dernières périodes géologiques, vivaient déjà dans les mers de la période carbonifère : nous voulons parler des *Foraminifères*, animaux microscopiques, non agrégés, à l'existence individuelle distincte, et composés d'un corps entier, ou divisé en segments, recouvert d'une enveloppe ordinairement testacée (*Fusulina cylindrica*, fig. 68). Ces petits êtres, qui ont formé des bancs énormes et des terrains entiers pendant les périodes jurassique et crétacée, ont commencé d'apparaître pendant la période qui nous occupe.

La planche 69 représente, grâce à l'artifice d'une sorte d'*aquarium* idéal, quelques espèces dominantes de la population des mers pendant la période du calcaire carbonifère. A droite est une tribu de polypiers, aux reflets d'un blanc éclatant; les espèces représentées sont, en partant du bord, le *Lasmocyathus*, le *Chætetes* et le *Pllypora*. Le mollusque qui habite l'extrémité du tube allongé et conique en forme de sabre, est un *Aploceras*. Il semble préparer la venue de l'Ammonite, car si cette coquille allongée était enroulée sur elle-même, elle ressemblerait à l'Ammonite ou au Nautile.

Au milieu du premier plan sont le *Bellerophon huilcus*, le *Nautilus Koninckii* et un *Productus*, avec les nombreux piquants qui partent de l'intérieur et de l'extérieur de la coquille.

A gauche sont d'autres polypiers : le *Chonetes*, à la surface étalée et munie de petits piquants, et le *Cyathophyllum*, qui forme des tiges droites et cylindriques; des encrines (*Cyathocrius* et *Platycrius*) enroulent autour d'un tronc d'arbre, ou laissent flotter dans l'eau leur tige flexueuse. Des poissons (*Amblypterus*) s'agitent au milieu de ces êtres, dont la plupart sont entièrement immobiles, et fixés, comme des plantes, au rocher sur lequel ils se sont développés.

Le reste de cette planche nous montre une série d'îlots élevés sur une mer tranquille. Un de ces îlots est occupé par une

Fig. 69. Animaux marins de la période calcaire carbonifère.

forêt où se dessinent au loin les formes générales de la grande végétation de cette époque.

Terrain du calcaire carbonifère. — Le terrain formé par les dépôts des mers pendant la période du calcaire carbonifère est important à connaître en ce qu'il renferme de la houille, bien qu'en quantité beaucoup moindre que le terrain houiller. Il est essentiellement formé d'un calcaire compacte, d'une couleur grise, bleuâtre ou noirâtre. Le choc du marteau en fait exhaler une odeur fétide, due à la matière organique modifiée des mollusques et des zoophytes dont il renferme encore des débris très-reconnaissables.

Le calcaire carbonifère forme, dans le nord de l'Angleterre, de hautes montagnes ; aussi a-t-il reçu dans ce pays le nom de *calcaire de montagne.* On l'appelle encore *métallifère,* à cause des richesses minérales qu'il recèle dans le Derbyshire et le Cumberland. Ce terrain existe en Russie, dans le nord de la France et en Belgique, où il fournit ces marbres communs connus sous les noms de *marbres de Flandre* et de *petit granit.* Ces marbres sont exploités dans d'autres localités, telles que Regneville (Manche), soit pour la fabrication de la chaux, soit comme pierre d'ornement. Une des variétés du marbre exploité à Regneville, noire, à grandes veines jaunes, est fort belle.

En France, le *calcaire carbonifère,* avec ses grès, ses conglomérats, ses schistes et ses calcaires, est largement développé dans les Vosges, dans le Lyonnais et dans le Languedoc. Souvent en contact avec les syénites et les porphyres, il a été non-seulement bouleversé sur divers points, mais encore *métamorphosé* d'une foule de manières à cause de la variété des roches qui entrent dans sa constitution.

Aux États-Unis, le terrain du calcaire carbonifère occupe une assez grande place derrière les Alleghanys. On le retrouve aussi dans la Nouvelle-Hollande.

En vertu de leur ancienneté, relativement aux calcaires secondaires et tertiaires, les terrains du calcaire carbonifère sont généralement plus accidentés. La vallée de la Meuse, de Namur jusqu'à Chockier, au-dessus de Liége, est creusée dans cette formation, dont les relèvements lui donnent, surtout sur la rive gauche, un caractère des plus pittoresques.

SOUS-PÉRIODE HOUILLÈRE

Cette période terrestre est caractérisée d'une manière bien remarquable par l'abondance et l'étrangeté de la végétation qui couvrait alors les parties continentales du globe. Sur tous les points de la terre, au moins depuis les tropiques jusqu'à l'équateur, cette flore présentait, comme nous l'avons dit, une uniformité frappante. En la comparant aux flores actuelles, un savant botaniste français, M. Ad. Brongniart, est arrivé à conclure qu'elle a de grandes analogies avec notre flore des îles équatoriales et de la zone torride, dans lesquelles le climat maritime et l'élévation de la température existent au plus haut degré. Il est donc à croire que les îles étaient très-nombreuses à cette époque, et que les parties du sol émergées formaient une sorte d'immense archipel sur l'Océan général.

C'est aux belles recherches de M. Ad. Brongniart que nous devons de connaître très-exactement la flore houillère. Elle se composait de grands arbres, souvent *herbacés*, mais surtout de petits végétaux dont l'ensemble devait former un gazon épais et serré, à demi noyé dans des marécages d'une étendue presque sans limites. M. Brongniart a signalé, comme propres à cette période, cinq cents espèces de végétaux appartenant aux familles que nous avons déjà vues poindre à l'horizon devonien, mais qui atteignent ici un développement prodigieux. Absence presque complète des dicotylédones ordinaires et des monocotylédones; prédominance des cryptogames, en particulier des fougères, des lycopodiacées et des équisétacées : formes insolites et actuellement détruites dans ces mêmes familles ; quelques dicotylédones gymnospermes, formant un genre de Conifères complétement disparu, non-seulement actuellement, mais dès la fin de la période houillère : tels sont les grands traits caractéristiques de la flore houillère, et en général de la période de transition.

La végétation de l'époque houillère différait absolument de celle d'aujourd'hui ; les conditions climatériques de ces temps reculés du globe font d'ailleurs comprendre les caractères qui distinguent cette végétation primitive. Des pluies continuelles et une chaleur intense, une lumière douce, voilée par des brouillards permanents, engendraient cette végétation toute particulière dont on chercherait vainement l'analogue de nos jours. Si l'on voulait toutefois se faire une idée, par une localité moderne, du climat et de la végétation propres à la phase géologique qui nous occupe, il faudrait se transporter par la pensée dans certaines îles ou sur le littoral de l'océan Pacifique, et, par exemple, dans l'île de Chiloë, où il pleut pendant trois cents jours de l'année et où le soleil est caché par des brouillards permanents. La végétation de cette île peut donner une idée approximative de celle qui a couvert le globe terrestre pendant la période houillère. Dans cette île, des fougères arborescentes forment en partie des forêts; à leur ombre, croissent des fougères herbacées s'élevant à 1 mètre au-dessus d'un sol presque entièrement marécageux, et qui donne asile à une masse de cryptogames, rappelant ainsi les grands traits de la flore houillère.

Cette flore était, comme nous l'avons dit, uniforme et pauvre en genres botaniques, comparée à l'abondance et à la variété des genres actuels ; mais les familles peu nombreuses qui existaient alors renfermaient beaucoup plus d'espèces qu'elles n'en offrent maintenant dans les mêmes contrées. Ainsi, les fougères fossiles du terrain houiller, en Europe, comprennent environ deux cent cinquante espèces, tandis que l'Europe n'en produit actuellement que cinquante. Les dicotylédones gymnospermes, qui maintenant ne comprennent en Europe que vingt-cinq espèces, en renfermaient alors plus de cent vingt.

Parmi les espèces végétales caractéristiques du terrain houiller, nous signalerons les suivantes :

Dans la famille des fougères, le *Neuropteris heterophylla* (fig. 70), l'*Odontopteris Schlotheimii* (fig. 71), le *Pecopteris aquilina* (fig. 72), le *Sphenopteris Hæninghausii* (fig. 73).

Dans la famille des lycopodiacées, le *Lepidodendron Sternbergii*, déjà signalé dans le terrain du calcaire carbonifère, le *Lepidodendron crenatum* (fig. 74), et le *Lepidodendron elegans* (fig. 75).

Dans la famille des équisétacées, les *Calamites Suckovii* (fig. 76), et les *Calamites cannæformis* (fig. 77).

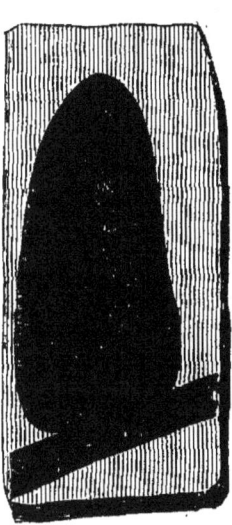

(Portion grossie.)

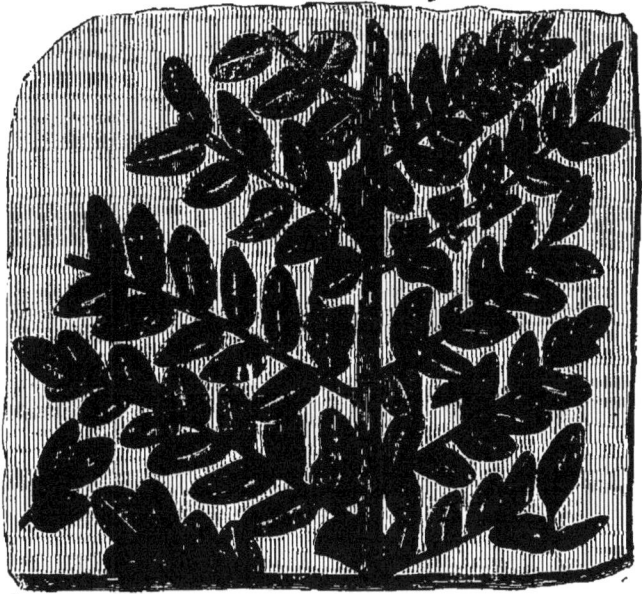

Fig. 70. Neuropteris heterophylla (G. N.)

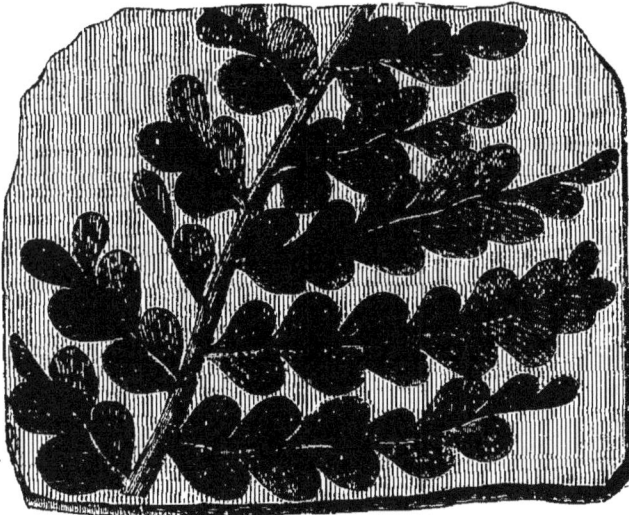

Fig. 71. Odontopteris Schlotheimii. (G. N.)

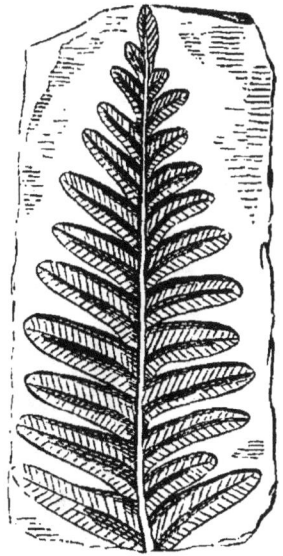

F.g. 72. Pecopteris aquilina. (G. N.)

Dans la famille des sigillariées, les *Sigillaria lævigata* (fig. 78), et *pachyderma* (fig. 79).

Dans la famille des astérophyllitées, l'*Annularia brevifolia*

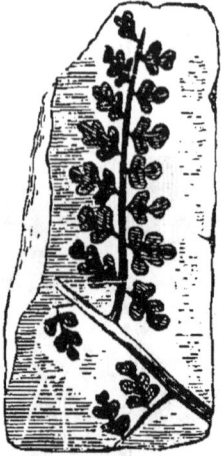
Fig. 73. Sphenopteris Hæninghausii.

Fig. 76. Tige de Calamites Suckovii. (1/2 G. N.)

Fig. 74. Écorce de Lepidodendron crenatum.

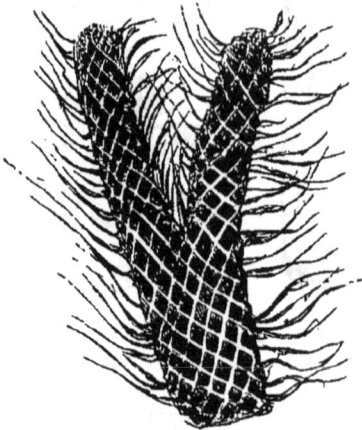
Fig. 75. Rameau de Lepidodendron elegans.
(G. N.)

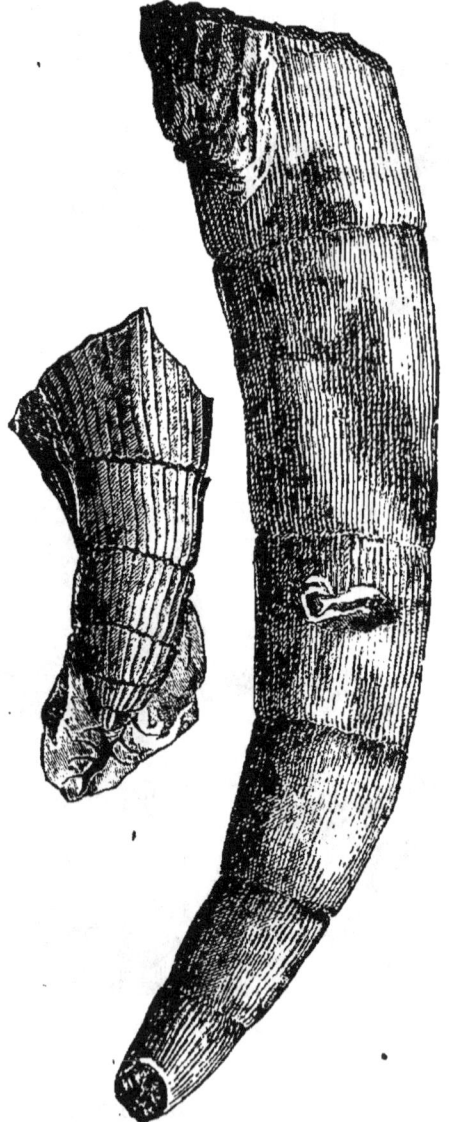
Fig. 77. Tronc de Calamites cannæformis.
(1/3 G. N.)

(fig. 80), le *Sphenophyllum dentatum* et l'*Asterophyllites foliosa* (fig. 81).

Fig. 78. Sigillaria lævigata. (1/3 G. N.)

Fig. 79. Sigillaria pachyderma. (1/3 G. N.)

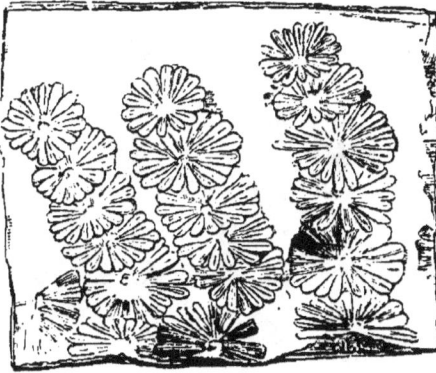

Fig. 80. Annularia brevifolia.

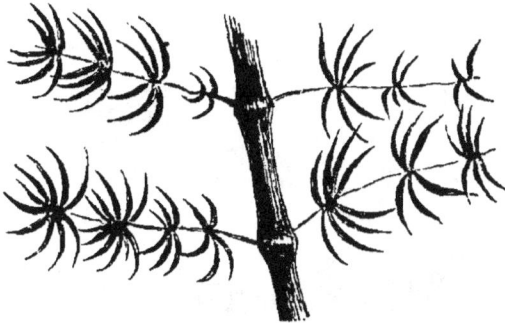

Fig. 81. Asterophyllites foliosa. (G. N.)

Nous représentons dans la figure 82 la restauration de l'un de ces Astérophyllites, le *Sphenophyllum*, d'après M. Eug. Deslongchamps. Cet *arbre herbacé*, comme les Calamites, devait présenter l'aspect d'une immense asperge. On le voit représenté ici avec ses rameaux et ses frondes, qui ressemblent à des feuilles de

Fig. 82. Sphenophyllum restauré. (8 à 9 mètres.)

gincko. Le bourgeon, ainsi que le représente la figure, est terminal, au lieu d'être auxiliaire, comme dans certains Calamites.

Si, pendant la période houillère, le règne végétal était à son

apogée, le règne animal, au contraire, était très-pauvre. On a
découvert, en Amérique et en Allemagne, les restes, consistant
en portions de squelette et empreintes de pas, d'un reptile
qui a reçu le nom d'*Archegosaurus*. La figure 83 représente la
tète et le cou de l'*Archegosaurus minor*, trouvé en 1847 dans le
bassin houiller de Saarbruck, ville située entre Strasbourg et
Trèves.

Fig. 83. Archegosaurus minor (tète et cou). (1/2 G. N.)

On peut citer encore, parmi les rares animaux de cette période, quelques poissons analogues à ceux du terrain dévonien
(*Holoptychius* et *Megalichthys*), lesquels sont armés de mâchoires
et de dents énormes. Quelques insectes ailés venaient s'ad-
joindre à ce mince cortége d'êtres vivants.

Il est donc vrai de dire que les immenses forêts et les marécages remplis d'arbustes et de végétaux herbacés, qui formaient, sur les nombreuses îles de cette époque, un tapis épais
et touffu, étaient presque vides d'animaux.

On a essayé de reproduire l'aspect de la nature pendant cette
période sur la planche 84, qui représente un marécage et une
forêt de la période houillère. On y voit une végétation courte
et serrée, une sorte de gazon composé de fougères herbacées
et d'équisétacées. Divers arbres de haute futaie s'élèvent au-
dessus de cette végétation lacustre.

Voici l'indication exacte des espèces végétales représentées

Fig. 84. Vue d'une forêt et d'un marécage pendant la période houillère.

sur cette planche, qui a été exécutée, comme la précédente, sous la direction de M. Eugène Deslongchamps.

A droite se voient les troncs nus d'un *Lepidodendron* et d'un *Sigillaria;* une fougère arborescente se dresse entre ces deux troncs. On voit au pied de ces grands arbres, une fougère herbacée et un *Stigmaria*, qui étend dans l'eau ses longues racines ramifiées et pourvues de spores reproducteurs.

A gauche, le tronc nu d'un *Sigillaria*, arbre dont le feuillage est encore inconnu, un *Sphenophyllum* et un Conifère. Il est difficile de préciser l'espèce de cette dernière famille, dont les empreintes sont, comme chacun a pu le reconnaître, très-abondantes sur les houilles.

On voit en avant de ce groupe deux troncs brisés ou renversés de *Lepidodendron* et de *Sigillaria*, mêlés à un amas de végétaux en voie de décomposition, et qui vont former un riche humus, sur lequel se développera bientôt toute une nouvelle génération de plantes. Des fougères herbacées et des bourgeons de *Calamite* sortent de l'eau du marécage.

Dans l'eau se voient aussi les poissons propres à la période houillère, et le reptile aquatique *Archegosaurus*, montrant sa tête longue et pointue, la seule partie du corps de cet animal que l'on ait encore trouvée. Des bourgeons de *Calamite* sortent aussi de l'eau du marécage ; un *Stigmaria* y étend ses racines. Les jolies *Asterophyllites* dressent au-dessus de l'eau, au premier plan, leurs tiges finement découpées.

Une futaie composée de *Lepidodendrons* et de *Calamites* forme l'arrière-plan du tableau.

Mode de formation des couches de houille. — La houille, avons-nous dit, n'est autre chose que le résultat de la décomposition partielle des plantes qui couvraient la terre pendant une période géologique qui a été d'une durée immense. Personne aujourd'hui ne met en doute cette origine. On trouve fréquemment, dans les mines de houille, de menus débris de ces plantes mêmes dont les troncs et les feuilles caractérisent le terrain houiller, ou carbonifère. Plus d'une fois on a rencontré, au milieu d'un banc de houille, d'immenses troncs d'arbres. C'est ce que l'on a vu, par exemple, dans la mine de houille du

Treuil, à Saint-Etienne. La figure 85 reproduit un dessin qui
a été pris par M. Ad. Brongniart dans cette mine; les arbres

Fig. 85. Mine du Treuil, à Saint-Étienne.

(*Lepidodendrons*) ne sont pas mêlés à la houille même, mais à la
couche de terrain qui la recouvre.

En Angleterre, dans l'Amérique du Nord, on a trouvé de
même des arbres entiers traversant les couches de houille, ou
qui leur étaient superposés.

« Dans ia houillère de Parkfield-Colliery, dit M. Lyell, dans le Staf-
fordshire méridional, on a mis à découvert, en 1854, sur une surface
de quelques centaines de mètres, une couche de houille qui a fourni
plus de soixante-treize troncs d'arbres garnis encore de leurs racines.
Quelques-uns de ces troncs mesuraient plus de 3 mètres de circonférence; leurs racines formaient en partie une couche de houille épaisse
de 25 centimètres, reposant sur un lit d'argile de 50 milimètres, au-
dessous duquel était une seconde forêt superposée à une bande de

houille de 60 centimètres à 1 mètre 50 centimètres. Au-dessous existait uue troisième forêt avec de gros troncs de *Lepidodendrons*, de *Calamites* et d'autres arbres[1]. »

Dans la baie de Fundy (Nouvelle-Écosse), M. Lyell a trouvé, sur une épaisseur de houille de 400 mètres, 68 niveaux différents, présentant les traces évidentes de plusieurs sols de forêts dont les troncs d'arbres étaient encore garnis de leurs racines.

Nous chercherons à établir ici avec beaucoup de soin la véritable origine géologique de la houille, afin de ne laisser aucun doute dans l'esprit de nos lecteurs sur une question aussi importante.

Pour expliquer la présence de la houille au sein de la terre, il n'y a que deux hypothèses possibles. Ces débris végétaux peuvent résulter de l'enfouissement de plantes qui auraient été amenées de loin et transportées par les fleuves ou les courants maritimes, en formant comme d'immenses radeaux, qui seraient venus s'échouer en différents lieux, et auraient été plus tard recouverts par des terrains nouveaux ; — ou bien les plantes qui composent la houille sont nées sur place : elles résulteraient, dans cette seconde hypothèse, de la décomposition, accomplie sous terre, d'une masse accumulée de végétaux qui sont nés et qui ont péri dans les lieux mêmes où on les trouve. Examinons chacun de ses deux systèmes d'explication.

Les couches de houille peuvent-elles résulter du transport par les eaux et de l'enfouissement d'immenses radeaux formés de troncs d'arbres ? Cette idée a contre elle la hauteur énorme qu'il faudrait supposer à ces radeaux pour en faire des couches de houille aussi épaisses que celles dont les lits successifs composent nos mines de charbon. Si l'on prétend, en effet, en considération le poids spécifique du bois et son contenu en carbone, on trouve que les dépôts houillers actuels ne peuvent être que les 7 centièmes environ du volume primitif du bois et autres matières végétales qui leur ont donné naissance. Si l'on tient compte, en outre, des nombreux vides résultant nécessairement d'un entassement irrégulier de débris dans le radeau supposé, on reconnaît que la houille, qui a été formée par des plantes d'un poids spécifique peu considérable, ne peut guère

1. *Cours élémentaire de géologie*, t. II, p. 59.

représenter que les 5 centièmes de l'épaisseur du radeau hypo-
thétique qui aurait produit cette même houille. Une couche de
charbon de terre de 5 mètres d'épaisseur, par exemple, aurait
exigé d'après cela un radeau d'une épaisseur de 95 mètres.
De tels radeaux ne pourraient flotter ni dans nos rivières, ni
dans une grande partie de nos mers, par exemple dans la
Manche, ni sur la côte orientale de l'Amérique du Sud, etc.
D'ailleurs, ces accumulations de bois n'auraient jamais pu
s'arranger assez régulièrement pour former ces couches de
charbon parfaitement stratifiées et d'une épaisseur égale sur
des étendues de plusieurs kilomètres, que l'on voit, dans la
plupart des gisements houillers, se succéder par superposition,
séparées par des bancs de grès ou d'argile. Et même en admettant une accumulation lente et graduelle de débris végétaux,
comme cela peut arriver à l'embouchure des fleuves, ces végétaux n'auraient-ils pas été alors noyés dans une grande quantité de limon et de terre? Or, dans la plupart des couches de
houille, la proportion des matières terreuses ne dépasse pas
15 pour 100. Si nous invoquons enfin le parallélisme remarquable que l'on observe dans les différents lits du terrain houiller, et la belle conservation qu'on y admire des empreintes
des parties végétales les plus délicates, il restera démontré que
ces formations se sont opérées avec une tranquillité parfaite.
Nous sommes donc forcé de conclure que la houille résulte de
la fossilisation des végétaux opérée sur place, c'est-à-dire dans
les lieux mêmes où ces végétaux ont vécu [1].

Pour comprendre entièrement le phénomène de la transformation en houille des forêts et des plantes herbacées qui remplissaient les marécages de l'ancien monde, il est une dernière
considération à présenter. Pendant la période houillère, l'une
des plus anciennes de l'histoire du globe, la croûte terrestre,
alors à peine consolidée, ne formait qu'une enveloppe très-
élastique, en raison de son immense étendue, et qui reposait
sur la masse liquide intérieure. Cette croûte élastique était agi-

1. Nous ne saurions d'après cela considérer que comme très-inexacte la
donnée d'après laquelle M. Unger représente, dans une des planches de son
Monde primitif, un *déluge houiller*. Une tranquillité parfaite caractérise, au
contraire, cette période, et c'est introduire une vue complétement en opposition
avec les faits que de placer à cette époque un cataclysme géologique.

tée par des mouvements alternatifs d'élévation et d'abaissement de la masse liquide interne, qui était soumise encore, comme le sont nos mers actuelles, à l'attraction lunaire et solaire, ce qui donnait naissance à des sortes de marées souterraines, pouvant produire, à des intervalles plus ou moins éloignés, de grands affaissements du sol. C'est peut-être par un de ces affaissements que les forêts et les grandes masses végétales de l'époque houillère se trouvaient submergées, et que les herbes et arbustes, après avoir couvert un certain temps la surface de la terre, finissaient par être noyés sous les eaux. Après cette submersion, de nouvelles forêts se développaient dans le même lieu. Par un nouvel affaissement, ces forêts s'enfonçaient à leur tour sous les eaux. C'est probablement par la succession de ce double phénomène : l'enfouissement des plantes et le développement sur le même terrain de masses nouvelles, que les énormes amas de plantes à demi décomposées qui constituent la houille, se sont accumulés pendant une longue série de siècles.

La houille a-t-elle été produite par des grands végétaux, par exemple par les grands arbres des forêts de cette époque, tels que les Lepidodendrons, Sigillarias, Calamites et Sphenophyllums? Cela est peu probable. Plusieurs dépôts houillers ne contiennent aucun vestige des grands arbres de la période houillère, mais seulement des fougères herbacées et autres plantes de petite taille. Il est donc présumable que la grande végétation a été à peu près étrangère à la formation de la houille, ou du moins elle n'a joué dans cette fossilisation qu'un rôle accessoire. Il y avait pendant la période houillère, comme de nos jours, deux végétations simultanées : l'une formée d'arbres de haute futaie; l'autre herbacée, aquatique, se développant sur des plaines marécageuses. C'est cette dernière végétation qui a dû surtout fournir la matière de la houille, de même que ce sont les plantes herbacées des marais qui alimentent nos tourbières actuelles, cette sorte de houille contemporaine.

Quel genre de modifications ont dû subir les végétaux de l'ancien monde, pour arriver à cet état de masse charbonneuse et chargée de bitume qui constitue la houille? Les plantes submergées durent présenter d'abord une masse légère et spongieuse, complétement analogue à la tourbe actuelle de nos marécages. En séjournant sous les eaux, ces masses végétales y subirent une pourriture partielle, une fermentation, dont les diverses phases chimiques sont malaisées à définir. Ce qu'on peut affirmer toutefois, c'est que la décomposition, la fermentation des tourbes de l'ancien monde, s'accompagna de la production de beaucoup de carbures d'hydrogène, gazeux ou liquides. Telle est l'origine des carbures d'hydrogène qui imprègnent la houille, et celle des huiles goudronneuses dont sont pénétrés les schistes bitumineux. Cette émission de gaz hydrogène bicarboné dut même se continuer après l'enfouissement des couches de tourbe sous les terrains qui vinrent les recouvrir.

C'est le poids et la pression de ces terrains qui ont donné à la houille la densité considérable qui la distingue, et son état de forte agrégation. La chaleur émanée du foyer intérieur du globe, et qui se faisait encore sentir à sa surface, dut aussi exercer une grande influence sur le résultat final. C'est à ces deux causes, c'est-à-dire à la pression et au plus ou moins grand échauffement par le foyer terrestre central, que l'on doit attribuer les différences qui existent dans la nature minéralogique des différentes houilles, à mesure que l'on s'élève de la base du terrain houiller vers les dépôts supérieurs. Les couches inférieures sont plus sèches et plus compactes que les supérieures, parce que leur minéralisation a été complétée sous l'influence d'une température plus élevée, et en même temps d'une pression plus forte.

Une expérience qui a été tentée pour la première fois, en 1833, à Sain-Bel, reprise ensuite par M. Cagniard de la Tour, et qui a été complétée à Saint-Étienne, en 1858, met tout à fait en évidence le mode de formation de la houille : on a réussi à produire artificiellement de la houille très-compacte en exerçant sur du bois et autres matières végétales la double influence de la chaleur et de la pression.

L'appareil qui a été employé pour cette expérience, à Saint-Étienne, par M. Baroulier, permet d'exposer des matières végétales, enveloppées d'argile humide et fortement comprimées, à des températures longtemps soutenues, comprises entre 200 et 300°. Cet appareil, sans être absolument clos, met obstacle à l'échappement des gaz ou des vapeurs, de sorte que la décomposition des matières organiques s'opère dans un milieu saturé d'humidité, et sous une pression qui s'oppose à la dissociation des éléments dont elles se composent. En plaçant dans ces conditions de la sciure de bois de diverse nature, on a obtenu des produits dont l'aspect et les propriétés rappellent tantôt les houilles brillantes, tantôt les houilles ternes. Ces différences tiennent d'ailleurs aux conditions de l'expérience, ou à l'essence du bois employé; aussi paraissent-elles expliquer la formation des houilles *striées*, ou composées d'une succession des veinules alternativement éclatantes et mates.

Quand on comprime des tiges et des feuilles de fougère entre des lits d'argile ou de pouzzolane, elles se décomposent par cette seule pression, et forment sur ces blocs un enduit charbonneux et des empreintes tout à fait comparables aux empreintes végétales des blocs de houille. Ces dernières expériences, qui ont été faites pour la première fois par un physicien anglais, M. Tyndall, nous font comprendre le mode de formation de la houille aux dépens des végétaux de l'ancien monde.

Terrain houiller.—Passons à la description du terrain houiller actuel.

Ce terrain se compose de couches successives, plus ou moins

Fig. 86. Terrain houiller.

puissantes, composées de grès divers, nommés *grès houillers*, d'argiles ou de schistes, parfois bitumineux et inflammables, enfin de houille. Ces trois roches forment entre elles des *strates*, dont l'ensemble peut alterner jusqu'à cent cinquante fois. Le carbonate de fer peut être considéré comme roche constituante de ce terrain ; il est tellement répandu, conjointement avec la houille, sur certains points de l'Angleterre, qu'il alimente la plus grande partie des hauts fourneaux de fer de la Grande-Bretagne. Il faut noter pourtant qu'en France ce *fer carbonaté lithoïde* ne constitue que des rognons très-intermittents, de sorte qu'il a fallu chercher d'autres minerais pour subvenir aux besoins des fonderies qui avaient été établies en prenant pour base les gisements houillers de l'Angleterre.

La figure 86 donne une idée de la disposition habituelle de la houille, qui se trouve enclavée entre deux couches horizontales et parallèles d'argile schisteuse, mêlée de rognons de carbonate de fer. C'est une disposition très-fréquente dans les mines de houille d'Angleterre. Le bassin houiller de l'Aveyron, en France, offre une disposition analogue.

La présence fréquente du carbonate de fer dans les gisements de houille est une des circonstances les plus heureuses pour l'industrie métallurgique. Quand on trouve réunis dans le même lieu le minerai de fer et le combustible, on peut établir à peu de frais les usines pour l'extraction et l'exploitation simultanée de la fonte et du fer ; c'est ce qui existe dans les bassins houillers de l'Angleterre, et de la France à un moindre degré, c'est-à-dire seulement à Saint-Étienne et à Alais.

Voici quelle est, dans les divers pays du globe, l'étendue des terrains houillers accessibles à l'exploitation de l'homme. Cette étendue est :

	Kilom. carrés.
Pour l'Amérique du Nord, de..............	500 000
Pour l'Angleterre, de...................	10 000
Pour la France, de....................	2 500
Pour la Belgique, de..................	1 275
Pour la Prusse rhénane et Sarrebruck, de....	2 400
Pour la Westphalie, de................	650
Pour la Bohême, de...................	1 000
Pour la Saxe, de.....................	75
Pour les Asturies, en Espagne, de.........	500
Pour la Russie, au plus de.............	250

Le sol américain contient donc beaucoup plus de terrain houiller que l'Europe : il possède 1 kilomètre carré de terrain houiller pour 15 kilomètres carrés de surface. Mais hâtons-nous d'ajouter que les immenses richesses houillères de l'Amérique sont restées jusqu'ici fort peu productives. Voici, en effet, le produit annuel que donne l'exploitation des houillères en Amérique et en Europe. Le tableau qui suit est tiré de l'ouvrage de M. A. Burat sur les *Minéraux utiles*.

BASSINS HOUILLERS PRINCIPAUX.	PRODUCTION ANNUELLE. Tonnes.
Iles Britanniques... { du pays de Galles .... / du Derbyshire............. / du Staffordshire .... / de Newcastle.............. / de l'Écosse.............. ..	.... 65 000 000
États-Unis........ { des Alleghanys............ / du Tennessee et de la Pensyl-vanie. .... / de l'Illinois...............	.... 10 000 000
Belgique. .... { du couchant de Mons........ / du Centre......... ..... / de Charleroi............. / de Liége..............	.... 8 000 000
France........... { du Nord et du Pas-de-Calais. / de la Loire.............. / de Saône-et-Loire .... / de l'Allier.............. / du Gard	.... 6 000 000
Prusse et Allemagne. { de Sarrebruck............ / de la Rhur............ / de la Silésie .... / de Tharand en Saxe........	... 6 000 000
Autriche........... { de la Bohême..............	.... 900 000
Espagne. .... { des Asturies............. / de l'Andalousie...........	.... 500 000

On voit que les États-Unis ne viennent qu'au deuxième rang pour la production houillère.

Le bassin houiller de la Belgique et du nord de la France forme une zone presque continue depuis Liége, Namur, Charleroi et Mons jusqu'à Valenciennes, Douai et Béthune. Les couches de houille y sont au nombre de cinquante à cent dix, et d'une épaisseur comprise entre 0^m,25 et 2 mètres.

Les quelques bassins houillers qui sont dispersés au-dessous des terrains secondaires du centre et du midi de la France, offrent des couches moins nombreuses, plus épaisses et moins régulièrement stratifiées. Les deux bassins de Saône-et-Loire, dont les principaux centres d'exploitation sont le Creuzot, Blanzy, Montchanin, Épinac, ne renferment pas plus de dix couches; mais, parmi ces couches, il en est qui atteignent 10 30 et même 40 mètres d'épaisseur, comme à Montchanin. Le bassin houiller de la Loire est celui qui contient la plus grande épaisseur totale de couches de houille. Ces couches y sont au nombre de vingt-cinq.

Après ceux du Nord, de Saône-et-Loire et de la Loire, les principaux bassins de la France sont les bassins de l'Allier, où se trouvent les couches puissantes exploitées à Commentry et Bézenet; le bassin de Brassac, qui commence au confluent de l'Allier et de l'Alagnon; le bassin de l'Aveyron, connu par les exploitations de Decazeville et d'Aubin; le bassin du Gard et de la Grand'-Combe. Outre ces bassins principaux, il en est un grand nombre de petits moins importants, et dont l'exploita-

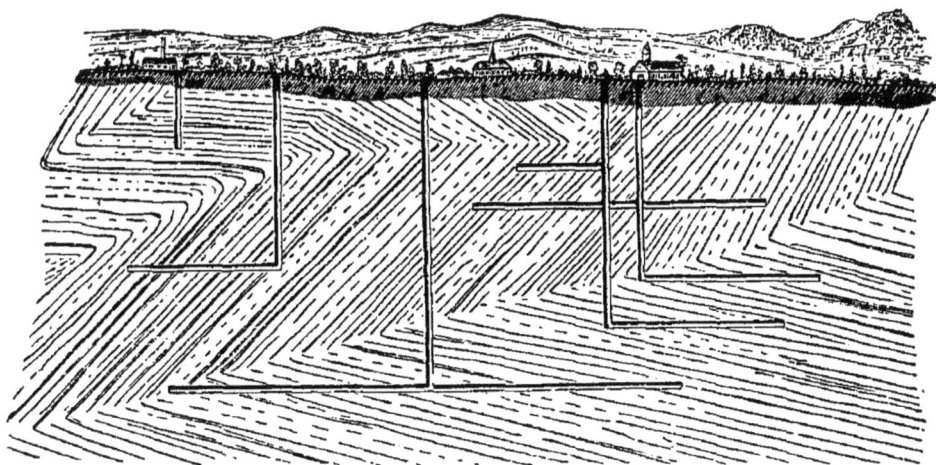

Fig. 87. Plissement des couches de houille.

tion fournit annuellement à la France 6 à 7 millions de tonnes de houille.

Les couches de houille sont rarement dans la position où elles ont été produites, qui est l'horizontalité. Elle sont, en général, très-tourmentées, par suite des nombreuses dislocations qu'elles ont subies. On les voit rompues par des failles contournées, parfois repliées sur elles mêmes en zigzag. La figure 87 est un exemple des plissements qui affectent tout l'ensemble des couches houillères du bassin de la Belgique et du nord de la France, plissements qui permettent, comme on le voit, aux puits verticaux qui servent à l'extraction de la houille de traverser plusieurs fois les mêmes couches.

PÉRIODE PERMIENNE.

La terre continuant à se refroidir, des fractures se produisirent dans l'épaisseur de sa croûte consolidée. Par les larges
ouvertures demeurées béantes à la suite de ces ruptures, les
matières liquides ou visqueuses, renfermées au-dessous de la
couche consolidée, se firent jour, et s'élevèrent lentement à
l'extérieur, en formant des dômes, ou éminences, qui offraient
assez exactement l'aspect d'un dé à coudre. La syénite et le
porphyre sont les substances qui furent alors mises au jour.

Les montagnes porphyriques et syénitiques qui, à la fin de
la période de transition, s'élevèrent de l'intérieur du globe,
étaient brûlantes, et leur surface était par conséquent impropre
encore à la végétation. Elles se dressaient donc arides et nues,
sur la terre, couverte en d'autres parties de la riche végétation
de l'époque houillère[1].

Sur le dernier plan de la figure 92 (p. 140), qui représente une
vue idéale de la terre pendant la période permienne, on voit une
série de ces dômes de porphyre et de syénite récemment soulevés. Du milieu de la mer s'élance une masse d'eau vaporisée
par la chaleur émanée des porphyres et des syénites ; elle
forme une sorte de trombe de vapeur. Arrivée à une certaine
hauteur, cette vapeur d'eau se condense et retombe en pluie.
Enfin, comme l'évaporation de si grandes masses d'eau s'accompagne nécessairement d'un énorme dégagement d'électricité, c'est au milieu des éclats de tonnerre et des brillantes
lueurs des éclairs que se produisaient ces imposantes scènes
du monde primitif.

Pendant la période permienne, les espèces végétales et ani-

1. Notons pourtant que déjà avant la période houillère des porphyres avaient
surgi ; on trouve quelquefois leurs débris roulés dans les conglomérats inférieurs du système charbonneux.

males étaient à peu près les mêmes que celles qui sont propres à la période houillère. M. Ad. Brongniart a trouvé les formes de la flore permienne intermédiaire entre les formes de la période carbonifère et celles de la période qui va suivre.

Comme plantes caractéristiques de la végétation permienne, nous citerons parmi les Fougères, le *Sphenopteris dichotoma*, le *Pecopteris Martinsii*, le *Nevropteris tenuifolia*; parmi les Équisétacées, le *Calamites gigas*; parmi les Lycopodiacées, le *Lepidodendron elongatum*; parmi les Astérophyllitées, l'*Annularia floribunda*; parmi les Conifères, les *Walchia Schlotheimii* et *hypnoïdes* (fig. 88 et 89), qui ressemblent beaucoup aux *Araucarias*

Fig. 88. Walchia Schlotheimii. (G. N.)

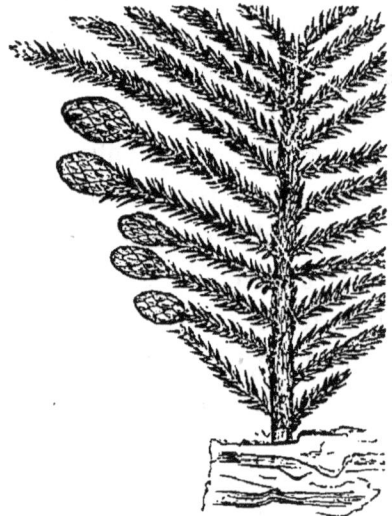

Fig. 89. Rameau et fructifications de Walchia hypnoïdes. (G. N.)

de l'époque actuelle par leurs tiges, leurs feuilles et leurs fruits; parmi les Nœggerathiées, grands arbres d'une famille intermédiaire entre les Cycadées et les Conifères, le *Nœggerathia expansa*, dont la figure 90 représente un rameau fossile.

Les *Psaronius* étaient de grands arbres qui, avec les *Nœggerathia*, composaient alors la haute végétation.

Les mers permiennes, outre les animaux en très-petit nombre qui sont caractéristiques de la période houillère, renfermaient surtout un genre de reptiles assez semblable à nos Crocodiles : c'était le *Protorosaurus*.

Dans ces mers étaient encore de nombreuses espèces de poissons ganoïdes et placoïdes (*Palæoniscus*, *Platysomus*), etc.; plusieurs espèces de mollusques et surtout des brachiopodes. Mentionnons des *Spirifer*, notamment le *Spirifer undulatus* et

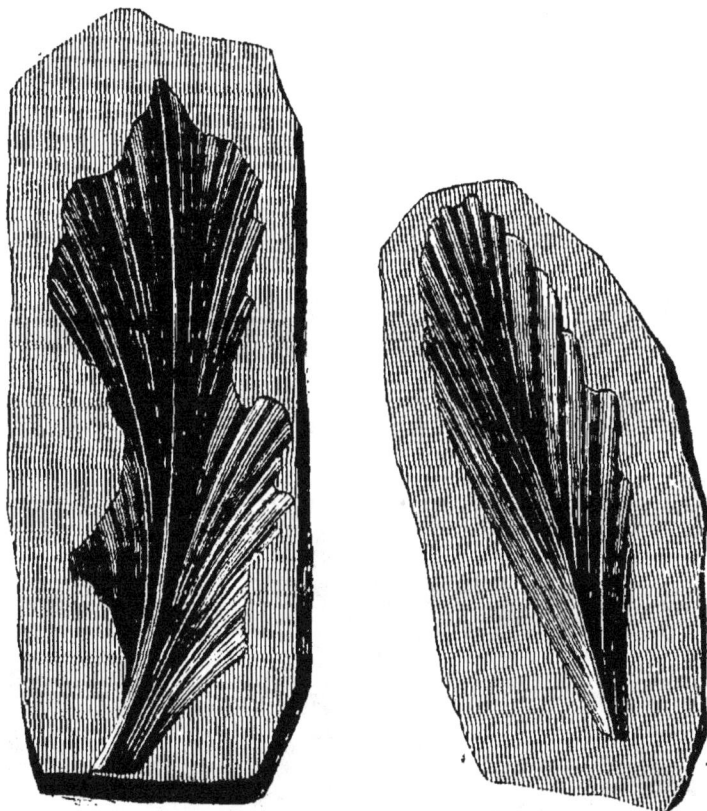

Fig. 90. Empreintes de feuille de Nœggerathia expansa. (G. N.)

les derniers *Productus*, parmi lesquels les *Productus horridus* (fig. 91) et *aculeatus* sont les plus caractéristiques. Un autre

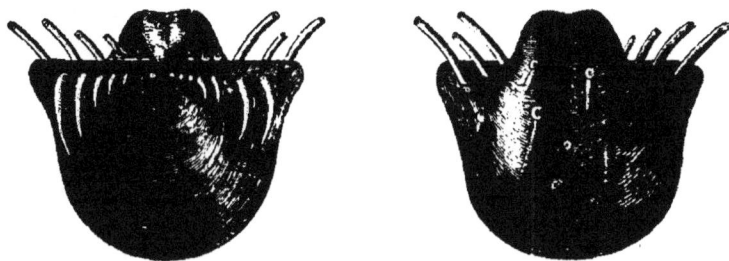

Fig. 91. Productus horridus. (1/2 G. N.)

genre voisin qui appartient aussi à la famille des Productidées, le genre *Strophalosia*, était hérissé de longues épines sur toute sa surface. L'espèce la plus répandue, la *Strophalosia Schlothei-*

Fig. 92. Vue idéale de la terre pendant la période permienne.

mii, abonde en Thuringe, en Angleterre et en Russie. Signalons enfin l'apparition de quelques huîtres, mais encore en très-petit nombre. Le *Fenestrella* représente les mollusques bryozoaires. Il y avait aussi quelques zoophytes qui n'avaient pas apparu jusqu'alors.

La planche 92 représente une vue idéale de la terre pendant la période permienne. Au fond est un rideau de montagnes porphyriques et syénitiques récemment soulevées, et pour ainsi dire encore fumantes. A gauche une éruption de matières gazeuses et d'eau vaporisée. Sur la rivage, à droite, s'élèvent les grands végétaux propres à cette période, c'est-à-dire des Lepidodendrons, des Calamites, des Fougères herbacées et le Walchia, restauré d'après sa ressemblance avec notre *Araucaria gigantea* moderne. Au bord de la mer, et mis à découvert par la marée basse, on aperçoit les mollusques et zoophytes propres à cette période, tels que des *Productus*, des *Spirifer* et des Encrines. Les jolies plantes, nommées *Asterophyllites*, que nous avons signalées dans la période carbonifère, se voient dans l'eau, non loin du rivage.

Terrain permien. — Nous venons d'esquisser la physionomie de la terre à l'époque permienne. Quels sont les gîtes, la puissance, la constitution minéralogique du terrain qui s'est formé par les dépôts des mers de cette période?

On divise le terrain permien en trois étages, qui sont, en allant de bas en haut :

1° Le *nouveau grès rouge;* 2° le *zechstein;* 3° le *grès des Vosges.*

Le *nouveau grès rouge*, dont l'épaisseur moyenne est de 100 à 200 mètres, existe dans une grande partie de l'Allemagne, en Angleterre, dans les Vosges, etc.; il ne renferme que de rares fossiles : ce sont des troncs silicifiés de Conifères, quelques empreintes de Fougères et de Calamites.

Le *zechstein (pierre de mine)*, terrain ainsi appelé par les Allemands à cause des nombreux gisements métallifères que l'on rencontre dans ses diverses couches, ne présente, en France, que quelques lambeaux insignifiants; mais il atteint en Allemagne et en Angleterre une épaisseur de 150 mètres. Il se compose de calcaires magnésien, argilifère, bitumineux : ce

dernier est noirâtre et fétide. Les roches subordonnées sont
des marnes, du gypse et des schistes bitumineux inflammables,
qui se rencontrent en grandes proportions dans le pays de
Mansfeld en Thuringe, parmi les minerais de cuivre gris
argentifère et plombifère, largement exploités dans cette
contrée. Plusieurs de ces schistes cuprifères sont remarquables
en même temps par les nombreux poissons fossiles qu'ils
renferment. Aussi nomme-t-on en Thuringe ces schistes
Kupferschiefer.

Le *zechstein* renferme les fossiles, animaux et végétaux, dont
nous avons parlé plus haut.

Le *grès des Vosges*, habituellement coloré en rouge, et dont
l'épaisseur peut aller jusqu'à 100 ou 150 mètres, compose toute
la partie septentrionale des montagnes des Vosges, où il forme
d'assez nombreuses sommités plates, qui sont les *témoins* d'un
ancien plateau entamé par les eaux courantes. Il ne contient
que quelques rares débris de végétaux.

La France, l'Angleterre, l'Allemagne ne présentent que des
affleurements très-peu nombreux du terrain permien, si on les
compare à l'immense étendue que ce terrain occupe dans la
partie orientale de la Russie d'Europe. C'est du nom de la province de *Perm*, qui forme une grande partie de la Russie d'Europe, que l'on a tiré le nom de *permien*, pour la période et pour
le terrain qui nous occupe. Ce terrain, qui se compose, dans
cette partie de la Russie, d'une puissante alternance de calcaires, de marnes et de grès, renferme des Productus, des Fougères et même des reptiles et des poissons analogues à ceux
du *zechstein* de l'Europe occidentale. On trouve dans le même
terrain du gypse et du sel gemme, affleurant le sol, et que l'on
exploite en grand[1].

Il ne nous reste, pour terminer ce qui concerne la période
permienne, qu'à signaler l'étendue géographique des mers et
des continents à cet âge du globe.

---

1. En France, le terrain permien se confond parfois, par ses schistes, avec
les schistes supérieurs du terrain houiller, et devient par cela même une cause
de déception pour les mineurs qui travaillent sur cette couche, s'imaginant
être près de la houille. Il convient donc que cette circonstance soit expliquée
dans les traités de géologie.

Les mers couvraient alors une partie de la place occupée aujourd'hui par la chaîne des Vosges ; elles s'étendaient par la Bavière rhénane et le grand-duché de Bade, jusqu'en Saxe et en Silésie. Elles communiquaient avec l'Océan, qui occupait le centre de l'Angleterre, et la Russie.

Dans le reste de l'Europe, les continents ont peu varié depuis les périodes primitive, devonienne et houillère. En France, le plateau central formait une grande île qui s'étendait vers le sud, probablement jusqu'au delà des Pyrénées ; une autre île se composait du massif breton. En Angleterre et en Russie, les continents s'élargissent considérablement vers l'est. Enfin, il paraît qu'à la fin de l'époque carbonifère le continent belge vosgien s'étendait depuis les départements du Pas-de-Calais et du Nord, en France, traversant toute la Belgique, jusque bien au delà du Rhin.

Après avoir décrit l'*Époque de transition*, nous allons entrer dans l'étude d'une époque nouvelle de l'histoire de notre globe, celle qui a reçu des géologues le nom d'*Époque secondaire*. Mais· avant d'aborder cette époque, il sera bon de jeter un coup d'œil en arrière, pour résumer les faits dont le lecteur vient d'acquérir la connaissance.

C'est dans l'époque de transition que les plantes et les animaux apparurent pour la première fois, avons-nous dit, sur notre globe un peu refroidi. C'est alors que dominaient dans les mers, que *régnaient*, pour nous servir de l'expression consacrée, les poissons connus sous le nom de *ganoïdes* (de γάνος, éclat), à cause du poli de la carapace ou des écailles qui couvraient leur corps, et qui étaient souvent aussi compliquées que bizarres ; — les *Trilobites*, curieux crustacés qui naissent et disparaissent à jamais avec l'époque de transition ; — une quantité immense de mollusques céphalopodes et brachiopodes ; — les *Encrines*, animaux de l'organisation la plus curieuse, sortes de fleurs minérales qui sont un des plus gracieux ornements de nos collections paléontologiques.

Mais parmi tous ces êtres, ceux qui dominaient, ceux qui

étaient véritablement les rois du monde organisé, c'étaient les poissons, et surtout ces poissons *ganoïdes*, dont rien ne rappelle l'organisation dans les êtres vivants actuels, et qui, pourvus d'une sorte de cuirasse résistante, semblaient avoir reçu de la nature ce moyen de protection, pour assurer leur existence, et leur permettre de triompher de toutes les causes de destruction qui les menaçaient dans l'océan de l'ancien monde.

A l'époque de transition, la création vivante était dans son état d'enfance. Aucun mammifère ne troublait de ses cris la tranquillité des vallons ou des forêts ; aucun oiseau n'avait encore déployé ses ailes. Point de mammifères, ainsi point d'instinct maternel ; aucune de ces douces affections qui sont, chez les animaux, comme les précurseurs de l'intelligence, comme une expression du cœur qui annonce une prochaine révélation de l'esprit. Point d'oiseaux, ainsi point de chantres des airs. Les poissons, les mollusques et les crustacés silencieux sillonnaient les profondeurs des mers ; l'immobile zoophyte y vivait de la vie obscure et presque inconsciente de ces êtres imparfaits. Sur les continents on ne trouvait que des reptiles fangeux et de petite taille, avant-coureurs de ces monstrueux sauriens qui devaient apparaître dans l'époque secondaire.

La végétation, pendant l'époque de transition, était surtout composée de plantes appartenant aux ordres inférieurs. Bien qu'elle comptât quelques végétaux élevés dans l'organisation, c'est-à-dire des Dicotylédones, c'étaient les cryptogames, les fougères, les lycopodes et les équisétacées, parvenus alors à leur maximum de développement, qui formaient la grande masse de la végétation.

Rappelons encore dans ce court résumé que, pendant l'époque dont nous venons de tracer le tableau, ce que l'on nomme aujourd'hui les *climats* n'existait pas. Les mêmes plantes et les mêmes animaux vivaient alors au voisinage des pôles comme à l'équateur. Puisqu'on trouve aujourd'hui dans les terrains de transition des régions glaciales du Spitzberg et de l'île Melville presque les mêmes fossiles que l'on rencontre dans ces mêmes terrains situés sous la zone torride, il faut en conclure que la température était, à cette époque, uniforme sur tout le globe, et que la chaleur propre de la terre annulait et rendait inappréciable l'influence calorifique du soleil.

Pendant cette même époque, le refroidissement progressif du globe occasionna de fréquentes ruptures et dislocations du sol ; la croûte terrestre, en s'entr'ouvrant, livra passage aux roches dites *ignées*, au granit, ensuite aux porphyres et aux syénites, qui surgirent lentement à travers ces immenses fissures, et formèrent des montagnes granitiques et porphyriques, ou simplement des fentes, qui se remplirent plus tard d'oxydes et de sulfures métalliques et formèrent ce que l'on nomme des *Filons*. Ces commotions géologiques, qui durent provoquer, non sur l'étendue entière du globe, mais seulement en certains lieux particuliers, de grands mouvements du sol, paraissent avoir été plus fréquentes à la fin de l'époque de transition, dans le moment qui forme le passage entre cette époque et l'époque secondaire, c'est-à-dire entre la période permienne et la période triasique.

Il entre dans notre plan de considérer à part les phénomènes éruptifs, et de n'étudier qu'à la fin de cet ouvrage les roches dites *éruptives*, qu'il est avantageux, pour la clarté de l'exposition, de réunir en un seul et même groupe.

Les convulsions, les bouleversements qui agitaient la surface de la terre, ne s'étendaient pas néanmoins, notons-le bien, à sa circonférence entière ; ces effets étaient restreints et locaux. C'est donc à tort que l'on admettrait, avec plusieurs géologues modernes, que les dislocations du sol, que les agitations de la surface du globe, se sont propagées dans les deux hémisphères, et ont eu pour résultat d'y détruire tous les êtres vivants. La faune et la flore de la période permienne ne diffèrent pas beaucoup de la flore et de la faune de la période houillère ; ce qui montre bien qu'aucune révolution générale n'est venue ébranler la terre entre ces deux périodes. Ici, comme dans les cas analogues, il est donc inutile de recourir à aucun cataclysme pour expliquer le passage d'une période à l'autre. N'a-t-on pas vu de nos jours des espèces animales s'éteindre et disparaître sans la moindre révolution géologique ? Sans parler des Castors, si abondants il y a deux siècles sur les bords du Rhône et dans les Cévennes, qui vivaient encore à Paris, au moyen âge, dans la

petite rivière de la Bièvre [1], et dont l'existence est maintenant
inconnue dans ces diverses contrées, on peut citer beaucoup
d'exemples d'animaux perdus depuis des temps peu éloignés
des nôtres. Tels sont les *Dinornis* et l'*Épiornis*, oiseaux colossaux
de la Nouvelle-Zélande et de Madagascar, et le *Dronte* (*Didus*),
qui vivait encore à l'Ile-de-France en 1626. L'*Ursus spelæus*, le
Cervus megaceros, le *Bos primigenius*, sont des espèces d'Ours,
de Cerf et de Bœuf contemporains de l'homme, et qui sont
éteintes aujourd'hui. Nous ne connaissons plus le Cerf à bois
gigantesque que les Romains ont figuré sur leurs monuments,
et qu'ils faisaient venir d'Angleterre en raison des qualités de
sa chair. Le *Sanglier d'Érymanthe*, si répandu dans l'antiquité,
ne figure point parmi nos races actuelles, pas plus que les Crocodiles et *lacunosus laciniatus*, trouvés par Geoffroy Saint-Hilaire
dans les catacombes de l'ancienne Égypte. Plusieurs races
animales figurées sur les mosaïques de Palestrine, gravées
et peintes avec des espèces actuellement vivantes, ne se retrouvent nulle part de nos jours, pas plus que les *Lions à crinière frisée* qui existaient autrefois en Syrie, et peut-être même
dans la Thessalie et le nord de la Grèce. Ira-t-on supposer des
révolutions géologiques pour expliquer toutes ces disparitions
d'animaux, qui ne sont évidemment que des extinctions naturelles? De ce qui se passe de nos jours, il faut conclure, pour
en revenir à notre sujet, à ce qui s'est passé aux temps antérieurs à l'apparition de l'homme, et restreindre dans une juste
mesure cette idée des cataclysmes successifs du globe, dont on
a tant abusé après Cuvier; si l'illustre naturaliste, s'est montré admirable de génie dans l'anatomie comparée, il ne saurait
être considéré comme géologue, car il n'a jamais porté par lui-
même son attention sur cette science.

---

1. *Bièvre* est le nom que les écrivains du moyen âge donnent au castor :
rivière de Bièvre signifiait donc à cette époque *rivière du castor*.

ÉPOQUE SECONDAIRE

ÉPOQUE SECONDAIRE.

Pendant l'*époque de transition*, notre globe appartenait aux êtres qui vivent dans les eaux, mais surtout aux crustacés et aux poissons : pendant l'*époque secondaire*, il va appartenir aux reptiles. Les êtres de cette classe revêtiront des dimensions étonnantes et se multiplieront singulièrement : ils seront les rois de la terre. Mais en même temps la végétation perdra beaucoup de sa puissance, et, par un effet d'équilibre que l'on observe toujours dans l'histoire de notre globe, le règne animal se développera considérablement pendant que le règne végétal perdra de son importance.

Les géologues s'accordent à diviser l'époque secondaire en trois périodes, les périodes *triasique*, *jurassique* et *crétacée*, que nous allons étudier successivement.

PÉRIODE TRIASIQUE.

Cette période a reçu le nom de *triasique*, parce que les terrains qui la représentent étaient autrefois divisés en trois étages : les *grès bigarrés*, le *muschelkalk* et les *marnes irisées*. De ces trois groupes, on peut n'en former que deux : la *sous-période conchylienne*, qui embrasse le grès bigarré et le muschelkalk, et la *sous-période salifèrienne*.

Dans cette nouvelle phase de l'évolution du globe, les êtres diffèrent beaucoup de ceux qui appartiennent à l'*époque de transition*. Les curieux crustacés que nous avons décrits sous le nom de *Trilobites* ont disparu ; les mollusques céphalopodes et brachiopodes y sont peu nombreux, ainsi que les poissons ganoïdes et placoïdes, dont le règne se termine pendant cette période. Mais celui des *Ammonites* commence, et il prendra dans la période suivante un développement prodigieux. La végétation a subi des changements analogues. Les cryptogames, qui étaient à leur maximum de développement dans les terrains de transition, sont ici moins nombreux, tandis que les Conifères prennent une certaine extension. Quelques genres d'animaux terrestres ont disparu ; mais ils sont remplacés par des genres aussi nombreux que nouveaux. Nous voyons pour la première fois la Tortue apparaître au sein des mers et sur le bord des lacs. Les reptiles sauriens y prennent de grands développements ; ils préparent l'apparition de ces énormes sauriens qui se montreront dans la période suivante, et dont la charpente offre de telles proportions et une telle étrangeté, qu'elle saisit d'étonnement ceux qui contemplent ces restes gigantesques et pour ainsi dire encore menaçants.

Passons en revue les deux sous-périodes dont la réunion compose l'âge triasique.

SOUS-PÉRIODE CONCHYLIENNE.

Les mers de la sous-période *conchylienne* (ainsi nommée d'après la masse innombrable de coquilles que renferment la plupart des terrains qui la représentent) renfermaient, outre de très-nombreux mollusques, des reptiles sauriens de onze genres différents, des tortues, et six genres nouveaux de poissons revêtus de cuirasse.

Arrêtons-nous d'abord sur les mollusques qui peuplaient alors les mers. Parmi les coquilles caractéristiques de la période conchylienne, nous citerons les *Natica Gaillardoti, Rostellaria antiqua, Lima lineata, Ceratites nodosus, Avicula socialis, Terebratula communis, Mytilus eduliformis, Myophoria Goldfussii, Possidonia minuta.*

Les *Ceratites*, dont on voit une espèce représentée ici (fig. 93), forment un genre très-voisin et comme le début des *Ammonites*, ou *Cornes d'Ammon*, qui ont joué un si grand rôle dans le monde ancien, et qui n'existent plus aujourd'hui, ni pour les espèces ni même pour le genre.

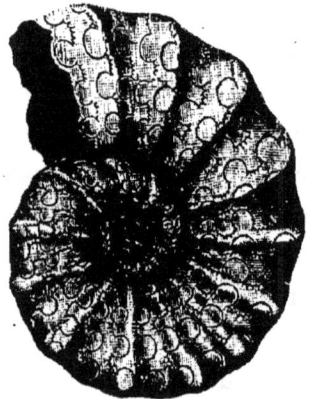

Fig. 93.
Ceratites nodosus. (1/4 G. N.)

Les *Mytilus* ou Moules, qui appartiennent en propre à la période conchylienne, sont des mollusques acéphales, à coquille allongée triangulaire, à crochets pointus et terminaux; on en trouve beaucoup d'espèces dans les mers actuelles. Les *Lima myophoria, Possidonia* et *Avicula*, sont des mollusques acéphales appartenant à la même période. Les genres *Natica* et *Rostellaria* font partie des mollusques gastéropodes.

Parmi les Échinodermes appartenant à la période conchylienne, nous citerons une Encrine, l'*Encrinus moniliformis* ou *liliiformis* (fig. 94), dont les débris constituent, dans certaines localités, des couches entières du sol.

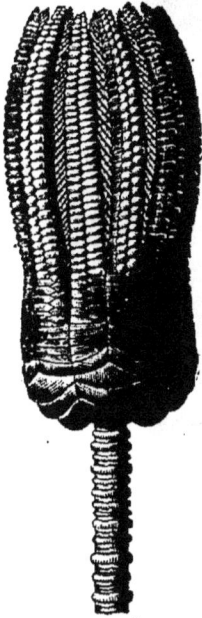

Citons encore, parmi les mollusques, l'*Avicula subcostata*, le *Patella lineata*, le *Myophoria pesanseris*.

Ajoutons que par la présence de quelques genres propres à l'époque de transition, qui disparaissent à jamais dans cette période, et par l'apparition de quelques autres animaux propres à la période jurassique, la faune conchylienne paraît être une faune de passage d'une période à l'autre.

Les mers offraient alors quelques reptiles, probablement riverains (*Phytosaurus*, *Capitosaurus*), et divers poissons (*Sphærodus*, *Picnodus*).

Nous ne dirons rien des Tortues terrestres qui, pour la première fois, apparaissent à cette époque de l'histoire du monde; mais nous devons signaler avec quelque soin un reptile gigantesque sur lequel les opinions des géologues ont assez longtemps varié.

Fig. 94.
Encrinus liliiformis.
(t/2 G. N.)

Sur les terrains argileux de l'époque conchylienne, on trouve souvent des empreintes de pas d'animaux, telles que les représente la figure 95. Toutes offrent cinq doigts, disposés comme ceux de la main humaine. Ces pistes sont dues à un reptile dont les pieds de devant étaient plus grands que ceux de derrière. On n'a retrouvé que la tête, le bassin et une partie de l'omoplate de cet animal, que l'on considère comme un batracien gigantesque. Il est à croire que sa tête n'était pas nue, mais protégée par un écusson osseux; ses mâchoires étaient armées de dents coniques, très-fortes et d'une structure compliquée.

On donne les noms de *Cheirotherium* ou de *Labyrinthodon* à ce curieux animal, représenté par la figure 96.

Un autre reptile de grandes dimensions, et qui semble nous préparer à l'apparition des énormes sauriens qui vont se montrer dans la période jurassique, c'est le *Nothosaurus*, espèce de

Fig. 95. Empreintes fossiles de Labyrinthodon ou de Cheirotherium. (1/2 G N.)

Fig. 96. Labyrinthodon restauré. (1/20 G. N.)

Crocodile marin que l'on verra représenté plus loin (fig. 102, p. 159).

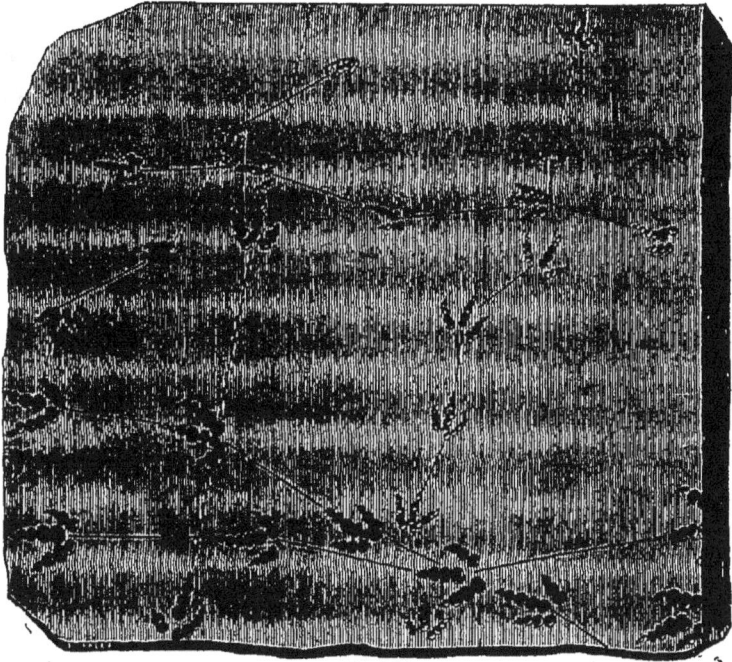

Fig. 97. Empreintes de pas d'animal dans le terrain triasique.

D'après d'autres empreintes de pas qui se rencontrent dans

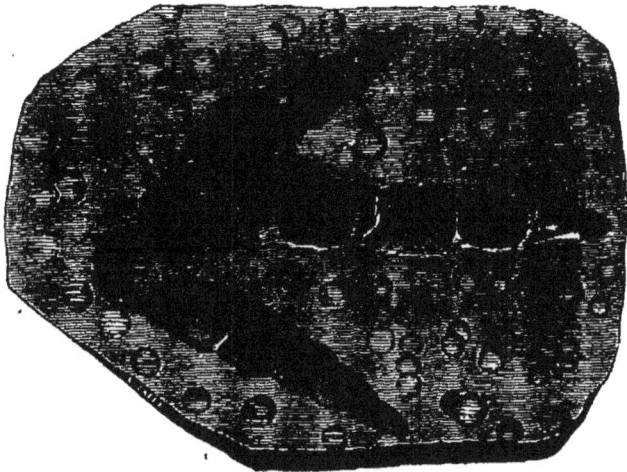

Fig. 98. Empreintes de pas d'animal avec empreintes de gouttes de pluie. (1/2 G. N.)

le même terrain, on a cru pendant quelque temps, que les oiseaux ont commencé d'apparaître dès la période qui nous occupe. La figure 97 représente ces empreintes ; la figure 98 montre les empreintes d'un animal de plus grande taille, accompagnées d'empreintes de gouttes de pluie.

On ne saurait admettre aujourd'hui l'opinion qui attribue à des oiseaux ces vestiges de pas. En effet, aucun débris de squelette d'oiseau n'a jamais été rencontré dans les terrains conchyliens, et les empreintes figurées ici sont tout ce qui peut être invoqué à l'appui de cette hypothèse. On peut attribuer ces *pistes* à un reptile encore inconnu, et dont les pattes auraient offert la disposition représentée dans ces deux figures.

M. Ad. Brongniart place dans la flore de l'étage conchylien le commencement du règne des plantes dicotylédones gymnospermes. Le caractère de cette flore est d'être composée de Fougères assez nombreuses, constituant des genres actuellement détruits et qui ne se retrouvent même plus dans les terrains plus récents : tels sont les *Anomopteris* et le *Crematopteris*. Les vrais *Equisetum* y sont rares ; les Calamites, ou plutôt les *Calamodendron*, y sont abondants. Les gymnospermes y sont représentés par les genres de Conifères *Voltzia* et *Haidingera*, dont les espèces et les échantillons sont très-nombreux dans les terrains de cette période.

Parmi les espèces végétales tout à fait caractéristiques de cet étage, nous citerons : le *Neuropteris elegans* (fig. 99), le

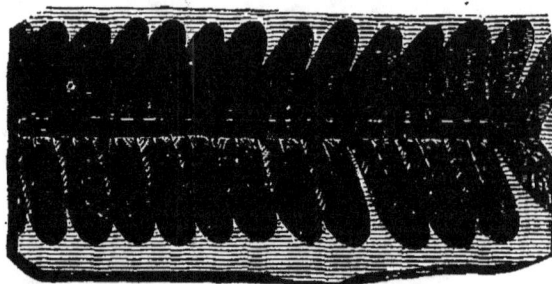

Fig. 99. Neuropteris elegans. (G. N.)

Calamites arenaceus, le *Voltzia heterophylla* (fig. 100), l'*Haidingera speciosa*.

Les *Haidingera* (de la tribu des Abiétinées) étaient des plantes

à feuilles larges, analogues à celles de nos *Dammara* actuels,
rapprochées et presque imbriquées comme celles de nos *Araucaria*. Leurs fruits, qui sont des cônes à écailles arrondies,
imbriquées et ne portant qu'une seule graine, paraissent établir des rapports assez positifs entre ces plantes fossiles et nos
Dammara.

Les *Voltzia*, qui formaient la plus grande partie des forêts de
cette époque, constituent un genre éteint de la tribu des Cu-
pressinées, très-bien caractérisé parmi les Conifères fossiles.
Les feuilles alternes, en spirale, formant cinq à huit rangs,
sessiles et décurrents, ont beaucoup d'analogie avec celles des
Cryptomeria. Leurs fruits sont des cônes oblongs à écailles là-

Fig. 100. Voltzia heterophylla. (1/2 G. N.)

chement imbriquées, cunéiformes et ordinairement à trois ou
cinq lobes obtus. Nous représentons dans la figure 101 diverses
partie d'un Voltzia restauré.

Dans sa *Géographie botanique*, M. Lecoq donne en ces termes
une idée de la végétation du monde ancien pendant la première
partie de la période triasique :

« Pendant que les grès bigarrés et les marnes irisées déposaient lentement dans les eaux leurs couches régulières, de magnifiques fougères
agitaient encore leurs frondes légères et découpées. Divers *Protopteris*
et de majestueux *Neuropteris* s'associaient en forêts étendues, où végétaient aussi le *Crematopteris typica*, Schimper, l'*Anomopteris Mongeotii*;
Brongn., et le joli *Trychomanites myriophyllum*, Brongn. Les Conifères

prennent dès cette époque un développement plus considérable et forment de gracieuses forêts d'arbres verts.

« D'élégantes Monocotylédones, rappelant les formes des contrées

Fig. 101. Branche et fruit de Voltzia restauré.

équatoriales, semblent se montrer pour la première fois ; l'*Yuccites vogesiacus*, Schimp., forme des groupes serrés et étendus.

« Une famille jusqu'ici douteuse apparaît sous la forme élégante du

Nilsonia Hogardi, Schimp, *Ctenis Hogardi*, Brongn. Elle se montre encore dans le *Zamites vogesiacus*, Schimp.; et le groupe des Cycadées, joignant en partie l'organisation des Conifères à l'élégance des palmiers, vient orner la terre qui révèle dans ses formes nouvelles toute sa fécondité.

« Des plantes herbacées s'étendent sur le sol des forêts, ou se baignent dans les marais attiédis. La plus remarquable est l'*OEtheophyllum speciosum*, Schimp., dont l'organisation se rapproche à la fois des Lycopodiacées et des Thyphacées, l'*OEtheophyllum stipulare*, Brongn., et le curieux *Schizoneura paradoxa*, Schimp. Ainsi commence, pour se développer par la suite, le règne des Dicotylédones à graines nues, des Angiospermes, composées principalement de deux familles encore bien représentées sur la terre, les Conifères et les Cycadées. Les premières, d'abord très-abondantes, s'associent aux Cryptogames cellulaires, qui abondent encore sur la terre et qui paraissent en voie de décroissement ; puis aux Cycadées, qui se montrent avec timidité et qui bientôt prendront une large part dans les brillantes harmonies du règne végétal. »

C'est pour réunir dans un tableau idéalisé l'ensemble des plantes et des animaux propres à la sous-période conchylienne qu'a été composée la page 159.

Cette vue de l'ancien monde nous transporte au bord de l'Océan, au moment où les flots sont agités par un vent violent ou un orage passager. Le reflux de la mer a laissé à découvert les animaux aquatiques, tels que de belles Encrines, à la tige longue et flexueuse, des Mytilus et des Térébratules. L'énorme reptile qui se dresse sur un rocher et se prépare à se jeter sur cette proie, est le *Nothosaurus*. Non loin de lui courent d'autres reptiles du même genre, mais d'une plus petite espèce. Sur la dune du rivage s'élèvent les magnifiques arbres propres à la période conchylienne, c'est-à-dire les *Haidingera*, au large tronc, aux rameaux et au feuillage inclinés, dont les Cèdres de notre époque peuvent nous donner l'idée. Les élégants *Voltzia* se voient au second plan de ce rideau de verdure. Les reptiles qui vivaient dans ces forêts primitives, et qui devaient leur donner un si étrange caractère, sont représentés par le *Labyrinthodon*, qui descend vers la mer en laissant sur le sable du rivage ces curieuses traces qui se sont conservées jusqu'à nos jours, par suite de la consolidation de ces sables, vestiges étonnants des plus anciens âges du monde, que la science actuelle interroge avec curiosité.

Fig. 102. Vue idéale de la terre pendant la sous-période conchylienne. (Période triasique.)

Terrain conchylien. — Indiquons la composition minéralogique et l'extension géographique de l'étage qui s'est formé par les dépôts des mers pendant la sous-période conchylienne.

Cet étage se compose :

1° Des *grès bigarrés*, qui contiennent beaucoup de végétaux, peu de débris animaux, et dans lesquels on trouve presque constamment des empreintes de pas du Labyrinthodon, dont il a été question plus haut ;

2° De couches de calcaire compacte, souvent grisâtre ou noirâtre, alternant avec des marnes et des argiles, et qui sont criblées d'une si grande quantité de coquilles, que l'on a donné à ce groupe le nom allemand de *muschelkalk* (calcaire coquillier).

L'étage conchylien se montre en France, dans les Pyrénées, autour du plateau central, dans le Var, et sur les deux versants des Vosges. Il s'étend du nord au sud dans toute la longueur de la Grande-Bretagne, en Écosse et en Irlande. Il est représenté dans toute l'Allemagne, en Belgique, en Suisse, dans les États sardes, en Espagne, en Pologne, dans le Tyrol, dans la Bohême, dans la Moravie, en Russie. M. d'Orbigny l'a vu couvrir de vastes surfaces sur les régions montueuses de la république de Bolivie, dans l'Amérique méridionale. On l'a signalé aux États-Unis, dans la Colombie, les grandes Antilles et au Mexique.

Le terrain conchylien est réduit, en France, à l'étage des grès bigarrés, excepté autour des Vosges, dans le Var et la Forêt Noire, où il est accompagné du muschelkalk.

Les *grès bigarrés* fournissent à une partie de l'Allemagne des matériaux de construction. Les grands édifices, en particulier les cathédrales que l'on admire en descendant le Rhin, telles, par exemple, que celles de Strasbourg et de Fribourg (en Brisgau), sont construites en pierres énormes de grès bigarré. Les teintes sombres de ces pierres relèvent singulièrement la grandeur et la majesté de l'architecture gothique. Des villes entières de l'Allemagne sont bâties avec les pierres d'un brun rougeâtre que l'on retire des carrières de *grès bigarré*.

SOUS-PERIODE SALIFÉRIENNE.

Le terrain, d'une étendue assez médiocre, qui s'est formé pendant cette sous-période, porte le nom de *saliférien*, parce qu'il est caractérisé par la présence de gisements considérables de sel marin.

Quelle est l'origine des puissants dépôts de sel marin que l'on trouve dans ce terrain, et qui alternent toujours, par couches minces, avec des argiles ou des marnes? On ne peut l'attribuer qu'à l'évaporation de grandes quantités d'eau de mer fortuitement introduites dans des dépressions, des cavités ou des golfes, que les dunes venaient ensuite séparer de la haute mer.

La planche 103 met en évidence le fait naturel qui a dû se produire et se répéter sur d'immenses étendues de rivages, pendant la sous-période saliférienne, pour former les masses considérables de sel gemme que l'on trouve aujourd'hui dans le terrain correspondant à cette période. A droite est la mer, qu'une dune considérable sépare d'un bassin tranquille, à fond vaseux et argileux. A certains intervalles, et par des causes diverses, la mer, franchissant cette dune, vient remplir le bassin. On peut supposer encore qu'il existe là un golfe qui communiquait primitivement avec la mer : les vents ayant élevé cette dune de sable, le golfe s'est trouvé transformé en un bassin clos de toutes parts. Quoi qu'il en soit, les eaux de la mer une fois renfermées dans ce bassin sans issue et à fond argileux, s'y évaporent par l'effet de la chaleur solaire, et laissent comme résidu de cette évaporation un lit abondant de sel marin, mêlé aux autres sels minéraux qui accompagnent le chlorure de sodium dans l'eau de la mer, c'est-à-dire au sulfate de magnésie, au chlorure de potassium, etc. Cette couche de sel laissée par l'évaporation de l'eau est bientôt recouverte par l'argile et la vase qui étaient suspendues dans l'eau bourbeuse du bassin, et il se forme ainsi une première couche alternante de sel marin et de marnes ou d'argiles. La mer venant de nouveau, toujours par la même cause et en vertu des mêmes dis-

Fig. 103. Vue idéale de la terre pendant la sous-période saliférienne. (Période triasique.)

positions locales, remplir ce bassin, ces nouvelles eaux s'évaporent, et une seconde couche de sel marin, bientôt recouverte d'un banc terreux, vient s'ajouter à la première. C'est par la succession régulière et tranquille de ce phénomène pendant de longs siècles que s'est formé cet abondant dépôt de sel gemme que l'on trouve enfoui dans le terrain secondaire, et qui est exploité dans plusieurs de nos départements, dans le département de la Meurthe, à Vic, Dieuze et Château-Salins, dans le département de la Haute-Saône, comme aussi dans plusieurs parties de l'Allemagne.

La planche 103 est à la fois une vue pittoresque de la terre pendant la période saliférienne et une figure de démonstration destinée à expliquer l'origine du sel gemme dans les terrains secondaires. Une coupe théorique du sol faite au premier plan laisse voir les couches de sel formées par le mécanisme géologique qui vient d'être analysé. Ces couches sont inclinées obliquement, par suite d'un mouvement du sol postérieur à leur dépôt.

Nous n'avons rien de particulier à dire sur les animaux qui sont propres à la sous-période saliférienne. Les animaux qui peuplaient alors les rivages des mers étaient les mêmes que ceux de la sous-période conchylienne.

A cette époque, les continents, encore peu montagneux, étaient coupés çà et là par de grands lacs, bordés par des rivages plats et uniformes. Les végétaux qui croissaient sur ces rivages étaient fort abondants, et l'on en possède un assez grand nombre. La flore saliférienne se compose de Fougères, d'Équisétacées, de Cycadées, de Conifères et de quelques plantes que M. Brongniart range parmi les Monocotylédones douteuses. Parmi les Fougères, nous citerons plusieurs espèces de *Sphenopteris* ou *Pecopteris*, et, entre autres, le *Pecopteris Stuttgartiensis*, arbre à tronc cannelé, qui s'élève sans pousser de rameaux jusqu'à une certaine hauteur et porte une couronne de feuilles découpées et à long pétiole ; l'*Equisetites columnaris*, grande Équisétacée analogue aux Prêles de notre époque, mais de dimensions infiniment plus considérables : sa longue tige en colonne, surmontée d'une fructification en tête al-

longée, dominait tous les autres végétaux des terrains marécageux.

Les *Pterophyllum Jœgeri* et *Munsteri* représentaient les Cycadées, le *Taxodites munsterianus* représentait les Conifères;
enfin, sur le tronc des Calamites grimpait une plante à feuilles
elliptiques, à nervures recourbées, portées sur de longs pétioles, à fruits disposés en grappes : c'est la *Presleria antiqua*,
Monocotylédone douteuse pour M. Brongniart, et que M. Unger
place dans la famille des Smilax, dont elle serait le premier
représentant. Le même savant rapporte à la famille des Joncs
une plante marécageuse très-commune à cette époque, le
Palæoxyris Munsteri, que M. Brongniart range, avec la *Presleria*,
parmi les Monocotylédones douteuses.

M. Lecoq, dans sa *Géographie botanique*, caractérise comme
il suit la végétation pendant la dernière partie de la période
triasique :

« Les Cryptogames cellulaires y dominent comme dans le terrain
houiller, mais les espèces sont changées et beaucoup de genres sont
différents ; les *Cladephlebis*, les *Sphenopteris*, les *Coniopteris* et *Pecopteris*
dominent au milieu des autres fougères par le nombre de leurs espèces.
Les Équisétacées sont plus développées que dans tous les autres terrains. Une des plus belles espèces est le *Calamites arenaceus*, Brongn.,
qui devait constituer de grandes forêts. Les troncs cannelés simulaient
d'immenses colonnes, au sommet desquelles des branches feuillées, disposées en gracieux verticilles, devaient montrer les formes élégantes de
notre *Equisetum sylvaticum*. Ailleurs naissaient en société de curieux
Equisetum et des *Equisetites* singuliers, dont une espèce, l'*E. columnaris*,
Brongn., élevait à une grande hauteur ses tiges herbacées aux articulations stériles.

« Quel aspect singulier présentaient alors ces terres anciennes, si l'on
ajoute à leurs forêts les *Pterophyllum* et les *Zamites* de la belle famille
des Cycadées, et les Conifères qui venaient en même temps sur ces
terres humectées !

« C'est à cette époque, encore placée sous le règne des Dicotylédones
angiospermes, qu'il faut rapporter la première apparition des vraies
Monocotylédones. La *Presleria antiqua*, Sternber., aux longs pétioles,
suspendait, en grimpant, sur les vieux troncs, ses grappes de baies colorées, comme le font aujourd'hui les Smilax, à la famille desquelles la
Presleria pouvait appartenir. Ailleurs, au milieu des marécages, naissaient les touffes des *Palæoxyris Munsteri*, Sternb., graminée enjoncée
peut-être, qui égayait les bords des eaux.

« On voit que pendant longtemps la terre a conservé sa végétation
primitive, et c'est avec lenteur que des formes nouvelles s'y introdui-

sent et peuvent s'y multiplier. Mais si nos types actuels font défaut à ces époques reculées, nous devons reconnaître aussi que les plantes qui, parmi nous, représentent la végétation du monde primitif, sont souvent déchues de leur grandeur. Nos Prêles et nos Lycopodiacées sont de faibles images des Lépidodendrons et des Calamites, et les Astérophyllitées avaient déjà quitté le monde avant l'époque que nous décrivons. »

Les principaux végétaux qui appartiennent à cette époque se voient représentés sur la falaise qui termine à gauche la *Vue idéale de la terre pendant la sous-période saliférienne* (fig. 103, p. 163). Les arbres élégants et de haute taille sont les *Calamites arenaceus*; au-dessous se voient les grandes Prêles de cette époque, les *Equisetites columnaris*, espèce de cierges élancés, de consistance molle et parenchymateuse, qui, se dressant sur les rivages, devaient donner une étrange physionomie à ces plages solitaires.

Terrain salifèrien. — Ce terrain se compose d'un grand nombre de couches argileuses et marneuses, irrégulièrement colorées en rouge, en jaune bleuâtre ou verdâtre. Ce sont ces colorations diverses qui ont fait donner autrefois à cet étage géologique le nom de *marnes irisées*. Ces couches alternent souvent avec des grès, qui sont aussi diversement colorés. Comme roches subordonnées, on trouve dans ce terrain quelques gîtes de combustible (houille maigre, pyriteuse) et du gypse. Mais ce qui le caractérise avant tout, ce sont les puissantes couches de sel gemme qu'il renferme. Ces couches salifères, souvent de 7 et jusqu'à 10 mètres d'épaisseur, alternent avec des couches d'argile; l'ensemble de cette alternance atteint quelquefois une épaisseur de 150 mètres.

En Allemagne, dans le Wurtemberg, en France, comme à Vic et à Dieuze (Meurthe), le sel gemme du terrain salifèrien est soumis à une exploitation salifèrienne. Dans le Jura, on extrait le sel d'eaux très-chlorurées qui sortent de cet étage.

Appartenant à des terrains situés assez profondément, ces gisements de sel gemme ne peuvent être exploités avec autant de facilité que ceux qui existent dans des terrains plus récents, c'est-à-dire dans les terrains tertiaires. Les assises de sel gemme de Vielizka en Pologne, par exemple, peuvent être débitées à ciel ouvert ou par des galeries peu profondes, parce qu'elles se trouvent dans des terrains tertiaires situés à peu de profondeur; mais les gisements de sel des terrains triasiques sont placés trop bas pour qu'on puisse les atteindre par des galeries. On se contente donc de forer des puits, que l'on remplit ensuite d'eau. Cette eau se charge de sel marin; on retire cette dissolution au moyen de pompes, et on la fait évaporer pour obtenir le sel cristallisé.

Le terrain saliférien se montre, en Europe, sur beaucoup de points divers, et il n'est pas difficile d'en suivre les affleurements. En France, il apparaît dans les départements de l'Indre, du Cher, de l'Allier, de la Nièvre, de Saône-et-Loire. Sur le versant occidental du Jura, on en voit poindre un lambeau auprès de Poligny et de Salins. Sur le versant occidental des Vosges, il se montre dans le Doubs; puis il forme partout une lisière sur l'étage conchylien, dans la Haute-Saône, dans la Haute-Marne, dans les Vosges; il s'élargit beaucoup dans la Meurthe (Lunéville, Dieuze), dans la Moselle; il s'étend au nord à Bouzonville et dans le grand-duché du Rhin; à l'est du Luxembourg jusqu'à Dockendorf. Quelques affleurements se voient sur le versant oriental des Vosges, dans le Bas-Rhin.

Le même étage se retrouve en Suisse et en Allemagne, dans le canton de Bâle, dans l'Argovie, dans le grand-duché de Bade, dans le Wurtemberg, dans le Tyrol, dans le Salzbourg. L'étage commence à l'orient du Devonshire, en Angleterre, et forme une bande plus ou moins régulière qui passe dans le Somersetshire, le Glocestershire, le Worcestershire, le Warwick, le Leicestershire, le Nottingham, et va s'achever dans le Yorkshire, à la rivière de Tees. Un lambeau indépendant se voit dans le Chestershire.

Si l'étage saliférien est pauvre en débris organiques, en France, il n'en est plus de même de l'autre côté des Alpes; citons en particulier le Tyrol et les couches si remarquables de Saint-Cassian, Aussec et Hallstadt, où la roche est pétrie d'un nombre immense de fossiles marins. Parmi les céphalopodes se voient des Cératites et surtout des Ammonites de forme toute particulière et dont les lobes sont indéfiniment découpés comme la plus fine dentelle. Le genre *Orthoceras* que nous avons vu abonder pendant la période silurienne, et se continue pendant le dépôt des terrains devonien et carbonifère, apparaît ici pour la dernière fois. On y trouve encore une grande quantité de gastéropodes et de lamellibranches aux formes les plus variées, les derniers représentants de la famille des *Productus*. Des Oursins, des Polypiers de structure fort élégante, peuplaient, de l'autre côté des Alpes, les mers qui en France et en Allemagne étaient presque entièrement privées d'animaux. Certaines couches sont littéralement formées d'une immense accumulation de coquilles appartenant au genre *Avicula*.

En suivant la grande arête montagneuse des Alpes et des

Fig. 105. Patella lineata. (G. N.)

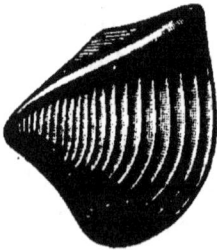

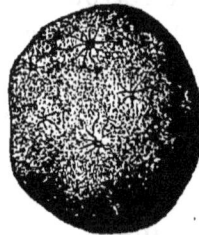

Fig. 104.
Myophoria lineata. (G. N.)

Fig. 106.
Stellispongia variabilis. (G. N.)

(Partie grossie.)

Karpathes, on retrouve partout le terrain saliférien remarquable par cette grande accumulation d'Avicules. Ce même facies se présente dans des conditions identiques en Syrie, dans l'Inde, à la Nouvelle-Calédonie, à la Nouvelle-Zélande, en Australie, etc. Ce n'est pas le caractère le moins curieux de cette période, d'offrir, d'un côté de l'emplacement des Alpes (qui n'étaient pas encore soulevées), une immense accumulation de sédiments chargés de gypse, de sel gemme, etc., sans débris organiques, tandis que la ligne de séparation que marque cette région nous offre une série remarquable par l'accumulation extraordinaire des débris de mollusques marins.

Parmi ces espèces nous représentons (fig. 104, 105 et 106) la *Myophoria lineata* qu'on a souvent confondue avec les Trigonies, la *Patella lineata* et le *Stellispongia variabilis*.

Nous avons représenté, sur une première carte, l'état de la France future après les dépôts formés par les mers primitives. Les terrains déposés par les mers depuis cette époque, dans les lieux qui devaient former la France, sont assez nombreux pour que nous en donnions une représentation géographique. C'est ce que l'on a fait sur la carte placée en regard de cette page, qui retrace l'état de nos continents après les dépôts laissés par les mers triasiques. Les sédiments déposés à cette époque, par les mers, dans les lieux qui devaient former la France, appartiennent aux terrains primitif, permien, houiller et triasique.

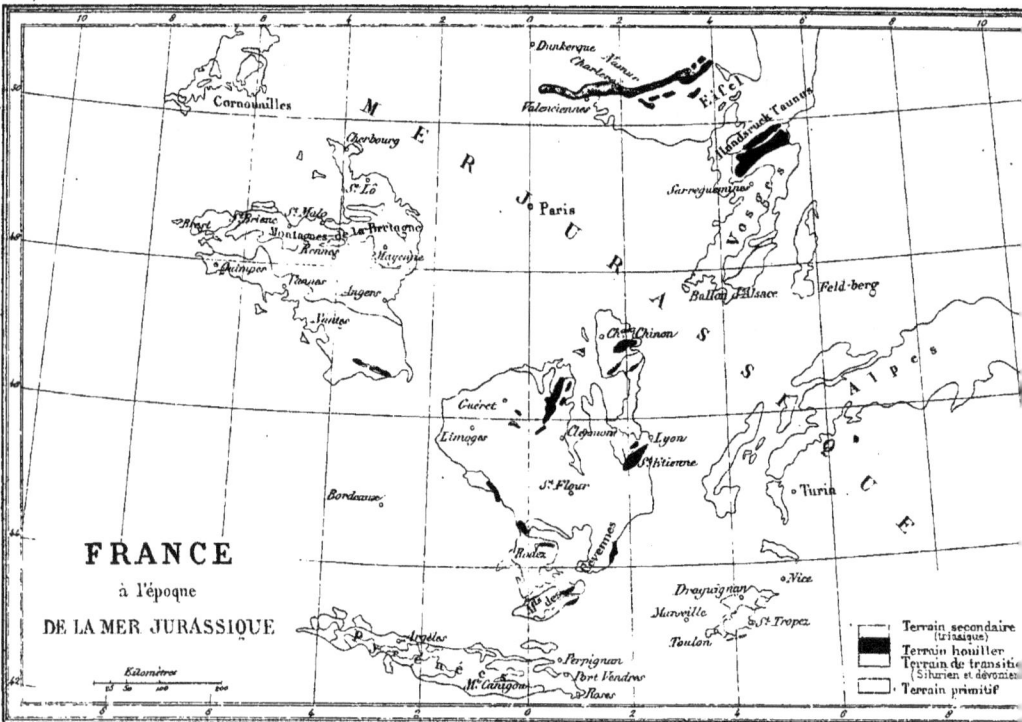

II

Cornouailles

MER

Dunkerque
Charleroi   Namur
Valenciennes

E I F E L

Mendbruck Taunus

Cherbourg

St Lô

MER

Brest   Brieuc   St Malo
Montagnes de   Bretagne
Rennes
Quimper   Mayenne

Ploumar   Angers

Vaules

JURA

Paris

Sarreguemines

VOSGES

Ballon d'Alsace   Feld-berg

S

Clos Chinon

Cueret

Limoges   Clermont   Lyon

St Flour   St Etienne

Bordeaux

Alpes

Turin

C E

Riolas   Rennes

Nice

Draguignan

Nantes   St Tropez
Toulon

FRANCE

à l'époque

DE LA MER JURASSIQUE

Argilas

Mt Canigou   Perpignan
Port Vendres
Flores

Kilomètres
50   100   200

Terrain secondaire
(triasiques)
Terrain houiller
Terrain de transition
(Silurien et devonien)
Terrain primitif

Gravé chez Erhard R.Bonaparte 42.   Dressé par Vuillemin.   Paris Imp.Janson &.Antoine D.

PÉRIODE JURASSIQUE.

Cette période, l'une des plus importantes dans l'histoire de notre globe, a reçu le nom de *jurassique*, parce que les montagnes du Jura, en France, sont en grande partie composées de terrains que les mers ont déposés pendant cette période.

La période jurassique offre un ensemble de caractères fort tranchés, tant pour les animaux que pour les plantes. Un grand nombre de genres d'animaux appartenant aux périodes précédentes ne se montrent plus; beaucoup d'autres viennent les remplacer, et composent un groupe organique très-spécial, qui ne compte pas moins de quatre mille espèces.

Nous subdiviserons la période jurassique en deux sous-périodes : celle du *Lias* et celle de l'*Oolithe*. Après avoir fait l'histoire de ces deux âges du globe, nous décrirons les terrains sédimentaires qui se sont déposés à cette époque, et qui constituent la partie moyenne du terrain secondaire.

SOUS-PÉRIODE DU LIAS[1].

Des zoophytes, des mollusques, des poissons d'une organisation particulière, mais surtout des reptiles d'une grandeur et d'une structure extraordinaires, donnent aux mers de l'époque liasique un intérêt et des traits tout particuliers. C'est alors qu'ont apparu ces énormes sauriens dont les dimensions et les formes nous offrent, sous le plus étrange aspect, les animaux de l'ancien monde.

---

1. *Lias* est le nom que les carriers anglais donnent à un calcaire argileux particulier au terrain jurassique.

Parmi les zoophytes propres à la sous-période du lias, nous citerons l'*Asteria lombricalis* (fig. 107), et le *Palæocoma Fustembergii* (fig. 108), qui constitue un genre peu éloigné de celui de nos *Étoiles de mer*, dont il rappelle les formes radiées.

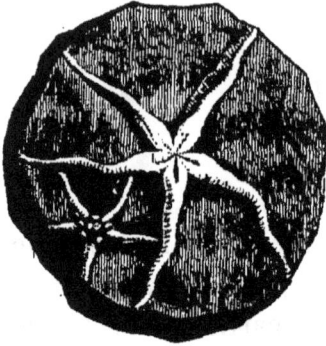

Le *Pentacrinus fasciculosus* est un autre zoophyte de cette époque, qui décore avec élégance les collections de paléontologie. Il appartient à l'ordre des *Crinoïdes*, qui est représenté

Fig. 107. Asteria lombricalis. (G. N.) dans l'époque actuelle par la *Pentacrine tête de Méduse*, rare et délicat zoophyte de nos mers. La figure 109 représente ce beau zoophyte fossile.

Fig. 108. Palæocoma Fustembergii. (G. N.)

Les Huîtres qui avaient vu le jour, mais par un très-petit nombre d'espèces, dans la période précédente, augmentent en nombre dans les mers liasiques. Citons parmi les premières huîtres du monde ancien, et comme caractéristique de cette période, l'*Ostrea arcuata* (fig. 110).

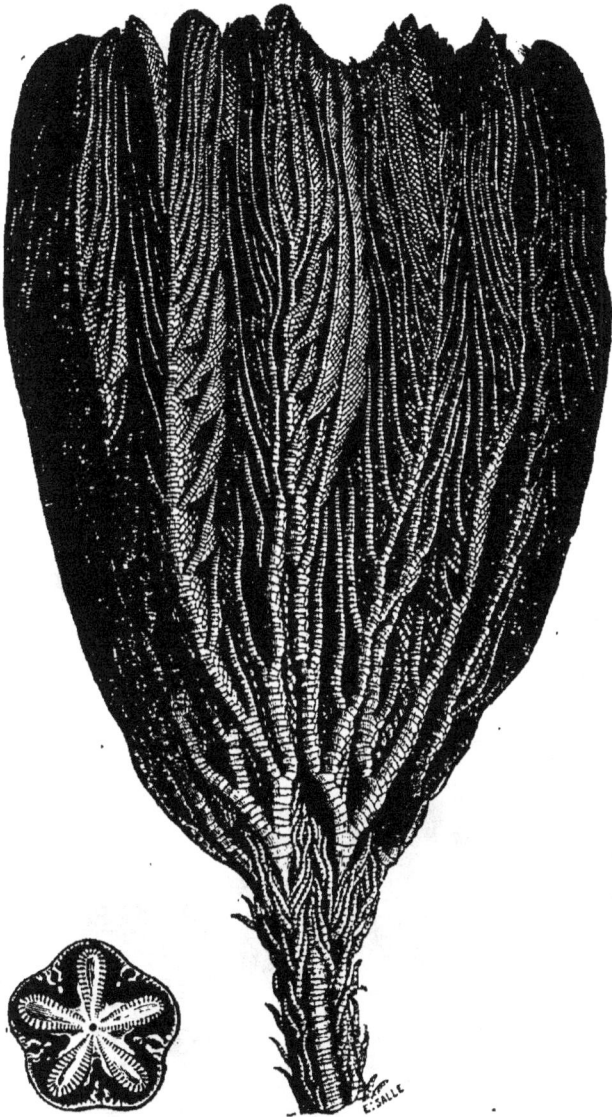

Fig. 109. Pentacrinus fasciculosus. (1/2 G. N.)   Fig. 110. Ostrea arcuata. (1/2 G. N.)

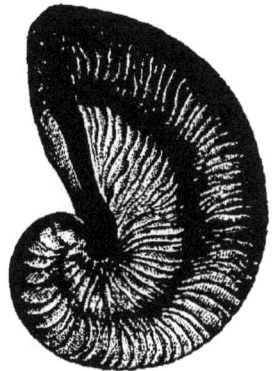

Les *Ammonites*, curieux genre de mollusques, tout à fait spécial à l'époque secondaire et complétement disparu de nos jours, s'étaient montrées pour la première fois dans la période du trias ; mais elles n'y figuraient qu'en nombre très-petit, et comme aux premiers débuts de leur création. C'est à la période jurassique que les Ammonites appartiennent en propre et d'une manière caractéristique. Il est nécessaire de donner ici une idée exacte de ce genre important de mollusques de l'ancien monde.

Les Ammonites[1] étaient des mollusques céphalopodes à coquille circulaire enroulée en spirale dans un même plan, et divisée en une série de cavités. Le corps de l'animal n'occupait que la plus extérieure des cavités de la coquille ; les autres étaient vides. Un tube traversait toutes ces cavités, en partant de la première. Ce tube avait pour objet de rendre l'animal plus léger ou plus lourd. L'Ammonite pouvait, à volonté, introduire de l'eau dans ce conduit, ou l'en expulser, ce qui lui donnait le moyen de s'élever au-dessus de l'eau, ou de descendre dans ses profondeurs. Le Nautile de nos jours est pourvu de la même et curieuse organisation : c'est l'animal qui rappelle le mieux l'Ammonite des temps géologiques.

Les coquilles étant les seuls débris qui nous restent des Ammonites, on n'a pas toujours une idée exacte de l'animal qui vivait dans la première cavité de cette coquille. Il sera donc

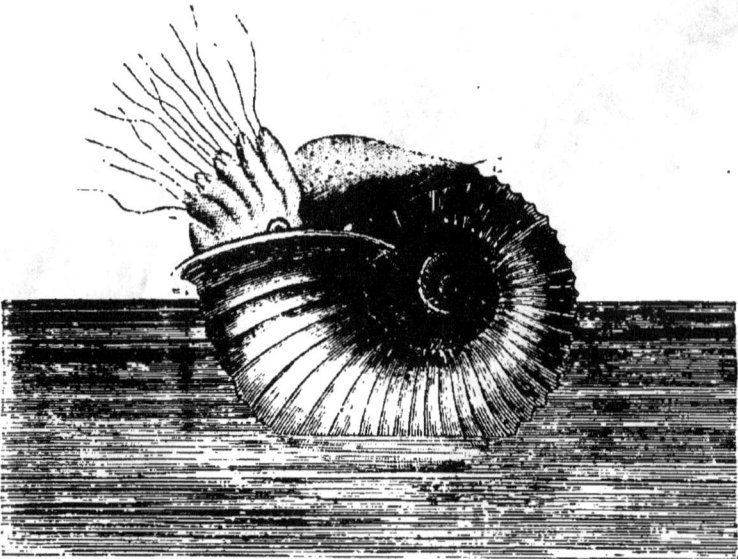

Fig. 111. Ammonite restaurée.

utile de mettre ici sous les yeux du lecteur l'image restaurée de ce mollusque. La figure 111 représente l'Ammonite vivante.

1. Le nom d'*ammonite* est tiré de la ressemblance de ces coquilles avec les espèces de cornes à bélier qui ornaient le frontispice des temples de Jupiter *Ammon*, et les bas-reliefs des statues de ce dieu du paganisme.

On voit que ce curieux animal ressemblait, comme nous le disions plus haut, au Nautile de nos jours. Semblable à une petite nacelle, l'Ammonite flottait à la surface des eaux : c'était, comme le Nautile actuel, un esquif animé. Quel curieux aspect devaient présenter les mers primitives, couvertes d'une masse innombrable de ces mollusques de toute grandeur, qui voguaient avec prestesse à la poursuite de leur proie, sur la surface des flots!

Les Ammonites présentent dans la période jurassique une variété infinie de dimensions et de formes, parmi lesquelles beaucoup sont d'une extrême élégance. Nous représentons ici quelques-unes des Ammonites caractéristiques du lias : l'*Ammonites bifrons* (fig. 112), l'*Ammonites Nodotianus* (fig. 113),

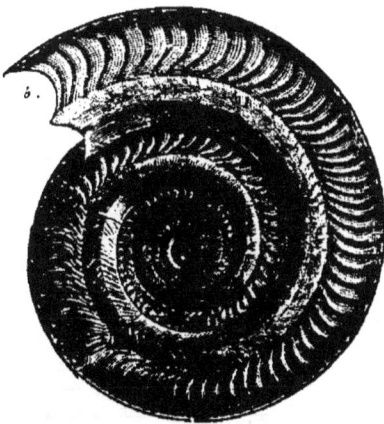

Fig. 112.
Ammonites bifrons. (1/2 G. N.)

Fig. 113.
Ammonites Nodotianus. (1/2 G. N.

Fig. 114.
Ammonites bisulcatus. (1/5 G. N.)

Fig. 115.
Ammonites margaritatus. (1/2 G. N.)

l'*Ammonites bisulcatus*, appelée aussi *Ammonites Bucklandi* (fig. 114), et l'*Ammonites margaritatus* (fig. 115).

Les Bélemnites, mollusques céphalopodes d'une organisation
très-curieuse, apparaissent en grand nombre, et pour la première fois, dans la période jurassique. On ne possède de ce
mollusque qu'un osselet analogue à celui des Seiches et des
Calmars, et que l'on pourrait, au premier abord, prendre pour
une baguette pétrifiée. Ce simple et muet débris est bien loin
de nous donner l'idée exacte de ce qu'était l'animal des temps
primitifs qui a reçu le nom de *Bélemnite*. Ce petit os allongé, lè
seul vestige qui nous reste, n'était que la partie terminale, enveloppée de chair, du corps de la Bélemnite. Différant en cela
de l'Ammonite, qui flottait à la surface de la mer, la Bélemnite
nageait au fond des eaux.

On voit sur la figure 116 la Bélemnite vivante, en d'autres
termes, et selon le langage des paléontologistes, *restaurée*, d'a-
près les travaux de Buckland, d'Alcide d'Orbigny et du célèbre

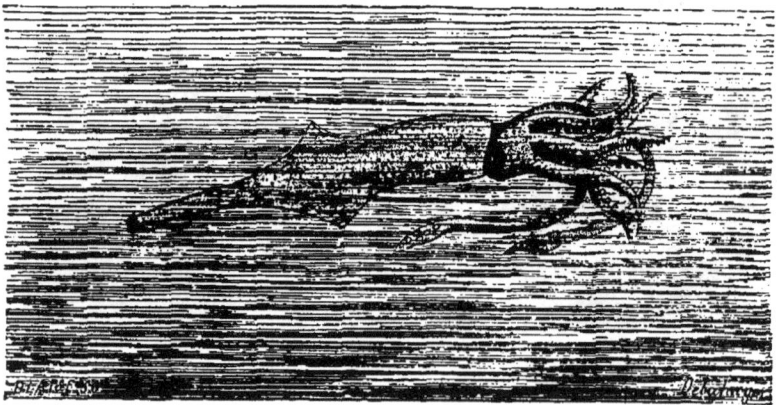

Fig. 116. Bélemnite restaurée.

naturaliste anglais Owen. On a marqué d'une teinte un peu plus
noire la partie terminale de l'animal pour indiquer la place de
l'os qui seul représente aujourd'hui pour nous cet être fossile.

On se formera une idée assez exacte de ce mollusque en se
représentant notre Seiche actuelle. La Bélemnite, comme la
Seiche, sécrétait une matière noire, liquide, une sorte d'encre
ou de *sépia*. On a retrouvé à l'état fossile la poche contenant
l'encre desséchée de la Bélemnite, et un géologue a pu se donner la joie d'exécuter un dessin avec cette sépia, âgée de millions d'années !

De tout temps les Bélemnites ont attiré l'attention des naturalistes, et donné lieu aux plus étranges assertions. Les savants du moyen âge y voyaient la *pierre de lynx* dont parlent Théophraste et Pline, et qu'ils attribuaient à la solidification de l'urine de cet animal. On les regarda plus tard et successivement comme des morceaux de succin pétrifié, — comme des dattes fossilisées, — comme des pierres de foudre, — comme des pointes d'oursin. C'est le naturaliste et physicien Deluc qui, le premier, reconnut que les Bélemnites n'étaient autre chose que l'osselet intérieur d'un animal analogue à la seiche.

Nous emprunterons au naturaliste qui a attaché son nom à l'étude approfondie des Céphalopodes vivants et fossiles, à Alcide d'Orbigny, quelques détails sur les débris fossiles de ces êtres curieux.

« L'osselet corné interne des Céphalopodes, dit d'Orbigny, est placé au milieu des parties charnues du corps, pour leur donner plus de solidité, pour les soutenir ; et ses fonctions sont alors seulement celles des os chez les animaux vertébrés. Lorsque l'osselet contient des parties crétacées remplies d'air, comme celui de la seiche, ou des loges comme la coquille de la spirale, il est de plus appelé à remplir d'autres fonctions tout à fait distinctes, celles de soutenir l'animal, de le rendre plus léger au sein des eaux, de lui faciliter la natation, et de remplacer simplement la vessie natatoire des poissons. »

« Chez les Bélemnites, les deux fonctions sont certainement réunies. L'osselet corné soutient le corps en avant, tandis que, pour que le poids énorme du rostre crétacé ne détruise pas l'équilibre de l'ensemble, il devenait indispensable qu'il fût soutenu par quelque appareil ; et telles sont sans doute les fonctions qu'avaient à exercer dans l'alvéole, l'empilement des loges constamment remplies d'air.... Si l'on cherche à reconnaître par analogie les fonctions spéciales du rostre, on pourra facilement les déduire de sa position par rapport à la natation rétrograde des Céphalopodes. Tous ces animaux avançant par l'extrémité opposée à la tête, et par conséquent n'appréciant pas toujours les obstacles qui pouvaient les arrêter dans un élan donné, avaient besoin d'une partie plus ferme qui pût résister au choc, comme le fait par exemple l'extrémité de la *Sepia Orbigniana*. On pourrait croire que les Bélemnites étaient des animaux côtiers voyageant par grandes troupes sur les rives des anciens Océans, ce qu'indiqueraient les bancs qu'on en rencontre dans presque tous les lieux où elles se trouvent.... »

Une circonstance bien remarquable confirme, de la manière la plus nette, les rapports des Bélemnites avec les Céphalo-

podes. Buckland ayant rencontré dans le lias de Lyme-Regis
des réservoirs d'encre fossile, qui se trouvaient mêlés à des
Bélemnites, fut conduit à considérer ces restes comme provenant de ces mêmes Bélemnites. La démonstration positive du
fait fut donnée par Agassiz, qui en 1834 vit, dans la collection
de Philpotts, des échantillons de Bélemnites dans le fourreau
desquelles se trouvait encore une *poche au noir* qui était restée
dans sa position primitive.

Les Bélemnites ont paru sur la terre avec les couches du
lias. Les espèces de cet étage avaient quelques caractères particuliers, qu'on ne retrouve pas dans les Bélemnites de l'oolithe
et dans les couches plus supérieures des terrains jurassiques.
La même chose s'observe dans les diverses zones du terrain
crétacé. Ces curieux Céphalopodes s'éteignent vers les régions
supérieures du même terrain.

Parmi les Bélemnites caractéristiques de la période du lias,

Fig. 117.   Fig. 118.   Fig. 119.
Belemnites pistiliformis.   Belemnites sulcatus.   Plagiostoma giganteum.
(G. N.)   (G. N.)   (1/4 G. N.)

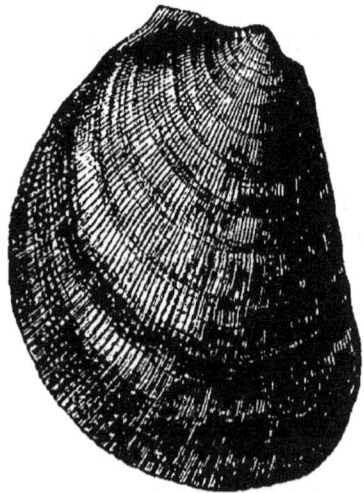

nous citerons les *Belemnites acutus*, *pistiliformis* (fig. 117), et
sulcatus (fig. 118).

Citons encore, parmi les mollusques, le *Plagiostoma giganteum* (fig. 119), mollusque acéphale dont la coquille est de grande dimension.

Les mers liasiques contenaient un grand nombre de poissons dits *ganoïdes*, c'est-à-dire à écailles dures et brillantes. Le *Lepi-*

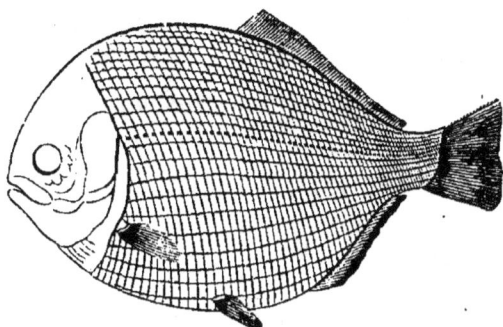

Fig. 120.
Tetragonolepis (restauré). (1/4 G. N.)

Fig. 121.
Dent de l'Acrodus nobilis. (G. N.)

dotus gigas est un poisson de grande taille propre aux mers de cette époque. Un poisson plus petit, que nous représentons dans la figure 120, avec les écailles qui recouvraient son corps, était le *Tetragonolepis* ou *Œchmodus Buchii*.

L'*Acrodus nobilis*, dont on retrouve aujourd'hui les dents, vulgairement appelées en Angleterre *sangsues fossiles* (fig. 121), est un poisson dont on ne connaît pas le squelette entier.

On ne connaît pas non plus exactement l'*Hybodus reticulatus*. Les épines osseuses qui forment la partie antérieure de la nageoire dorsale de ce poisson, et que nous représentons dans la figure 122, ont longtemps piqué la curiosité des géologues, qui

Fig. 122.
Portion de nageoire de l'Hybodus, ou *Ichthyodorulite*. (1/3 G. N.)

avaient donné à ces débris le nom général d'*Ichthyodorulites*, avant qu'il fût bien établi que ce n'était là qu'un fragment de la nageoire de l'*Hybodus*.

Toutefois, hâtons-nous de le dire, ce ne sont pas les êtres que nous venons de passer en revue qui fournissent les traits les plus saillants de la génération d'animaux qui ont habité la terre pendant la période liasique. Il faut chercher ces traits dans d'énormes reptiles dont nous considérons aujourd'hui les formes étranges et les restes gigantesques avec une curiosité mêlée, en quelque sorte, de stupeur.

A aucune époque de l'histoire de la terre, les reptiles n'ont tenu une aussi grande place et n'ont joué un rôle aussi important que dans la période jurassique. La nature semble avoir voulu alors porter cette classe d'animaux à son plus haut degré de perfection. Les grands reptiles du lias sont des animaux aussi compliqués dans leur structure que les mammifères qui apparaîtront plus tard. Ces étranges et gigantesques sauriens ont disparu pendant les périodes géologiques suivantes; aussi nos reptiles, nos sauriens actuels, ne sont-ils, pour ainsi dire, que l'ombre, la descendance abâtardie de ces puissantes races de l'ancien monde.

Pour n'avancer que des faits bien établis, nous ne considérerons avec quelques détails que les reptiles fossiles les mieux connus, et qui ont été l'objet d'études répétées de la part des naturalistes : nous voulons parler des *Ichthyosaures*, des *Plésiosaures* et des *Ptérodactyles*.

Les créatures extraordinaires qui portent le nom d'*Ichthyosaures*[1] présentent des dispositions et des arrangements organiques qui se rencontrent disséminés dans certains ordres ou dans certaines classes de nos animaux actuels, mais qui ne se voient jamais réunis dans aucun. En effet, les Ichthyosaures possèdent à peu près le museau d'un Marsouin actuel, la tête d'un Lézard, les dents d'un Crocodile, les vertèbres d'un poisson, le sternum de l'Ornithorhynque et les nageoires de la Baleine.

M. Bayle paraît avoir donné l'idée la plus complète de l'*Ichthyosaure*, en disant que c'était la Baleine des sauriens, ou le Cétacé des mers primitives. L'Ichthyosaure était, en effet, un animal exclusivement marin, qui, sur le rivage, serait resté immobile comme une masse inerte : ses nageoires, semblables à celles de la Baleine, le prouvent suffisamment. Comme la Baleine, l'Ichthyosaure respirait l'air atmosphérique, ce qui le forçait

---

1. Ἰχθύς σαῦρος (*poisson-lézard*), pour rappeler que cet animal a les vertèbres d'un poisson et la tête d'un saurien, ou Lézard.

à s'élever à la surface de l'eau. On peut même croire, avec
M. Bayle, qu'il était pourvu, comme la Baleine, d'*évents* par lesquels il rejetait en l'air des colonnes d'eau avalée.

Les dimensions de l'Ichthyosaure variaient selon l'espèce. La
plus grande espèce n'avait pas moins de 10 mètres de long[1].

C'est surtout d'après la structure de sa tête que l'on a vu dans
l'*Ichthyosaure* une sorte de Lézard marin. La figure 123 représente la tête de l'*Ichthyosaurus platyodon*. Comme chez les sauriens, ses narines sont très-rapprochées de l'œil; mais, d'un
autre côté, la forme et l'arrangement des dents le rapprochent
du Crocodile. Ces dents sont, en effet, coniques, mais non en-
châssées dans des alvéoles profonds et séparés; elles sont seulement rangées dans une rigole longue et continue, creusée
dans les os des mâchoires. Ces mâchoires avaient une ouverture énorme; car, chez certains individus, on les a trouvées
armées de cent quatre-vingts dents. Ajoutons que de nouvelles
dents pouvaient plusieurs fois remplacer celles que la voracité
de l'animal lui avait fait perdre, car au-dessous de chaque dent
se trouve toujours le germe osseux d'une dent nouvelle.

Les yeux de ce colosse marin étaient beaucoup plus volumi-

Fig. 123. Tête de l'Ichthyosaurus platyodon. (1/10 G. N.)

neux que ceux d'aucun animal vivant de nos jours : leur volume excédait souvent celui de la tête d'un homme. Leur structure toute spéciale constitue une des particularités les plus
remarquables de l'organisation de l'Ichthyosaure. Comme on
le voit sur la figure 123, il existe au-devant de l'orbite de l'œil

1. Les principales espèces sont les *Ichthyosaurus communis, platyodon,
intermedius, tenuirostris, Cuvierii.*

une série circulaire de minces plaques osseuses qui entouraient l'ouverture de la pupille. Ce système d'appareil, qui
se rencontre dans les yeux de plusieurs oiseaux, dans ceux des
Tortues et des Lézards, sert à repousser en avant la cornée
transparente, ou à la ramener en arrière, de façon à diminuer ou à augmenter sa courbure, et à permettre ainsi la
perception successive des objets à de petites et à de grandes
distances, c'est-à-dire à faire alternativement, et selon les besoins de l'animal, office de microscope ou de télescope. Les
yeux de l'Ichthyosaure étaient donc des appareils d'optique
d'une prodigieuse puissance et d'une perfection singulière. Ils
donnaient à l'animal le moyen de voir sa proie de près et de
loin, comme aussi de la poursuivre au sein des ténèbres et des
profondeurs des mers. Le curieux appareil de lames osseuses
que nous venons de signaler dans l'orbite de l'Ichthyosaure,
fournissait, en outre, à son vaste globe oculaire la force nécessaire pour supporter la pression considérable des hauts-fonds
de la mer, et pour résister à l'assaut des vagues, lorsque l'animal, pour respirer, élevait sa tête au-dessus des flots.

Chez l'Ichthyosaure, un cou gros et court supportait, à partir
des yeux, un crâne volumineux, et se continuait en une colonne
vertébrale composée de plus de cent vertèbres. L'animal étant
créé, comme la Baleine de nos jours, pour une locomotion rapide à travers les eaux, ses vertèbres n'avaient point la solide
invariabilité des vertèbres du Lézard et du Crocodile, mais bien
la structure et la légèreté de celles des poissons : la section de
ces vertèbres présentait deux cônes creux, réunis seulement
par leur sommet au centre des vertèbres, ce qui permettait des
mouvements très-multipliés de flexion.

Les côtes s'étendaient dans toute la longueur de la colonne
vertébrale, depuis la tête jusqu'au bassin.

Les os du sternum, ou de cette partie de la poitrine qui supportait les nageoires, offraient les mêmes combinaisons que
ceux de ce même sternum dans l'*Ornithorhynque* [1] de la Nou-

---

1. L'Ornithorhynque offre le singulier amalgame d'un mammifère quadrupède
à fourrure, dont la bouche est armée d'un bec comme celui du Canard, et dont
les quatre pieds sont palmés.

velle-Hollande, cet autre phénomène de la nature vivante qui

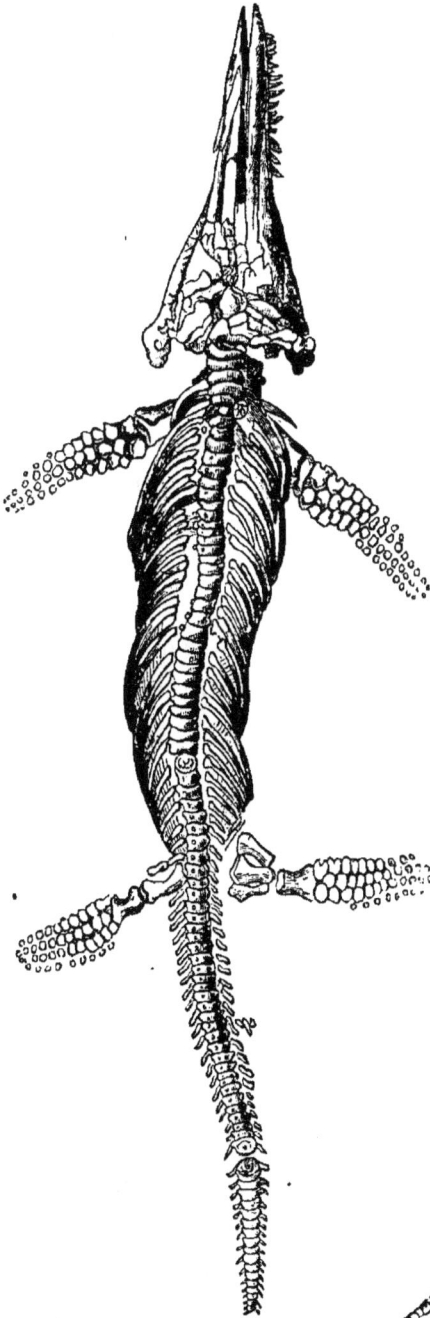

Fig. 125.
Ichthyosaurus platyodon.
(1/10 G. N.)

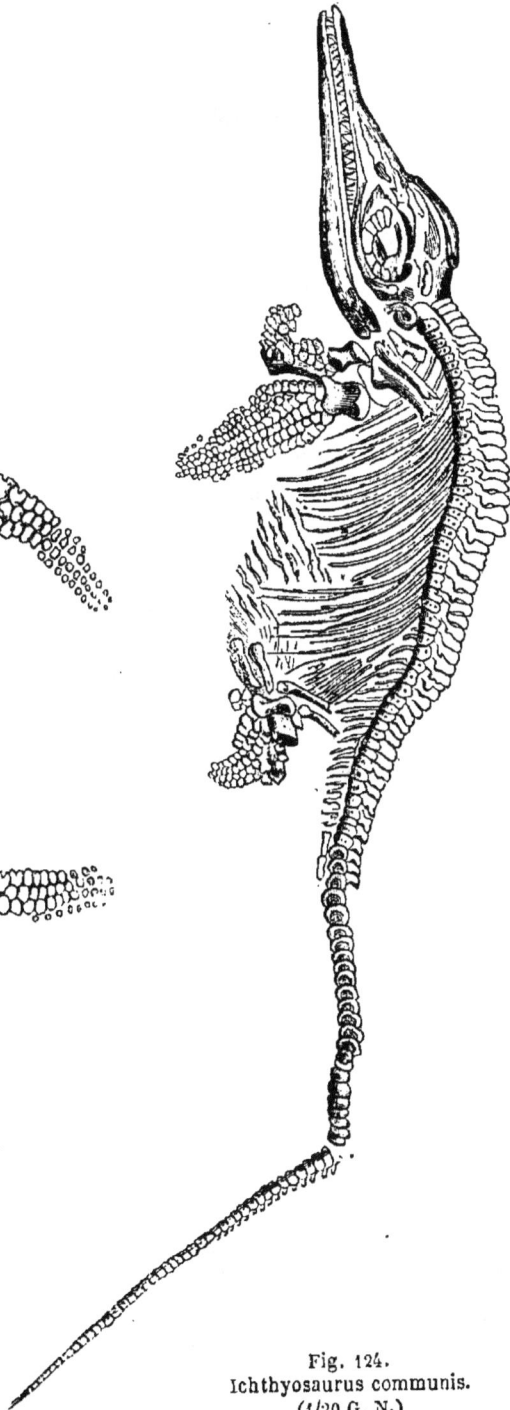

Fig. 124.
Ichthyosaurus communis.
(1/20 G. N.)

plonge au fond des eaux pour chercher sa nourriture et revient à leur surface respirer l'air atmosphérique, et pour lequel le Créateur semble avoir répété de nos jours les dispositions organiques qu'il avait créées une première fois pour l'Ichthyosaure.

Afin que l'animal pût se mouvoir avec rapidité au sein des eaux, ses membres antérieurs et postérieurs étaient transformés en nageoires, ou rames. Les rames antérieures étaient de moitié plus grandes que les postérieures. La main pouvait contenir jusqu'à cent os, de forme polygonale, disposés en série représentant les phalanges des doigts. Cette main, jointe au bras, ressemble exactement aux nageoires sans doigts distincts du Marsouin et de la Baleine.

La queue, composée de 80 à 85 vertèbres, était munie de larges et fortes nageoires, placées verticalement comme chez tous nos poissons, et non horizontalement comme chez la Baleine.

La figure 124, qui représente l'*Ichthyosaurus communis*, met sous les yeux du lecteur toutes les particularités du squelette de ce grand reptile qui devait terriblement dépeupler les mers primitives.

La figure 125 représente l'*Ichthyosaurus platyodon*.

Telles sont, en définitive, les parties constitutives du corps de l'Ichthyosaure; telle est son architecture interne, énorme et compliquée. On ne saurait dire avec certitude si la peau de cet animal était nue, comme celle de la Baleine et du Lézard, ou recouverte d'écailles comme celle des grands reptiles de cette époque. Cependant, comme les écailles des poissons, les cuirasses et armures cornées des reptiles du lias se sont conservées, et que l'on n'a jamais trouvé ni écailles, ni armures défensive pour l'Ichthyosaure, il est probable que sa peau était nue.

Il est curieux de voir à quel degré de perfection a été portée de nos jours la connaissance des animaux antédiluviens. On sait maintenant quelle était la nourriture ordinaire des Ichthyosaures, et comment leur tube intestinal était construit. La figure 126 représente le squelette d'un Ichthyosaure trouvé dans le lias de Lyme-Regis, en Angleterre, contenant encore dans sa cavité abdominale les *coprolithes*, c'est-à-dire le résidu de la digestion. Les parties molles du tube intestinal ont disparu, mais les *fèces* se sont conservées, et leur examen nous renseigne sur le régime alimentaire de cet animal, qui a péri il y a des millions d'années [1].

On comprendra que ces coprolithes se soient très-bien conservés, si l'on réfléchit qu'une substance minérale indestruc-

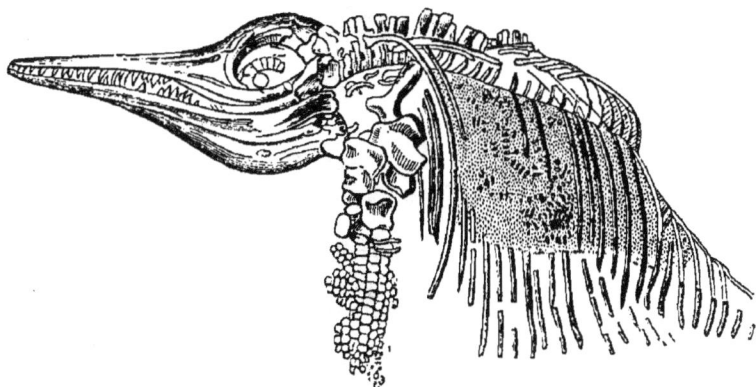

Fig. 126. Squelette d'Ichthyosaure contenant des écailles et des os de poissons digérés, et à l'état de coprolithes. (1/15 G. N.)

tible par sa nature, le phosphate de chaux, compose ces résidus, comme il compose le résidu de la digestion de toute nourriture animale. Ces coprolithes sont tellement abondants sur la côte de Lyme-Regis, dans le terrain liasique où ont été trouvés les premiers Ichthyosaures, qu'ils y forment des amas entiers disséminés sur plusieurs kilomètres de longueur.

Les *coprolithes* de l'Ichthyosaure contiennent des os et des écailles de poissons et de reptiles divers, assez bien conservés pour que l'on en détermine sans peine les espèces. Il importe d'ajouter que parmi ces ossements on rencontre souvent des os d'Ichthyosaure même. Dans des coprolithes de grands Ichthyosaures, on trouve des ossements de jeunes individus

1. Une Anglaise, miss Marie Anning, à laquelle on doit beaucoup de découvertes faites dans les environs de Lyme-Regis, sa ville natale, possédait dans sa collection un énorme *coprolithe* d'Ichthyosaure. C'était la perle du petit musée de Lyme-Regis. Mais la pudeur anglaise défendait à la propriétaire de la montrer. Après avoir fait le tour de la collection, on rentrait donc dans le salon; miss Anning disparaissait, puis un domestique apportait sur un plat, couvert d'une serviette très-propre, l'échantillon, qu'il déposait sur un meuble. Ce n'est qu'après la retraite des dames qu'on était admis à lever la serviette. (Vogt, *Leçons de géologie*, in-18; Leipzig, 1863, édition française, page 400.)

du même genre : c'est ce que montre la figure 127. La présence de ces débris d'animaux de la même espèce dans le canal digestif de l'Ichthyosaure prouve, comme nous avons eu déjà l'occasion de le faire remarquer, que ce grand Saurien était un

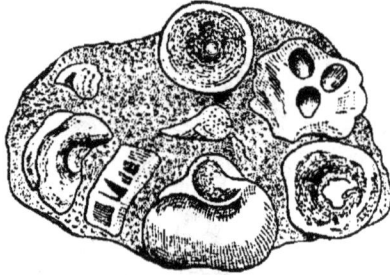

Fig. 127. Coprolithe de Lyme-Regis renfermant des os non digérés
d'un petit Ichthyosaure (grossi deux fois).

être des plus voraces, puisqu'il dévorait habituellement des individus de sa propre race.

La structure de la mâchoire de l'Ichthyosaure porte à croire que, comme le Crocodile, cet animal devait engloutir sa proie sans la diviser. Son estomac et son tube intestinal devaient donc former une poche d'un grand volume, remplissant en entier la cavité abdominale, et répondant, par son étendue, au grand développement des dents et des mâchoires.

La perfection avec laquelle le contenu des intestins grêles s'est conservé à l'état fossile dans les coprolithes, fournit des preuves indirectes que le tube intestinal de l'Ichthyosaure ressemblait complétement à celui du Requin ou du Squale de nos jours, poissons essentiellement voraces et destructeurs. L'intestin grêle de ces poissons est contourné en spirale; or cette disposition se retrouve exactement indiquée sur les coprolithes de l'Ichthyosaure, par les impressions qu'y ont laissées les replis de cet intestin (fig. 128).

Certains lecteurs seront surpris peut-être que nous ayons attiré leur attention sur un objet aussi infime en apparence que la structure des intestins d'une race éteinte de reptiles. Justifions-nous de ce reproche. Retrouver chez des êtres aussi antérieurs à l'apparition de nos races actuelles le même système d'organes qui est propre à nos animaux modernes, — et cela jusque dans des organes aussi périssables qu'un tube intestinal, entièrement composé de parties molles, non adhérentes au squelette, — n'est-ce pas rapprocher d'une manière bien inattendue la création actuelle des créations éteintes? N'est-ce pas

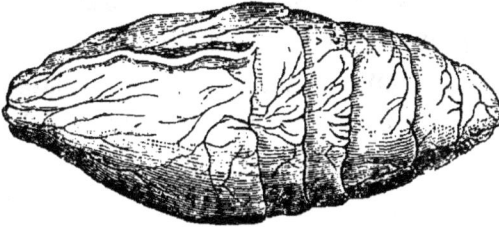

Fig. 198. Coprolithe de Lyme-Regis offrant l'impression de vaisseaux et de replis du canal intestinal de l'Ichthyosaure. (G. N.)

rétablir, par la similitude des appareils organiques, la continuité d'une chaîne, en apparence brisée? N'est-ce pas constater l'unité et la continuité visibles du plan dans l'œuvre de la création, à travers tant de siècles écoulés? Privilége admirable de la science, qui par l'examen des parties les plus infimes de l'organisation, chez les êtres qui vivaient il y a des millions d'années, donne à notre esprit des renseignements solides, et à notre âme de véritables jouissances.

« Quand nous retrouvons, dit Buckland, dans le corps d'un Ichthyosaure la nourriture qu'il venait d'engloutir un instant avant sa mort, quand l'intervalle entre ses côtes nous apparaît encore rempli des débris des poissons qu'il a avalés il y a dix mille ans, ou un temps deux fois plus grand, tous ces intervalles immenses s'évanouissent en quelque sorte; les temps disparaissent et nous nous trouvons, pour ainsi dire, mis en contact immédiat avec tous les événements qui se sont passés à ces époques incommensurablement éloignées, comme s'il s'agissait de nos affaires de la veille [1]. »

Le nom de *Plésiosaure* du (mot grec πλησίος, voisin, σαῦρος, lézard) rappelle que cet animal est *voisin*, par son organisation, des Sauriens, et par conséquent de l'Ichthyosaure dont nous venons de donner la description.

Le *Plésiosaure* offre la structure et l'ensemble d'organes le

1. *La géologie et la minéralogie dans leurs rapports avec la théologie naturelle*, traduction française. Paris, 1838, tome I, page 176.

plus curieux que l'on ait rencontré parmi les vestiges organiques de l'ancien monde. Un auteur l'a comparé à un serpent caché dans la carapace d'une Tortue. Remarquons toutefois qu'il n'y a pas ici de carapace. Le Plésiosaure a la tête du Lézard, les dents du Crocodile, un cou d'une longueur démesurée, qui ressemble au corps d'un Serpent, les côtes du Caméléon, un tronc et une queue dont les proportions sont celles d'un quadrupède ordinaire, enfin les nageoires de la Baleine. Jetons les yeux sur les restes de cet animal étrange que la terre nous a rendu et que la science fait revivre.

La tête du *Plésiosaure* offre la réunion des caractères propres à celle de l'Ichthyosaure, du Crocodile et du Lézard. Son long cou renferme un plus grand nombre de vertèbres que le cou du Chameau, de la Girafe, et même du Cygne, celui de tous les oiseaux chez lequel le cou atteint, comparativement au reste du corps, la plus grande longueur[1].

Le tronc est cylindrique et arrondi, comme celui des grandes Tortues marines : il n'était recouvert, sans doute, ni d'écailles ni de carapace, car on n'en a trouvé aucun vestige auprès de son squelette. Les vertèbres dorsales s'appliquaient les unes sur les autres par des surfaces planes, comme chez les quadrupèdes terrestres, ce qui ôtait à l'ensemble de sa colonne vertébrale presque toute flexibilité.

Chaque paire de côtes entourait le corps d'une ceinture complète, formée de cinq pièces comme chez le Caméléon et l'Iguane ; de là sans doute, comme chez le Caméléon, une grande facilité de contraction et de dilatation des poumons.

La poitrine, le bassin et les os des extrémités antérieures et postérieures concouraient à former un appareil qui permettait au Plésiosaure de descendre et de s'élever dans les eaux, à la façon des Ichthyosaures et de nos Cétacés. Aussi ses pattes étaient-elles converties en rames, plus grandes et plus puissantes que celles de l'Ichthyosaure, et propres à compenser le faible secours que l'animal pouvait tirer de sa queue. Cette queue, courte comparativement à la longueur du reste du

---

1. Dans les Mammifères, le nombre des vertèbres cervicales reste toujours de sept, quel que soit l'allongement du cou, comme dans la Girafe et le Chameau ; mais chez les Oiseaux, ce nombre augmente avec la longueur du cou.

corps, ne pouvait être un organe puissant d'impulsion, mais plutôt une sorte de gouvernail capable de diriger la marche de l'animal au sein des eaux.

C'est en étudiant l'ensemble des caractères que nous venons de passer en revue, qu'on est arrivé aux conséquences suivantes relativement aux habitudes du Plésiosaure. C'était un animal essentiellement marin. Cependant la longueur de son cou était un obstacle à la rapidité de sa progression à travers

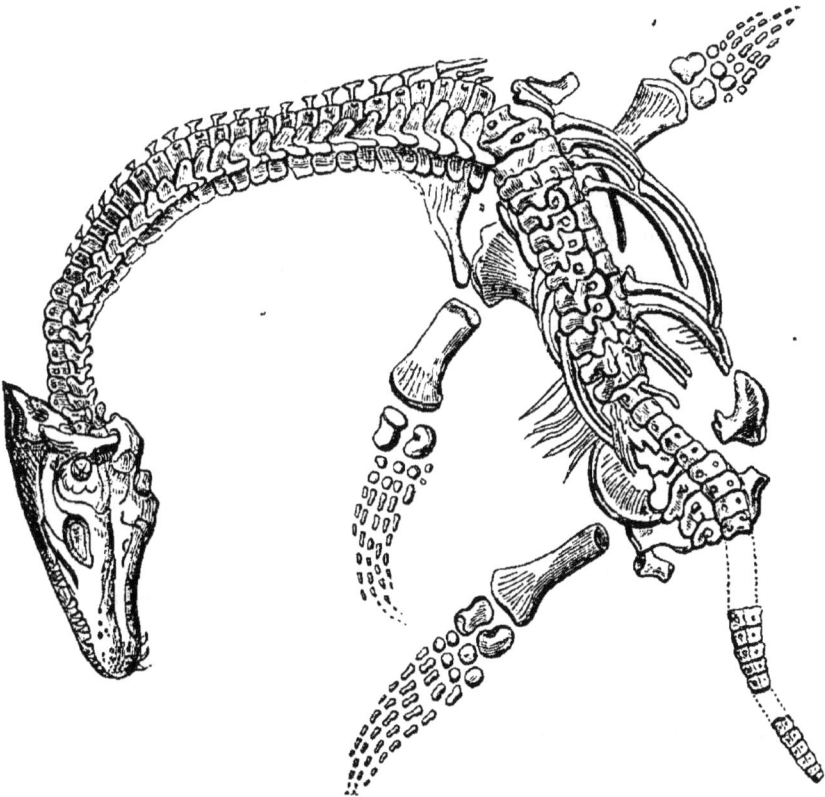

Fig. 129. Plesiosaurus macrocephalus (1/12 G. N.)

les eaux, et sa structure était, sous ce rapport, bien inférieure à celle de l'Ichthyosaure, si admirablement organisé pour fendre les vagues avec promptitude et vigueur. La ressemblance de ses extrémités avec celles des Tortues conduit à penser que, comme ces derniers animaux, le Plésiosaure descendait de temps à autre sur le rivage ; mais ses mouvements sur la terre ne pouvaient être que lents et difficiles. En raison de sa respiration aérienne, il devait nager, non dans la profondeur,

mais à la surface des eaux, comme le Cygne et les oiseaux
aquatiques. Recourbant en arrière son cou long et flexible, il
dardait, de temps à autre, sa tête robuste et armée de dents
tranchantes, pour saisir les poissons qui s'approchaient de lui.
Peut-être aussi se tenait-il d'habitude sur le rivage, dans les
eaux peu profondes de la mer et des étangs, caché au milieu
des herbages, et maintenant sa tête à la surface de l'eau,
pour guetter et saisir sa victime. Sa tête repliée en arrière
pouvait, au commandement de la volonté, grâce à la longueur et à la flexibilité du cou, partir subitement, comme
le trait d'une arbalète, et s'abattre instantanément sur sa
proie.

C'est dans le lias de Lyme-Regis que l'on découvrit, vers 1823,
les premiers débris du *Plesiosaurus dolichodeirus*, l'espèce la
plus commune de ces reptiles fossiles. Depuis, on a rencontré
d'autres individus dans les mêmes formations géologiques, sur
divers points de l'Angleterre, de l'Irlande, de la France et de
l'Allemagne. On a trouvé ainsi dans le lias de Lyme-Regis une
autre espèce de Plésiosaure, le *Plesiosaurus macrocephalus*, dont
nous avons représenté le squelette dans la figure 129, d'après
le moulage de la pièce trouvée dans le terrain de Lyme-Regis,
qui existe dans la galerie paléontologie de notre Muséum
d'histoire naturelle.

Le Plésiosaure était presque aussi énorme que l'Ichthyosaure. On a trouvé des individus dont le squelette avait 10 mètres
de longueur. Il existait aussi des espèces beaucoup plus petites.

Nous réunissons dans la figure 130 les deux grands Reptiles
marins du lias, l'Ichthyosaure et le Plésiosaure.

Cuvier a dit du Plésiosaure qu'il offre « l'ensemble des caractères les plus monstrueux que l'on ait rencontrés parmi les
races de l'ancien monde. » Il ne faudrait pas prendre cette expression au pied de la lettre. Il n'y a pas de monstre dans la
nature; dans aucune espèce animale vivante, les lois générales
de l'organisation ne sont positivement enfreintes. C'est donc
par une vue mal justifiée que l'on qualifierait de *monstres* les
reptiles de grande taille qui habitaient les terrains jurassiques.
Ce qu'il faut plutôt voir dans cette organisation si spéciale, dans
cette structure qui diffère si notablement de celle des animaux

Fig. 130. L'Ichthyosaure et le Plésiosaure (période du lias).

de nos jours, c'est le simple agrandissement d'un type, et quelquefois aussi le début et le perfectionnement successif des êtres. On verra, en parcourant la curieuse série des animaux des anciens âges, l'organisation et les fonctions physiologiques aller se perfectionnant sans cesse, et les genres éteints qui ont précédé l'apparition de l'homme, présenter, pour chaque organe, une modification toujours ascendante vers le progrès. La nageoire du poisson des mers devoniennes devient la rame natatoire de l'Ichthyosaure et du Plésiosaure ; celle-ci devient bientôt la patte membraneuse du Ptérodactyle et l'aile de l'Oiseau. Vient ensuite la patte antérieure articulée du Mammifère terrestre, qui, après avoir atteint un perfectionnement remarquable dans la main du Singe, devient enfin le bras et la main de l'Homme, instrument admirable de délicatesse et de puissance, appartenant à l'être éclairé et transfiguré par l'attribut divin de la raison.

En conséquence, écartons avec soin cette idée de monstruosité qui ne pourrait qu'égarer notre esprit. Ne considérons pas les êtres antédiluviens comme des erreurs ou des écarts de la nature ; n'en détournons pas nos yeux avec dégoût ; mais apprenons, au contraire, à lire avec admiration le plan que s'est tracé, dans l'œuvre de l'organisation, le sublime Créateur de toutes choses.

Ces réflexions vont nous servir à apprécier sous son vrai jour l'un des plus singuliers habitants de l'ancien monde : nous voulons parler du *Ptérodactyle*[1].

La bizarre structure de cet animal a fait émettre par les naturalistes des opinions fort contradictoires. Les uns en ont fait un oiseau, les autres une chauve-souris, les derniers un reptile volant. Voilà de bien grandes divergences pour un animal dont on possède le squelette parfaitement conservé dans toutes ses parties. C'est que cet animal se rapproche, en effet, de l'oiseau par la forme de sa tête et la longueur de son cou, de la chauve-souris par la structure et la proportion de ses ailes, enfin des

---

1. De πτερόν, aile; δάκτυλος, doigt : c'est-à-dire animal au doigt transformé en aile.

reptiles par la petitesse du crâne et par l'existence d'un bec armé d'au moins soixante dents pointues.

Le *Pterodactylus macronyx* appartient au lias de Lyme-Regis. Le *Pterodactylus crassirostris* (fig. 131), que nous représentons ici, appartient à la sous-période géologique suivante.

La longue rangée de dents qui arment la mâchoire, le petit

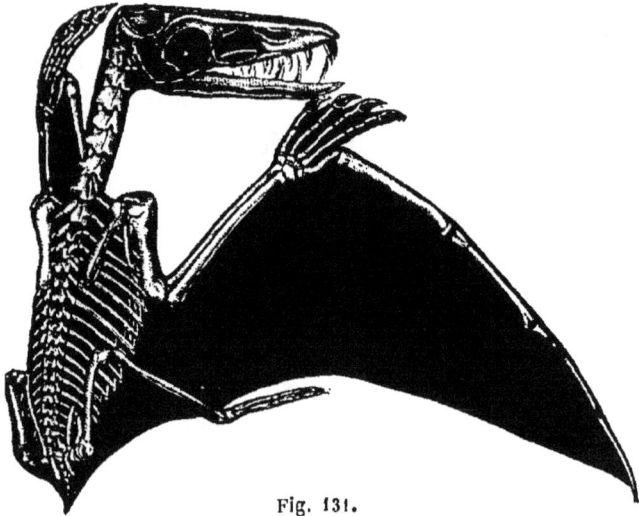

Fig. 131.
Pterodactylus crassirostris. (1/3 G. N.)

nombre de vertèbres cervicales, l'étroitesse des côtes, la forme du bassin, éloignent le Ptérodactyle des oiseaux. Une courte comparaison entre la structure de la tête et de l'aile des chauves-souris, et celles des mêmes parties dans le Ptérodactyle, empêche de le rapprocher des chauves-souris, c'est-à-dire des Mammifères volants. Sa mâchoire, pourvue de dents coniques analogues à celle des Sauriens, ses côtes étroites, la forme de son bassin, le nombre et les proportions des os de ses doigts, le rapprochent complétement des reptiles. Le Ptérodactyle était donc un reptile pourvu d'une aile assez semblable à celle de la chauve-souris, et formée, comme chez ce Mammifère, par une membrane qui reliait au corps le doigt externe excessivement allongé.

Le Ptérodactyle était un animal d'assez petit volume; les plus grands exemplaires ne dépassent pas la taille du Cygne, les plus petits celle de la Bécassine. D'un autre côté, sa tête était énorme, comparée au reste du corps. On ne saurait donc admettre que cet animal pût réellement voler, et, comme un oiseau, fendre les airs. L'appendice membraneux qui reliait son doigt externe aux côtes était plutôt un parachute qu'une aile. Il lui servait à modérer la rapidité de sa descente, quand il se précipitait sur sa proie en tombant d'un lieu élevé. Essentiellement grimpeur, le Plérodactyle devait s'élever en grimpant, à la manière d'un Lézard, au haut des arbres ou des rochers, et s'abattre, de là, sur le sol ou sur les branches inférieures, en déployant son parachute naturel.

La station ordinaire du Ptérodactyle se faisait sur ses deux. pieds de derrière. Il se tenait debout, avec fermeté, les ailes pliées, et marchant sur ses deux pattes de derrière. Habituellement, il se perchait sur les arbres. Il grimpait le long des rochers et des falaises, en s'aidant des pieds et des mains, comme le font aujourd'hui les chauves-souris. Il est probable que ce curieux animal possédait aussi la faculté de nager, si commune chez les reptiles. Milton a dit du démon qu'il

> Va guéant ou nageant, court, gravit, rampe ou vole[1].

Ce mauvais vers du traducteur pourrait s'appliquer aussi au Ptérodactyle.

On croit que les petites espèces de cet animal se nourrissaient d'insectes, mais que les grandes faisaient leur proie des poissons, sur lesquels le Ptérodactyle pouvait se précipiter à la manière des Hirondelles de mer.

Ce qui frappe surtout dans l'organisation de cet animal étrange, c'est le bizarre assemblage de deux ailes vigoureuses implantées sur le corps d'un reptile. L'imagination des poëtes avait seule conçu jusqu'ici une telle association, en créant ce fameux *Dragon* qui a joué un si grand rôle dans la Fable et la mythologie païennes. Le Dragon, ou le reptile volant de la Fable, avait disputé à l'homme la possession de la terre ; les dieux et les demi-dieux comptaient parmi leurs plus fameux exploits leur victoire sur ce monstre puissant et redoutable. Des fictions païennes, le Dragon passa dans la poésie grecque et latine, et, plus tard, dans celle de la Renaissance et des temps

---

1. Traduction de Delille.

modernes. Quel rôle ne joue pas le fabuleux Dragon dans les
vers du Tasse et de l'Arioste! Consacré par la religion des
premiers peuples, introduit de la mythologie païenne, dans
la poésie grecque et latine, enfin dans les fictions poé-
tiques des modernes, le Dragon, selon une pensée fort juste
de Lacépède, « a été tout, et s'est trouvé partout, hors dans la
nature. »

Le Ptérodactyle est le seul animal qui pourrait répondre
au type fameux de la religion et de la poésie anciennes ;
mais on voit que ce type est bien amoindri dans le pauvre
reptile grimpeur et sauteur qui vivait dans les temps jurassiques.

Parmi les animaux de notre époque on ne trouve qu'un seul
reptile pourvu d'ailes, ou d'appendices digitaires analogues à
l'aile membraneuse de la chauve-souris : c'est celui que les naturalistes modernes désignent, pour les motifs précédents, sous
le nom même de *Dragon*. Ce reptile vit dans les forêts des contrées les plus brûlantes de l'Afrique et dans quelques îles de
l'océan Indien, surtout à Sumatra et à Java. Il poursuit les insectes, en sautant de branche en branche, à l'aide de l'espèce
de parachute qui résulte du prolongement de ses côtes, qui sont
revêtues d'une membrane comme les doigts de la chauve-
souris.

Quelle étrange population que celle de notre globe à cette
période de son enfance où les eaux étaient remplies de créatures aussi extraordinaires que celles dont nous venons de re-
tracer l'histoire ; où des reptiles monstrueux, comme l'Ichthyosaure et le Plésiosaure, remplissaient l'Océan, sur les flots
duquel voguaient, comme de légers esquifs, d'innombrables
Ammonites dont quelques-unes avaient la dimension d'une
roue de voiture, tandis que des Tortues gigantesques et des
Crocodiles rampaient aux bords des rivières et des lacs !
Aucun mammifère, aucun oiseau n'avaient encore apparu ;
rien n'interrompait le silence des airs, sinon le sifflement des
reptiles terrestres et le vol de quelques insectes ailés.

La terre s'était un peu refroidie pendant la période jurassique, les pluies avaient perdu de leur continuité et de leur abon-

dance, la pression atmosphérique avait sensiblement diminué. Toutes ces circonstances secondaient l'apparition et la multiplication de ces innombrables espèces animales dont les formes singulières se montrèrent alors à la surface du globe. On ne peut se faire une idée de la quantité prodigieuse de mollusques et de zoophytes dont les débris sont ensevelis dans les terrains jurassiques, et y forment à eux seuls des couches entières d'une immense hauteur et d'une immense étendue.

Les mêmes circonstances concouraient à favoriser la multiplication des plantes. Si les rivages et les mers de cette période recevaient des redoutables êtres qui viennent d'être décrits une physionomie grandiose et terrible, la végétation qui couvrait les continents avait aussi son aspect et son caractère particuliers. Rien dans la période actuelle ne peut rappeler la riche végétation qui décorait les rares continents de cette époque. Une température encore très-élevée, une atmosphère constamment humide, et sans doute aussi une brillante illumination solaire, provoquaient une végétation luxuriante, dont quelques îles tropicales du monde actuel, avec leur température brûlante et leur climat maritime, peuvent seules nous donner l'idée, et même nous rappeler les types botaniques. Les élégants *Voltzia* de la période triasique avaient disparu; mais il restait les Prêles, dont les troncs déliés se dressaient dans les airs en panaches élégants; il restait encore les roseaux gigantesques, et les fougères, qui avaient perdu, il est vrai, les énormes dimensions qu'elles présentaient dans les périodes antérieures, mais non les fines et délicates découpures de leur feuillage aérien.

A côté de ces familles végétales, héritage transmis par les siècles antérieurs, une famille tout entière, celle des Cycadées, se montre ici pour la première fois au jour. Les Cycadées comptent tout de suite des genres nombreux. Tels sont les Zamites, les Pterophyllum, les Nilsonia.

Parmi les nombreuses espèces végétales qui sont caractéristiques de l'époque du lias, nous citerons les suivantes, en les rangeant par familles :

FOUGÈRES.............. {
Odontopteris cycadea.
Taumatopteris Munsterii.
Camptopteris crenata.

CYCADÉES.	*Zamites distans.* *Zamites heterophyllus.* *Zamites gracilis.* *Pterophyllum majus.* *Pterophyllum dubium.* *Nilsonia contigua.* *Nilsonia elegantissima.* *Nilsonia Sternbergii.*
CONIFÈRES	*Taxodites.* *Pinites.*

Les *Zamites*, arbres d'un port élégant, semblent annoncer la naissance prochaine des Palmiers, qui apparaîtront dans la période suivante. Très-voisins de nos Zamias actuels, arbustes de l'Amérique tropicale, et surtout des îles de l'Inde occidentale, ils étaient si nombreux en individus et en espèces, qu'ils formaient à eux seuls la moitié des forêts pendant la période qui nous occupe. Le nombre de leurs espèces fossiles est plus grand que celui des espèces actuellement vivantes. Le tronc des Zamites, simple et couvert de cicatrices laissées par les anciennes feuilles, supportait une épaisse couronne de feuilles longues de plus de 6 pieds, et disposées en éventails en partant d'un centre commun.

Les *Pterophyllum*, grands arbres couverts de bas en haut de larges feuilles pennées, s'élevaient à une hauteur de plusieurs mètres. Leurs feuilles, minces et membraneuses, étaient munies de folioles tronquées au sommet, parcourues par de fines nervures, non convergentes, mais aboutissant au bord terminal tronqué.

Enfin, les *Nilsonia* étaient des Cycadées voisines des Pterophyllum, mais à feuilles épaisses et coriaces et dont les folioles courtes, contiguës ou même en partie soudées à la base, étaient obtuses ou presque tronquées au sommet, et présentaient des nervures arquées ou confluentes vers le haut.

Les caractères essentiels de la végétation pendant la période du lias sont : 1° la grande prédominance des Cycadées, qui continuent leur développement commencé pendant l'âge précédent et l'extension des genres nombreux appartenant à cette famille et surtout des *Zamites* et des *Nilsonia;* 2° l'existence, parmi les Fougères, de beaucoup de genres à nervure réticu-

Fig. 132. Vue idéale de la terre pendant la période du lias.

lée qui se montraient à peine et sous des formes peu variées dans les terrains plus anciens.

La planche 132 représente un paysage continental de la période du lias. Les arbres et arbustes caractéristiques de cette période sont : l'élégant Pterophyllum, qui se voit à l'extrémité gauche du tableau; les Zamites, reconnaissables à leur tronc large et très-bas, d'où rayonnent des feuilles inclinées en forme d'éventail. Les grandes Prêles de cette époque s'unissent aux Fougères arborescentes. On y voit encore des Cyprès, Conifères tout à fait voisins de ceux de notre époque. Parmi les animaux, le Ptérodactyle est surtout représenté. L'un de ces reptiles se voit à l'état de repos, porté sur ses pattes de derrière; l'autre est représenté, non pas volant à la manière d'un oiseau, mais se précipitant du haut d'un rocher, pour saisir au vol un insecte ailé, l'élégante *Libellule* (Demoiselle).

Lias. — Les terrains qui représentent actuellement la période liasique, forment la base du terrain jurassique, et ont une épaisseur moyenne d'environ 100 mètres.

A la partie inférieure du lias, on trouve des sables, des grès quartzeux, qui portent le nom de *grès du lias* et comprennent la plus grande partie du *quadersandstein* (pierre à bâtir des Allemands). Au-dessus viennent des calcaires compactes, argilifères, bleuâtres ou jaunâtres. Enfin l'étage est terminé par des marnes, quelquefois sablonneuses, d'autres fois bitumineuses.

On divise le lias en quatre étages :

1° L'*infra-lias*, qui est très-développé dans les Alpes de la Lombardie et du Tyrol, dans le Luxembourg, et en France, dans la Dordogne et le Midi : il est caractérisé par l'*Avicula contorta*.

2° Le *lias inférieur à gryphées arquées*, avec quelques bancs sableux à la base. Indépendamment de la *Gryphea arcuata*, on y trouve l'*Ammonites Bucklandi*.

3° Le *lias moyen*, formé par des bancs nombreux renfermant, entre autres fossiles, des *Pentacrinites*, *Belemnites paxillosus*, *Gryphæa obliqua*, *Sauriens*, etc.

4° Le *lias supérieur* (*marnes supra-liasiques, Toarcien*), surmonté par une couche de fer oolithique généralement exploité. Ces marnes sont puissantes. Les fossiles sont l'*Ammonites bifrons*, *Brachyphyllum*, *Belemnites tripartitus*. La couche de fer est, comme d'habitude, remarquablement riche en fossiles.

En France, le lias affleure dans le Calvados, la Bourgogne, la Lorraine, la Normandie, le Lyonnais, etc.

SOUS-PÉRIODE OOLITHIQUE.

Cette sous-période a reçu le nom d'*oolithique*, parce que plusieurs des calcaires entrant dans la composition des terrains qui la représentent aujourd'hui, résultent presque entièrement de l'agrégation de petits grains, ronds, concrétionnés, dont l'aspect est fort singulier : il rappelle les œufs de poissons ; de là son nom (ὠόν, œuf ; λίθος, pierre). La sous-période oolithique se subdivise en trois sections, que nous passerons successivement en revue, et qui portent les noms d'*oolithe inférieure*, *moyenne* et *supérieure*.

Oolithe inférieure. — Le trait le plus saillant et le plus caractéristique de cette époque est certainement l'apparition sur le globe, d'animaux appartenant à la classe des mammifères. Mais l'organisation toute spéciale de ces premiers mammifères va être pour le lecteur un sujet d'étonnement, et prouver d'une manière indubitable que la nature a procédé, dans la création des animaux, par des degrés successifs, par des transitions qui relient d'une façon presque insensible les êtres et d'autres plus compliqués dans leur organisation. Les premiers mammifères qui apparurent sur la terre ne jouissaient pas de tous les attributs organiques propres aux mammifères parfaits. Dans cette grande classe, les animaux viennent au monde tout vivants, et non par des œufs, comme les oiseaux, les reptiles et les poissons. Ce n'est pas ainsi qu'étaient organisés les premiers mammifères que Dieu jeta sur notre globe : ils appartenaient à cet ordre tout spécial d'animaux, rares d'ailleurs, qui ne mettent pas au monde des petits vivants, mais seulement une masse gélatineuse, tenant à la fois de l'œuf et du *jeune animal*. Cette masse membraneuse, la mère la conserve pendant un certain temps dans une sorte de poche creusée dans les parois de son abdomen ; ce n'est qu'après un séjour plus ou moins prolongé dans cette poche, et sous l'influence de la chaleur maternelle, que l'animal parfait déchire ses langes et apparaît au jour. C'est là un mode de génération qui semble tenir le milieu entre la génération ovipare et vivipare, entre la génération des oiseaux ou des reptiles et celle des mammifères ; et c'est un trait bien frappant pour l'histoire de la création animale, que de voir ces animaux apparaître dans la chronologie du globe, pour former, pour ainsi dire, le trait d'union entre les reptiles et les mammifères. Les naturalistes ont toujours été fort embarrassés pour classer les animaux pourvus de cette curieuse organisation. On voit avec quelle facilité on trouve leur place zoologique quand on consulte l'histoire du monde primitif. Le lecteur comprendra aussi combien les différentes branches des sciences naturelles servent à s'éclairer mutuellement, combien la paléontologie, par exemple, peut venir, comme dans le cas actuel, efficacement au secours de la zoologie.

On nomme, dans la classification zoologique actuelle, *mammifères didelphes* les animaux qui sont pourvus du mode d'organisation qui vient d'être décrit. Les mammifères didelphes naissent dans un état d'imperfection extrême, et, durant leur vie embryonnaire, ils ne tirent pas leur existence d'un placenta, comme les mammifères ordinaires : les parois de leur cavité viscérale sont soutenues par des os dits *marsupiaux*, qui sont fixés par leur extrémité postérieure au-devant du bassin ; aussi leur donnait-on autrefois le nom de *mammifères marsupiaux*.

Les Sarigues, les Kangurous, les Ornithorhynques sont les représentants actuels de ce groupe.

On a donné le nom de *Thylacotherium* ou d'*Amphitherium*, et de *Phascolotherium*, aux premiers mammifères didelphes, ou *marsupiaux*, qui ont apparu sur le globe, et que l'on a découverts dans l'oolithe inférieure, dans l'étage le plus récent, qui porte le nom de *grande oolithe*. La figure 133 représente (de grandeur naturelle) la mâchoire inférieure du premier de ces animaux ; la figure 134 représente celle du second. Les mâchoires inférieures sont d'ailleurs tout ce que l'on a pu recueillir jusqu'ici de ces animaux fossiles.

Les animaux qui vivaient sur les continents pendant la sous-période oolithique inférieure, étaient à peu près les mêmes que ceux du lias. Les insectes y étaient peut-être plus nombreux.

Fig. 133.
Mâchoire de Thylacotherium Prevosti. (G. N.)

Fig. 134.
Mâchoire de Phascolotherium. (G. N.)

La faune marine comptait des reptiles, des poissons, des mollusques, des zoophytes. Parmi les premiers, nous citerons les *Ptérodactyles* et un grand saurien, le *Teleosaurus*, appartenant à une famille qui commence d'apparaître ici et que nous retrouverons dans la période suivante ; parmi les poissons, les genres *Ganodus* et *Ophiopsis*.

L'*Ammonites Humphrysianus* (fig. 135), l'*Ammonites bullatus* (fig. 136), l'*Ammonites Brongniarti* (fig. 137), le *Nautilus lineatus*,

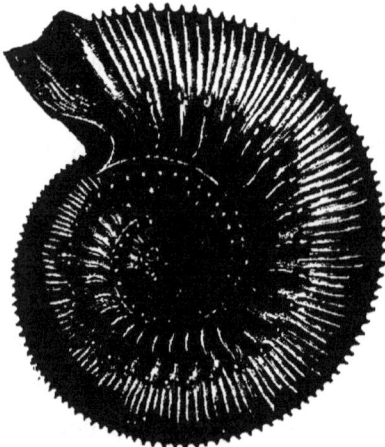

Fig. 135. Ammonites Humphrysianus.
(1/2 G. N.)

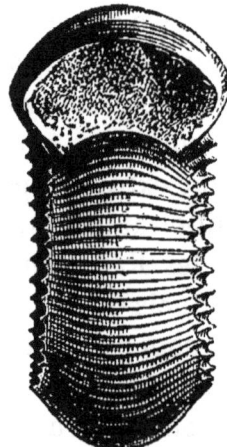

Fig. 136. Ammonites bullatus.
(1/3 G. N.)

et beaucoup d'autres représentaient les mollusques céphalopodes ; les *Terebratula digona* (fig. 138) et *spinosa*, les mollusques brachiopodes.

Le *Pleurotomaria conoidea* (fig. 139), parmi les gastéropodes,

l'*Ostrea Marshii* (fig. 140) et le *Lima proboscidea*, qui appartiennent aux Acéphales, sont des mollusques fossiles caractéristiques de cette époque, à laquelle vivaient encore l'*Entalophora*

Fig. 137.
Ammonites Brongniarti.
(1/2 G. N.)

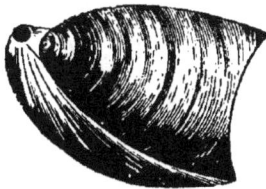

Fig. 138.
Terebratula digona.
(G. N.)

Fig. 139.
Pleurotomaria conoidea.
(G. N.)

Fig. 140.
Ostrea Marshii (1/3 G. N.)

(Grossie.)   (G. N.)
Fig. 141. Entalophora cellarioïdes.

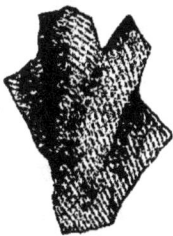

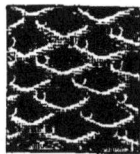

(G. N.)   (Partie grossie.)
Fig. 142.
Eschara Ranviliana.

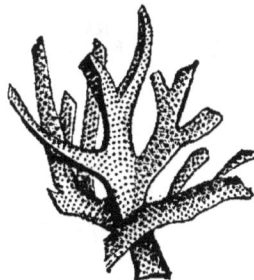

(G. N.)   (Partie grossie.)
Fig. 143. Bidiastopora cervicornis.

cellarioides (fig. 141), l'*Eschara Ranviliana* (fig. 142), les *Bidiastopora cervicornis* (fig. 143), élégants et caractéristiques Mollusques
bryozoaires.

Les Échinodermes et les Polypiers croissaient en grand nombre dans les mers de l'oolithe inférieure : l'*Apiocrinus elegans*

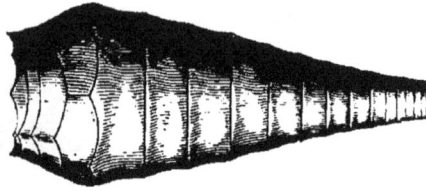

Fig. 144. Apiocrinus elegans. (1/2 G. N.)

(fig. 144), l'*Hyboclypus gibberulus* (fig. 145), le *Dysaster Eudesii*

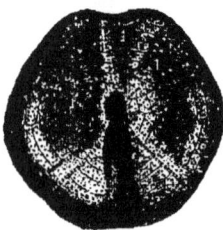  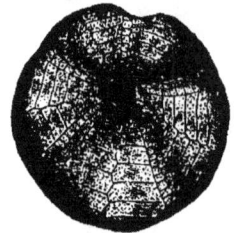

(Dessus.)　　　　　　　(Profil.)　　　　　　　(Dessous.)
Fig. 145. Hyboclypus gibberulus. (G. N.)

(fig. 146), représentaient les premiers ; le *Montlivaltia caryo-*

 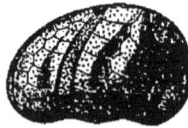  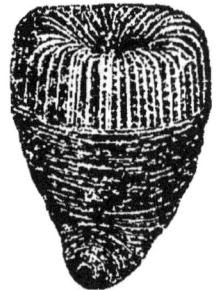

(Dessus.)　　　　　(Profil.)　　　　　(Dessous.)　　　Fig. 147. Montlivaltia
Fig. 146. Dysaster Eudesii. (G. N.)　　　　　caryophyllata. (G. N.)

phyllata (fig. 147), l'*Anabacia orbulites* (fig. 148), le *Cryptocœnia bacciformis* (fig. 149), l'*Eunomia radiata* (fig. 150), représentaient les seconds.

Cette dernière et remarquable espèce de zoophytes (*Eunomia radiata*) se présente à nous en masses de plusieurs mètres de circonférence, accumulation d'animaux qui a sans doute nécessité une longue suite de siècles. Cette réunion de petits êtres vivant sous les eaux, mais à une faible distance au-dessous de leur niveau, a fini par constituer des bancs, ou plutôt des îlots, d'une étendue considérable, qui formaient à la surface de la mer de véritables récifs. Ces récifs ont été principalement construits à l'époque jurassique, et l'extrême abondance de ces

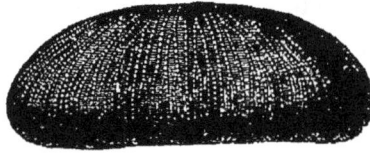

(Profil.)

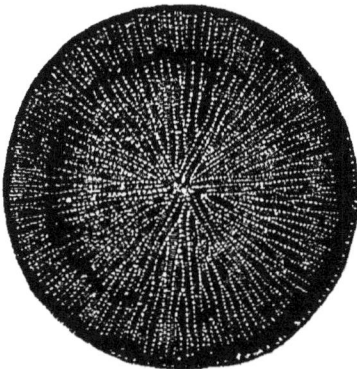

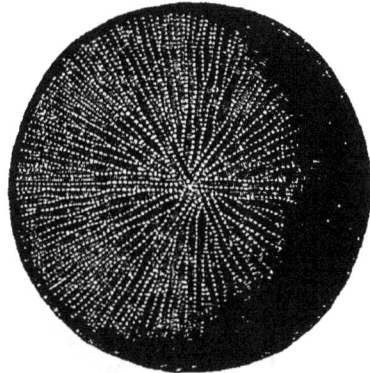

(Dessous.)   (Dessus.)

Fig. 148. Anabacia orbulites. (G. N.)

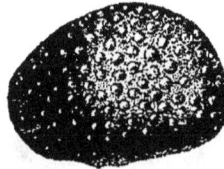

(Partie grossie.)   Fig. 149. Cryptocœnia bacciformis.

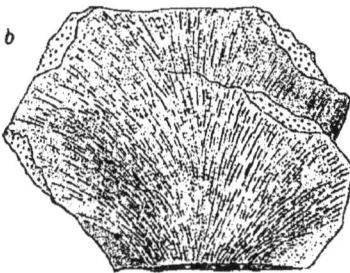

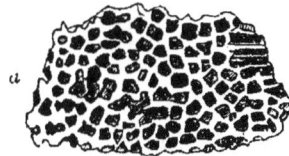

(*a*, coupe en travers des tubes; *b*, coupe verticale; *c*, portion inférieure, grossie, d'un tube.)

Fig. 150. Eumonia radiata.

masses au sein de la mer est même un des caractères de cette période géologique. Le même phénomène continue d'ailleurs de nos jours, mais par d'autres zoophytes. On appelle *attolls* les bancs de rochers qui se produisent aujourd'hui, par suite de cette cause, dans les mers de l'Océanie.

La flore continentale de cette époque était fort riche. Les Fougères continuaient d'y figurer ; mais la taille et le port de ces plantes étaient sensiblement inférieurs à ce qu'ils avaient été dans les périodes précédentes. Nous citerons, parmi les Fougères, les espèces suivantes, comme propres à la période oolithique : le *Coniopteris Murrayana* (fig. 151), le *Pecopteris Desnoyersii* (fig. 152), le *Pachypteris lanceolata* (fig. 153), le

Fig. 151. Coniopteris
Murrayana.

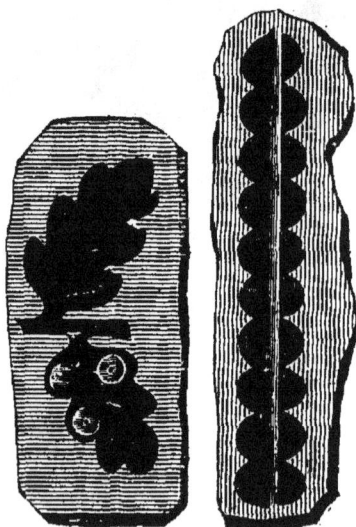

Fig. 152. Pecopteris
Desnoyersii.

Phlebopteris Phillipsii (fig. 154) ; parmi les Lycopodiacées, le *Lycopodites falcatus*.

La végétation de cette époque devait prendre une physionomie toute spéciale par la présence de quelques arbres de la famille des *Pandanées*, si remarquables par la disposition de leurs racines aériennes et par la magnificence des couronnes feuillées qui terminent leurs rameaux. Ni les feuilles, ni les racines de ces plantes n'ont été retrouvées à l'état fossile ; mais on possède leurs fruits, volumineux et sphériques, qui ne laissent aucun doute sur la nature du végétal tout entier.

Les Cycadées étaient représentées par les genres *Zamites* et *Otozamites*, par plusieurs espèces de *Pterophyllum* (fig. 155).

Fig. 153. Pachypteris lanceolata.   (Partie grossie.)

Les Conifères, cette grande famille de l'époque moderne à

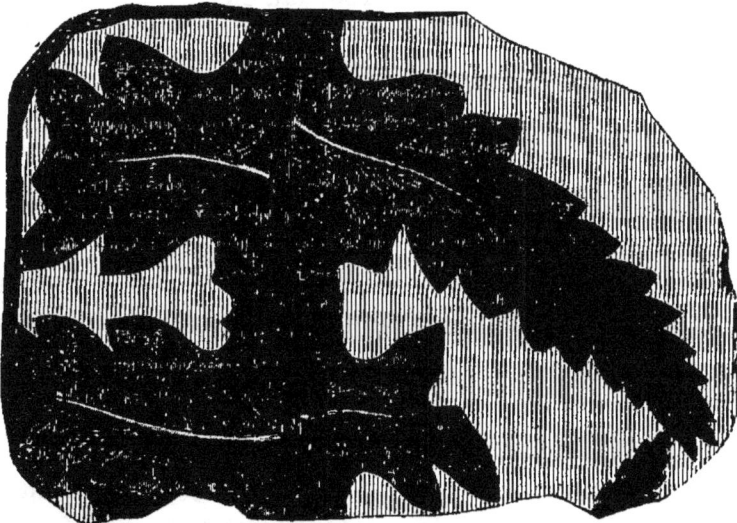

Fig. 154. Phlebopteris Phillipsii.

laquelle appartiennent les Pins, Sapins, etc., de nos forêts du

Nord, existaient dès cette époque. Ces premiers Conifères comptaient les genres *Thuites*, *Taxites*, *Brachyphyllum*.

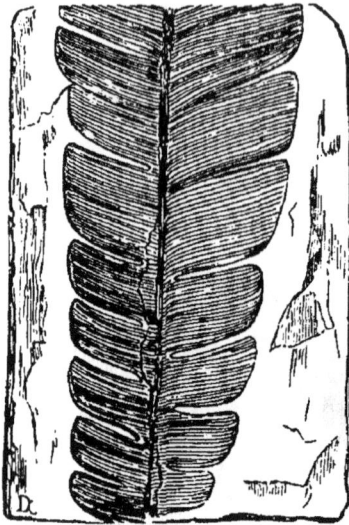

Fig. 155. Pterophyllum Williamsonis.

Fig. 156. Brachyphyllum.

Les *Thuites* étaient de vrais thuyas, arbres de l'époque actuelle, qui sont toujours verts, à rameaux comprimés, à feuilles petites, imbriquées, serrées, offrant à peu près l'aspect du Cyprès, mais s'en distinguant par plusieurs points de leur organisation ; les *Taxites* ont été rapprochés, avec quelques doutes, des Ifs ; enfin les *Brachyphyllum* (fig. 156) étaient des arbres qui, par les caractères de leur végétation, paraissent se rapprocher de deux genres actuellement existants : les *Arthrotaxis* de la Terre de Diémen et les *Widdringtonia* de l'Afrique australe. Les feuilles des *Brachyphyllum* sont courtes, charnues, insérées par une base large et rhomboïdale.

Étage oolithique inférieur. — Les terrains qui représentent actuellement la période oolithique inférieure, et qui atteignent en Angleterre jusqu'à 180 mètres de puissance, forment un étage très-complexe contenant les deux étages *bajocien* et *bathonien* de M. d'Orbigny.

La première assise du *terrain oolithique inférieur* se rencontre en Normandie, dans les Basses-Alpes, aux environs de Lyon, etc. Remarquable près de Bayeux par la variété et la beauté de ses fossiles, ce terrain se compose principalement de calcaires jaunâtres, brunâtres ou rougeâtres, chargés d'hydrate de fer, souvent oolithique, et reposant sur des sables calcaires. Ces dépôts sont surmontés d'alternances d'argile et de marne, bleuâtre ou jaunâtre, auxquelles on a donné le nom de *terre à foulon*, parce qu'elles servent à dégraisser les draps qui sortent des fabriques.

La seconde assise de l'oolithe inférieure, qui atteint une puissance de 50 à 60 mètres sur les côtes de la Normandie, et se développe aux environs de Caen et dans le Jura, a été divisée en quatre étages, que nous allons signaler successivement, en allant de bas en haut.

1° La *grande oolithe*. Elle consiste principalement en un calcaire oolithique très-caractérisé, mais à très-petits grains, blanc, tendre, très-développé et exploité à Bath, en Angleterre. A ce groupe appartient l'*oolithe milliaire*, ainsi nommée parce que toute la masse est formée d'oolithes blanches dont l'aspect rappelle les graines du millet. C'est au niveau de la grande oolithe qu'il faut rapporter les couches de Stonesfield, célèbres par la découverte qu'on y a faite es Mammifères marsupiaux *Amphitherium et Plascolotherium*, de plusieurs sortes de reptiles, principalement des *Ptérodactyles*, de plantes et d'insectes admirablement conservés.

2° L'*argile de Bradford*, qui n'est qu'une marne bleuâtre contenant souvent beaucoup d'Encrines, mais qui paraît n'avoir qu'une existence locale.

3° Le *marbre de forêt (forest marble)*, qui se compose de calcaire coquillier, exploité dans la forêt de Wichwood, et de sable marneux et quartzeux.

4° Enfin, le *cornbrash* (terre à blé), formé de pierrailles calcaires ou de grès calcarifères qui encombrent les champs cultivés en céréales : de là son nom.

Nous représentons, sur la planche 157, une *Vue idéale de la terre pendant la période oolithique inférieure*. La partie continentale nous présente les types des arbres propres à cette période : les *Zamites* avec leur tronc large et bas, d'où partent des feuilles en éventail ; ils rappellent, par leur port et leur forme, nos

Zamias actuels des contrées tropicales ; un *Pterophyllum* avec sa tige couverte, du bas jusqu'au sommet, de ses branches finement découpées ; des Conifères assez semblables à nos cyprès actuels, et des Fougères arborescentes.

Ce qui différencie ce paysage de celui de la sous-période précédente, c'est un groupe de magnifiques arbres, les *Pandanées*, qui sont remarquables par leurs racines aériennes, leurs longues feuilles et leurs fruits globuleux.

Sur l'un de ces derniers arbres s'aperçoit le *Phascolotherium*, assez semblable à nos Sarigues : c'est le premier mammifère qui ait animé les parages de l'ancien monde. Le dessinateur a dû agrandir ici les dimensions de la Sarigue fossile, pour faire saisir les formes de cet animal. Il faut donc réduire, par la pensée, cinq à six fois le volume de ce mammifère, qui n'était guère plus gros qu'un chat.

Un Crocodile, un squelette d'Ichthyosaure, rappellent que les reptiles tenaient encore une grande place dans la création animale de cette époque. Enfin quelques insectes, en particulier les Libellules (Demoiselles), volent dans ce paysage primitif. Sur la mer, nagent quelques Ammomites, et, comme un Cygne gigantesque, le terrible Plésionaure. Un îlot de Polypiers, avec la forme circulaire qui est propre à cette sorte de construction naturelle, se remarque à la surface de la mer, pour rappeler que c'est surtout pendant la période jurassique que se sont produits avec abondance les îlots à Polypiers des temps géologiques.

Oolithe moyenne. — La flore continentale de cette époque se composait de Fougères, de Cycadées et de Conifères. Les premières étaient représentées par le *Pachypteris microphylla*, les secondes par le *Zamites Moreani* ; les *Brachyphyllum Moreanum* et *majus* paraissent avoir été des Conifères caractéristiques de cette époque. On a trouvé dans les terrains correspondant à cette période, des fruits fossiles qui pourraient appartenir à des Palmiers, mais ce point est encore obscur.

Les continents appartenant à cette époque renferment, en outre, de nombreux vestiges de la faune qui les animait. Les Insectes y apparaissent pour la première fois : les Punaises

Fig. 157. Vue idéale de la terre pendant la période oolithique inférieure.

parmi les Hémiptères, les Abeilles parmi les Hyménoptères, les Papillons parmi les Lépidoptères, les Libellules (fig. 158) parmi les Névroptères.

Au sein des mers ou sur les rivages vivaient encore des

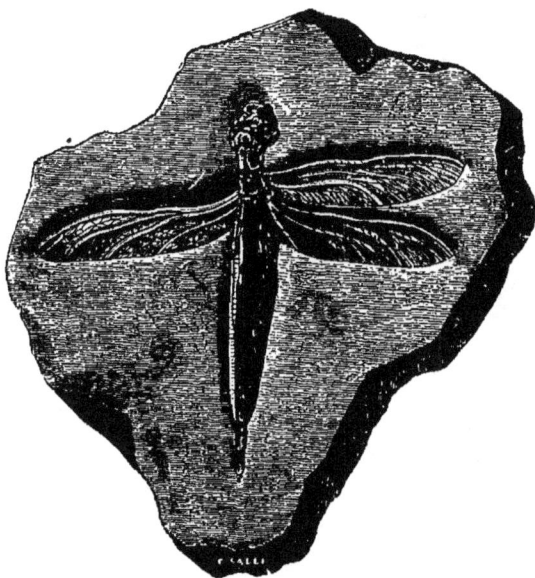

Fig. 158. Libellule.

Ichthyosaures, le *Pterodactylus crassirostris*, les *Pleurosaurus* et les *Geosaurus*, êtres imparfaitement connus.

Un reptile voisin du Ptérodactyle vivait à cette époque : c'est le *Ramphorhynchus*. Il se distingue du Ptérodactyle par une longue queue. Les empreintes que ce curieux animal a laissées sur les grès de cette époque, retracent à la fois la marque des pieds et des moignons du membre antérieur, et le sillon linéaire laissé par sa queue. Comme le Ptérodactyle, le *Ramphorhynchus*, qui avait à peu près la taille d'un corbeau, pouvait, non pas précisément voler, mais, à l'aide du parachute naturel qui formait la membrane reliant au corps l'un de ses doigts, se précipiter du haut d'un lieu élevé.

La figure 159 représente ce reptile restauré. On remarque sur cette figure les empreintes qui accompagnent toujours les restes du Ramphorhynchus dans le terrain oolithique. Ces empreintes proviennent à la fois du moignon de la patte antérieure, de la patte postérieure et de la queue.

Pendant la période oolithique moyenne vivait une famille

de reptiles connue sous le nom de *Téléosauriens*, qui se trouve
même déjà dans la grande oolithe. Les travaux récents de
M. Eudes Deslongchamps, doyen de la Faculté des sciences de
Caen, sur la famille fossile des *Téléosauriens*, vont nous permettre de reconstituer les êtres de cette dernière famille.

Fig. 159. Ramphorbynchus restauré. (1/4 G. N.)

Les Téléosauriens nous donneront une idée exacte de ces
Crocodiles des mers anciennes, ces reptiles cuirassés, que le
géologue allemand Cotta appelle « les hauts barons du royaume
de Neptune, armés jusqu'aux dents et recouverts d'une impé-
nétrable cuirasse, vrais flibustiers des mers primitives. »

Les Téléosaures ressemblent anatomiquement aux Crocodiles,
ou Gavials actuels de l'Inde ; ils habitaient les rivages de la
mer, et la mer elle-même. Ils étaient plus élancés, plus agiles
et plus longs que les Crocodiles actuels ; leur taille allait jusqu'à 10 mètres de longueur, dont 1 ou 2 pour la tête. Avec leur
énorme gueule, fendue bien au delà des oreilles, et qui avait
2 mètres d'ouverture, ils pouvaient engloutir dans les profondeurs de leur monstrueux palais des animaux de la taille du
bœuf.

Sur la planche placée en regard de cette page (fig. 160), on
a représenté, d'après un croquis de M. Eudes Deslongchamps,
le *Teleosaurus cadomensis*, qui rapporte de la mer un *Geotheutis*,
sorte de Calmar de l'époque oolithique. Ce téléosaurien offrait
la curieuse particularité d'être cuirassé sur ses deux faces dorsale et ventrale. C'est pour montrer cette disposition anato-

Fig. 160. Le Téléosaure et l'Hyléosaure. (Période oolithique moyenne.)

mique que l'on a placé, à côté du *Teleosaurus cadomensis* vivant,
un autre individu mort, dont le corps, flottant sur l'eau, laisse
voir la cuirasse ventrale.

En même temps que le Téléosaure, on voit sur la même
planche un autre reptile saurien beaucoup moins connu jusqu'à ce jour, l'*Hyléosaure*, que nous retrouverons dans la période géologique suivante, c'est-à-dire pendant la période
crétacée. Nous avons adopté la restauration de ce saurien fossile qui a été essayée par M. Hawkins pour le jardin du palais de Sydenham.

Outre de nombreux Poissons, les mers renfermaient encore

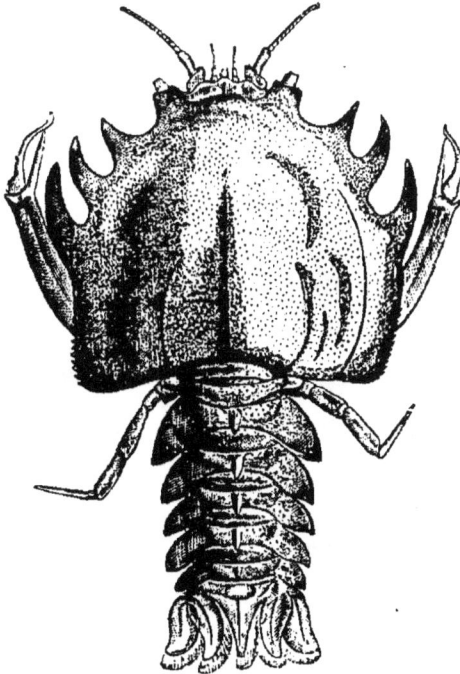

Fig. 161. Eryon arctiformis. (1/2 G. N.)

des crustacés, des cirrhipèdes et divers genres de mollusques,
ainsi que des zoophytes.

L'*Eryon arctiformis* (figure 161) appartenait à la classe des
crustacés, dont la Langouste est le type. L'*Aptychus sublævis*
(fig. 162) est un simple débris osseux de quelque Céphalopode
sur la nature duquel les paléontologistes ne sont pas d'accord.
Parmi les mollusques étaient des Ammonites, des Bélemnites,
des Huîtres, etc. Nous citerons, comme caractéristiques, les

espèces suivantes : *Belemnites hastatus* (fig. 163), *Ammonites re-*

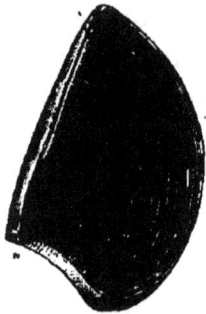

Fig. 163. Belemnites hastatus. (1/3 G. N.)

Fig. 162.
Aptychus sublævis. (G. N.)

Fig. 164. Ammonites refractus.
(Grossie deux fois.)

fractus (fig. 164), *Ammonites Jason* (fig. 165), *Ammonites corda-*

Fig. 165. Ammonites Jason. 1/3 G. N.)

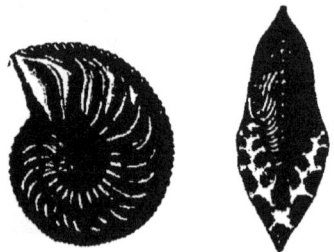

Fig. 166. Ammonites cordatus. (1/4 G. N.

tus (fig. 166), *Ostrea dilatata* (fig. 167), le *Terebratula diphya* (fig. 168), *Diceras arietina* (fig. 169), *Nerinea hieroglyphica*.

Fig. 167. Ostrea dilatata. (1/4 G. N.

Fig. 168. Terebratula diphya.

Parmi les Échinodermes : le *Cidaris glandiferus* (fig. 170), l'élégant *Apiocrinus Roissyanus* (fig. 171), le gracieux *Sacco-*

Fig. 169. Diceras arietina. (1/3 G. N.)

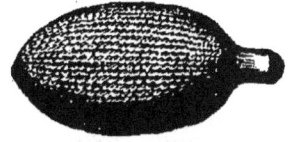

Fig. 170.
Baguette du Cidaris glandiferus,
G. N.)

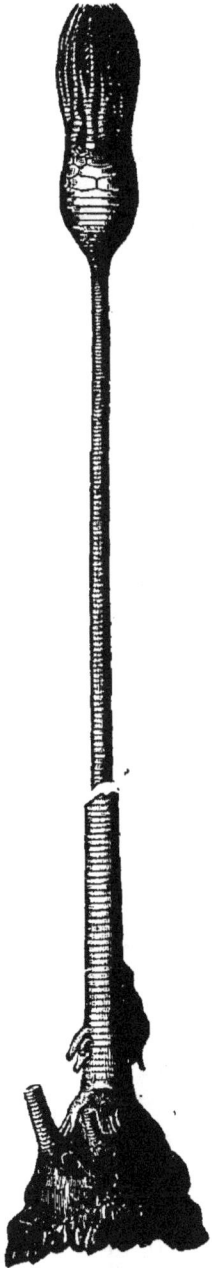

|Fig. 171.
Apiocrinus Roissyanus.
(1/4 G. N.)

Fig. 172. Saccocoma pectinata. (G. N.)

coma pectinata (fig. 172), le *Millericrinus Nodotianus* (fig. 173),

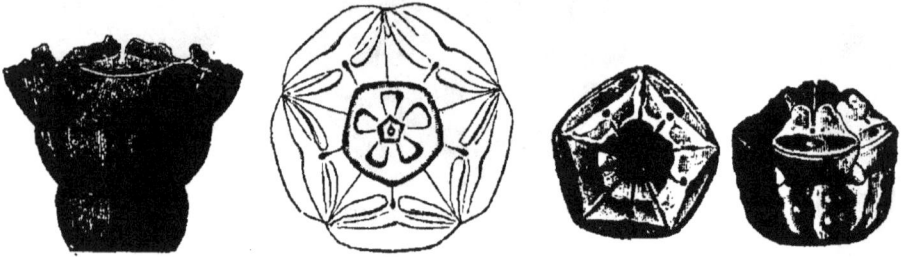

Fig. 173. Calice de Millericrinus Nodotianus.
(1/3 G. N.)

Fig. 174. Calice de Comatula costata.
(G. N.)

le *Comatula costata* (fig. 174), l'*Hemicidaris crenularis* (fig. 175).

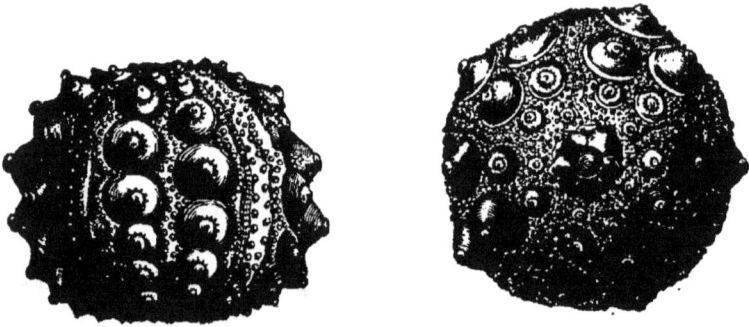

Fig. 175. Hemicidaris crenularis. (G. N.)

Parmi les Spongiaires : le *Cribrospongia reticulata* (fig. 176).

Fig. 176. Cribrospongia reticulata. (1/3 G. N.)

Les polypiers étaient à cette époque d'une extrême abondance. C'est principalement pendant la période oolithique que se sont formés, comme nous l'avons déjà fait remarquer, ces agrégations de polypiers que l'on rencontre assez souvent dans les profondeurs de la terre, et que nous avons signalés plus haut, à propos de leur présence dans le terrain oolithique inférieur. Ces petites constructions calcaires ont été formées dans les mers anciennes, par l'agrégation continue des habitations de divers polypiers. Le même phénomène, comme on le sait, se produit encore de nos jours. C'est surtout dans les mers de l'Océanie que l'on rencontre aujourd'hui ces récifs de coraux, ou madrépores, qui affleurent le niveau de l'eau, et qui sont le résultat de la vie d'une masse de polypiers. La formation de ces bancs calcaires pendant les temps géologiques a dû exiger une série de siècles. Ils sont juste à la hauteur du niveau de l'eau, car les polypiers vivent dans l'eau et périraient dans l'air. Dans les terrains oolithiques, on trouve assez fréquemment des bancs de ces zoophytes, qui ont 4 à 5 mètres d'épaisseur, sur des longueurs de plusieurs lieues. Ces bancs conservent encore pour la plupart la position relative qu'ils occupaient dans la mer lorsqu'ils étaient en voie de formation.

Voici les figures de quelques-uns des polypiers appartenant à l'époque oolithique moyenne :

Thecosmilia annularis (fig. 177); *Thamnastræa, Phytogyra ma-*

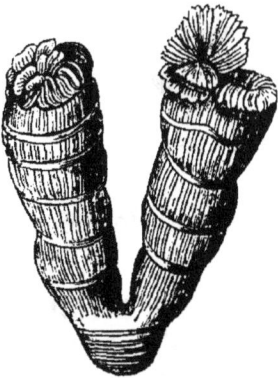

Fig. 177. Thecosmilia annularis.
(1/2 G. N.)

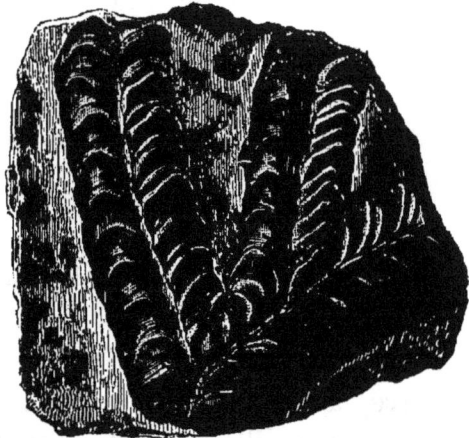

Fig. 178. Phytogyra magnifica.
(G. N.)

gnifica (fig. 178); *Dendrastræa ramosa* (fig. 179). Ce dernier polypier est à peu près notre corail.

Étage oolithique moyen. — Les terrains qui représentent actuellement la sous-période oolithique moyenne peuvent se diviser en trois assises : l'assise *callovienne*, l'assise *oxfordienne* et l'assise *corallienne*.

L'*assise callovienne* (dont l'argile de Kelloway est le type en Angleterre), d'une épaisseur de 150 mètres environ, se compose surtout de puissantes couches de marne, d'un bleu noirâtre. On trouve cette assise très-développée dans le département du Calvados, en France. C'est la base de l'*argile de Dives* qui forme le sol de la vallée d'Age, renommée par ses gras pâturages et ses magnifiques bestiaux; elle est comme pétrie de mollusques fossiles. La même couche est aussi la base de ces magnifiques rochers, bizarrement découpés sur les côtes de la Manche, et qu'on nomme les *Vaches noires*. Cette dernière

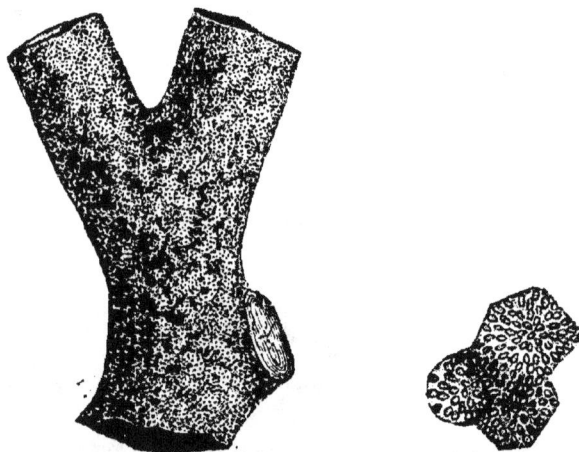

Fig. 179. Dendrastræa ramosa.   Partie grossie.)

localité est célèbre par ses belles Ammonites transformées en pyrite.

L'*assise oxfordienne* constitue aux environs d'Oxford, en Angleterre, la base des collines. On la trouve très-développée en France, à Trouville (département du Calvados), et à Neuvisy (département des Ardennes). Son épaisseur est d'environ 100 mètres. Elle se compose d'un calcaire bleuâtre ou blanchâtre, souvent argileux, rarement oolithique, et de marne argileuse, souvent bleuâtre.

L'*assise corallienne* ou *coral-rag*, tire son nom de ce fait, que le calcaire qui en constitue la principale partie se compose spécialement de l'agrégation de nombreux débris de coraux et de polypiers entiers ou roulés, et quelquefois de masses énormes de polypiers en place. On la trouve surtout en France, dans les départements de la Meuse, de l'Yonne, de l'Ain, de la Charente-Inférieure.

Oolithe supérieure. — Des mammifères marsupiaux vivaient dans cette dernière section de la sous-période oolithique, comme dans la première. Ils appartiennent au genre *Sphalacotherium*. Outre les Plésiosaures et les Téléosaures, vivaient encore sur les plages maritimes, un Crocodilien, le *Macrorhynchus*, le monstrueux *Pœcilopleuron* aux griffes énormes, aux dents tranchantes et acérées, l'un des animaux les plus redoutables de cette époque; les genres *Hyleosaurus, Cetiosaurus, Stenosaurus* et *Streptospondylus*, et parmi les Tortues, les *Emys* et *Platemys*. De même encore qu'à l'époque de l'oolithe inférieure, vivaient alors des Insectes dont quelques-uns volent encore aujourd'hui dans nos prairies ou à la surface des eaux.

Tous ces animaux sont trop peu connus pour que nous puissions donner, au sujet de leur organisation, des indications précises.

Le fait le plus remarquable que présente cette période au point de vue paléontologique, c'est l'apparition du premier oiseau. Jusqu'ici les mammifères, et des mammifères imparfaits, on peut le dire, puisque ce sont des marsupiaux, avaient seuls apparu. Il est bien intéressant de voir le premier oiseau se montrer à leur suite. Dans les carrières de calcaire lithographique de Solenhofen on a trouvé les débris d'un oiseau, avec les pattes et les plumes, mais non la tête. Nous représentons dans la figure 180 ce curieux animal tel qu'il a été découvert : on le désigne sous le nom d'*oiseau de Solenhofen*.

Les mers, pendant la sous-période oolithique supérieure, renfermaient quelques poissons appartenant aux genres *Asterocanthus, Strophodus, Lepidotus, Microdon*. Les mollusques céphalopodes y étaient peu nombreux; les genres dominants appartenaient aux lamellibranches et aux gastéropodes; ils se tenaient près des côtes de la mer. Plus de récifs madréporiques ou coralliens; à peine quelques zoophytes à l'état fossile viennent-ils témoigner de l'existence de ce groupe d'animaux.

Voici quelques fossiles caractéristiques de la faune marine de la même époque :

Ammonites decipiens, *Ammonites giganteus*, *Natica elegans*,

Fig. 180. Oiseau de Solenhofen (Archæopteryx).

Natica hemispherica, *Ostrea deltoidea* (fig. 181), *(Ostrea virgula*

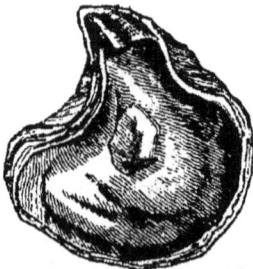

Fig. 181. Ostrea deltoidea. (1/4 G. N.)

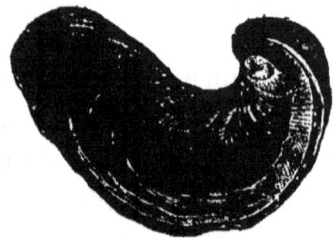

Fig. 182. Ostrea virgula. (G. N.)

(fig. 182), *Trigonia gibbosa* (fig. 183), *Pholadomya multicostata*,

Pholadomya acuticostata (fig. 184), *Terebratula subsella* (fig. 185), *Hemicidaris purbeckensis*.

Des Poissons, des Tortues, des Paludines, des Physes, des

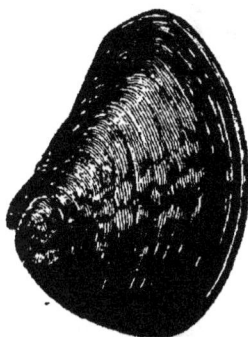

Fig. 183.
Trigonia gibbosa.
(1 1/2 G. N.)

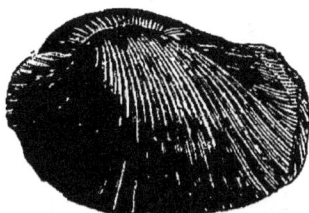

Fig. 184.
Pholadomya acuticostata.
(1/2 G. N.)

Fig. 185.
Terebratula subsella.
(G. N.)

Unios, des Planorbes, des Cypris (petits crustacés bivalves), composaient la faune d'eau douce.

La végétation de cette époque était représentée sur les continents par des Fougères, des Cycadées, des Conifères ; dans les étangs, par des *Zostera.*.

Les *zostères* sont des plantes monocotylédones, de la famille des Naïadées, qui vivent dans les sables vaseux des plages maritimes et y forment, par leurs feuilles longues, étroites et rubanées, de vastes prairies du plus beau vert ; à la marée basse, ces masses de verdure apparaissent quelquefois à découvert. Elles servent de retraite à un grand nombre d'animaux marins et de nourriture à quelques-uns.

La planche 186, qui représente une *vue de la terre pendant la période oolithique supérieure*, a principalement pour objet de mettre en évidence le caractère de la végétation pendant les temps jurassiques. Les *Sphenophyllum*, les Fougères, dominent dans cette végétation ; quelques Pandanées, quelques *Zamites*, beaucoup de Conifères, viennent s'y joindre ; mais on n'aperçoit aucun Palmier. Sur la mer on voit un îlot de corail, pour rappeler l'importance de cette formation minéro-animale pendant toute la période jurassique. Les animaux représentés sont le *Crocodileimus* (Jourdan), le *Ramphorhynchus*, avec les empreintes caractéristiques qu'il laisse sur son passage, et divers invertébrés de cette période : les Astéries, Comatules, Hemicidaris, Ptérocère, etc. Dans les airs vole l'*oiseau de Solenhofen* (*Archæopteryx*), que nous rétablissons tel qu'il pouvait exister dans l'état de vie, sauf sa tête, qui n'a pas été trouvée avec les autres débris de l'animal.

Étage oolithique supérieur. — Les terrains qui représentent actuellement la sous-période oolithique supérieure, se divisent en deux assises : l'assise *kimmeridgienne*, et l'assise *portlandienne*.

La première est spécialement composée de nombreuses couches d'argile, bleuâtre ou jaunâtre, qui passent à l'état de marne et de schiste bitumineux. Très-développée près de Kimmeridge, en Angleterre, d'où elle tire son nom, elle existe en France : à Tonnerre (Yonne), au Havre, à Honfleur, à Mauvage (Meuse). Elle est riche en fossiles ; c'est là le niveau des *Ostrea deltoidea* et *virgula*.

La seconde assise est composée d'un calcaire sub-oolithique que l'on exploite dans l'île de Portland, pour les constructions de Londres. Elle existe en France, près de Boulogne (Pas-de-Calais), à Cirey-le-Château (Haute-Marne), à Auxerre (Yonne), à Gray (Haute-Saône). Ces localités sont les types de cet étage. On y a découvert un certain nombre d'espèces de mollusques.

On a récemment réuni à cette assise un ensemble de couches qui se montrent exceptionnellement à Portland et dans les falaises de la péninsule de Purbeck (Dorsetshire). Ces couches sont alternativement des formations marines et d'eau douce, et ce sont les débris fossiles qu'on y a retrouvés qui ont servi à reconstituer surtout la faune et la flore d'eau douce que nous avons signalées plus haut. Les dépôts lacustres sont principalement composés de calcaires pétris de *Cypris*.

Le trait le plus important de ce terrain, qui est comme la tête de cette longue et multiple série de couches constituant la formation jurassique, c'est la présence d'une terre végétale très-bien conservée. L'épaisseur de cet humus, tout à fait analogue à notre terre végétale actuelle, est de 30 à 45 centi-

Fig. 186. Vue de la terre pendant la période oolithique supérieure.

1. Conifères. — 2. Cycadées et Araucarias. — 3. Fougères herbacées. — 4. Conifères. — 5. Cuninghamias. — 6. Fougères herbacées.

mètres. De couleur noirâtre, il contient une forte portion de lignite terreux. On y trouve enfouis des troncs silicifiés de Conifères et des débris de plantes analogues aux *Zamias* et aux *Cycas*. Ces plantes ont dû être fossilisées sur l'emplacement même où elles ont végété. Les troncs d'arbres sont en position verticale, et leurs racines, fixées au sol, sont aussi espacées les unes des autres que celles des arbres de nos forêts. Autour des débris, on trouve une grande quantité de matière charbonneuse. Ce sol, connu sous le nom de *couche de boue* (*dirt-bed*), est horizontal dans l'île de Portland; mais on le retrouve non loin de là, dans certaines falaises, avec une inclinaison de 45°, et les troncs n'en restent pas moins parallèles entre eux. C'est là un bel exemple d'un changement de position de couches primitivement horizontales. La figure 187 représente cette espèce d'*humus géologique*. « Chaque *lit de boue*, dit M. Lyell, rappelle sans doute

Fig. 187. Humus géologique.

bien des milliers d'années, car c'est à peine si les plus vieilles forêts des tropiques laissent sur le sol qui les a portées quelques centimètres de terre végétale comme monument de leur existence. »

Cette couche de terre végétale, ces débris encore entiers de végétaux, rappellent complétement la houille et ne sont qu'un état moins avancé de cette fossilisation végétale qui, accomplie pendant la période houillère sur des amas immenses de plantes, et durant un temps infiniment long, nous a laissé les précieux dépôts houillers.

Un mot, en terminant, pour expliquer le terme d'*oolithe* employé pour désigner les derniers étages du terrain jurassique que nous venons d'étudier.

Dans un grand nombre de roches de ces étages, les éléments ne sont ni cristallins, ni amorphes. Ils sont, comme nous l'avons déjà dit, *oolithiques*, c'est-à-dire en forme d'œuf de poisson. On a fait beaucoup d'efforts pour découvrir d'où provient cette singulière forme des éléments de certaines roches qui a reçu le nom d'*oolithe*. On y a vu tantôt des œufs de poissons pétrifiés, tantôt des œufs de mouches aquatiques ou d'écrevisses pétrifiés. D'autres fois on a admis que le balancement des eaux marines faisant tourbillonner les précipités calcaires, a déterminé leur forme arrondie, de manière à produire quelque chose d'analogue aux cailloux roulés et aux grains de sable qui couvrent les plages.

Ces hypothèses peuvent être fondées dans certains cas. Ainsi, les sédiments marins qui se déposent dans quelques anses chaudes de Ténériffe prennent des formes sphéroïdales du genre des oolithes. Mais on ne saurait songer à faire une application de ces faits locaux à des nappes qui s'étendent sur d'immenses espaces, comme celles de l'étage oolithique proprement dit, et qui, de plus, ont de très-grandes épaisseurs.

Il a donc fallu étudier les faits d'une manière plus précise. On a reconnu que si les cascades de Tivoli, par exemple, peuvent donner naissance à des oolithes, il arrive aussi que dans les bassins les plus paisibles, dans les cavernes, à côté des stalactites, on voit se développer des oolithes, qui, se trouvant ensuite empâtées par suite de l'affluence continue, mais très-lente, des eaux calcaires, donnent naissance à des espèces de roches oolithiques.

D'un autre côté, on peut constater que dans les marnes se développent, par suite de la concentration des éléments calcaires, des tubercules plus ou moins gros ou exigus, et cela sans qu'il soit possible de faire intervenir l'effet d'un tourbillonnement de l'eau. Or, comme il existe tous les intermédiaires imaginables entre les oolithes les plus fines et les tubercules les plus volumineux, le raisonnement conduit à admettre que les oolithes sont pareillement des produits de concentration.

Enfin, de recherche en recherche on a découvert des oolithes parfaitement constituées, c'est-à-dire à couches concentriques comme celles des calcaires jurassiques, se développant dans la terre végétale, sur des points où les effets de l'agitation de l'eau ne sont pas plus admissibles que dans les cas précédents.

Ainsi donc, on est arrivé à concevoir que si la nature forme quelquefois des cristaux nettement terminés dans les magmas en voie de solidification, elle donne aussi naissance à des configurations sphéroïdales autour de divers centres, qui naissent quelquefois spontanément et qui dans d'autres cas sont des débris de fossiles, ou même simplement des objets pierreux.

Cependant toutes les matières minérales ne sont pas indifféremment aptes à produire des oolithes. Abstraction faite de quelques cas particuliers, ce privilége est réservé au calcaire et à l'oxyde de fer.

Nous terminerons ce chapitre par quelques indications sur la distribution actuelle du terrain jurassique à la surface du globe.

En France, les montagnes du Jura sont presque entièrement formées de ce terrain, dont les divers étages y sont complétement représentés. C'est même cette circonstance qui a fait donner, par M. de Humboldt, le nom de *jurassique* à la partie de l'écorce terrestre dont nous venons d'esquisser l'histoire. Le lias supérieur domine surtout dans les Pyrénées et dans les Alpes.

Le terrain jurassique existe en Espagne, dans plusieurs parties de l'Italie septentrionale, en Russie, notamment dans le gouvernement de Moscou et en Crimée. C'est en Allemagne qu'il occupe la plus grande place.

Une assez faible assise de calcaire oolithique nous offre, à Solenhofen, un gisement géologique célèbre contenant des plantes, des poissons, des insectes, des crustacés, avec quelques Ptérodactyles, admirablement conservés. Les belles carrières de pierres lithographique de Pappenheim, si renommées en Europe, appartiennent au terrain jurassique.

On a récemment signalé l'existence de ce terrain dans l'Inde. Il contribue à la formation du massif de l'Himalaya, et entre dans la constitution de la chaîne des Andes, en Amérique; enfin, d'après des travaux récents, il existerait dans la Nouvelle-Zélande.

On voit figurée sur la carte placée en regard de cette page, l'étendue des continents qui existaient après les dépôts que laissèrent les mers jurassiques dans la partie de l'Europe qui devait un jour former la France. Les terrains déposés par les mers jurassiques doublèrent presque l'étendue que présentait cette île jetée sur l'Océan primordial ; ils la rattachaient, par une étroite langue de terre, à la partie de l'Europe qui devait un jour former l'Angleterre.

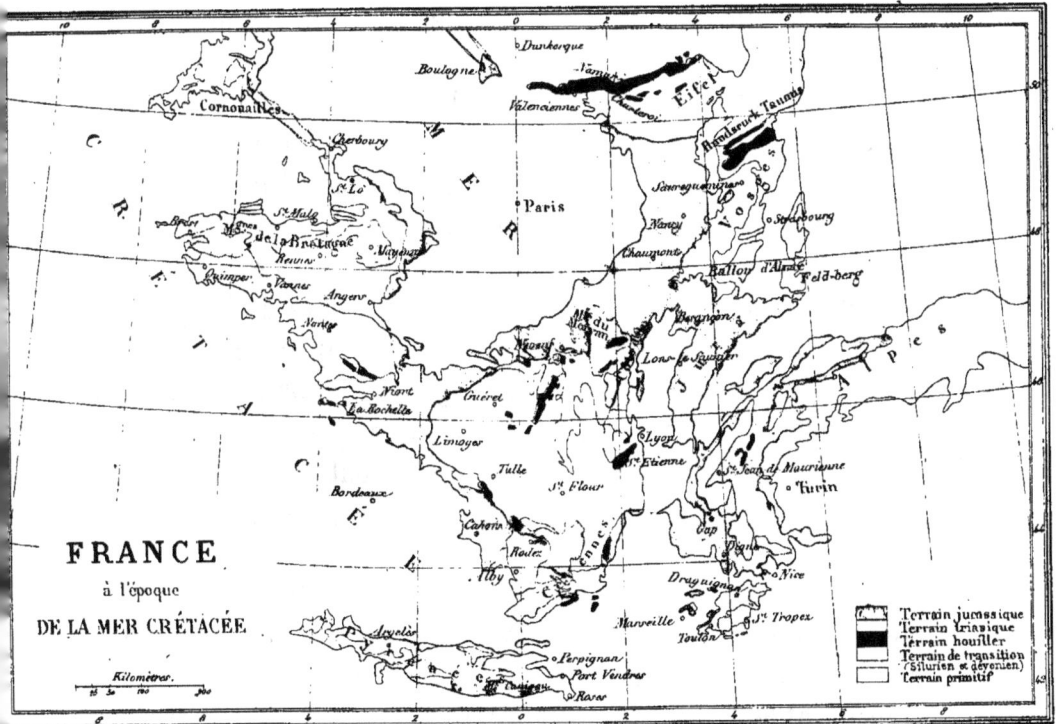

III

FRANCE

à l'époque

DE LA MER CRÉTACÉE

Kilomètres.

15 30   100   200

	Terrain jurassique
	Terrain triasique
	Terrain houiller
	Terrain de transition (Silurien & dévonien)
	Terrain primitif

é chez Erhard R. Bonaparte 42.

Dressé par Vuillemin.

Paris-Imp.Janson 6 B.Antoine Dubois.

PÉRIODE CRÉTACÉE.

On donne le nom de *crétacée* à cette nouvelle période de l'histoire de notre globe, parce que les terrains que la mer a déposés à cette époque, sont presque entièrement composés de craie (carbonate de chaux).

Ce n'est pas pour la première fois que le carbonate de chaux apparaît dans la constitution de notre planète. On a vu, dès la période silurienne, le calcaire intervenir parmi les matériaux terrestres; le terrain jurassique est formé de carbonate de chaux dans la plupart de ses assises, et ces assises sont énormes autant que nombreuses. Par conséquent, lors de la période appelée *crétacée* par les géologues, la chaux n'était pas une matière nouvellement venue sur le globe. Si l'on a été conduit à accorder ce nom à cette période, c'est parce que les géologues français ont été plus particulièrement frappés de l'abondance du carbonate de chaux terreux ou crayeux dans le bassin parisien.

Nous avons déjà, à propos des terrains silurien et devonien, cherché à établir l'origine de la chaux, qui forme aujourd'hui une masse énorme de roches, et entre pour une part très-considérable dans la composition de l'écorce terrestre. Il nous paraît utile, au risque de nous répéter, de reproduire ici, en la développant davantage cette même explication.

Nous avons déjà dit que la chaux a été probablement introduite sur le globe par des eaux thermales qui jaillirent en grande abondance par les fissures, dislocations et fractures du sol, déterminées elles-mêmes par le refroidissement progressif du globe. Le centre de la terre est le grand réservoir et le lieu d'origine de tous les matériaux qui forment aujourd'hui son écorce solide. De même que l'intérieur du globe nous a fourni les matières solides éruptives très-diverses, telles que les gra-

nits, les porphyres, les trachytes, les basaltes, les laves, il a
également lancé à la surface du sol des eaux bouillantes chargées de bicarbonate de chaux, souvent accompagné de silice.
Les *geysers* de l'Islande, qui projettent à une hauteur considérable des jets d'eau à 100° de température, tenant de la silice
en dissolution, nous offrent un exemple, encore en action de
nos jours, de ces eaux thermales qui autrefois lançaient des
masses énormes de silice ou de bicarbonate de chaux de l'intérieur du globe.

Mais comment la chaux, dissoute à l'état de bicarbonate dans
les eaux thermales venues de l'intérieur de la terre, a-t-elle
fini par composer des terrains? C'est ce qu'il reste à expliquer.

Pendant les temps géologiques, la mer couvrant la surface
presque entière du globe, les sources thermales chargées de
sels calcaires se déchargeaient nécessairement au milieu de
ses eaux. Ces sources thermales venant sourdre dans le bassin
des mers, se réunissaient aux flots de l'immense Océan primordial. Les eaux de la mer devinrent ainsi sensiblement calcaires;
elles contenaient, on peut le croire, 1 ou 2 pour 100 de chaux.
Les innombrables animaux qui vivaient dans les mers anciennes, en particulier les zoophytes, ainsi que les mollusques
au test solide, s'emparèrent de cette chaux pour former leur
enveloppe minérale. Dans ce milieu liquide, sensiblement
calcaire, les foraminifères, les polypiers, les rudistes pullulaient et formaient d'innombrables populations. Que devenait,
après leur mort, le corps de ces animaux, grands et petits, mais
ordinairement d'une petitesse microscopique? La matière animale destructible disparaissait, au sein de l'eau, par la putréfaction; il ne restait que la matière inorganique indestructible,
c'est-à-dire le carbonate de chaux, formant le test de leur enveloppe. Ces dépôts calcaires s'accumulaient en épaisses couches
sur le bassin des mers; ils s'agglutinaient bientôt en une masse
unique, et formaient un lit continu au fond des eaux. Ces
couches se superposant, augmentant par la suite des siècles,
ont fini par constituer des terrains : ce sont nos terrains calcaires actuels.

Ce que l'on vient de lire n'est pas, comme plus d'un lecteur
pourrait en concevoir la crainte, une conception faite à plaisir

Fig. 188. Craie de Meudon.

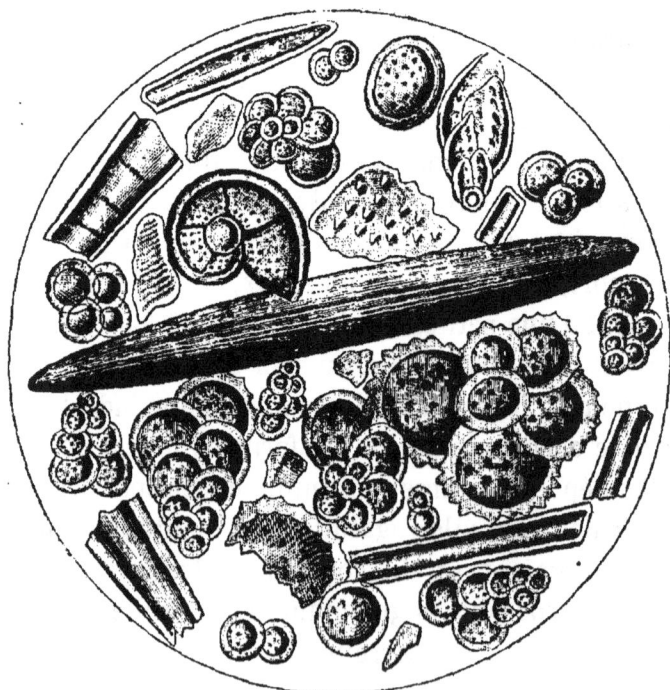

Fig. 189. Craie de Gravesend.
Aspect de la craie au microscope, d'après Ehrenberg.

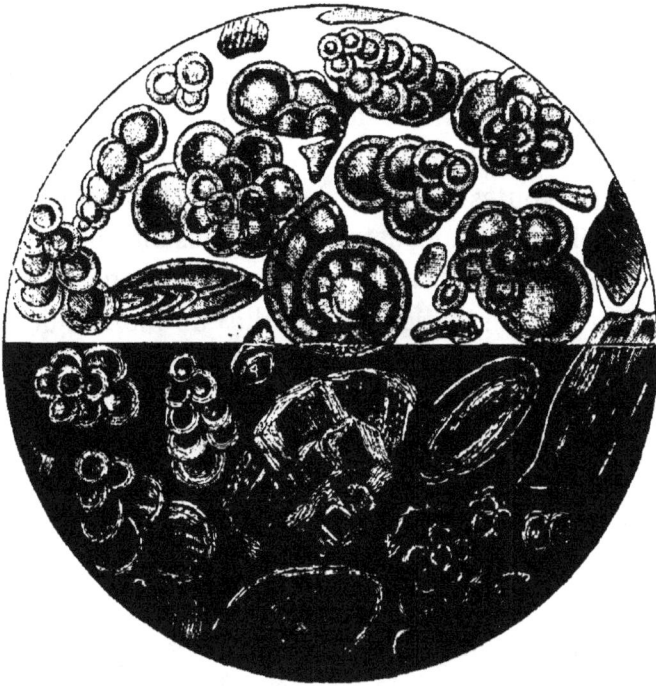

Fig. 190. Craie de l'île Moën (Danemark).

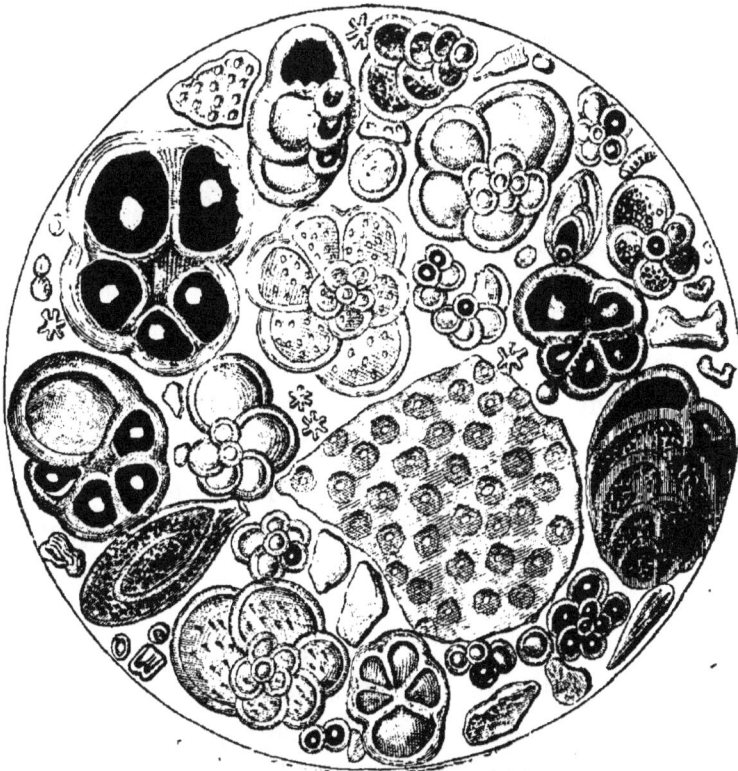

Fig. 191. Craie de Cattolica (Sicile).
Aspect de la craie au microscope, d'après Ehrenberg.

par l'imagination en quête d'un système. Le temps est passé où la géologie pouvait être considérée comme le roman de la nature. Tout ce qu'elle avance n'a plus aucun caractère de conception arbitraire. Sans doute on est frappé de surprise en apprenant que toutes les roches calcaires, toutes les pierres calcaires employées à la construction de nos maisons et de nos villes, sont des dépôts des mers de l'ancien monde, et ne consistent qu'en une agrégation de coquilles de mollusques ou de débris de tests de foraminifères et autres zoophytes. Mais que l'on prenne la peine de regarder, que l'on ait recours à l'observation, et tous les doutes ne tarderont pas à disparaître. Examinez la craie au microscope, vous la trouverez composée de la réunion de nombreux débris de zoophytes, de petites Ammonites, de coquilles diverses, et surtout de foraminifères tellement petits, que leur petitesse a même dû les rendre indestructibles. Cent cinquante de ces petits êtres, étant placés bout à bout, ne formeraient pas la longueur d'un millimètre.

Les figures 188, 189, 190 et 191 représentent les formes multipliées et élégantes que l'on découvre dans la craie soumise à l'inspection microscopique. Ces figures, empruntées à l'ouvrage du savant micrographe Ehrenberg (*Microgéologie*), reproduisent l'aspect que présente la craie réduite en poudre et étalée sur le porte-objet du microscope. Les échantillons de craie soumis à l'inspection microscopique sont ici au nombre de quatre : les craies de Meudon, de Gravesend (Angleterre), de l'île Moën (Danemark), et celle qui existe dans les terrains tertiaires de Cattolica (Sicile). Dans ces divers calcaires, on discerne des coquilles d'Ammonites, de foraminifères et autres zoophytes. Sur deux de ces figures (fig. 188 et 190), on a représenté l'aspect d'une même tranche de craie vue, dans sa moitié supérieure, par transparence ou réflexion, et vue dans sa moitié inférieure, sur son épaisseur, au moyen d'un éclairage superficiel.

Le seul recours à l'observation suffit donc pour établir la réalité de l'explication qui précède concernant la formation des roches crayeuses ou crétacées. Ajoutons, pour lever les derniers doutes, qu'au sein d'une mer de l'Europe moderne, dans la mer Baltique, on voit se passer l'ensemble du curieux phé-

nomène que nous venons de décrire. Depuis des siècles, le fond
de la mer Baltique ne cesse de s'élever, par suite du dépôt constant qui s'y fait d'un amas de tests et de coquilles calcaires,
joints aux sables et aux vases. La mer Baltique sera certainement un jour comblée par ces dépôts, et ce phénomène moderne, que nous prenons pour ainsi dire sur le fait, met sous
nos yeux l'explication positive de la manière dont les roches
calcaires se sont formées dans le monde ancien.

Après cette explication du mode de formation des roches
crétacées, examinons l'état de la nature vivante durant cette
importante période de l'histoire de la terre.

L'état de la végétation pendant la période crétacée est comme
le vestibule de la végétation des temps actuels. On y trouve,
avec des genres de plantes propres aux périodes anciennes, un
certain nombre appartenant aux temps actuels. Placée à la fin
de l'époque secondaire, cette végétation nous prépare et sert
comme de transition à la végétation de l'époque tertiaire, qui,
comme on le verra, tend à se confondre avec celle de nos jours.

Les paysages de l'ancien monde nous ont montré jusqu'ici
des espèces végétales aujourd'hui éteintes offrant à nos regards
quelque chose d'étrange et d'inconnu. Mais pendant la période
dont nous allons tracer l'histoire, le règne végétal commence à
se façonner sous un aspect moins mystérieux : des formes
familières à nos yeux, des cimes arrondies, des ombrages
aimés, se montrent à nos regards. Les palmiers apparaissent,
et, dans leurs diverses espèces, nous en reconnaissons qui diffèrent peu de celles de nos contrées tropicales. Les dicotylédones augmentent un peu en nombre. Au milieu des fougères,
des cycadées, qui ont considérablement perdu en quantité et
en importance, nous voyons, à n'en pas douter, croître les
arbres dicotylédones de nos climats tempérés : ce sont des
Aunes, des Charmes, des Érables, des Noyers ... Arbres de nos
pays, nous vous saluons avec joie !

« A mesure, dit M. Lecoq, que nous nous éloignons des temps de la
création primitive et que, traversant les âges, nous nous rapprochons
lentement de l'époque actuelle, les sédiments se retirent des régions

polaires, et se restreignent dans les zones tempérées ou équatoriales. Les grandes couches de sables et de calcaires qui constituent la formation crayeuse annoncent un état de choses bien différent du précédent. Les saisons ne sont plus marquées par la chaleur centrale : il existe déjà des zones de latitude, déjà les conditions biologiques des êtres vivants se rapprochent de celles que nous éprouvons, et la végétation prend un caractère tout particulier.

Jusqu'ici deux classes des végétaux avaient dominé les autres : les Cryptogames cellulaires d'abord, les *Dicotylédones gymnospermes* ensuite, et, à l'époque où nous sommes arrivés, époque transitoire pour la végétation, les deux classes qui avaient régné auparavant s'affaiblissent, et une troisième, celle des *Dicotylédones angiospermes*, prend timidement possession du terrain. Composée d'abord d'un petit nombre d'espèces, elle occupe seulement une petite partie du sol ; elle veut ensuite le partager, et dans les périodes suivantes, comme dans la nôtre, nous verrons son règne solidement établi. C'est en effet pendant la période crétacée que l'on voit naître les premières *Dicotylédones angiospermes*. Des Fougères arborescentes se sont maintenues, et les élégants *Protopteris Singeri*, Presl., et *P. Buvigneri*, Brongn., livrent encore leurs frondes légères aux vents de cette période agitée. Des *Pecopteris*, différant des espèces wéaldiennes, vivent dans les mêmes lieux. Des *Zamites*, des *Cycadites* et dos *Zamiostrobus* annoncent, à l'époque crayeuse, une température encore élevée. De nouveaux Palmiers se montrent, et parmi eux on remarque surtout le *Flabellaria chamæropifolia*, Gœp., qui devait porter de majestueuses couronnes.

« Les Conifères ont resisté bien plus que les Cycadées ; elles formaient alors, comme de nos jours, de grandes forêts où les *Damarites*, les *Cunninghamites*, les *Araucarites*, les *Eléoxylon*, les *Abietites*, les *Pinites*, etc., rappellent des formes encore existantes, mais dispersées sur tous les points de la terre.

« De cette époque datent les *Comptonites*, attribuées aux Myricées ; l'*Almites Fresii*, Nils., que l'on regarde comme une Bétulacée ; le *Carpinites arenaceus*, Gœp., qui serait une Cupulifère ; les *Salicites*, qui représentaient nos saules arborescents. Les Acérinées auraient leur *Acerites cretaceus*, Nils., et les Juglandées les *Juglandites elegans*, Gœp. Mais l'apparition la plus intéressante de cette période est celle des *Crednaria*, de ces feuilles aux trois nervures, dont la craie compte déjà huit espèces, et dont la place reste incertaine dans la classification. Les *Crednaria*, comme les *Salicites*, étaient certainement des arbres, ainsi que la plupart des espèces qui vivaient à ces époques reculées [1], »

Nous mettons sous les yeux du lecteur (fig. 192) l'image de deux Palmiers appartenant à l'époque crétacée, restaurés d'après les empreintes et les débris fossiles laissés par le tronc

[1]. *Géographie botanique*, tome IV.

et les rameaux de ces végétaux dans les terrains correspondant à cette période.

Fig. 192. Palmiers fossiles restaurés.

Mais si la végétation de la période crétacée se rapprochait sensiblement de celle de nos jours, on ne saurait en dire autant de sa population animale. Le moment n'est pas encore venu où nous verrons des mammifères analogues à ceux de notre époque animer les forêts et les plages de l'ancien monde. Les premiers et imparfaits mammifères, c'est-à-dire les marsupiaux, qui s'étaient montrés pendant la période précédente, n'existent même plus, et aucun autre mammifère n'est venu les remplacer. Plus de sarrigue grimpant, avec ses petits, aux feuilles des zamites! La terre appartient encore aux reptiles, qui réveillent seuls, par leurs sifflements sinistres, la solitude des bois et le silence des vallées. Les reptiles qui remplissaient les mers pendant la période jurassique tenaient des Crocodiles par leur organisation; les reptiles de cette période ressemblent aux Sauriens, c'est-à-dire à nos lézards : voilà le seul perfectionnement. Ils sont portés sur des pattes plus hautes, ils ne rampent plus sur le sol : tel est le seul progrès qui semble les rapprocher des mammifères.

Ce n'est pas sans surprise que l'on constate l'immense développement, les dimensions extraordinaires que présentait à cette époque la famille des lézards. Ces animaux, qui de nos jours ne dépassent pas 1 mètre de longueur, pouvaient atteindre, pendant la période crétacée, une longueur de 20 mètres. Inoffensifs aujourd'hui, ils étaient à cette époque voraces et destructeurs. Le lézard marin, que nous étudierons sous le nom de *Mosasaure*, était alors le fléau des mers : il jouait le rôle de l'Ichthyosaure de la période jurassique. Depuis la période du lias jusqu'à la période crétacée, les Ichthyosaures, les Plésiosaures et les Téléosaures furent les tyrans des eaux. Ils terminent leur existence dans le période crétacée, et cèdent la place au *Mosasaure*, à qui échoit la redoutable fonction de maintenir dans de justes limites l'exubérante production des tribus de poissons et de crustacés qui peuplaient les mers Nous verrons plus tard les énormes lézards marius de cette période disparaître à leur tour, et être remplacés, dans les mers de l'époque tertiaire, par les cétacés, par nos baleines. A partir de ce moment, on ne trouvera pas de reptiles habitant les mers; ils prendront le rôle très-secondaire que nous leur voyons jouer dans la création actuelle.

Vu l'étendue considérable des mers, les poissons étaient nécessairement nombreux pendant la période crétacée. Des Bro-

chets, des Saumons, des Diodons et des Zées, analogues aux
espèces de nos jours, vivaient dans les mers de cette époque.
Ils fuyaient devant des Requins et des Squales voraces, qui
apparurent alors en grand nombre, après s'être montrés dans
la période oolithique.

Ces mers étaient encore remplies d'un grand nombre de polypiers, d'oursins, de crustacés divers et de genres de mollusques
différents de ceux qui existaient à l'époque jurassique. A côté
des gigantesques lézards, pullulaient des animalcules : ces
foraminifères, dont les restes minéraux sont répandus aujour-
d'hui en infinie profusion dans la craie, sur une surface et une
épaisseur immenses. Les débris calcaires de ces petits êtres, par
leur nombre incalculable, ont couvert un moment une grande
partie de la surface terrestre.

Pour donner une idée de l'importance de la période crétacée
sous le rapport des êtres organisés, il nous suffira de dire qu'on
a trouvé dans les terrains qui la représentent actuellement,
268 genres d'animaux jusqu'alors inconnus, et plus de 5000 espèces d'êtres vivants spéciaux. La puissance ou l'épaisseur des
terrains formés pendant cette période est de 4000 mètres
environ.

Nous diviserons la période crétacée en deux sous-périodes,
inférieure et supérieure), d'après leur ordre d'ancienneté et
les espèces animales qui leur sont propres.

PÉRIODE CRÉTACEE INFERIEURE.

De nombreux reptiles, quelques oiseaux, parmi lesquels de
grands échassiers appartenant aux genres *Palæornis* ou *Cimoliornis*, des mollusques nouveaux en quantités considérables, et
des zoophytes extrèmement variés, composaient la riche faune
terrestre de la craie inférieure. Jetons un coup d'œil sur les
plus importants de ces animaux, qui ne subsistent aujourd'hui
pour nous que par quelques fragments mutilés, véritables médailles de l'histoire de notre globe, médailles à demi effacées

par les siècles, et qui conservent seules le souvenir des âgss disparus.

Découvert en 1832 dans la forêt fossile de Tilgate, l'*Hyléosaure* (ὕλη, σαῦρος, lézard des bois) paraît avoir eu environ 8 mètres de longueur. On a déjà vu cet énorme saurien représenté, avec le Téléosaure, sur la planche 160, page 217.

Ce qu'on a trouvé de l'Hyléosaure se réduit à une série d'os longs et pointus, qui devaient former sur son échine une frange dure et à demi ossifiée, semblable aux épines cornées qui surmontent le dos de ces reptiles des temps actuels qui ont reçu le nom d'*Iguanes*. Des fragments de grandes plaques osseuses, que l'on a trouvés mêlés aux mêmes débris, étaient probablement logés dans la peau de cet animal, et lui formaient une espèce de cuirasse.

Le *Mégalosaure*, dont la première apparition se rapporte aux plus anciennes couches de la série jurassique, se retrouve en-

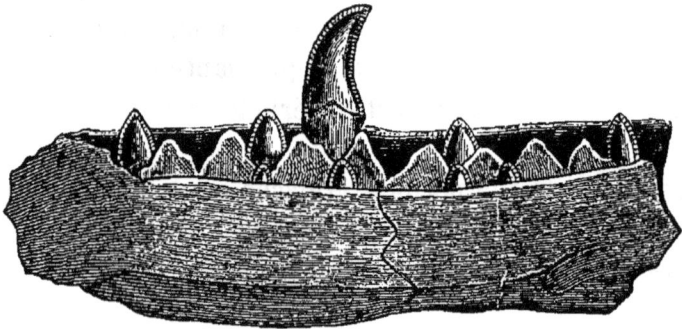

Fig. 193. Mâchoire du Mégalosaure. (1/3 G. N.)

core à la base des terrains crétacés. C'était un énorme lézard, porté sur des pattes un peu élevées. Sa longueur allait jusqu'à 15 mètres. Cuvier le considérait comme tenant tout à la fois, par sa structure, de l'Iguane et du Monitor, reptile actuel propre aux régions de l'Inde. Le Mégalosaure était un saurien probablement terrestre. La structure compliquée et merveilleusement agencée de ses dents prouve qu'il était essentiellement carnivore. Il se nourrissait de reptiles de taille médiocre, tels que les Crocodiles, les Tortues, que l'on trouve à l'état fossile dans les mêmes couches.

La figure 193 représente la pièce osseuse la plus importante que l'on possède du Mégalosaure : c'est un fragment de mâchoire inférieure, qui supporte plusieurs dents. La forme de cette mâchoire montre que la tête se terminait en avant par un museau droit, mince et aplati sur les côtés, comme celui du *Gavial* ou Crocodile de l'Inde.

Les dents du Mégalosaure étaient parfaitement en rapport avec la fonction de destruction dévolue à cette bête redoutable ; elles paraissent tenir à la fois du couteau, du sabre et de la scie. Verticales d'abord, elles prenaient, avec l'âge de l'animal, une courbure en arrière, qui leur donnait la forme d'une serpette. Après avoir insisté sur quelques autres particularités des robustes dents du Mégalosaure, Buckland ajoute :

« Avec des dents ainsi construites, de façon à couper de.toute la longeur de leur bord concave, chaque mouvement des mâchoires produit l'effet combiné d'un couteau et d'une scie, en même temps que le sommet opère une première incision comme le ferait la pointe d'un sabre à double tranchant. La courbure en arrière que prennent les dents à leur entier accroissement rend toute fuite impossible à la proie une fois saisie, de la même manière que les barbes d'une flèche rendent son retour impraticable. Nous retrouvons donc ici les mêmes arrangements que l'habileté humaine a mis en œuvre dans la fabrication de plusieurs des instruments qu'elle emploie. »

L'*Iguanodon* était un lézard plus gigantesque encore que le Mégalosaure ; c'est le plus colossal de tous les sauriens qui aient vécu dans l'ancien monde : il avait jusqu'à 16 mètres de long. La forme et la disposition de ses dents, jointes à l'existence d'une corne osseuse surmontant l'extrémité de son museau, le rapprochent, ou pour mieux dire l'identifient, comme espèce, avec notre Iguane actuel, le seul reptile qui soit pourvu d'une corne sur le nez. Il n'y a donc aucun doute sur l'entière ressemblance de ces deux êtres. Mais, tandis que notre Iguane actuel est à peine long d'un mètre, son congénère fossile avait seize fois cette dimension. On ne peut se défendre d'un sentiment d'étonnement quand on voit, par un exemple si frappant et si net, la disproportion de taille qui existe entre les énormes reptiles des créations anciennes et ceux de l'époque actuelle.

L'Iguanodon portait, avons-nous dit, une corne sur son museau. L'os de sa cuisse dépassait en grosseur celui des plus grands éléphants : il avait 1 mètre et demi de long et 8 centimètres de circonférence. La forme des os de ses pieds démontre qu'il était organisé pour une locomotion terrestre ; et son système dentaire, qu'il était herbivore.

Les dents (fig. 194), qui sont les organes les plus importants et les plus caractéristiques de l'animal tout entier, ne sont point logées, chez l'Iguanodon, dans des alvéoles distincts, comme chez les Crocodiles, mais fixées à la face interne de l'os dentaire, c'est-à-dire à l'intérieur du palais, comme cela a lieu chez les Lézards. La place qu'occupent les bords de ces dents, tranchants et en forme de scie, leur mode de courbure,

Fig. 194
Dent de l'Iguanodon. (G. N.)

les points où elles deviennent plus larges ou plus étroites, en font des espèces de pinces ou de cisailles, tout à fait propres à couper et à déchirer les plantes coriaces et résistantes dont on a retrouvé les débris ensevelis avec les restes de ce reptile[1]..

Le mot *Iguanodon*, du mot grec ὀδούς, *dent*, signifie *animal aux dents d'Iguane*.

Passons à la faune marine de la période crétacée inférieure.

Dans les mers crétacées vivaient de nombreux poissons, parmi lesquels on peut citer pour l'étrangeté de leurs formes, le *Beryx Lewesiensis* et l'*Osmeroides Mantelli*. La figure 195 représente ces deux poissons *restaurés*, c'est-à-dire rétablis tels qu'ils devaient être dans l'état de vie.

L'*Odontaspis* est un genre nouveau de poisson qui mérite aussi d'être cité.

Les mers crétacées inférieures étaient remarquables, au point de vue zoologique, par le grand nombre d'espèces et la multiplicité des formes génériques qu'affectent les mollusques

1. On voit sur la planche 196 l'Iguanodon restauré.

céphalopodes. Les Ammonites y prennent des dimensions gigantesques, et l'on y remarque des espèces nouvelles de ces animaux, distinguées par leurs sillons transverses espacés. Des
Ancyloceras de 2 mètres de développement, et des genres singuliers, comme les *Scaphites*, les *Toxoceras*, les *Crioceras*; d'autres mollusques jusqu'alors inconnus, beaucoup d'échinodermes nouveaux et de zoophytes, donnaient à ces mers une richesse animale et un facies d'ensemble tout particuliers. Il
faut y signaler encore l'apparition des mollusques connus sous

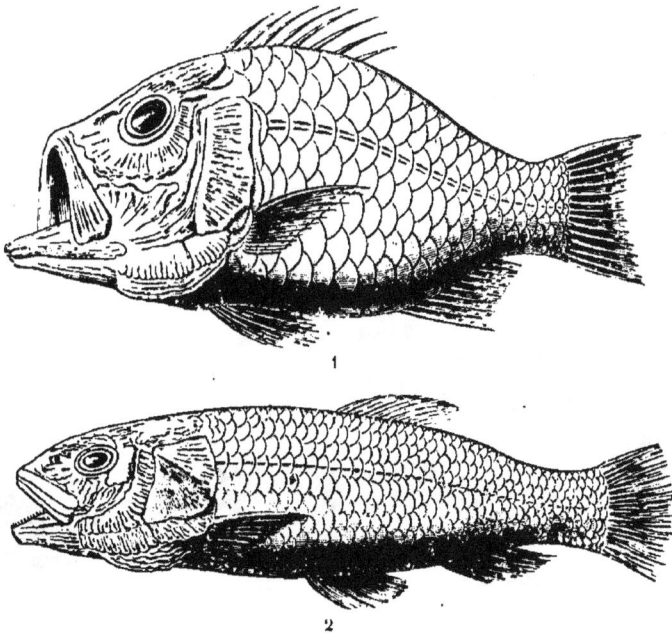

Fig. 195. Poissons de la période crétacée.
1. Beryx Lewesiensis. — 2. Osmeroïdes Mantelli.

le nom de *Rudistes*, et qui jouent pendant cette période un rôle
très-important.

La planche 196, qui met en scène la lutte d'un Iguanodon et
d'un Mégalosaure, au milieu d'une forêt, permet aussi de faire
comprendre le caractère de la végétation pendant la période
crétacée. On y voit réunies les formes végétales exotiques et
celles de nos pays. A gauche du paysage, on aperçoit un groupe
d'arbres qui ressemblent aux dicotylédones de nos forêts : ce
sont les élégants *Credneria*, dont le rang botanique n'est pas
encore bien fixé, car on n'a pas retrouvé leurs fruits : on a cru

Fig. 196. L'Iguanodon et le Mégalosaure. (Période crétacé inférieure.)

toutefois pouvoir les placer dans les dicotylédones, à la suite des Amentacées arborescentes. Un autre groupe d'arbres se compose de fougères et de zamites; au fond, et estompés par la distance, s'élèvent des palmiers. On reconnaît dans ce paysage des Aunes, des Charmes, des Érables et des Noyers, d'espèces analogues à celles de nos jours.

Terrain crétacé inférieur. — Les roches que les mers ont déposées pendant la période qui nous occupe, forment le terrain *crétacé inférieur*, qui peut être distingué en deux étages : l'*étage néocomien* et l'*étage glauconieux*, qui lui est superposé.

Étage néocomien. — Le nom de *néocomien*, donné à cet étage, vient du mot *Neocomum*, dénomination latine de la ville de Neuchâtel, en Suisse, où ce terrain est parfaitement développé, ou il a été reconnu et établi pour la première fois.

Avant d'indiquer les espèces caractéristiques de la faune marine néocomienne, jetons un coup d'œil sur quelques-uns des genres que nous y faisons figurer, comme les *Scaphites*, les *Crioceras*, les *Ancyloceras*, les *Toxoceras*, les *Baculites*, et les *Turrilites*, qui sont des mollusques céphalopodes.

Les *Scaphites* ont une coquille formée d'une spirale régulière enroulée sur le même plan, à tours contigus, croissant régulièrement jusqu'au dernier tour, qui se détache des autres et se projette en une crosse plus ou moins allongée.

Les *Hamites*, les *Crioceras* et les *Ancyloceras*, sont terminés, à leurs deux extrémités, en forme de crosse; ils peuvent être considérés comme des Ammonites à tours de spire disjoints.

Les *Toxoceras* avaient une coquille arquée et non en spirale.

Les *Baculites* ont une coquille qui diffère de celle de tous les autres Céphalopodes en ce qu'elle est allongée, conique et parfaitement droite à tous les âges.

La coquille des *Turrilites* est régulière, *senestre*, c'est-à-dire enroulée à gauche, en spirale oblique et formée de tours contigus.

Nous ne pousserons pas plus loin l'analyse des genres propres à l'étage néocomien, et nous renverrons le lecteur à l'examen

des figures qui représentent quelques-unes des espèces caractéristiques.

Parmi les mollusques céphalopodes, citons les espèces suivantes : *Ammonites radiatus, Crioceras Duvalii, Ancyloceras Duva-*

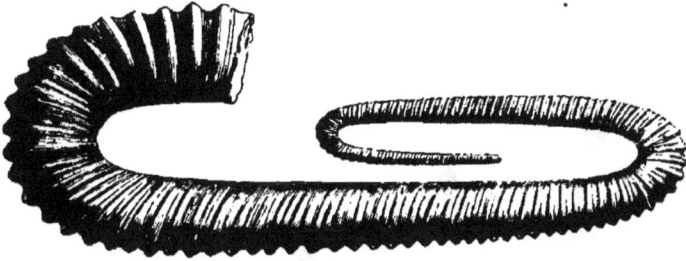

Fig. 197. Hamites. (1/3 G. N.)

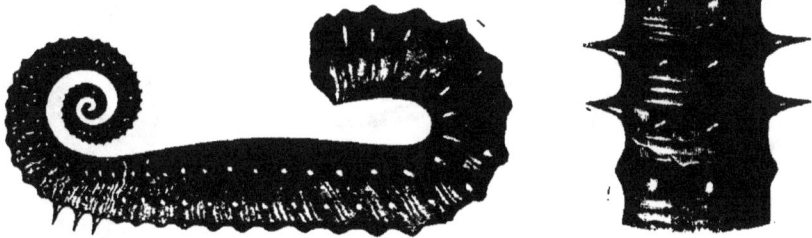

Fig. 198. Ancyloceras Matheronianus. (1/8 G. N.)

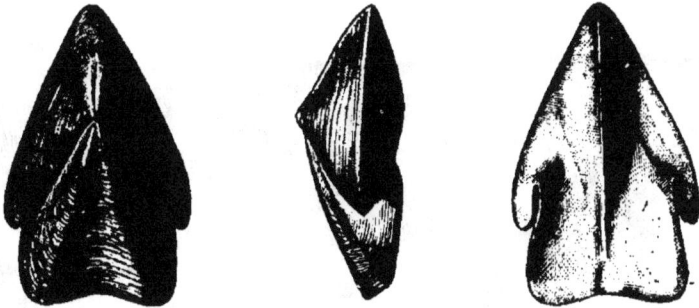

Fig. 199. Rhynchoteutis Astieriana. (G. N.)

lianus, Hamites (fig. 197), *Ancyloceras Matheronianus* (fig. 198).
Rhynchoteutis Astieriana (fig. 199), *Ostrea aquila* (fig. 200).

Parmi les gastéropodes : le *Pterocea oceani* (fig. 201), le *Fusus neocomiensis* (fig. 202).

Parmi les acéphales : les *Perna Mulleti* (fig. 203), *Ostrea Couloni* (fig. 204), (*Cardium peregrinum* (fig. 205), *Janira atava* (fig. 206), *Pholadomya elongata, Terebratula sella* (fig. 207).

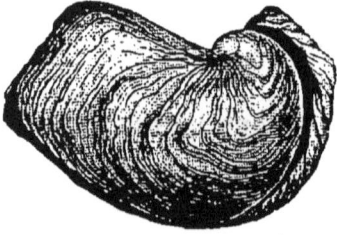

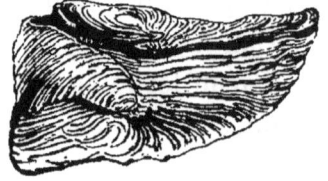

Fig. 200. Ostrea aquila. (1/4 G. N.)

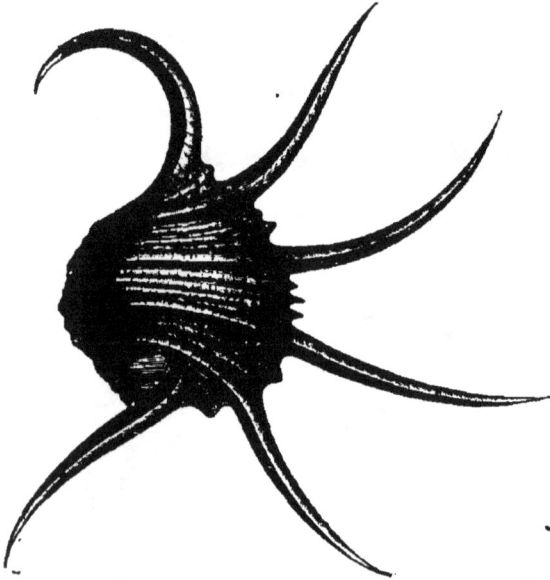

Fig. 201. Pterocea oceani. (1/4 G. N.)

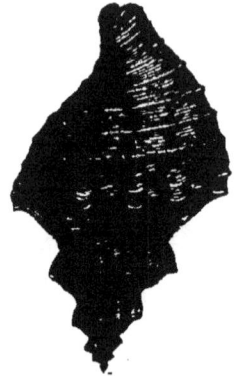

Fig. 202. Fusus neocomiensis. (G. N.)

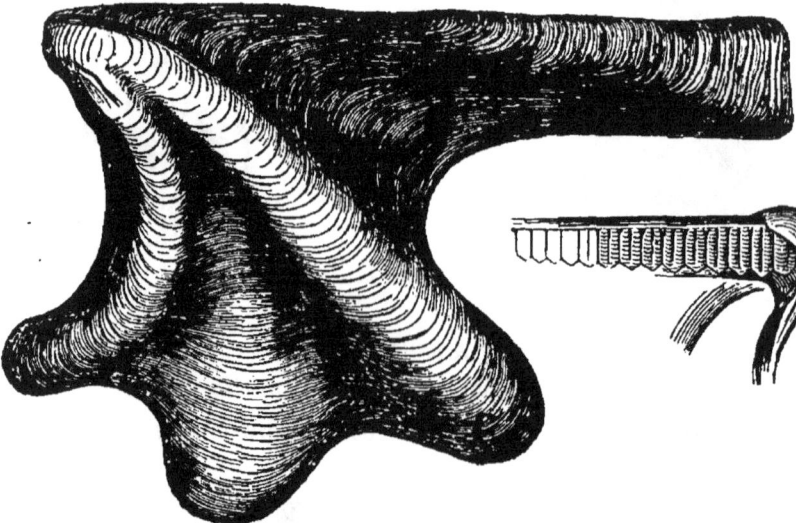

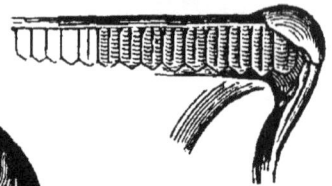

Fig. 203. Perna Mulleti. (1/4 G. N.)

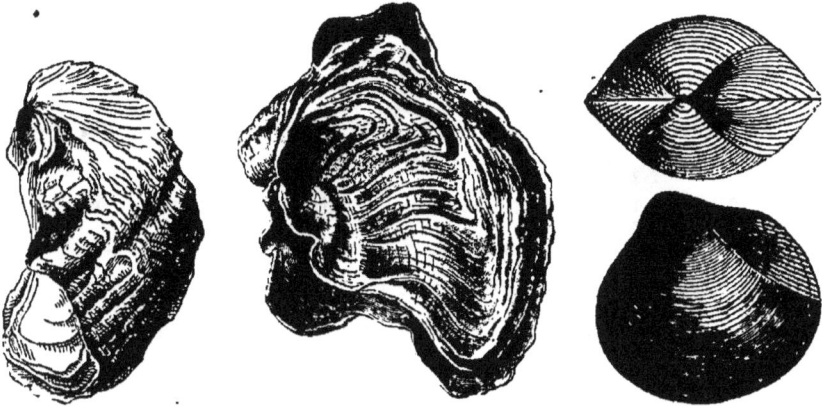

Fig. 204. Ostrea Couloni.
(1/4 G. N.)

Fig. 205. Cardium peregrinum
(1/2 G. N.)

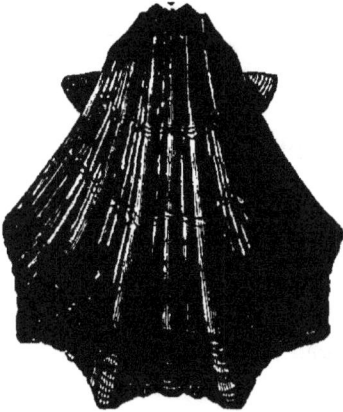

Fig. 206. Janira atava.

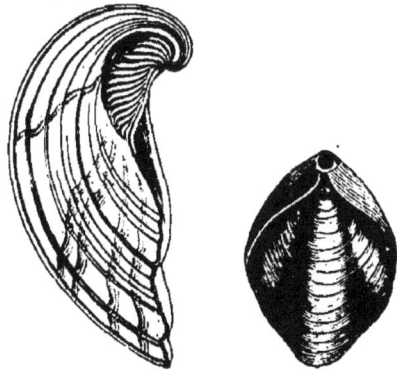

Fig, 207. Terebratula sella. (G. N.)

Fig. 208. Rhynchonella sulcata.

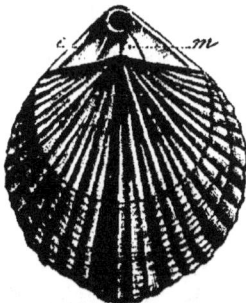

Fig. 209. Terebretella Astierana. (1/2 G. N.)

Parmi les brachiopodes : le *Rhynchonella sulcata* (fig. 208), le *Terebratella Astierana* (fig. 209), les *Caprotina ammonia*, *Caprotina Lonsdalii*, le *Radiolites neocomiensis*.

Parmi les échinodermes : le *Spantagus retusus*, le *Nucleolites Olfersii*, le *Pygaulus Moulinsii*.

Parmi les amorphozaires : le *Cupulospongia cupuliformis*.

Parmi les polypiers : le *Tetracœnia Dupiniana* (fig. 210).

Fig. 210. Tetracœnia Dupiniana.

L'étage néocomien se trouve, en France, en Champagne, dans les départements de l'Aube, de l'Yonne, des Hautes-Alpes. Il existe très-développé en Suisse (à Neuchâtel) et en Allemagne.

L'étage néocomien peut se subdiviser en trois membres :

1° Le *néocomien inférieur*, composé de marnes et argiles grises, alternant avec des petits bancs de calcaires gris. Cet étage est puissant. Il existe à Neuchâtel, ainsi que dans la Drôme. Fossiles : *Spatangus retusus*, *Crioceras*, *Ammonites*, *Astierianus*.

2° L'*urgonien* (calcaire d'Orgon). Cette assise existe aussi à *Aix-les-Bains* (Savoie), à Grenoble, et en général dans le calcaire en grosses assises blanches qui dessine les précipices de la Drôme, etc. Fossiles : *Chama ammonia*, *Pigaulus*, etc.

3° L'*aptien*, composé en général de marnes et d'argiles. Il existe dans le département de Vaucluse, à Apt (de là son nom), dans le département de l'Yonne, dans la Haute-Marne, etc. Fossiles : *Ancyloceras Matheronianus*, *Ostrea aquila*, *Plicatula placunea*, etc. Cet étage se compose : ici d'argiles grises, que l'on exploite pour la fabrication des tuiles ; là, de calcaires argileux, bleuâtres, feuilletés noirs ou noirâtres. Il offre dans l'île de Wight des grès fins, gris, un peu argileux, et des grès ferrugineux que l'on trouve très-développés au Havre et dans certaines parties du pays de Bray.

Il faut nous arrêter un instant pour signaler, au milieu de la
formation marine de l'étage néocomien, une formation accidentelle d'eau douce, qui a pris en Angleterre, où on la rencontre, une certaine importance, en raison des précieux fossiles qu'elle a fournis. Nous voulons parler de la *formation
wéaldienne*.

On trouve cette formation d'eau douce dans certaines parties
des comtés de Kent, de Surrey et de Sussex, connues sous le
nom de *weald*. Là vivaient, à l'époque crétacée, à l'embouchure d'un fleuve ou d'une rivière qui se jetait dans la mer,
quelques animaux composant une petite faune fluviatile ou
lacustre, que l'on retrouve aujourd'hui à l'état fossile dans ce
terrain. C'étaient des petits crustacés du genre *Cypris;* des
mollusques gastéropodes du genre *Melania, Paludina;* des mollusques acéphales, *Cyrena, Unio, Mytilus, Cyclas, Ostrea.*

L'*Unio waldensis* (fig. 211), les *Cypris spinigera* (fig. 212), les

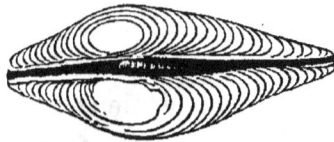

Fig. 211. Unio waldensis.

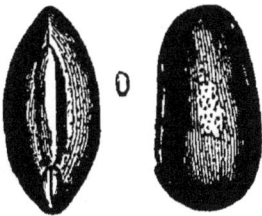

Fig. 212. Cypris spinigera.   Fig. 213. Cypris waldensis.

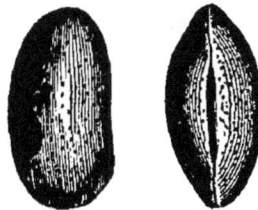

Cypris waldensis (fig. 213), peuvent être considérés comme des
fossiles caractéristiques de cette petite faune locale.

La puissance de ce dépôt lacustre est d'environ 300 mètres.
Il se compose, d'une part, d'argiles, de marnes et de bancs
de calcaire remplis et comme pétris de Paludines; d'autre
part, de sables, de grès calcarifères et d'argiles (Hastings-
sand).

Comme nous l'avons dit, on considère ces couches comme un dépôt de *delta* formé à l'embouchure d'une rivière qui se jetait dans la mer crétacée.

Le terrain crétacé n'est pas seulement intéressant par ses fossiles, il présente aussi des sujets d'études au minéralogiste. La craie blanche, examinée au microscope, par M. Ehrenberg, a montré une très-curieuse structure globuliforme Les parties vertes de ses grès et calcaires verts constituent des composés fort singuliers. D'après les résultats des analyses de M. Berthier, on les a considérées comme des silicates de fer. Les minerais de fer s'y montrent, non pas en couches comme dans le terrain jurassique, mais en amas, dans des espèces de poches de l'assise urgonienne. Ils sont ordinairement hydratés à l'état d'hématites et accompagnés de quantités d'ocre tellement abondantes qu'ils sont souvent inexploitables. Dans le midi de la France, ces espèces de filons ont été travaillés assez profondément par les anciens moines, qui étaient métallurgistes.

Mais c'est spécialement aux artistes que la puissante assise urgonienne présente un intérêt tout spécial, à cause de ses admirables cassures verticales, de ses redressements en forme de pics, plus audacieux les uns que les autres. Dans le Var, les défilés de la Vésubia, de l'Esteron, de Tinéa sont serrés entre des murailles à pic sur plusieurs centaines de mètres, entre lesquelles existe à peine l'espace d'une route étroite que longent des torrents mugissants.

« Dans la Drôme, dit M. Fournet, l'entrée de la belle vallée du Vercors était interdite pendant une partie de l'année, parce que pour y pénétrer il fallait passer nécessairement au travers de deux orifices, le *Grand* et le *Petit-Goulet*, par lesquels s'échappent les eaux du pays. C'est assez dire qu'il fallait y prendre un bain de pied, même pendant les temps de sécheresse.

« Un pareil état ne pouvait durer, et, en 1848, il était curieux de voir les mineurs appendus contre le flanc de l'un des précipices latéraux à environ 150 mètres au-dessus du torrent comme à égale hauteur au-dessous du sommet de la crête. Là, ils commençaient par pratiquer des niches qui, toutes placées au même niveau et successivement agrandies, se sont raccordées entre elles de manière à constituer dans la roche une route carrossable, tantôt en galerie, tantôt couverte par un encorbellement et dont le parcours présente de continuelles surprises aux voyageurs.

« Ce n'est pas tout, ajoute M. Fournet, celui qui parcourt les hauts plateaux du pays, y trouve à chaque pas des effrondrements du sol, désignés sous les noms de *pots* et de *scialets*. Les plus vieux ont leur concavité revêtue d'une curieuse végétation dans laquelle dominent les Aucolins, qui y trouvent un abri contre les vents rasants, si furieux dans ces régions culminantes.

« D'autres forment des espèces de cavernes dans lesquelles se conserve une température assez bonne pour que l'eau s'y congèle, même au milieu des étés. Ces cavités constituent des *glacières naturelles*, que l'on retrouve du reste aussi sur certains hauts plateaux du Jura.

« Enfin, les crevasses du calcaire reçoivent les eaux provenant des pluies et de la fonte des neiges. Elles s'infiltrent au travers de la roche de manière à arriver à l'assise marnière inférieure, où elles constituent des nappes qui ont dû chercher des issues pour s'épancher au jour. De là, des galeries souterraines qui forment des cavernes d'une longueur parfois considérable, et dans lesquelles se réunissent toutes les merveilles que peuvent engendrer les éboulements, les stalactites, les stalagmites, des lacs placides et des torrents fougueux. Enfin, ces eaux débouchant par les orifices extérieurs donnent naissance à ces belles fontaines qui du premier bond forment une véritable rivière. »

Étage glauconieux. — Le nom de cet étage se tire d'une roche nommée *glauconie*, composée de calcaires et de grains verdâtres de silicate de fer, qui est souvent mêlé aux calcaires de ce terrain.

Les espèces animales fossiles qui servent à reconnaître cet étage sont très-variées. Parmi ses nombreux types, nous citerons les crustacés appartenant aux genres *Arcania* et *Corystes*; beaucoup de mollusques nouveaux , *Buccinum*, *Solen*, *Pterodonta*, *Voluta*, *Chama;* une très-grande quantité de mollusques brachiopodes formant des bancs sous-marins très-développés ; des échinodermes inconnus jusqu'alors, et surtout un grand nombre de zoophytes.

Voici un certain nombre d'espèces caractéristiques de cet étage :

MOLLUSQUES CÉPHALOPODES.

Conotheutis Dupinianus; — *Ammonites nisus;* — *Ammonites Deluci;* — *Ammonites rothomagensis ;* — *Turrilites catenatus* (fig. 214).

GASTÉROPODES.

Rostellaria carinata; — Solarium ornatum (fig. 215) ; — *Ptero-donta inflata* (fig. 216) ; — *Avellana cassis* (fig. 217).

Fig. 214. Turrilites catenatus. (G. N.)

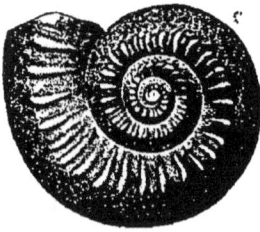

Fig. 215. Solarium ornatum.

Fig. 216. Pterodonta inflata.   Fig. 217. Avellana cassis.

ACÉPHALES.

Fig. 218. Ostrea columba.

Thetis lævigata; — Ostrea carinata; — Ostrea columba (fig. 218)

— *Nucula bivirgata;* — *Inoceramus sulcatus* (fig. 219); — *Cardium hillanum.*

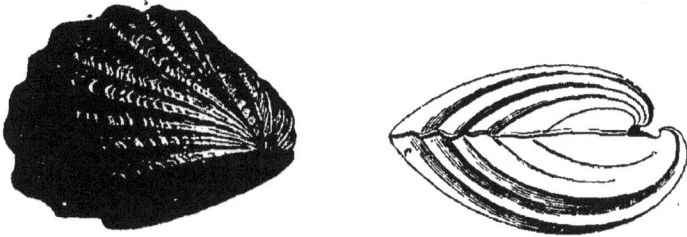

Fig. 219. Inoceramus sulcatus.

BRACHIOPODES.

Terebratella biblicata; — *Spærulites agariciformis.*

ÉCHINOIDES.

Discoidea cylindrica; — *Discoidea subuculus;* *Pygaster truncatus;* — *Goniopygus major* (fig. 220).

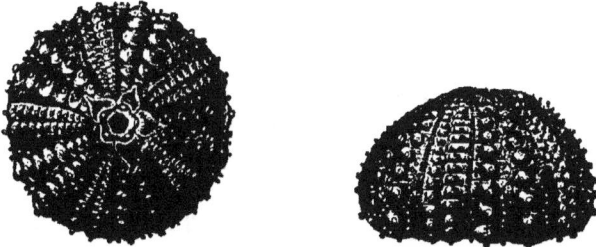

Fig. 220. Goniopygus major.

POLYPIERS.

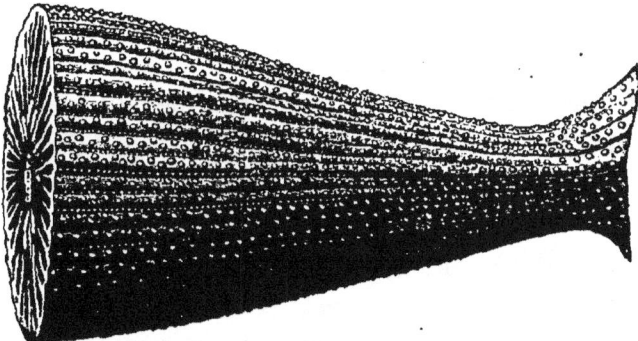

Fig. 221. Cyathina Bowerbankii.

Cyathina Bowerbankii (fig. 221).

FORAMINIFÈRES.

Chrysalidina gradata (fig. 222); — *Cuneolina pavonia* (fig 223).

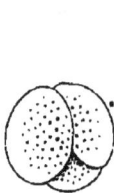

Fig. 222. Chrysalidina gradata.   Fig. 223. Cuneolina pavonia.

AMORPHOZOAIRES.

Siphonia pyriformis (fig. 224).

Fig. 224. Siphonia pyriformis.

L'étage glauconieux est formé de deux assises : l'*argile du gaut* et la craie *glauconieuse*.

L'assise de *gaut*, ainsi nommée de l'argile noire ou verdâtre, dite *du gaut*, qui occupe sa partie inférieure, se montre dans les départements du Pas-de-Calais, des Ardennes, de la Meuse, de l'Aube, de l'Yonne, de l'Ain, du Calvados et de la Seine-Inférieure. Elle offre plusieurs formes minéralogiques distinctes, parmi lesquelles deux sont dominantes ; les grès verts et les argiles noirâtres ou grises. Cette assise est très-importante à connaître, car c'est de ce niveau que jaillissent les eaux artésiennes, telles que celle des puits de Passy et de Grenelle à Paris.

L'assise supérieure, ou *craie glauconieuse*, représentée typiquement dans les départements de la Sarthe, de la Charente-Inférieure, de l'Yonne et du Var, est très-variable sous le rapport minéralogique. Elle se compose de sables quartzeux, d'argiles, de grès, de calcaires. On a trouvé dans cette assise, à l'embouchure de la Charente, une couche bien remarquable qui a été décrite sous le titre de forêt sous-marine. On y voit, avec des arbres énormes, pourvus de leurs branches, mais couchés horizontalement, beaucoup de matières végétales et de rognons de succin ou de résine fossile.

SOUS-PÉRIODE CRÉTACÉE SUPÉRIEURE.

Pendant cette phase de l'évolution terrestre, les continents, à en juger par les bois fossiles qu'on rencontre dans les roches qui la représentent aujourd'hui, devaient avoir une végétation très-riche, identique d'ailleurs avec celle que nous avons fait connaître dans la sous-période précédente.

La faune terrestre, composée de quelques nouveaux reptiles riverains et d'oiseaux du genre des Bécasses, n'est certes point arrivée dans son ensemble jusqu'à nous. Les restes de la faune marine sont, au contraire, assez nombreux et assez bien conservés pour nous donner une grande idée de sa richesse et lui assigner un facies caractéristique.

La mer crétacée supérieure était hérissée de nombreux récifs sous-marins qui occupaient de vastes étendues, récifs formés de rudistes et d'une immense quantité de coraux variés, qui accompagnent partout ces derniers. Les polypiers sont, en effet, ici à l'une des époques principales de leur existence, et présentent un remarquable développement de formes, de même que les bryozoaires et les amorphozoaires, tandis qu'au contraire le règne des céphalopodes se termine.

On retrouve aujourd'hui de beaux types de ces récifs anciens encore en place, et tels qu'ils se sont formés sous l'influence des courants sous-marins qui accumulaient, en certains points, les amas de ces animaux divers. Rien n'est plus curieux que cet assemblage de rudistes encore perpendiculaires, isolés ou en groupes, que l'on aperçoit, par exemple, au sommet de la montagne des *Cornes* dans les *Corbières*, sur les bords de l'étang de Berre, en Provence. On en voit d'autres aux environs de

Martigues, à la Cadière, à Figuières, et surtout au-dessus de Beausset, près de Toulon.

« Il semble, dit Alcide d'Orbigny, que la mer vient de se retirer et de montrer encore intacte la faune sous-marine de cette époque telle qu'elle a vécu. En effet, ce sont des groupes énormes d'hippurites en place, entourés des polypiers, des échinodermes, des mollusques, qui vivaient réunis dans ces colonies animales, analogues à celles qui vivent sur les récifs des coraux des Antilles et de l'Océanie. Pour que cet ensemble nous ait été conservé, il faut qu'il ait été d'abord couvert subitement de sédiment qui, en se détruisant aujourd'hui par suite des agents atmosphériques, nous découvrent cette nature des temps passés dans les plus secrets détails. »

Dans la période jurassique nous avons déjà rencontré ces îles ou récifs, constitués par l'accumulation de coraux et autres zoophytes : ils forment même tout un terrain, le *terrain corallien* (*coral-rag*). Le même phénomène, se reproduisant dans les mers crétacées, donna naissance aux mêmes formations calcaires. Nous n'avons pas besoin de revenir sur ce que nous avons déjà dit à ce sujet en décrivant la période jurassique. Les îles coralliennes ou madréporiques de l'époque jurassique, et les récifs de rudistes, d'hippurites, etc., de l'époque crétacée, ont la même origine, et les *atolls* de l'Océanie reproduisent de nos jours un phénomène tout semblable.

Jetons un coup d'œil sur les espèces animales qui caractérisent la sous-période crétacée supérieure. Nous nous bornerons à en donner le tableau, accompagné de quelques figures.

MOLLUSQUES CÉPHALOPODES.

Nautilus sublævigatus; — *Nautilus Danicus;* — *Ammonites rus-*

Fig. 225. Belemnitella mucronata. (1/3 G. N.)

ticus; — *Belemnitella mucronata* (fig. 225).

MOLLUSQUES GASTÉROPODES.

Voluta elongata (fig. 226); — *Phorus canaliculatus* (fig. 227);

— *Nerinea bisulcata* (fig. 228); — *Pleurotomaria Fleuriausa;*

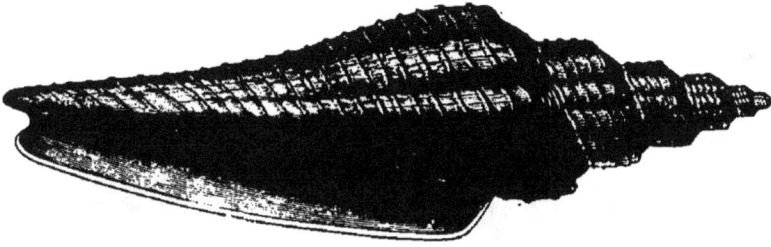

Fig. 226. Voluta elongata, Sow. (G. N.)

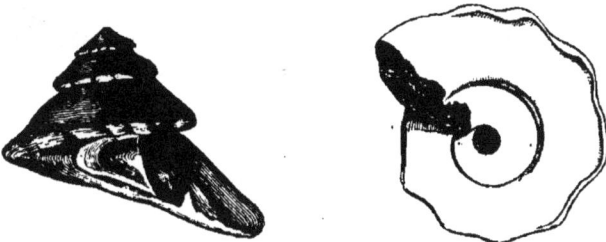

Fig. 227. Phorus canaliculatus. (1/2 G. N.)

Fig. 228. Nerinea bisulcata. (1/2 G. N.)   Fig. 229. Pleurotomaria Santonensis. (1/2 G.)

— *Pleurotomaria Santonensis* (fig. 229); — *Natica supracre-tacea.*

MOLLUSQUES ACÉPHALES.

Trigonia scabra (fig. 230) ; — *Inoceramus problematicus; Ino-*

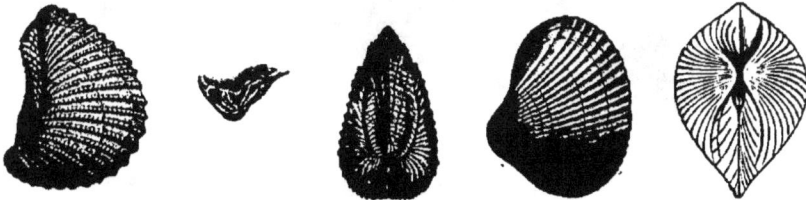

Fig. 230. Trigonia scabra. (1/3 G. N.)   Fig. 231. Pholadomya æquivalvis. (1/3 G. N.)

ceramus Lamarkii; — *Clavagella cretacea;* — *Pholadomya æqui-valvis* (fig. 231); — *Spondylus spinosus* (fig. 232); — *Ostrea vesi-*

cularis; — *Ostrea larva;* — *Janira quadricostata;* — *Arca Gravesii.*

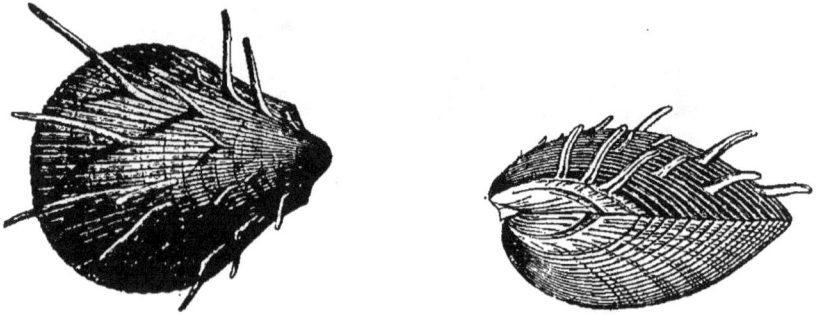

Fig. 232. Spondylus spinosus. (G. N.)

BRACHIOPODES, RUDISTES.

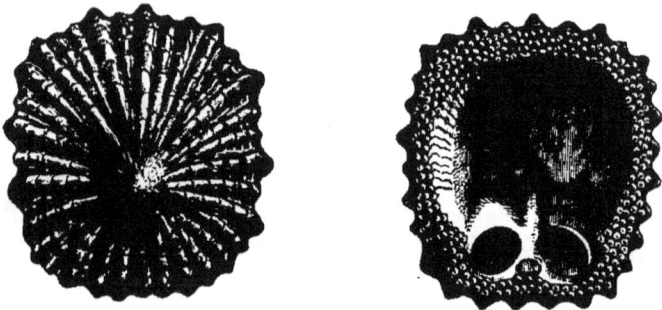

Fig. 233. Crania Ignabergensis. (Grossie 6 fois.)

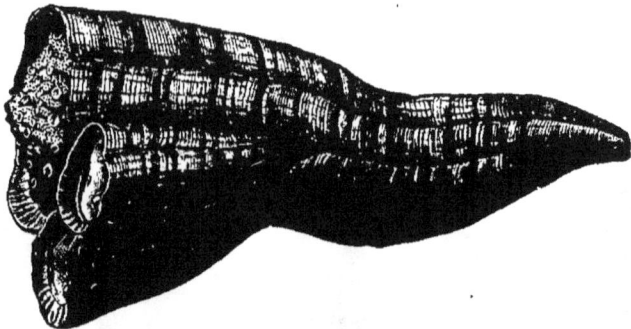

Fig. 234. Hippurites Toucasianus. (1/3 G. N.)

Crania Ignabergensis (fig. 233); — *Terebratula obesa;* — *Hippurites Toucasianus* (fig. 234); — *Hippurites organisans;* — *Capma*

Aguilloni (fig. 235); — *Radiolites radiosus;* — *Radiolites acu-ticostus.*

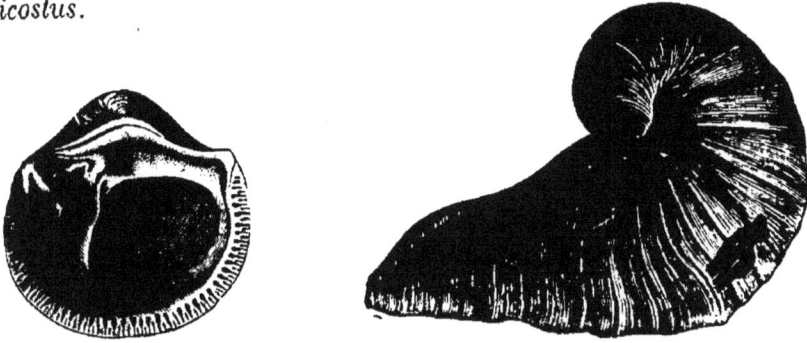

Fig. 235. Caprina Aguilloni. (1/2 G. N.)

BRYOZOAIRES.

Raticulipora obliqua (fig. 236).

(G. N.)   (Partie extérieure grossie.)
Fig. 236. Reticulipora obliqua.

ÉCHINODERMES.

Fig. 237. Galerites albogalerus.

Anachytes ovata; — *Micraster cor anguinum;* — *Hemiaster*

bucardium; — *Galerites albogalerus* (fig. 237); — *Hemiaster Fourneli;* — *Cidaris Forchammeri;* — *Palæocomia Fustembergii*
(fig. 238).

Fig. 238. Palæocomia Fustembergii. (G. N.)

POLYPIERS.

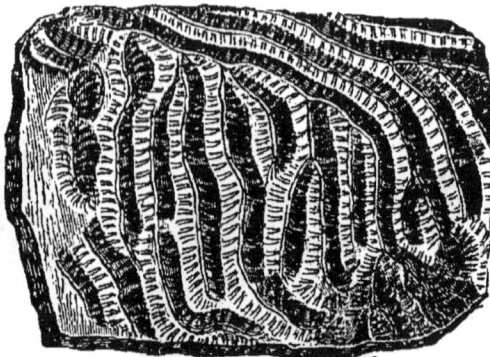

Fig. 239. Meandrina Pyrenaica. (1/2 G. N.)

Cycollites elliptica; — *Thecosmilia rudis;* — *Enallocœnia ramosa;*

— *Meandrina Pyrenaica* (fig. 239); — *Synhelia Sharpeana*
(fig. 240).

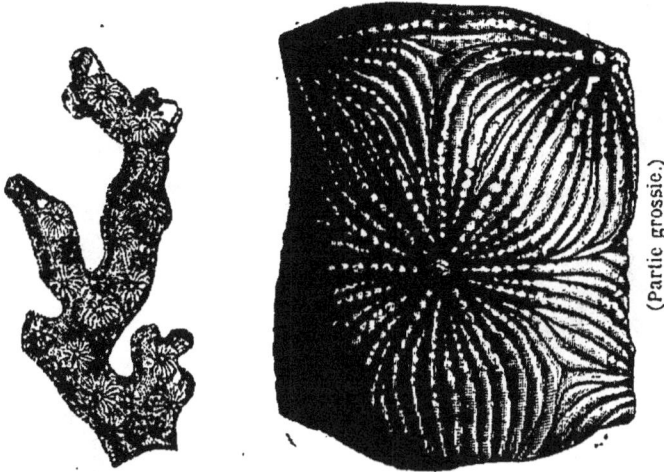

(G. N.)

Fig. 240. Synhelia Sharpeana.

(Partie grossie.)

FORAMINIFÈRES.

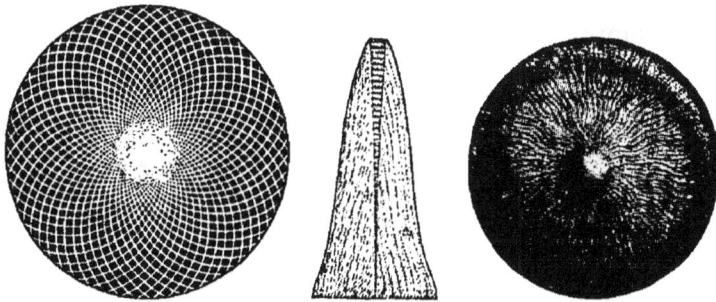

(Coupe horizontale.)　　(Coupe verticale.)

Fig. 241. Orbitoides media. (Grossie 2 fois.)

Fig. 242. Lituola nautiloidea.
(Grossie 10 fois.)

Fig. 243. Flabellina rugosa.
(Grossie 10 fois.)

Orbitoides media (fig. 241); — *Lituola nautiloidea* (fig. 242);
— *Flabellina rugosa* (fig. 243).

AMORPHOZOAIRES.

Coscinopora cupuliformis (fig. 244); — *Camerospongia fungiformis* (fig. 245).

Fig. 244. Coscinopora cupuliformis.
(1/3 G. N.)

Fig. 245. Camerospongia fungiformis.
(1/2 G. N.)

Parmi les êtres nombreux qui peuplaient la mer crétacée supérieure, il en est un qui, par son organisation, ses proportions et l'empire despotique qu'il devait exercer au sein des eaux, est certainement le plus digne de notre attention. Nous voulons parler du *Mosasaure*, qui a été longtemps connu sous le nom de *grand animal de Maëstricht*, parce qu'on a trouvé ses débris près de cette ville, dans les dépôts les plus modernes du terrain crétacé.

C'est en 1780 que l'on découvrit dans les carrières de Maëstricht la tête du grand saurien que chacun peut voir aujourd'hui au Muséum d'histoire naturelle de Paris. Cette pièce célèbre dérouta toute la science des naturalistes à une époque où la connaissance des êtres anciens était encore dans son enfance. Les uns y voyaient la tête d'un Crocodile, d'autres celle d'une Baleine; les mémoires et les brochures pleuvaient sans faire jaillir la lumière. Il fallut tous les efforts d'Adrien Camper, joints à ceux de notre immortel Cuvier, pour assigner sa véritable place zoologique à l'*animal de Maëstricht*.

La controverse sur ce beau fossile a trop occupé les savants de la fin du dernier siècle et du commencement du nôtre pour que nous ne la rappelions pas ici.

Maëstricht est une ville de la Hollande, bâtie au bord de la Meuse. Aux portes de cette ville, dans les collines qui bordent le côté gauche ou occidental de la Meuse, au milieu d'un massif calcaire qui correspond à l'étage de notre craie de Meudon et renferme les mêmes fossiles, il existe une carrière de pierre à bâtir qui s'étend jusqu'à la ville de Liége. Cette carrière est remplie de produits marins fossiles, souvent d'un grand volume.

. De tous ces débris fossiles, ceux qui durent attirer le plus les yeux des ouvriers occupés à l'extraction de la pierre, et mériter l'attention des étrangers, ce furent assurément les os du gigantesque animal dont il va être question. L'un des curieux qu'attiraient habituellement dans cette carrière la vue et la découverte de ces étranges vestiges, était un officier de la garnison de Maëstricht, nommé Drouin. Il achetait aux ouvriers les ossements, à mesure que la pioche les dégageait de la carrière, et il finit par se former ainsi une collection que l'on citait avec admiration dans Maëstricht. En 1766, le *Musée britannique*, ayant eu vent de cette curiosité, l'acheta, et la fit transporter à Londres.

Excité par la bonne fortune de Drouin, le chirurgien de la garnison, nommé Hoffmann, se mit en devoir de recueillir à son tour un musée semblable, et il eut bientôt formé une collection beaucoup plus riche encore que celle de Drouin. C'est en 1780 que notre officier acheta aux ouvriers la magnifique tête fossile, longue à elle seule de 2 mètres, qui devait tant exercer la sagacité des naturalistes.

Hoffmann, toutefois, ne jouit pas longtemps de sa précieuse trouvaille. Le chapitre de l'église de Maëstricht fit valoir, avec plus ou moins de fondement, certains droits de propriété, et, en dépit de toute réclamation, la tête du *grand crocodile de Maëstricht*, comme on l'appelait déjà, passa aux mains du doyen du chapitre, nommé Goddin.

Ce dernier jouissait en paix de son trophée antédiluvien, lorsqu'un incident imprévu vint bientôt changer les choses.

Cet incident n'était rien moins que le bombardement de Maëstricht, en 1793, suivi, en 1794, de la prise de cette ville par Kléber, à la tête de l'armée du Nord.

L'armée du Nord ne s'était pas mise en campagne pour conquérir des crânes de crocodile, mais il y avait dans son état-major un savant qui s'était réservé cette pacifique conquête. Ce savant, c'était Faujas de Saint-Fond, qui fut le prédécesseur de Cordier dans la chaire de zoologie au Jardin des Plantes. Faujas de Saint-Fond s'était fait attacher à l'armée du Nord en qualité de *commissaire des sciences*, et nous soupçonnons qu'en sollicitant cette mission, notre naturaliste couchait quelque peu en joue la fameuse tête du crocodile de la Meuse.

Quoi qu'il en soit, Maëstricht étant tombé aux mains des Français, Faujas n'eut rien de plus pressé que de réclamer pour la France le précieux fossile, qui fut emballé avec tous les soins dus à une relique âgée de plusieurs milliers de siècles, et expédié à notre Muséum d'histoire naturelle.

Dès l'arrivée du fossile, Faujas s'en empara, et entreprit sur le crocodile de Maëstricht un travail qui, dans sa pensée, devait le couvrir de gloire: Il commença la publication d'un ouvrage intitulé : *La montagne de Saint-Pierre de Maëstricht*, contenant la description de tous les objets fossiles trouvés dans la carrière flamande, et surtout celle du *grand animal de Maëstricht*. Il voulait à toute force prouver que cet animal était bien un crocodile.

Malheureusement pour la gloire de Faujas, un savant de la Hollande avait pris les devants dans la même étude. C'était Adrien Camper, fils d'un grand anatomiste de Leyde, Pierre Camper, mort en 1789. Avant la prise de Maëstricht et l'enlèvement du fossile par le commissaire français, Pierre Camper avait acheté, aux héritiers du chirurgien Hoffmann, diverses parties du squelette de l'animal retiré de la montagne Saint-Pierre. Il avait même publié, en 1786, dans les *Transactions philosophiques de Londres*, un mémoire dans lequel il classait cet animal parmi les baleines; mais comme on le rangeait alors, d'un avis unanime, parmi les crocodiles, et qu'aucun doute ne s'était encore élevé sur cette origine, l'assertion du célèbre anatomiste parut une étrangeté, et ne convainquit personne.

A la mort de son père, Adrien Camper reprit l'examen du squelette de l'*animal de Maëstricht*, et dans un travail que Cuvier cite avec admiration, il fixa les idées restées jusque-là si flottantes. Adrien Camper prouva que ces pièces ne provenaient ni d'un poisson, ni d'une baleine, ni d'un crocodile, mais bien d'un genre particulier de reptiles sauriens qui avait de grands rapports avec l'iguane d'une part, et le monitor de l'autre. Si bien qu'avant que Faujas de Saint-Fond eût achevé la publication de son ouvrage sur la *Montagne de Saint-Pierre*, le travail d'Adrien Camper avait paru et changé toutes les idées à cet égard.

Ce qui n'empêcha pas Faujas de continuer d'appeler son animal le *Crocodile de Maëstricht*, et même d'annoncer, quelque temps après, que « M. Adrien Camper s'était rangé à cette opinion. » — «Cependant, ajoute Cuvier, il y a aussi loin du crocodile à l'iguane, et ces deux animaux diffèrent autant l'un de l'autre par les dents, les os et les viscères, qu'il y a loin du singe au chat et de l'éléphant au cheval. »

Ce travail de Faujas de Saint-Fond est d'ailleurs rempli de vues inexactes et de fausses analogies. Cuvier, dans son beau *Mémoire sur l'animal de Maëstricht*, traite fort mal ce naturaliste, qu'il affecte de nommer avec ironie «cet habile homme.» Cuvier, dont le génie ne répugnait pas, à ce qu'il paraît, aux jeux de mots, appelait souvent, dans ses entretiens familiers, le prédécesseur de Cordier « M. Faujas *sans fond*. »

Le beau mémoire de Cuvier, en confirmant toutes les vues d'Adrien Camper, a restitué d'une manière invariable l'individualité de cet être surprenant, qui a reçu plus tard le nom de *Mosasaure*, c'est-à-dire *Saurien* ou *Lézard de la Meuse*. Il résulte des études de Camper et de Cuvier que ce reptile de l'ancien monde formait un genre intermédiaire entre la tribu des Sauriens à langue extensible et fourchue, qui comprend le *Monitor* et les Lézards ordinaires, et les Sauriens à langue courte, et dont le palais est armé de dents, tribu qui embrasse les *Iguanes* et les *Anolis*. Il ne tenait aux Crocodiles que par les liens généraux qui réunissent entre elles toutes les familles des Sauriens.

La longueur totale de cet animal était de 8 mètres ; sa mâchoire seule avait 1 mètre. L'ensemble de son squelette est celui d'un Monitor, mais les caractères ostéologiques se sont modifiés pour constituer celui d'un animal marin.

On se fait difficilement l'idée d'un Lézard organisé pour
vivre et se mouvoir avec énergie et rapidité au sein des eaux ;
mais l'étude du squelette de cet animal va nous révéler ce mécanisme anatomique.

Les vertèbres du Mosasaure sont concaves en avant et con-
vexes en arrière ; elles s'adaptent entre elles au moyen d'une
articulation orbiculaire, qui leur permet d'exécuter aisément
des mouvements de flexion dans tous les sens. Depuis le milieu
du dos jusqu'à l'extrémité de la queue, ces vertèbres sont
dépourvues de ces apophyses articulaires qui sont indispen-
sables pour assurer la solidité du tronc chez les animaux terrestres : elles ressemblent, sous ce rapport, aux vertèbres des
Dauphins. Cette organisation était tout à fait propre à rendre
la natation facile. La queue, comprimée dans le sens latéral,
en même temps qu'épaisse dans le sens vertical, constituait un
aviron droit, court et solide, d'une grande puissance. Un *os en
chevron* était solidement fixé au corps de chaque vertèbre cau-
dale, de la même manière que dans les poissons, ce qui avait
pour but de donner une plus grande vigueur à la queue. Enfin,
les extrémités de l'animal n'étaient pas conformées en façon de
pattes, mais en rames pareilles à celles de l'ichthyosaure, du
plésiosaure et de la baleine.

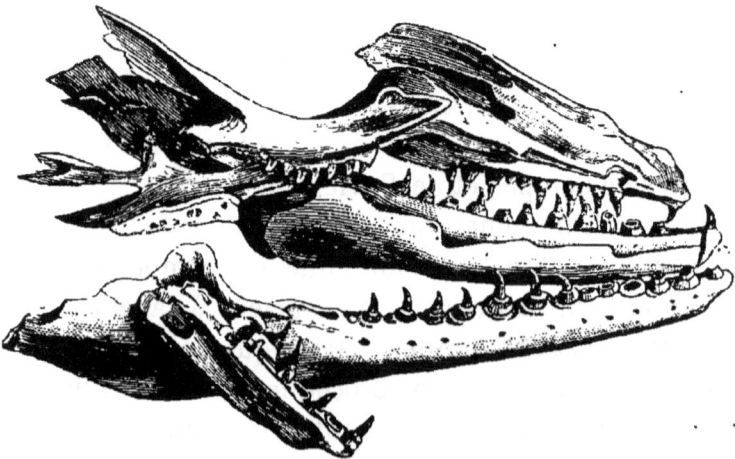

Fig. 246. Tête du Mosasaurus Camperi. (1/5 G. N.)

On voit, d'après la figure 246, que les mâchoires du Mosasaure
sont armées de dents nombreuses entièrement pleines et soudées

à leurs alvéoles par une base osseuse, large et solide ; et de plus, qu'un appareil dentaire particulier, quoique de même organisation, occupe la voûte palatine, comme cela a lieu chez certains serpents et certains poissons où ces dents, dirigées en arrière comme les barbes d'une flèche, s'opposent à ce que la proie puisse leur échapper. Cette disposition prouve la destination destructive de ce saurien vorace.

Sans doute les dimensions de ce Lézard aquatique ont de quoi nous surprendre ; sa taille était bien monstrueuse pour un reptile. Mais nous avons déjà vu l'Ichthyosaure avoir les dimensions de notre baleine, le Téléosaure atteindre 10 mètres de long, l'Iguanodon et le Mégalosaure agrandissant dans des proportions décuples les formes de notre Iguane actuel. Nous trouverons dans l'époque tertiaire un Cerf (le Sivatherium) grand comme un Éléphant, et un Paresseux (le Megatherium) grand comme un Rhinocéros. Dans toutes ces formes colossales, nous ne devons voir autre chose que l'agrandissement d'un type, qu'une différence dans les dimensions. Mais les lois qui président à l'organisation chez tous ces êtres restent les mêmes. Ces animaux gigantesques n'étaient point des erreurs de la nature, des *monstruosités*, comme on est trop souvent tenté de les appeler, mais bien des types uniformes par leur structure, et accommodés par leurs dimensions au milieu dans lequel Dieu les avait jetés.

La planche 247 représente une *vue ideale de la terre pendant la période crétacée supérieure.* Dans la mer nage le Mosasaure ; des mollusques, des zoophytes et autres animaux propres à cette période, se voient sur la plage. La végétation, qui semble annoncer celle de nos jours, est composée ici de Fougères et de Ptérophyllums, mêlés à des Palmiers, à des Saules et à des arbres dicotylédones d'espèces analogues à celles de notre époque. Des Algues, alors fort abondantes, composent la végétation du rivage.

Nous avons dit que la flore terrestre de la sous-période crétacée supérieure était identique à celle de la craie inférieure. La flore marine de ces deux époques comprenait quelques végétaux d'organisation inférieure, c'est-à-dire des Algues, des

Fig. 247. Vue idéale de la terre pendant la période crétacée supérieure.

Conferves, des Naïadées. Signalons, parmi les Algues, les espèces suivantes : *Confervites fasciculata, Chondrites Mantelli, Sargassites Hynghianus;* et parmi les Naïadées : *Zosterites Orbigniana, Zosterites lineata,* etc.

Les *Confervites* sont des fossiles que l'on rapporte, mais avec quelque doute, aux algues filamenteuses qui comprennent le grand groupe des Conferves. Ces plantes étaient formées de filaments simples ou rameux, diversement entre-croisés ou subdivisés, et offrant des traces de cloisons transversales.

Les *Chondrites* sont des algues fossiles à fronde épaisse, rameuse, pinnatifide ou dichotome, à divisions cylindroïdes lisses, voisines des *Chondrus Dumontia* et *Halymenia,* parmi les genres vivants.

Enfin les *Sargassites* ont été vaguement rapportés au genre *Sargassum,* si abondants dans les mers équatoriales. Ces algues se distinguent par une tige filiforme, rameuse, portant des appendices foliacés, réguliers, souvent pétiolés et tout à fait semblables à des feuilles et des vésicules globuleuses pédicellées.

Terrain crétacé supérieur. — Les roches qui représentent actuellement la période crétacée supérieure, se divisent assez naturellement en trois assises : les assises *turonienne, sénonienne* et *danienne.*

La première, ou l'assise *turonienne,* tire son nom de *Turonia* (Touraine), parce que cette province possède le plus beau type de ce terrain, depuis Saumur jusqu'à Montrichard. La composition minéralogique de cette assise nous présente des craies marneuses, grises et fines (à Vitry-le-François), de la craie entièrement blanche, à grains très-fins, un peu argileuse et pauvre en fossiles (dans l'Yonne, l'Aube, la Seine-Inférieure); des *craies tufau,* grenues, blanches ou jaunâtres, remplies de paillettes de mica et renfermant des Ammonites (dans la Touraine et une partie de la Sarthe); des calcaires blancs, gris, jaunes ou bleuâtres, renfermant des Hippurites et des Radiolites.

La deuxième assise, ou assise *sénonienne,* tire son nom de l'antique *Senones.* La ville de Sens est, en effet, située précisément au milieu de la partie de cet étage la mieux caractérisée. Épernay, Meudon, Sens, Vendôme, Royan, Cognac, Saintes,

Maëstricht, sont des types de cet *étage sénonien* dont la puissance, dans le bassin de Paris, en y comprenant l'assise turonienne, s'élève à près de 500 mètres, comme l'ont prouvé les débris rapportés par la sonde pendant le forage du puits artésien de Grenelle.

L'étage sénonien forme sur beaucoup de nos pays l'horizon crétacé le plus vulgaire par sa nature minéralogique : on le trouve, en effet, sous la forme de craie blanche, fine, marneuse ou non, souvent remplie par des bancs de rognons siliceux, dans tout le nord et l'est du bassin anglo-parisien, en France, en Angleterre, au sud de la Russie. Mais à la partie occidentale du bassin anglo-parisien (à Tours, à Saint-Christophe, département de Loir-et-Cher), cet étage est formé de craie jaune ou *chloritée*, remplie de polypiers et de débris de coquilles ; dans les Basses-Pyrénées et les Basses-Alpes, d'une craie marneuse grise ; dans les Corbières, soit d'argile noirâtre, soit de grès ferrugineux, etc. On voit que sa structure minéralogique ne laisse pas que d'être assez variable.

. La troisième assise, ou assise *danienne*, qui occupe le sommet de l'échelle des formations crétacées, est particulièrement développée à Maëstricht, dans l'île de Seeland (Danemark), où elle est représentée par un calcaire compacte, légèrement jaunâtre, exploité pour les constructions de la ville de Taxoé. Elle est à peine représentée dans le bassin de Paris, à Meudon et à Laversines (Oise), par un calcaire blanc, souvent grumelé, connu sous le nom de *calcaire pisolithique*. C'est dans cet étage qu'on a trouvé, outre d'autres espèces de mollusques ou de polypiers, le *Nautilus danicus*.

On rapporte au type danien le calcaire sableux jaunâtre de Maëstricht. Outre des mollusques, des polypiers, des bryozoaires, ce calcaire renferme des débris de poissons, de tortues et de crocodiles. Mais ce qui a rendu cette roche à jamais célèbre, c'est qu'elle a servi de gisement au *grand animal de Maëstricht*, à ce Mosasaure dont nous avons parlé plus haut.

Après la période géologique dont nous venons de tracer la physionomie naturelle, l'Europe était loin d'offrir la configuration qu'elle présente maintenant. La carte placée en regard de

IV

FRANCE
à l'epoque
DE LA MER TERTIAIRE

cette page représente les continents qui existaient après les dépôts laissés par les mers crétacées, c'est-à-dire pendant les mers tertiaires. On voit que dans la partie de l'Europe qui devait plus tard être la France, cette région consistait alors en une presqu'île formée par la Bretagne, la basse Normandie, le Maine et la Vendée, réunie par le Poitou au plateau central, et qui, depuis les Cévennes, s'étendait jusqu'aux Ardennes en s'adossant aux Vosges. L'emplacement de la Flandre, de la Picardie, de la Champagne, des environs de Paris, de la haute Normandie et de la Touraine était encore sous les eaux. La mer s'étendait aussi sur la région qui forme aujourd'hui le midi de la France. Une bande de terrain jurassique réunissait, au nord, la France à l'Angleterre : on a représenté sur la carte cette liaison de territoire par une ligne ponctuée. Nous verrons plus tard cette ligne de jonction disparaître, et la France s'isoler de l'île anglaise par la submersion de cette langue de terre.

ÉPOQUE TERTIAIRE

ÉPOQUE TERTIAIRE.

Une création organique nouvelle va se montrer à l'époque tertiaire ; presque tous les animaux vont changer. Ce qu'il y a de plus remarquable dans cette génération renouvelée, c'est l'apparition de la grande classe des mammifères.

Pendant l'époque de transition, les crustacés et les poissons dominaient dans le règne animal ; pendant l'époque secondaire, la terre appartenait aux reptiles : pendant l'époque tertiaire, les rois du globe seront les mammifères. Ces animaux n'arrivent pas en petit nombre, ni à intervalles éloignés : dans le même moment, on voit vivre sur la terre une grande quantité de ces êtres, encore pour ainsi dire inédits.

Si nous écartons les marsupiaux, mammifères imparfaits, qui remontent à la période jurassique, les premiers mammifères créés furent les pachydermes. Cet ordre d'animaux tint longtemps le premier rang ; il représenta presque à lui seul les mammifères pendant la première des trois périodes qui composent l'époque tertiaire. Dans la seconde et la troisième période apparurent des mammifères appartenant à des espèces maintenant disparues et qui étaient aussi curieuses par leurs proportions énormes que par la singularité de leur structure. La plupart des espèces créées pendant la dernière période de l'époque tertiaire vivent encore aujourd'hui. Des reptiles nouveaux, et, parmi ces êtres, des Salamandres grandes comme des Crocodiles, s'ajoutent, pendant les trois périodes de l'époque tertiaire, à la classe des mammifères. Pendant la même époque apparurent des oiseaux, mais bien moins nombreux

que les mammifères : ceux-ci chanteurs, ceux-là rapaces, d'autres domestiques, ou plutôt qui paraissent attendre le joug et
la domestication de l'hôte suprême de la terre.

Les mers étaient peuplées d'un nombre considérable d'êtres
de toutes classes, presque aussi variés que de nos jours. Mais
n'allez plus chercher dans les mers tertiaires ces Ammonites,
ces Bélemnites, ces Hippurites, qui avaient rempli les mers de
l'époque secondaire et s'y étaient multipliés avec une si étonnante profusion. Désormais les mollusques à coquilles ressem-
bleront, par leurs formes, à ceux de nos jours.

Ce qu'il faut surtout remarquer pendant l'époque tertiaire,
c'est la prodigieuse extension qu'y prennent les animaux. La
vie animale est alors dans son plus complet développement. Des
mollusques à coquilles de dimensions microscopiques, les Foraminifères et les Nummulites, encombrent les mers, et s'y pressent en rangs si serrés, que les débris agglomérés de leurs coquilles formeront un jour des terrains de centaines de mètres
d'épaisseur. C'est le plus extraordinaire épanouissement de la
vie animale qui ait encore apparu dans la série de la création.

La végétation présente, pendant l'époque tertiaire, des caractères tout aussi nettement tranchés. La flore tertiaire se rapproche, et quelquefois s'identifie presque, avec celle de nos
jours. La classe des végétaux dicotylédones s'y montre dans son
développement complet : c'est l'époque des fleurs. La surface
de la terre est embellie par les couleurs diaprées des fleurs
et des fruits qui leur succèdent. Les blancs épis des Graminées se détachent sur la verdure de prairies sans limites.
Ils semblent provoquer le développement des insectes, qui
alors, en effet, se multiplient singulièrement. Dans les bois
remplis d'arbres à fleurs, aux cimes arrondies, comme nos
Chênes et nos Bouleaux, les oiseaux augmentent en nombre.
L'atmosphère, qui s'est purifiée et débarrassée du voile de vapeurs qui n'avait cessé de la couvrir jusque-là, permet à ces
animaux, aux organes pulmonaires si délicats, de vivre et d'accroître leurs espèces.

Pendant l'époque tertiaire, l'influence de la chaleur centrale
du globe cessa de se faire sentir, en raison de l'épaisseur toujours croissante de la croûte terrestre. Par l'influence de la cha-

leur solaire, les climats purent se dessiner sur diverses latitudes. La température de la terre était alors à peu près celle
de notre zone torride actuelle, mais à cette époque le froid
commence de se faire sentir aux deux pôles.

Des pluies abondantes continuaient pourtant à verser sur le
continent d'énormes quantités d'eaux, qui se rassemblèrent en
fleuves importants. Ce fut alors que des dépôts des eaux douces
commencèrent à se former en grand nombre, et que des fleuves,
par leurs atterrissements, purent déposer de nouveaux terrains. C'est, en effet, à partir de l'époque tertiaire que l'on voit
se succéder des couches alternantes contenant des êtres organiques marins et des êtres propres aux eaux douces. C'est à la
fin de cette époque que les continents et les eaux prirent les
places respectives que nous leur voyons, et que la surface de
la terre reçut sa forme actuelle.

L'époque tertiaire embrasse trois périodes bien distinctes. Le
noms d'*éocène, miocène* et *pliocène* ont prévalu pour la désignation de ces périodes. Voici l'étymologie de ces trois noms :
éocène (ἔως, aurore ; καινός récent) ; *miocène* (μεῖον, moins ;
καινός, récent) ; *pliocène* (πλεῖον, plus, καινός, récent) ; ce qui veut
à peu près dire que ces trois périodes sont plus ou moins éloignées de l'*aurore* des temps actuels. En grec, comme en français, ces dénominations sont d'un sens forcé et incorrect, mais
l'usage les a consacrées.

PÉRIODE ÉOCÈNE.

Pendant cette période, la terre ferme a gagné en étendue sur le domaine des mers. Sillonnés de fleuves et de rivières, les continents offrent, çà et là, de grands lacs. Les paysages de cette époque offraient le curieux mélange que nous avons signalé dans la période précédente, c'est-à-dire réunissaient la végétation des temps primitifs à celle de nos jours. A côté des Bouleaux, des Aunes, des Chênes, des Charmes, des Ormes et des Noyers, se dressaient de hauts Palmiers, d'espèces aujourd'hui disparues, comme les *Flabellaria* et les *Palmacites*. Il existait beaucoup d'arbres verts (Conifères) qui appartenaient la plupart à des genres aujourd'hui subsistants, comme les *Sapins*, les *Pins*, les *Ifs*, et surtout des *Cyprès*, des *Thuyas*, des *Genévriers*, etc.

Les *Cupanioïdes*, parmi les Sapindacées; les *Cucumites*, parmi les Cucurbitacées, espèces analogues à nos bryones pour le port, grimpaient le long du tronc des arbres, et formaient autour de leurs rameaux des guirlandes aériennes.

Les Fougères étaient représentées par les genres *Pecopteris, Tæniopteris, Asplenium, Polypodites*.

Des Mousses, des Hépatiques formaient une humble mais élégante et vivace végétation, à côté des plantes terrestres, souvent ligneuses, que nous venons de signaler.

Des *Prêles* et des *Chara* croissaient dans les marais, les rivières et les étangs.

Ce n'est pas sans quelque surprise que l'on voit apparaître ici un certain nombre de plantes de notre époque, qui semblent avoir le privilége de servir d'ornement et de décors aux tranquilles cours d'eau. Citons, parmi ces gracieuses contemporaines, le *Macre* ou *Châtaigne d'eau (Trapa natans)*, qui étale sur l'eau ses belles rosettes de feuilles vertes et dentelées, et dont les pétioles sont fusiformes, comme pour soutenir et faire flotter les feuilles; son fruit est une noix dure, coriace, à quatre cornes épineuses, et qui renferme une graine farineuse bonne à manger ; — les *Potamots* (*Potamogeton*), dont les feuilles plus ou moins larges, souvent linéaires ou capillaires, forment d'épaisses touffes de verdure qui offrent aux poissons une nourriture et un abri; — les *Nymphéacées*, qui épanouissent à côté de feuilles larges, arrondies, échancrées à leur base et appliquées à la surface de l'eau, tantôt les fleurs jaunes du *Nénufar*, tantôt les fleurs blanches du *Nymphæa*.

« La période tertiaire inférieure, dit M. Lecoq dans sa *Géographie botanique*, nous rappelle entièrement les paysages tropicaux de l'époque actuelle, dans les lieux où l'eau et la chaleur impriment ensemble à la végétation une force et une majesté inconnues dans nos climats. Les Algues, qui déjà à la fin de la période crayeuse peuplaient les eaux marines, se montrent sous des formes encore plus variées au commencement des dépôts tertiaires, quand ils ont lieu sous les eaux marines. Des Hépatiques et des Mousses croissent dans les lieux humides; de jolies Fougères, comme les *Pecopteris*, les *Tæniopteris* et l'*Equisetum stellare*, Pomel., vivent encore dans les lieux frais et humectés. Les eaux douces sont remplies de *Nayades*, de *Chara*, de *Potamogeton*, de *Caulinites*, de *Zosterites* et d'*Halochloris*. Leurs feuilles nageantes ou submergées, comme celles de nos plantes aquatiques, recèlent des légions de mollusques, dont les débris sont aussi arrivés jusqu'à nous.

« De très-nombreux Conifères vivent pendant cette époque. M. Brongniart en énumère quarante et une espèces, qui pour la plupart nous ramènent aux formes actuelles des Pins, des Cyprès, des Thuyas, des Genévriers, des Sapins, des Ifs et des Ephédra.

« Des Palmiers se mêlaient à ces groupes d'arbres verts; les *Flabellaria Parisiensis*, Brongn., *F. rhapifolia*, Stern., *F. maxima*, Unger, et des *Palmacites*, étalaient leurs larges couronnes près de magnifiques *Higtea*, Malvacées sans doute arborescentes comme plusieurs d'entre elles le sont de nos jours dans les climats très-chauds.

« Des plantes grimpantes, telles que les *Cucumites variabilis*, Brongn., les nombreuses espèces de *Cupanioïdes* appartenant, l'une aux Cucurbitacées, les autres aux Sapindacées, enlaçaient leurs tiges autour des troncs sans doute ligneux de Légumineuses variées.

« La famille des Bétulacées, celle des Cupulifères montraient la forme alors nouvelle des *Quercus;* des Juglandées, des Ulmacées se mêlaient aux Protéacées, reléguées aujourd'hui dans l'hémisphère austral. Des *Dermatophyllites*, conservées dans le succin, paraissent appartenir à la famille des Éricinées, et le *Trapa Arethusæ*, Unger, du groupe des OEnothérées, flottait sur les eaux peu profondes où végétaient les *Chara* et les *Potamogeton*.

« Cette flore nombreuse comprend plus de 200 espèces, dont 143 appartiennent aux Dicotylédones, 33 aux Monocotylédones et 33 aux Cryptogames.

« Les arbres y dominent comme dans la période précédente ; mais le grand nombre des plantes aquatiques s'accorde avec les faits géologiques qui placent à cette époque les lacs étendus qui divisaient les continents, et la présence de vastes baies marines qui pénétraient dans les terres. »

Il ne faut pas oublier de faire remarquer qu'à l'époque tertiaire toute l'Europe renfermait un grand nombre de ces végé-

Fig. 248. Rameau d'Eucalyptus restauré.

taux aujourd'hui confinés dans la Nouvelle-Hollande, et qui donnent un aspect si étrange à ce pays, qui semble, tant pour les végétaux que pour les animaux, avoir conservé sous sa chaude latitude les derniers vestiges des créations organiques propres au globe primitif. Toute la famille des Protéacées, qui comprend les *Banksia*, les *Hakea*, le *Gerilea protea*, existait en Europe pendant l'époque tertiaire. La famille des Mimosées, qui comprend les *Acacias*, les *Ingas*, et qui se trouve aujourd'hui confinée dans l'hémisphère austral, abondait en Europe pendant la même période géologique.

Comme types des arbres dicotylédones de cette époque nous

Fig. 249. Rameau fructifère de Banksia restauré.

présenterons ici la figure restaurée d'un rameau d'*Eucalyptus* (fig. 248) d'après les impressions retrouvées dans les terrains de cette époque, et celle d'un rameau fructifère de *Banksia* (fig. 249) d'une espèce qui diffère de celle de nos jours.

Des mammifères, des oiseaux, des reptiles, des poissons,

des insectes, des mollusques forment la faune continentale de
l'époque éocène. Dans les eaux des lacs, profondément sillonnées à leur surface par le passage de volumineux Pélicans, vivent
des mollusques, comme des Physes, des Limnées, des Planorbes,
et nagent des Tortues, comme les Trionyx et les Émides. Des
Bécasses font leur retraite parmi les joncs qui bordent le rivage.
Des Hirondelles de mer voltigent au-dessus des eaux, ou
courent sur la grève ; des Chouettes se cachent dans les troncs
caverneux des vieux arbres ; de gigantesques Busards planent
dans les airs pour épier leur proie ; tandis que de lourds Crocodiles se traînent lentement dans les hautes herbes des marais.
Tous ces animaux, propres aux continents, ont été retrouvés
sur le sol de la France à côté de troncs renversés de Palmiers.
La température de notre pays était donc beaucoup plus élevée
qu'elle ne l'est aujourd'hui. Les mammifères qui vivaient alors
sous la latitude de Paris n'habitent maintenant que les contrées
les plus chaudes du globe.

Les pachydermes sont les premiers mammifères qui aient
apparu dans la période éocène, et ils y tiennent le premier rang
par l'importance et le nombre des espèces. D'autres genres de
mammifères les suivent : ce sont des chéiroptères (Chauves-
souris), des marsupiaux, des rongeurs. Mais bien des genres
de mammifères font encore défaut ; et, remarque importante,
ceux qui dominent dans la création actuelle sont à peine représentés pendant la période éocène. Les ruminants, qui, dans
les animaux de nos jours, forment l'ordre le plus nombreux
parmi les mammifères, n'existaient pas alors. Les Bœufs, Cerfs,
Moutons, Chèvres, Antilopes, qui peuplent nos plaines, nos forêts
et nos montagnes, n'avaient pas encore apparu. Les Chevaux
manquaient ; ils ne devaient apparaître qu'à la fin de l'époque
tertiaire. Les insectivores, auxquels appartiennent le Hérisson,
la Taupe et la Musaraigne, n'ont pas été trouvés dans les terrains qui correspondent à cette période. Tandis que, dans la
création actuelle, les pachydermes ne forment qu'une petite
partie de la totalité des mammifères, ils constituaient, pendant
la période éocène, plus de la moitié des mammifères ; et les
rongeurs, qui, de nos jours, pullulent partout, n'étaient représentés alors que par quelques rares espèces. Ainsi l'ordre pro-

gressif de la création sé montre bien manifestement dans
l'apparition successive des Mammifères sur le monde ancien.

Fig. 250. Oiseau de Montmartre. (1/2 G. N.)

Nous ne présenterons pas ici les figures de tous-les vertébrés
fossiles dont nous venons d'énumérer les genres ; nous nous

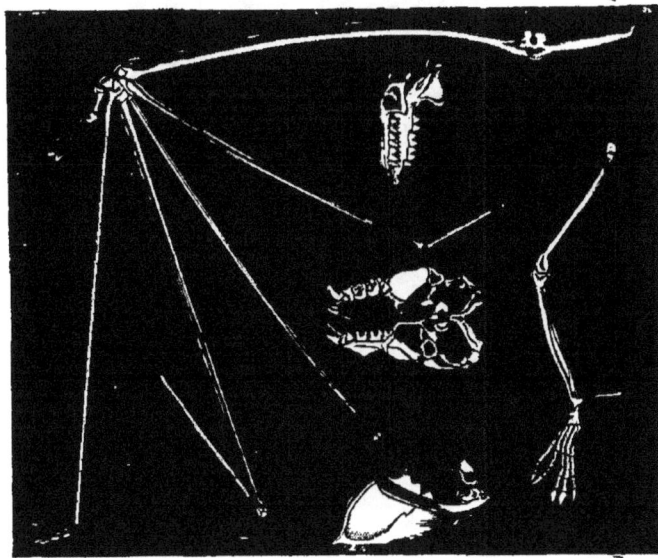

Fig. 251. Vespertilio Parisiensis. (G. N.)

contenterons de citer comme exemples les plus remarquables :
parmi les oiseaux, le curieux fossile connu sous le nom d'*Oiseau de Montmartre* (fig. 250) ; parmi les mammifères, la Chauve-

souris fossile désignée sous le nom de *Vespertilio Parisiensis*
(fig. 251); parmi les reptiles, le Crocodile qui porte le nom
d'*Alligator de l'île de Wight* (*Toliapicus*) (fig. 252); parmi les

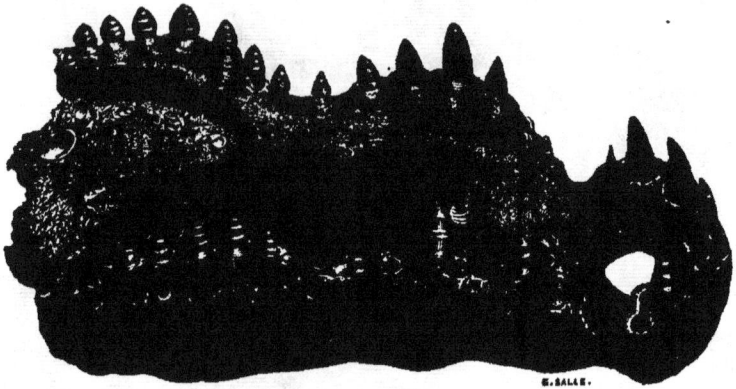

Fig. 252. Mâchoire de l'Alligator de l'île de Wight. (1/3 G. N.)

tortues, le *Trionyx* (fig. 253), dont il existe une bel exemplaire
au Muséum d'histoire naturelle de Paris.

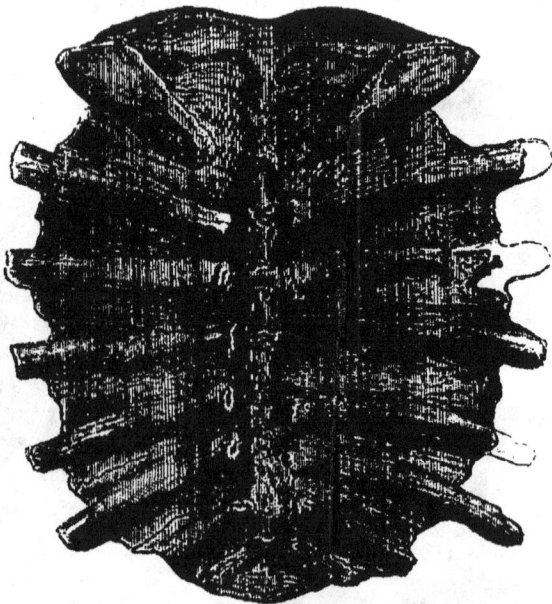

Fig. 253. Trionyx, ou Tortue de l'epoque tertiaire. (1/6 G. N.)

La prédominance numérique des pachydermes[1] parmi les
mammifères fossiles de la période éocène, le grand nombre de

1. Du grec παχύς, épais; δέρμα, peau.

leurs espèces, qui est bien supérieur au nombre des espèces que nous connaissons aujourd'hui dans ce même ordre, sont un fait remarquable et sur lequel Cuvier a beaucoup insisté. Parmi les pachydermes fossiles de l'époque tertiaire, on trouve un grand nombre de formes intermédiaires que l'on chercherait en vain aujourd'hui dans nos pachydermes vivants ; ces genres sont séparés de nos jours par des intervalles plus étendus que ceux d'aucun autre genre de mammifères. Il est bien curieux de retrouver ainsi dans les animaux du monde ancien les anneaux, aujourd'hui brisés, de la chaîne de ces êtres.

Arrêtons-nous un instant sur ces pachydermes, qui ont eu pour tombeaux les lieux qui forment aujourd'hui les carrières à plâtre des environs de Paris. Montmartre et Pantin furent leur dernier refuge. Chaque bloc qui sort des carrières de Montmartre ou de Pantin, renferme quelque fragment d'un os de ces mammifères, et combien de millions d'ossements ont été détruits avant que l'attention se fût portée sur cet objet ! C'est l'étude des débris organiques qui remplissaient les plâtres de Montmartre qui a le plus contribué à la création de la science des êtres fossiles. C'est là, en effet, que s'est exercé surtout le génie de Cuvier. Les cabinets d'histoire naturelle de Paris s'étaient peu à peu remplis d'innombrables fragments d'animaux inconnus, extraits des carrières à plâtre. Cuvier se décida à aborder leur étude. Mais comment, sur la grande quantité d'os dont se compose un squelette, venir à bout de choisir avec certitude ceux qui appartiennent à chaque genre et à chaque espèce ? C'est pourtant ce que fit Cuvier, qui parvint à reconstruire leurs squelettes entiers avec tant de sûreté et de précision, que les découvertes postérieures d'autres fragments de ces mêmes animaux n'ont fait que confirmer ce qu'avait deviné son génie. Les *Palæotherium* et les *Anoplotherium* sont les premiers mammifères fossiles qui furent restaurés par notre immortel naturaliste. Les études de Cuvier sur les mammifères fossiles contenus dans les carrières à plâtre de Montmartre ont donné le signal, en même temps que le modèle, des recherches innombrables qui furent bientôt entreprises dans toute l'Europe pour la restauration des animaux de l'ancien monde, recherches qui, dans notre siècle, ont tiré la géologie de l'état d'enfance où elle languissait malgré les magnifiques et persévérants travaux des Stenon, des Werner, des Hutton et des Saussure.

Les pachydermes fossiles les mieux connus de la période éocène sont les *Palæotherium*, les *Anoplotherium* et les *Xiphodon*.

Les *Palæotherium*, les *Anoplotherium* et les *Xiphodon* étaient des herbivores qui vivaient par grands troupeaux. Ils paraissent

Fig. 254. Le grand Palæotherium. (1/20 G. N.)

avoir été intermédiaires, par leur organisation, entre le Rhinocéros, le Cheval et le Tapir. Il en existait de plusieurs espèces et de taille très-variable.

Rien de plus aisé que de se représenter, d'après les travaux de Cuvier, le *Palæotherium magnum* dans l'état de vie. Le nez terminé par une trompe musculeuse et charnue, assez courte et qui ressemble à celle du Tapir ; l'œil petit et peu intelligent ; la tête énorme ; le corps trapu ; les jambes courtes et massives ; le pied porté sur trois doigts encroûtés dans des sabots ; la taille d'un grand cheval : tel était le grand *Palæotherium*, dont

les paisibles troupeaux ont dû peupler pendant de longues années les vallées des plateaux qui entouraient l'ancien bassin des
environs de Paris. La figure 254 représente le grand *Palæotherium*, d'après le dessin au trait qu'en a donné Cuvier dans son
ouvrage sur les *Ossements fossiles*.

Le *petit Palæotherium* ressemblait à un Tapir. Plus petit qu'un
Chevreuil, à jambes grêles et légères, il était très-commun
dans le nord de la France ; il broutait l'herbe des prairies
sauvages.

Une autre espèce de *Palæotherium*, encore plus petite, ne dépassait pas la grandeur d'un Lièvre et avait la légèreté de cet
animal. Le *Palæotherium minimum* habitait les buissons fourrés
des environs de Paris et de l'Auvergne [1].

Tous ces animaux se nourrissaient de graines, de fruits, de
tiges vertes ou souterraines et de racines charnues. Ils se tenaient ordinairement dans le voisinage des eaux douces.

Les *Anoplotherium* [2] avaient des dents molaires postérieures
analogues à celles du Rhinocéros, les pieds terminés par deux
grands doigts comme ceux des Ruminants, et le tarse des doigts
à peu près comme chez les Chameaux.

L'*Anoplotherium commune* avait la taille d'un Ane ; sa tête était
légère ; mais, ce qui le distinguait le plus, c'était une énorme
queue, longue au moins d'un mètre et très-grosse, surtout à
l'origine. Cette queue lui servait de gouvernail et de rame lorsqu'il passait à la nage un lac ou une rivière, non pour y saisir
le poisson, car il était herbivore, mais pour y chercher les racines et les tiges succulentes des plantes aquatiques.

« D'après ses habitudes de nager et de plonger, dit Cuvier, l'Anoplothérium devait avoir le poil lisse comme la loutre ; peut-être même
sa peau était-elle demi-nue. Il n'est pas vraisemblable non plus qu'il
ait eu de longues oreilles, qui l'auraient gêné dans son genre de vie
aquatique, et je penserais volontiers qu'il ressemblerait à cet égard à
l'hippopotame et aux autres quadrupèdes qui fréquentent beaucoup les
eaux. »

A cette description, Cuvier n'avait plus rien à ajouter pour

---

1. On connaît le *Palæotherium magnum*, *medium*, *curtum*, *latum*, *minus*,
minimum.

2. De ἄνοπλος, sans défense ; θηρίον, animal.

traduire par le dessin les formes de l'*Anoplothérium commun*. Son mémoire sur les *Pachydermes fossiles de Montmartre* est accompagné d'un dessin au trait que nous n'avons eu qu'à

Fig. 255. Anoplotherium commun. (1/20 G. N.)

suivre pour représenter, dans la figure 255, l'*Anoplothérium commun*.

Il existait des Anoplothériums de petite taille : l'*Anoplotherium leporinum* ou *lièvre*, dont les pattes étaient disposées pour une course rapide; l'*Anoplotherium minimum* et *obliquum*, de taille plus petite encore, et dont le dernier ne dépassait pas celle du Rat. Comme les Rats d'eau, ces petites espèces habitaient les bords des ruisseaux et des petites rivières.

Le *Xiphodon gracile* avait un peu moins d'un mètre de hauteur au garrot; il avait la taille d'un Chamois, mais plus de légèreté dans les formes. Sa tête était moins grosse que celle de ce dernier animal. Autant les allures de l'Anoplothérium commun étaient lourdes et traînantes, autant le Xiphodon était gracieux et agile. Léger comme la Gazelle et le Chevreuil, il courait rapidement autour des marais et des étangs; il y paissait les aromatiques des terrains secs, ou broutait les pousses des jeunes herbes arbrisseaux.

« Sa course, dit Cuvier, dans le mémoire déjà cité, n'était point embarrassée par une longue queue; mais, comme tous les herbivores agiles, il était probablement un animal craintif, et de grandes oreilles très-mobiles, comme celles du Cerf, l'avertissaient du moindre danger. Nul doute enfin que son corps ne fût couvert d'un poil ras; et par conséquent il ne manque que sa couleur pour le peindre tel qu'il animait jadis cette contrée, où il a fallu en déterrer, après tant de siècles, de si faibles vestiges. »

La figure 256 est la reproduction du dessin au trait dont

Fig. 256. Xiphodon gracile.

Cuvier accompagne la description de cet animal, qu'il rangeait toutefois parmi les Anoplothériums, et qui a reçu de nos jours le nom de *Xiphodon gracile.*

Les plâtrières des environs de Paris renferment encore des débris d'autres espèces de pachydermes : le *Chœropotamus* ou *Cochon de fleuve* (χοῖρος, ποταμός), qui a de l'analogie avec le Pécari actuel, quoique beaucoup plus grand ; — l'*Adapis*, qui rappelle, par sa forme, le Hérisson, dont il a trois fois la taille, et qui semble établir une certaine liaison entre les pachydermes et les carnassiers insectivores. — Le *Lophiodon*, encore plus voisin des Tapirs que l'Anoplothérium, et dont la taille variait suivant les espèces, depuis celle du Lapin jusqu'à celle du Rhinocéros, se trouve dans l'étage inférieur au gypse, c'est-à-dire dans le calcaire grossier. Les restes connus de ces derniers animaux sont trop incomplets pour que l'on puisse avancer quelque chose de certain sur leur organisation et leurs mœurs.

Un géologue parisien, M. Desnoyers, bibliothécaire du Muséum d'histoire naturelle, a découvert dans les terrains gypseux de la vallée de Montmorency, et dans quelques autres des environs de Paris, tels que Pantin, Clichy et Dammartin, les

empreintes de pas des mammifères dont il vient d'être question, surtout des *Anoplotherium* èt des *Palæotherium*[1]. Des empreintes de pas de tortues, d'oiseaux et même de carnassiers,
accompagnent quelquefois ces curieuses traces, qui ont la
forme de sorte d'amandes plus ou moins lobées selon les divisions du sabot du pied de l'animal, et qui rappellent complétement, par leur mode de production et de conservation,
ces empreintes de pas de Tortue et de Labyrinthodon que
nous avons figurées en parlant de la période triasique. Cette
découverte est intéressante comme fournissant un moyen de
comparaison et de contrôle entre les empreintes et les animaux
qui les ont produites. Elle replace sous nos yeux, par les traces
matérielles de leur marche sur le sol, ces animaux dont l'espèce
est aujourd'hui anéantie, et qui peuplaient les sites mystérieux
du monde ancien.

Il est intéressant de se représenter les vastes pâturages
de l'époque tertiaire occupés par cette quantité d'herbivores
de toute taille. Non loin des lieux où s'élève aujourd'hui Paris,
et qui appartiennent au terrain éocène, les plaines et les bois
étaient remplis de ces animaux, gibier sur lequel nos chasseurs
parisiens n'ont plus à compter, mais qui devait singulièrement
animer la terre à cette époque lointaine. L'absence des grands
carnivores explique la prompte multiplication de ces agiles et
gracieux habitants des bois, dont la race pullulait alors, mais
qui dut promptement s'anéantir sous la dent des carnassiers
voraces qui virent bientôt le jour.

La nouveauté, la richesse et la variété que présentait la
création animale à l'époque tertiaire, et qui ressort de la rapide revue que nous venons de faire de l'ordre des pachydermes
et autres mammifères, se remarquent aussi dans les autres
classes d'animaux. La classe des poissons nous offre, à cette
époque, les premiers *Pleuronectes* (poissons plats); les Crustacés, les premiers Crabes. On voit en même temps apparaître
une multitude de mollusques nouveaux (*Oliva*, *Triton*, *Cassis*,
Harpa, *Crepidula*, etc.). Les formes jusque-là inconnues des
Schizaster se font remarquer parmi les échinodermes; les zoo-

1. *Comptes rendus de l'Académie des sciences* (juin 1859).

phytes abondent, surtout les *Foraminifères*, qui semblent compenser par leur nombre l'infériorité de leurs dimensions. C'est
alors que vivaient, au sein des mers et loin des rivages, les
Nummulites, êtres inférieurs dont les enveloppes calcaires jouent
un rôle considérable comme élément de quelques terrains ter-

Fig. 257. Platax altissimus. (1/3 G. N.)

tiaires. Les coquilles agglomérées de ces mollusques composent
aujourd'hui des roches très-importantes. Les *Calcaires à Nummulites* forment, dans la chaîne des Pyrénées, des montagnes
entières; en Égypte, ils constituent des bancs fort étendus, et
c'est avec ces roches que furent construites les anciennes pyra-

mides. Que de temps n'a-t-il pas fallu pour que les dépouilles de ces petites coquilles aient fini par former des couches de plusieurs centaines de mètres d'épaisseur ! Les espèces de *Milliolites* étaient aussi tellement abondantes dans les mers éocènes, qu'on doit à leur agglomération la plupart des roches calcaires qui ont servi à bâtir Paris. Ces coquilles, agglutinées de manière à former des roches continues, forment autour de Paris, à Gentilly, à Vaugirard et à Châtillon, des couches très-étendues, qui sont exploitées comme carrières de pierre à bâtir.

Voici l'énumération de quelques espèces animales caractéristiques de l'époque éocène, outre celles que nous avons déjà signalées parmi les mammifères, les oiseaux et les reptiles.

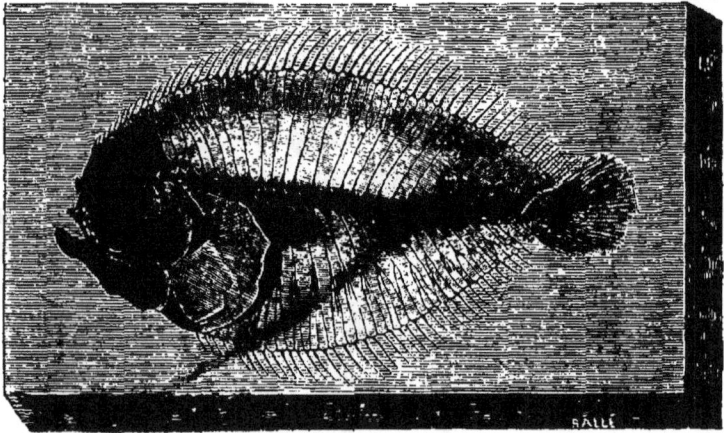

Fig. 258. Rhombus minimus. (1/2 G. N.)

Poissons : *Platax altissimus* (fig. 257) ; — *Rhombus minimus* (fig. 258).

Fig. 259. Cardita planicosta. (1/2 G. N.)

Mollusques : *Cardita planicosta* (fig. 259) ; — *Cardita pectuncu-*

laris; — Nerita Schmideliana; — Cyclostoma Arnouldi (fig. 260);
— Helix hemispherica (fig. 261); *— Phrysa columnaris* (fig. 262);

Fig. 260.
Cyclostoma Arnouldi.
(G. N.)

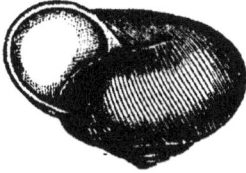

Fig. 261.
Helix hemispherica.
(G. N.)

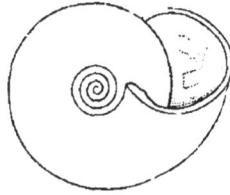

Fig. 262.
Physa columnaris.
(1/2 G. N.)

— Cypræa elegans (fig. 263); *— Crassa tella ponderosa; — Typhis tubifer* (fig. 264); *Limnæa pyramidalis* (fig. 365); *— Cassis*

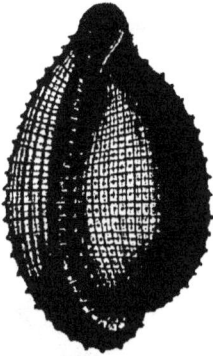

Fig. 263. Cyprea elegans.
(Grossie quatre fois.)

Fig. 264.
Typhis tubifer. (G. N.)

Fig. 265.
Limnæa longiscata. (G. N.

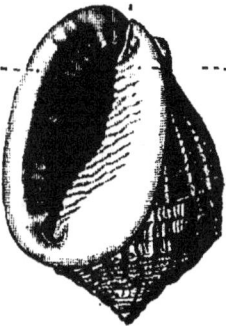

Fig. 266.
Cassis cancellata. (G. N.)

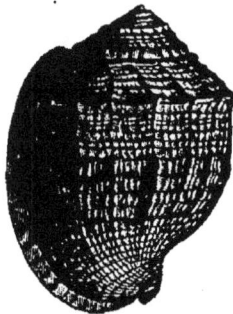

Fig. 267.
Cerithium hexagonum. (G. N.)

cancellata (fig. 266); *— Cerithium hexagonum* (fig. 267); *— Cerithium acutum, — mutabile, — lepidum.*

Échinodermes : *Laganum reflexum* (fig. 268).

Fig. 268. Laganum reflexum. (1/2 G. N.)

Foraminifères : *Nummulites lævigata* (fig. 269); *Nummulites planulata* (fig. 270); — *Nummulites scabra.*

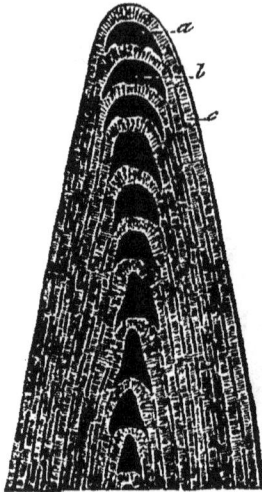

(Coupe verticale.)
Fig. 269. Nummulites lævigata.
(Grossie deux fois.)

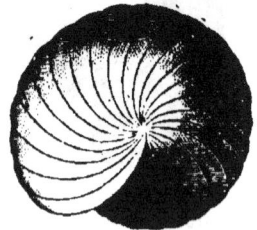

(Coupe horizontale.)

Fig. 270.
Nummulites planulata.
(Grossie dix fois.)

On voit sur la planche 271 une *Vue idéale de la terre pendant la période éocène.* On y remarque, en ce qui concerne la végétation, le mélange des espèces fossiles avec celles des arbres de notre époque. Les Aunes, les Charmes, les Cyprès, etc., se mêlent aux *Flabellaria*, Palmiers d'une espèce disparue. Un grand oiseau échassier, le *Tantalus*, se tient à la pointe d'un rocher; des Tortues *Trionyx* nagent dans les eaux d'une rivière, au milieu des Nymphéas, des Nénufars et d'autres plantes aquatiques; tandis qu'un troupeau de Paléothériums, d'Anoplothériums et de Xiphodons broute paisiblement l'herbe des près sauvages de cette tranquille oasis.

Fig. 271. Paysage idéal de la période éocène.

Terrain éocène. Les roches formées pendant la période éocène sont parfaitement développées dans le bassin de Paris : aussi cet étage est-il souvent désigné sous le nom de *terrain parisien.* On le divise en trois assises principales : 1° l'*argile plastique* et les *sables inférieurs;* 2° le *calcaire grossier;* 3° la *formation gypseuse.*

L'*argile plastique* constitue aux environs de Paris l'élément dominant du terrain éocène. Habituellement bigarrée, quelquefois grise ou blanche, elle est employée comme terre à poterie et à faïence. Ce dépôt semble avoir été formé principalement par des eaux douces. Il existe à sa base un conglomérat de craie et de calcaire divers, dans lequel on a trouvé, au Bas-Meudon, des débris de reptiles (Tortues, Crocodiles), de mammifères, et plus récemment ceux d'un oiseau gigantesque, le *Gastornis,* dont les proportions devaient surpasser celles de l'Autruche. Dans le Soissonnais, il existe à ce même niveau une grande masse de lignites renfermant quelques coquilles et les ossements du plus ancien pachyderme connu, le *Coryphodon,* qui tenait à la fois de l'Anoplothérium et du Cochon.

Les *sables inférieurs* constituent une puissante assise, principalement sableuse, qui renferme des couches d'argile calcarifère et des bancs de grès coquilliers. Ces roches, très-riches en coquilles, renferment beaucoup de Nummulites.

On désigne sous le nom de *calcaire grossier* un puissant étage marin, composé de calcaires de diverses sortes, en général d'un grain grossier, quelquefois compactes, qui sont propres à faire des pierres de taille et des moellons. Cette assise, qui forme le membre le plus caractéristique du bassin parisien, peut se subdiviser en trois groupes de couches, caractérisés, le premier par des Nummulites, le second par des Milliolites, le troisième par des Cérithes. Aussi leur donne-t-on les noms de *calcaire à Nummulites, calcaire à Milliolites* et *calcaire à Cérithes.* Au-dessus se développe une grande masse, généralement sableuse, marine à la base et annonçant à sa partie supérieure des eaux saumâtres : on l'appelle *sables moyens* ou *grès de Beauchamp.* Ces sables sont très-riches en coquilles.

La *formation gypseuse* consiste en une longue série de couches marneuses et argileuses, de couleur grisâtre, verte ou blanche, dans l'intervalle desquelles se trouve intercalée une puissante couche de gypse (sulfate de chaux). Sa plus grande épaisseur, en France, se trouve à Montmartre et à Pantin, près de Paris.

La formation de ce gypse, ou sulfate de chaux, est due probablement à l'action de l'acide sulfurique libre sur le carbonate de chaux des terrains. Cet acide sulfurique provenait lui-même de la trasformation en acide sulfurique, par l'action de l'air et de l'eau, des masses gazeuses d'hydrogène sulfuré émanées de bouches volcaniques.

C'est, comme nous l'avons dit plusieurs fois, dans les carrières de gypse de Montmartre que l'on a rencontré une grande quantité d'ossements de Paléothérium et d'Anoplothérium. C'est exclusivement à ce niveau que l'on trouve ces animaux, qui ont été précédés par le *Coryphodon*, et ensuite par les *Lophodon*. L'ordre d'apparition successive de ces animaux est aujourd'hui parfaitement établi.

Nous venons d'expliquer qu'autour de Paris le terrain éocène se compose, de bas en haut, des assises de l'argile plastique, du calcaire grossier avec ses *Nummulites* et *Milliolites*, suivies de l'étage gypseux. La série se termine par les *grès de Fontaine-bleau*, si remarquables par leur puissance, comme par le paysage qu'ils constituent, sans conter leur emploi pour le pavage de la capitale. Nous ajouterons que dans la Provence la même série de terrains se continue, et prend une énorme puissance. Cette partie supérieure du terrain éocène est d'ailleurs entièrement de formation lacustre. Nous allons en donner une idée.

D'abord viennent les calcaires et les marnes inférieures qui contiennent les beaux lignites dont l'exploitation se fait dans certaines parties du midi de la France, aussi activement que celle de la houille. Dans ces lignites on trouve des *Anodontes* et autres coquilles d'eau douce.

Depuis la base de la Sainte-Victoire jusqu'au delà d'Aix, s'étend un puissant conglomérat caractérisé par sa couleur rouge, mais qui perd de son unité en se prolongeant vers l'ouest. Ce conglomérat renferme des *Helix* terrestres de diverses tailles, mêlées à des coquilles d'eau douce. Sur ce conglomérat, y compris ses marnes, reposent d'épais bancs calcaires avec les gypses d'Aix et de Manosque, que l'on croit correspondre à ceux de Paris. Quelques assises sont remarquablement riches en soufre. Les lames calcaires marneuses qui accompagnent les gypses d'Aix contiennent des insectes variés et des poissons ressemblant assez aux *Lebias cephalotes*, dont la figure 272 donne l'idée.

Enfin le tout se termine, à Manosque, par une nouvelle suite

Fig. 272. Lebias cephalotes fossiles.

de marnes, de grès entrecoupés de bancs calcaires avec *Limnées* et *Planorbes*. Au bas de cet étage on trouve trois ou quatre couches de lignite plus fusible et plus collant que la houille et qui donne une huile très-sulfureuse.

On jugera de l'épaisseur de ce dernier étage si nous ajoutons qu'au-dessus des couches à lignite fusible on en compte une soixantaine d'autres de lignite sec, parmi lesquelles il en est quelques-unes qui seraient très-exploitables si cette partie de la Provence était dotée de voies de communication convenables.

PÉRIODE MIOCÈNE.

C'est sur le continent que nous trouverons les caractères les plus frappants de la période qui va nous occuper. Jetons d'abord un regard sur la physionomie de sa végétation. Ce qui la distingue, c'est le mélange des formes végétales propres au climat brûlant de l'Afrique équatoriale actuelle, avec des végétaux qui croissent aujourd'hui dans l'Europe tempérée, tels que les Palmiers, les Bambous, diverses Laurinées, des Combrétacées (*Terminalia*), de grandes Légumineuses propres aux pays chauds (*Phaseolites, Erythrina, Bauhinia, Mimosites, Acacia*), des Apocynées analogues aux genres des régions équatoriales, une Rubiacée tout à fait tropicale (*Steinhauera*), se mêlant à des Érables, des Noyers, des Bouleaux, des Ormes, des Chênes, des Charmes, genres propres aux régions tempérées ou froides.

Outre les plantes que nous venons de citer, il y avait encore, pendant la période miocène, des Mousses, des Champignons, des Chara, des arbres verts, des Figuiers, des Platanes, des Peupliers.

« Pendant la seconde période de l'époque tertiaire, dit M. Lecoq dans sa *Géographie botanique*, les Algues et les Monocotylédones marines deviennent moins abondantes que dans la précédente, les Fougères diminuent encore, la masse des Conifères s'affaiblit et les Palmiers multiplient leurs espèces. Quelques-unes, déjà citées à l'époque précédente, semblent appartenir encore à celle-ci, et de magnifiques *Flabellaria* animent le paysage avec de beaux *Phœnicites* qui se montrent pour la première fois. On remarque dans les Conifères des genres nouveaux, parmi lesquels on distingue le *Podocarpens*, cette forme australe du monde actuel. Presque toutes les familles arborescentes ont des représentants : les Nupricinées, Bétulinées, Cupulinées, Ulmacées, Morées, Platanées, Salinées, Laurinées, Combrétacées, Calycanthées, Légumineuses, Anacardiées, Zanthoxylées, Juglandées, Rhamnées, Acérinées, Apocinées, Rubiacées, composent les forêts de cette époque où pour la première fois des types si différents sont réunis. Les eaux se couvrent de *Nymphæa Arethusæ*, Brogn., et du *Myriophyllites capillifolius*, Unger ; le *Culmites animalus*, Brogn., et le *C. Gœpperti*, Munst., naissent à profusion sur leurs bords, et le grand *Bambunisites sepultum* les ombrage de ses longues tiges articulées ; des espèces analogues décorent de nos jours les grandes rivières du nouveau monde. Une ombellifère est même indiquée par M. Unger, c'est le *Pimpinellites zizioides.*

« De cette époque datent des couches puissantes de Lignite, résultat de l'accumulation séculaire de tous ces arbres différents: Il semble que la végétation arborescente atteigne alors son apogée. Des *Smilacites* enlaçaient comme des lianes ces grands végétaux qui tombaient sur place de vétusté. Quelques parties de la terre nous offrent encore ces grandes scènes de végétation. Elles ont été décrites par les voyageurs qui ont parcouru les régions tropicales, où souvent la nature déploie le luxe le plus grandiose sous des rideaux de nuages qui ne permettent pas aux rayons du soleil de venir éclairer la terre. M. d'Orbigny en rapporte un exemple très-intéressant : « J'avais atteint, dit-il, une zone (Rio Cha-« puré, Amérique du Sud) où il pleut régulièrement toute l'année. « A peine aperçoit-on par intervalles les rayons du soleil à travers les « rideaux de nuages qui le voilent presque constamment. Cette circon-« stance, jointe à la chaleur, donne un développement extraordinaire à « la végétation. Les lianes tombent de toutes parts en guirlandes du « haut des arbres dont le sommet se perd dans la nue. »

« Les espèces fossiles de cette période, au nombre aujourd'hui de 133, se rapprochent déjà de celles qui embellissent nos paysages. Déjà les plantes équatoriales sont mélangées de végétaux des climats tempérés ; mais ce ne sont pas encore nos espèces. Les *Chénes* croissent à côté des Palmiers, les *Bouleaux* avec les Bambous, les *Ormes* près des Laurinées, les *Érables* sont unis aux Combrétacées, aux Légumineuses et aux Rubiacées tropicales. Les formes des espèces appartenant aux climats tempérés sont plutôt américaines qu'européennes. »

Les animaux qui habitaient les continents pendant cette période étaient des mammifères, des oiseaux et des reptiles. Beaucoup de mammifères nouveaux ont été créés depuis la période précédente : ce sont des singes, des chéiroptères (Chauves-souris), des carnassiers, des marsupiaux, des rongeurs. Citons comme espèces : les Singes *Pithecus antiquus* et *Mesopithecus*, les Chauves-souris, les Chiens, les Coatis, qui habitent aujourd'hui le Brésil et la Guyane ; les Ratons de l'Amérique du Nord, les Genettes, les Marmottes, les Écureuils, les Opossums ayant quelques rapports avec l'Opossum des deux Amériques. Des Merles, des Moineaux, des Cigognes, des Flamants, des Corbeaux, représentent la classe des oiseaux. Parmi les reptiles apparaissent les premières Couleuvres, des Grenouilles, des Salamandres. Les eaux douces étaient habitées par les Perches, Aloses, Lebias, etc.

Mais c'est parmi les mammifères qu'il faut chercher les espèces animales les plus intéressantes de cette période. Elles sont nombreuses et remarquables par leurs dimensions ou leurs formes. C'est pendant la période miocène qu'ont apparu plusieurs genres de mammifères aujourd'hui éteints : les Palæomys, les Macrothériums, les Dinothériums aux défenses gigantesques, les Mastodontes aux formes massives. C'est aussi la date de la naissance des premiers représentants des genres Phoque, Ours, Felis, Rat, Castor, Tapir, etc., qui vivent encore aujourd'hui. Il y avait aussi des quadrumanes (Singes), tels que le *Pithecus antiquus*, et le *Dryopithecus*, qui appartenaient au groupe des Orangs-outangs et avaient presque la taille de l'homme; le *Mesopithecus*, singe de la plus petite taille, se rapprochant du Macaque et de la Guenon.

Nous ne parlerons ici, comme nous le faisons d'ailleurs dans tout le cours de cet ouvrage, que des espèces animales qui ont été bien étudiées par les paléontologistes, et sur lesquelles on possède des renseignements certains. Ce sont, parmi les genres aujourd'hui éteints, le *Dinothérium* et le *Mastodonte*, et parmi les espèces encore vivantes, le Singe *mesopithecus*.

Le *Dinothérium* est le plus grand des mammifères terrestres qui aient jamais vécu. Longtemps on ne posséda de cet animal que d'incomplets débris, qui conduisirent Cuvier à le ranger, à tort, parmi les Tapirs. La découverte d'une mâchoire inférieure, presque complète, armée d'une défense dirigée en bas, vint démontrer plus tard que cet être mystérieux était le type d'un genre nouveau et des plus singuliers. Toutefois, comme l'on connaissait des animaux de l'ancien monde dont les mâchoires supérieure et inférieure étaient toutes les deux garnies de défenses, on crut pendant quelque temps qu'il pourrait en être de même pour le Dinothérium. Mais, en 1836, on découvrit dans le gîte, déjà célèbre, d'Eppelsheim (grand-duché de Hesse-Darmstadt) une tête presque entière de Dinothérium, qui ne portait que les deux défenses de la mâchoire inférieure.

En 1837, cette belle pièce (fig. 273) fut apportée à Paris, et exposée, rue Vivienne, à la curiosité du public. Elle avait 1ᵐ,30 de longueur sur 1 mètre de largeur. Les défenses, énormes, étaient portées à l'extrémité antérieure du maxillaire inférieur, et recourbées en bas comme celles du Morse. Les dents molaires avaient beaucoup d'analogie avec celles des Tapirs. De grands trous sous-orbitaires, joints à la forme du nez, rendent probable l'existence d'une trompe. L'os le

Fig. 273. Tête du Dinothérium.

plus remarquable qu'on ait encore trouvé du Dinothérium, est une omoplate, qui rappelle par sa forme celle de la Taupe.

Ce colosse du monde ancien, sur lequel on a beaucoup dis-

Fig. 273. Dinothérium.

cuté, se rapprochait du Mastodonte : il semble annoncer l'apparition de l'Éléphant. Ses dimensions étaient beaucoup plus

grandes que celles des Éléphants actuels, et supérieures même
à celle du Mastodonte et du Mammouth, Éléphants fossiles
dont nous aurons plus loin à évoquer les restes.

Par son genre de vie et son frugal régime, ce pachyderme
ne méritait pas le nom redoutable que les naturalistes lui
ont imposé (δεινὸς, terrible ; θηδίον, animal). Sa taille était sans
doute effrayante, mais ses habitudes étaient paisibles. Il habitait de préférence les eaux douces, les embouchures des grands
fleuves et les lagunes avoisinant leurs rives. Herbivore, comme
l'Éléphant, il ne se servait de sa trompe que pour saisir les
herbes qui pendaient au-dessus des eaux, ou flottaient à leur
surface. On sait que les Éléphants sont très-friands des racines
de végétaux herbacés qui croissent dans les plaines inondées.
Le Dinothérium paraît avoir été organisé pour satisfaire aux
mêmes goûts. Avec la puissante pioche naturelle formée par
ses défenses, dirigées vers le sol, il arrachait du fond de l'eau
des racines féculentes, comme celles des nymphæas, ou des
racines beaucoup plus dures, que le mode d'articulation de ses
mâchoires et la puissance des muscles destinés à les mouvoir
et la large surface de leurs dents, lui permettaient de broyer
avec facilité.

Le *Mastodonte* avait, à peu de chose près, la taille et la forme
de notre Éléphant actuel; seulement son corps devait être plus
allongé et ses membres, au contraire, un peu plus épais. Il
avait des défenses, et très-probablement une trompe. Il ne se
distingue de l'Éléphant actuel que par la forme de ses dents molaires, qui sont le caractère le plus distinctif de son organisation. Ces dents sont à peu près rectangulaires, et présentent,
sur la surface de leur couronne, de grosses tubérosités coniques, à pointes arrondies, disposées par paires au nombre de
quatre ou cinq, suivant les espèces. Leur forme (fig. 275) est
très-distincte et très-reconnaissable. Elles ne ressemblent pas
à celles des carnassiers, mais à celles des herbivores, et particulièrement à celles de l'Hippopotame.

Nous représentons dans la figure 276 la tête du Mastodonte
de l'époque miocène. On voit que cet animal avait quatre
défenses, les plus petites étant placées à la mâchoire infé-

rieure. Sur cette figure, A B représente l'ensemble de la tête ;
C la mâchoire inférieure seule, à une plus forte échelle, pour
montrer les deux défenses qui partent de cette mâchoire.

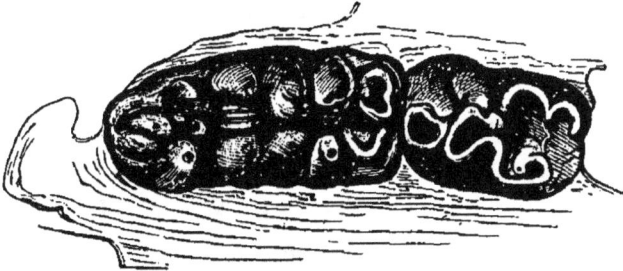

Fig. 275. Dents du Mastodonte.

Ce n'est que vers le milieu du siècle dernier que l'on eut, en
France, les premières notions sur l'existence du Mastodonte.
Dès l'année 1705, on avait trouvé, il est vrai, à Albany (au-
jourd'hui dans l'État de New-York) quelques os de cet animal;
mais cette découverte n'avait aucunement attiré l'attention.
En 1739, un officier français, M. de Longueil, traversait, pour

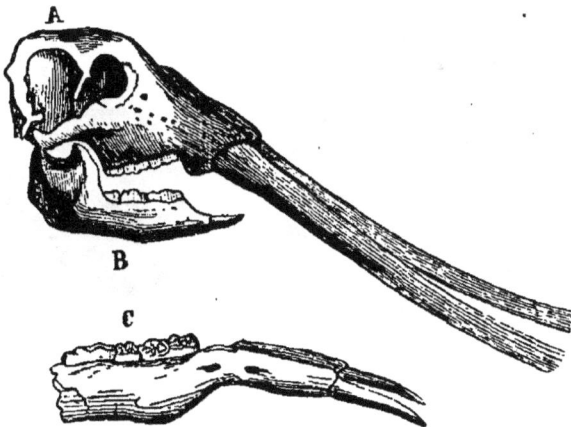

Fig. 276. Tête du Mastodonte de la période miocène.

se rendre dans le Mississipi, les forêts vierges qui bordent le
grand fleuve de l'Ohio. Les sauvages qui l'escortaient trouvèrent, par hasard, au bord d'un marais, divers ossements,
dont plusieurs semblaient appartenir à des animaux inconnus.
Dans ce marais tourbeux, que les indigènes désignaient sous
le nom de *grand lac Salé*, venaient se perdre plusieurs sources

d'eaux chargées de sel, et de tout temps les ruminants sauvages y étaient accourus en foule, attirés par la saveur du sel, dont les animaux ont toujours été friands. Telle était probablement la cause qui avait accumulé en ce point les restes d'un si grand nombre de quadrupèdes aux temps les plus reculés de l'histoire de notre globe. Ils avaient sans doute péri étouffés, en s'enfonçant dans la vase de ce lac, au fond mobile et fangeux. M. de Longueil prit quelques-uns de ces ossements. A son retour en France, il les remit à Daubenton et à Buffon : c'étaient un fémur, une extrémité de défense et trois dents molaires.

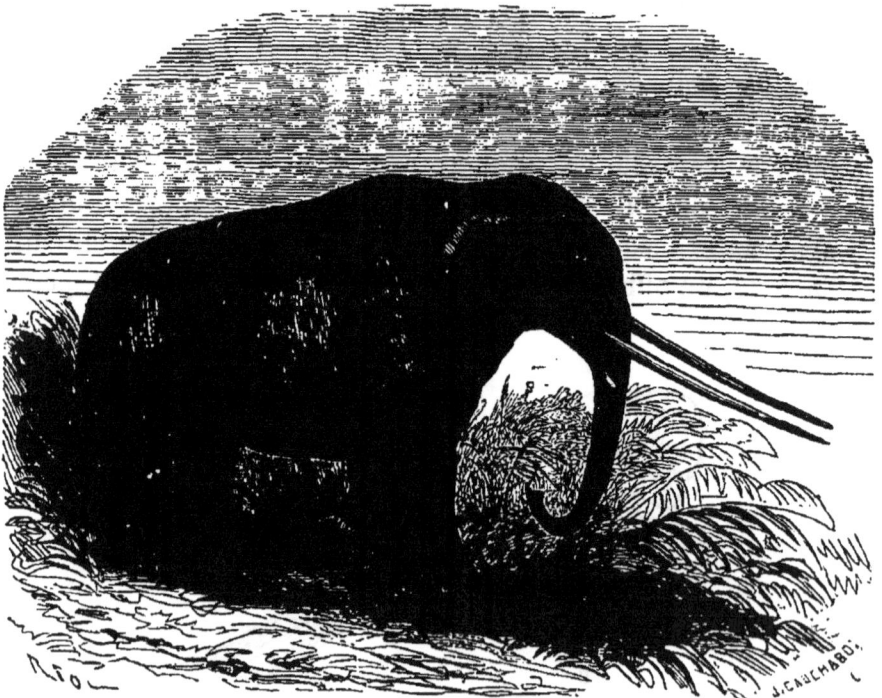

Fig. 277. Mastodonte restauré.

Daubenton, après mûr examen, déclara que ces dents étaient celles d'un hippopotame ; la défense et le gigantesque fémur appartenaient, selon lui, à un éléphant.

Ainsi Daubenton n'attribuait pas à un seul et même animal les ossements apportés par M. de Longueil. Buffon ne partagea point cet avis, et il ne tarda point à convertir à ses vues Daubenton, ainsi que les autres naturalistes français. Buffon déclara que ces os appartenaient à un éléphant dont la race n'avait vécu qu'aux temps primitifs de notre globe. Ce fut alors que

la notion fondamentale des espèces animales éteintes et exclusivement propres aux anciens âges de la terre entra, pour la
première fois, dans la tête des naturalistes. Cette notion devait
sommeiller pendant près d'un siècle avant de porter les fruits
admirables dont elle a enrichi les sciences naturelles et la philosophie.

Buffon baptisa cet être fossile du nom d'*Animal de l'Ohio*, ou
Éléphant de l'Ohio, pour rappeler la partie de l'Amérique qui
avait été le théâtre de cette découverte.

Buffon, néanmoins, se trompa sur les dimensions qu'il fallait
attribuer à l'*Animal de l'Ohio*. Il le croyait six à huit fois plus
grand que notre éléphant actuel. Il fut conduit à cette estima-
tion par une appréciation erronée du nombre des dents des éléphants. L'*Animal de l'Ohio* n'a que quatre molaires, tandis que
Buffon s'était imaginé que ce dernier être pouvait en avoir jusqu'à seize, confondant les germes ou les dents supplémentaires
qui existent chez le jeune animal, avec les dents de l'individu
adulte. En réalité, l'*Animal de l'Ohio* n'était pas beaucoup plus
grand que notre éléphant d'Afrique.

La découverte de cet animal fossile avait produit une grande
impression en Europe. Maîtres du Canada par la paix de 1763,
les Anglais continuèrent à y chercher ces restes précieux. Le
géographe Croghan, parcourant de nouveau la région de ce
grand lac Salé, signalée par M. de Longueil, y trouva quelques
ossements de la même nature; en 1767, il en fit passer plusieurs caisses à Londres, en les adressant à divers naturalistes.
Collinson, l'ami et le correspondant de Franklin, qui avait eu
sa part de cet envoi, fit remettre à Buffon une dent molaire.

Ce n'est pourtant qu'en 1801 que l'on a trouvé des restes
bien complets de l'*Animal de l'Ohio*. Un naturaliste américain,
M. Peale, parvint, à cette époque, à réunir deux exemplaires
presque complets de cet important squelette. Ayant appris que
l'on avait trouvé plusieurs grands ossements dans une marnière
située au bord de l'Hudson, près de Neubourg, dans l'État de
New-York, M. Peale se rendit dans cette localité. Au printemps
de 1801, une partie considérable du squelette se trouvait chez
le fermier qui l'avait extrait de la terre, mais qui, malheureusement, l'avait laissé mutiler par la maladresse et la précipita-

tion des ouvriers. Ayant acheté ces débris, M. Peale les envoya à Philadelphie.

Dans un marais situé à cinq lieues à l'ouest de l'Hudson, le même naturaliste réussit à découvrir, six mois après, un nouveau squelette de Mastodonte, composé d'une mâchoire entière et d'un grand nombre d'os. M. Peale rapporta le tout à Philadelphie. Tous les os qu'il avait rassemblés lui servirent à composer deux squelettes à peu près complets. Un de ces squelettes demeura dans son cabinet de Philadelphie, l'autre fut apporté à Londres par un de ses fils, qui le montra à prix d'argent.

Des découvertes analogues suivirent, en Amérique, cette découverte fondamentale. L'une des plus curieuses en ce genre fut faite en 1805 par M. Barton, professeur à l'Université de Pensylvanie. On trouva à six pieds de profondeur, sous un banc de craie, assez d'ossements de Mastodonte pour en composer un squelette. L'une des dents pesait 8 kilogrammes et demi. Mais voici la circonstance qui rendait cette trouvaille unique entre toutes. Au milieu des os, et enveloppée dans une sorte de sac, qui avait dû être l'estomac de l'animal, on mit à découvert une masse végétale en partie broyée, composée de branches et de petites feuilles, parmi lesquelles on put reconnaître une espèce de roseau qui est encore aujourd'hui commune dans l'État de Virginie, de sorte que l'on ne douta point que ce ne fussent les matières mêmes que l'animal avait ingérées avant sa mort.

Les indigènes de l'Amérique du Nord appelaient le Mastodonte le *père des bœufs*. C'est ce qu'un officier français, nommé Fabri, écrivait dès 1748 à Buffon. Les sauvages du Canada et de la Louisiane, où abondent les restes du Mastodonte, les rapportent au *père des bœufs*, créature fantastique qu'ils mêlent à toutes leurs traditions et qu'ils font figurer dans leurs vieilles chansons nationales. Voici l'une de ces chansons que Fabri entendit au Canada :

« Lorsque le grand *Manitou* descendit sur la terre, pour voir si les êtres qu'il avait créés étaient heureux, il interrogea tous les animaux. Le Bison (Auroch) lui répondit qu'il serait content de son sort dans les grasses prairies dont l'herbe lui venait jusqu'au ventre, s'il n'avait sans cesse les yeux tournés vers la montagne pour apercevoir *le père des bœufs* en descendre avec furie, pour dévorer lui et les siens. »

Les sauvages Chavanais prétendaient que ces grands animaux avaient vécu autrefois conjointement avec une race d'hommes dont la taille était proportionnée à la leur, mais que le *grand Être* détruisit l'une et l'autre espèce par les traits répétés de ses terribles foudres.

Les indigènes de Virginie avaient une autre légende. Comme ces gigantesques Éléphants détruisaient tous les autres animaux, spécialement créés pour servir aux besoins des Indiens, Dieu les foudroya. Un seul réussit à s'échapper, c'était « le gros mâle, qui, présentant sa tête aux foudres, les secouait à mesure qu'elles tombaient, mais qui, ayant à la fin été blessé par le côté, se mit à fuir vers les grands lacs, où il se tient caché jusqu'à ce jour. »

Toutes ces fictions naïves prouvent au moins que le Mastodonte a vécu sur la terre jusqu'à une époque très-reculée. Nous verrons, en effet, qu'il est contemporain du Mammouth, lequel a précédé de peu l'apparition de l'homme.

Buffon, avons nous dit, avait donné à ce grand fossile le nom d'*Animal* ou d'*Éléphant de l'Ohio;* on le désignait aussi sous le nom de *Mammouth de l'Ohio*. Cuvier a remplacé tous ces noms impropres par celui de *Mastodonte*, dérivé de deux mots grecs (μαστός, ὀδούς, *dent en forme de mamelon*).

On a trouvé en Amérique, depuis Cuvier, beaucoup d'ossements de Mastodonte, mais on n'en a rencontré qu'assez rarement en Europe. On a même assez longtemps admis, avec Cuvier, que le Mastodonte était exclusivement propre au nouveau monde. La découverte, faite plusieurs fois en Europe, d'ossements de Mastodonte mêlés à ceux du Mammouth (*Elephas primigenius*), a détruit de nos jours cette opinion. On a trouvé ces ossements en grand nombre dans le *Val d'Arno*, gisement précieux d'éléphants fossiles dont nous aurons à parler plus loin. En 1858, on découvrit à Turin un magnifique squelette de Mastodonte. Nous en donnerons la figure en parlant des animaux de l'époque pliocène.

La forme des dents du Mastodonte nous montre qu'il se nourrissait, comme l'Éléphant, de racines et d'autres parties charnues de végétaux. La curieuse trouvaille faite en Amérique, par Barton, des restes du corps de cet animal, nous éclaire suffisamment sur son genre de nourriture. Il vivait sans doute au bord des fleuves, dans les terrains mous et marécageux.

Outre le grand Mastodonte, dont nous venons de parler, il existait le *Mastodonte à dents étroites*, d'un tiers plus petit que l'éléphant, et qui habitait à peu près toute l'Europe.

Nous ne saurions passer sous silence un curieux fait historique qui se rattache aux restes du Mastodonte.

Le 11 janvier 1613, les ouvriers d'une sablonnière située près du château de Chaumont, en Dauphiné, entre les villes de Montricourt et Saint-Antoine, sur la rive gauche du Rhône, trouvèrent des ossements, dont plusieurs furent brisés par eux. Ces os appartenaient à un grand mammifère fossile ; mais l'existence de ce genre d'être était alors entièrement méconnue. Informé de la trouvaille, un chirurgien du pays, nommé Mazuyer, s'empara de ces os, dont il sut tirer, comme on va le voir, un excellent parti. Il s'annonça comme ayant découvert lui-même ces débris dans un tombeau bâti en briques, long de 30 pieds sur 15 de large, et sur lequel était cette inscription : Teutobocchus rex. Il ajoutait avoir trouvé, dans le même tombeau, une cinquantaine de médailles à l'effigie de Marius. Nos lecteurs savent que Teutobocchus était un roi barbare qui envahit les Gaules à la tête des Cimbres, et fut arrêté et vaincu près d'*Aquæ Sextiæ* (Aix, en Provence) par Marius, qui l'emmena à Rome pour orner son cortége triomphal. Dans la notice qu'il publia pour accréditer ce conte, Mazuyer rappelait que, d'après le témoignage des auteurs romains, la tête du roi teuton dépassait tous les trophées que l'on arborait sur les lances dans les triomphes. Le squelette qu'il exhibait avait, en effet, 25 pieds de long sur 10 de large.

Mazuyer fit voyager par toutes les villes de la France et de l'Allemagne le squelette du prétendu Teutobocchus, qu'il montrait à beaux deniers comptants. Il produisit sa relique devant Louis XIII, qui prit le plus grand intérêt à contempler cette merveille.

Le squelette que Mazuyer promenait en France pour le soumettre à l'admiration du vulgaire et des savants, fit naître une longue controverse, ou plutôt une interminable dispute, dans laquelle se distingua le célèbre anatomiste Riolan, argumentant

contre Habicot, médecin dont le nom est tombé dans l'oubli.
Riolan voulait prouver, et il y réussit, au moins devant la
science, que les os du prétendu Teutobocchus étaient ceux
d'un éléphant. Les deux adversaires échangèrent, pour soutenir leurs dires, de nombreuses brochures, dans lesquelles bril-
laient surtout les injures personnelles, comme il arrivait, à
cette époque, toutes les fois que l'antique médecine et la chi-
rurgie naissante se trouvaient face à face.

Nous savons par Gassendi qu'un jésuite de Tournon, nommé
Jacques Tissot, était l'auteur de la notice publiée par Mazuyer;
Gassendi prouve en même temps que les prétendues médailles
de Marius étaient controuvées, car elles portaient des caractères
gothiques.

Il semble fort étrange, quand on considère ces os, qui sont
conservés aujourd'hui dans les armoires du Muséum d'histoire
naturelle de Paris, où chacun peut les voir, qu'on ait jamais
pu les faire passer pour des os humains. La mâchoire inférieure, avec ses énormes dents et sa monstrueuse ouverture,
ne pouvait, ce nous semble, en imposer à personne. Ce n'est
pourtant que de nos jours qu'on a déterminé la véritable origine de ces débris. Le squelette de Teutobocchus se trouvait,
assurait-on, à Bordeaux en 1832; il fut envoyé, à cette époque,
au Muséum d'histoire naturelle de Paris, où M. de Blainville
déclara qu'il appartenait à un Mastodonte.

Ainsi, le roi Teutobocchus déterré sur les rives du Rhône
n'était qu'un Mastodonte.

Les Singes apparaissent dans la période miocène. Citons
d'abord le *Dryopithecus* ainsi que le *Pithecus antiquus*, découverts par M. Lartet dans le gîte ossifère de Sansan. Nous ne
donnerons pas la figure restaurée de ces singes, dont on ne
connaît pas toutes les parties, mais nous présentons ici l'image
restaurée d'un singe de la période miocène, le *Mesopithecus*,
découvert par M. Albert Gaudry dans les terrains miocènes de
Pikermi, en Grèce. M. Gaudry a rapporté le squelette entier de
cet animal, qui ressemblait par son organisation à un Macaque;
c'est d'après cette pièce intéressante que nous faisons la restauration que l'on voit figurée ici. La figure 278 représente le
squelette du *Mesopithecus*, la figure 279 l'animal restauré.

Terminons l'énumération des animaux propres à la période miocène.

Les mers étaient alors peuplées d'un grand nombre d'êtres

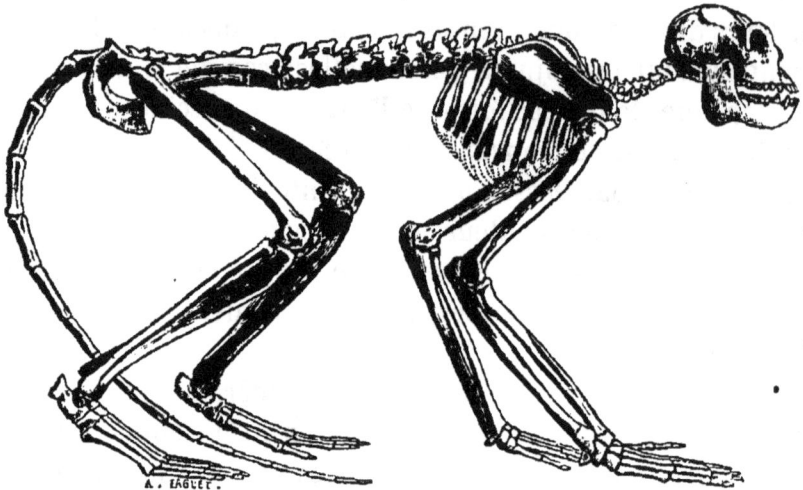

Fig. 278. Squelette du singe Mesopithecus. (1/5 G. N.)

entièrement inconnus pendant les périodes antérieures. On peut citer quatre-vingt-dix genres marins qui apparaissent ici pour la première fois, et dont quelques-uns atteindront jusqu'à

Fig. 279. Mesopithecus restauré. (1/5 G. N.)

notre époque. Parmi ces genres d'animaux dominent les Mollusques gastéropodes (*Conus*, *Turbinella*, *Ranella*, *Dolium*); puis les Foraminifères, représentés par des genres nouveaux, parmi lesquels sont les *Polystomella*, *Dendritina*, *Bolivina*; enfin les

Crustacés, qui renferment les genres *Pagurus*, *Astacus* (Homard), *Portunus*, etc.

Voici la liste, avec quelques figures, de certaines espèces caractéristiques de l'époque miocène :

CRUSTACÉS.

Cancer macrocheilus (fig. 280) ; — *Hela speciosa* (fig. 281).

Fig. 280. Cancer macrocheilus.
(1/2 G. N.)

Fig. 281. Hela speciosa.
(1/2 G. N.)

MOLLUSQUES.

Ostrea longirostris (fig. 282) ; — *Ostrea cyathula*, *Ostrea crassis-sima*, *Cytherea incrassata*, *Cytherea elegans*, *Cerithium mutabile*,

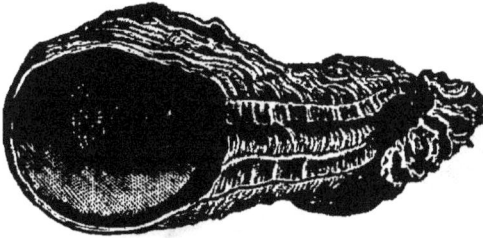

Fig. 283. Cerithium plicatum.
(G. N.)

Fig. 282. Ostrea longirostris.
(1/4 G. N.)

Fig. 284.
Helix Moroguesi.
(G. N.

Cerithium plicatum (fig. 283) ; — *Cerithium Lamarckii*, *Lymnea carnea*, *Planorbis cornu*, *Helix Moroguesi* (fig. 284) ; — *Cyprea*

globosa, Murex Turonensis (fig. 285); — *Conus Mercati* (fig. 286);
—*Carinaria Hugardi* (fig. 287).

Fig. 285.
Murex Turonensis.
(4/3 G. N.)

Fig. 286.
Conus Mercati
(1/2 G. N.)

Fig. 287.
Carinaria Hugardi.

BRYOZOAIRES.

Meandropora cerebriformis (fig. 288).

ÉCHINODERMES.

Scutella subrotunda (fig. 289).

AMORPHOOZOAIRES.

Cliona Duvernoyi.

La planche 290 nous montre les éléments naturels propres

Fig. 288.
Meandropora cerebriformis.

Fig. 289. Scutella subrotunda.
(1/3 G. N.)

à la période miocène. On y voit le Dinothérium couché dans
l'herbe des marécages, le Rhinocéros, le Mastodonte et un singe

Fig. 290. Vue idéale de la terre pendant la période miocène.

de grande taille, le *Dryopithecus*, suspendu aux branches d'un arbre. Les produits du règne végétal sont, pour la plus grande partie, analogues à ceux de nos jours. On remarquera l'abondance de *cette végétation fine et serrée.* Cette vue rappelle celle que nous avons mise sous les yeux du lecteur pour représenter la période houillère. C'est qu'en effet la végétation de cette époque, et par les mêmes causes, c'est-à-dire par suite de la submersion du terrain sous l'eau des marécages, a donné naissance à une sorte de houille, que l'on trouve dans les terrains miocènes et qui porte le nom de *lignite.* Cette houille imparfaite ne ressemble pas entièrement à celle des terrains de transition, parce qu'elle est de date plus récente, parce qu'elle n'a pas eu à subir l'action de la chaleur du globe et la pression de nombreuses couches de terre superposées, conditions qui ont eu pour conséquence, comme nous l'avons établi, la formation des houilles denses et compactes des terrains de transition.

Les *lignites* que l'on trouve dans le terrain miocène, comme dans le terrain éocène, constituent un combustible qui est exploité actuellement et utilisé en divers pays, surtout en Allemagne, où il tient lieu de houille. Ces couches ont quelquefois 20 mètres d'épaisseur ; on les remarque dans le terrain des environs de Paris, formant des couches de quelques décimètres seulement, qui alternent avec des argiles et des sables. On ne saurait douter que les lignites soient autre chose, comme les houilles, que les restes de forêts ensevelies de l'ancien monde, car on y trouve, souvent parfaitement reconnaissables, les différentes essences des bois de nos forêts. Les études des botanistes modernes ont démontré que les espèces végétales des lignites appartenaient à une végétation fort semblable à celle de l'Europe actuelle.

On trouve dans les lignites une matière fort curieuse, l'*ambre jaune* ou *succin.* L'ambre jaune est la résine, un peu altérée par le temps, qui découlait des arbres pendant l'époque tertiaire. Les vagues de la mer Baltique rongent les lignites qui affleurent son fond, et en détachent l'ambre par fragments : ce produit, plus léger que l'eau, s'élève à la surface, et les flots le jettent sur la plage. Depuis des siècles la Baltique fournit cette matière au commerce ; les Phéniciens remontaient jusqu'à ses rivages, pour récolter cette matière, extrêmement recherchée dans l'antiquité.

L'ambre jaune a beaucoup perdu aujourd'hui de sa valeur commerciale ; mais il a une importance toute particulière pour la paléontologie. On trouve souvent des insectes fossiles emprisonnés dans les masses d'ambre. Grâce à la propriété antiputride des résines, ces insectes fossiles ont conservé tout l'éclat de leurs couleurs et toute l'intégrité de leurs formes. L'ambre est donc un aromate naturel qui a embaumé, pour les transmettre à notre génération, les plus petits êtres et les plus délicats organismes des temps primitifs. C'est comme un manteau préservateur qui a permis à ces espèces anéanties d'arriver jusqu'à nous dans l'intégrité de leur structure.

Terrain miocène. — Les roches qui ont pris naissance par les dépôts des mers pendant l'époque miocène, ne sont que très-incomplétement représentées dans le bassin de Paris ; ils changent de composition selon les localités. On les divise en deux étages : l'étage de la *Molasse* et celui des *Faluns*.

Dans le bassin parisien, là molasse présente, à sa base, des sables quartzeux d'une grande épaisseur, tantôt purs, tantôt un peu argilifères, ou micacés. Ils renferment des bancs de grès, parfois mêlés de calcaires, qu'on exploite dans les carrières de Fontainebleau, d'Orsay, de Montmorency, et qui servent au pavage de Paris et des villes environnantes. Cette dernière formation est toute marine. A ces sables et grès succède un dépôt d'eau douce, formé d'un calcaire blanchâtre, en partie siliceux, qui forme le sol du plateau de la Beauce, entre la vallée de la Seine et celle de la Loire : c'est le *calcaire de la Beauce*. Il s'y mêle une argile roussâtre, plus ou moins sableuse, renfermant de petits blocs de silex meulier très-reconnaissables à leur couleur jaune ocracée et aux nombreuses cavités ou anfractuosités qui creusent leur tissu. Ce *silex meulier* est très-employé à Paris pour la construction des voûtes de caves, des conduites souterraines, des égouts, etc.

On nomme *faluns* diverses couches formées de coquilles et de polypiers presque entièrement brisés. On l'exploite en beaucoup de pays, notamment aux environs de Tours et de

Bordeaux, pour le marnage des terres. C'est à l'étage des faluns qu'appartient le calcaire d'eau douce qui compose la célèbre butte de Sansan, près d'Auch, dans laquelle M. Lartet a trouvé un nombre considérable d'ossements de Tortues, d'oiseaux et surtout de mammifères, tels que Mastodontes, *Pithecus antiquus*, etc.

PÉRIODE PLIOCÈNE.

Cette dernière période de l'époque tertiaire a été marquée, dans quelques parties de l'Europe, par de grands mouvements de l'écorce terrestre, toujours dus à la même cause, c'est-à-dire à la continuation du refroidissement du globe. Ainsi que nous l'avons plusieurs fois rappelé, ce refroidissement, qui faisait passer à l'état solide les parties fluides de l'intérieur du globe, amenait des rides de l'écorce terrestre, quelquefois accompagnées de cassures ; par ces cassures s'épanchaient les matières internes, demi-fluides ou de consistance pâteuse, ce qui déterminait ultérieurement le *soulèvement* de diverses montagnes dans ces interstices béants. Pendant la période pliocène, plusieurs montagnes et chaînes montagneuses ont été formées en Europe par des éruptions basaltiques ou volcaniques. Ces soulèvements étaient précédés de mouvements brusques irréguliers de la masse élastique du sol, c'est-à-dire de *tremblements de terre*. Nous aurons à revenir bientôt sur l'ensemble des phénomènes éruptifs.

Pour apprécier l'état de la végétation des continents pendant la période pliocène et comparer cette végétation à celle de l'époque actuelle, écoutons M. Lecoq :

« Arrive enfin cette dernière époque qui a précédé la nôtre, cette époque où les zones tempérées étaient encore embellies par les formes équatoriales qui déclinaient lentement, chassées par un climat refroidi et par l'envahissement d'espèces plus vigoureuses. Les grandes commotions terrestres ont eu lieu, les montagnes ont recueilli des neiges éternelles, les continents offrent leurs formes actuelles, mais de grands lacs, aujourd'hui desséchés, existent encore ; des rivières puissantes promènent majestueusement leurs eaux sur de riantes campagnes, où l'homme n'est pas venu modifier la nature.

« Deux cent douze espèces composent cette flore, où les Fougères du monde primitif sont à peine indiquées, d'où les Palmiers peut-être ont disparu tout à fait, et l'on voit les formes se rapprocher bien davantage de celles que nous avons constamment sous les yeux. Le *Culmites arundinaceus*, Unger, abonde autour des eaux, où croît aussi le *Cyperites tertiarius*, Unger, où nage le *Potamogeton geniculatus*, Braun, et où l'on vit sans doute submergé l'*Isoctites Brunnii*, Unger. De grandes Conifères forment toujours des forêts. Cette belle famille a, comme on le voit, traversé toutes les époques pour venir nous offrir son port élégant et sa verdure persistante ; les *Taxodètes*, les *Thuyoxylons*, les *Abiétites*, les *Pinites*, les *Éléoxylons*, les *Taxites*, sont les formes les plus abondantes.

« Le caractère dominant de cette époque est l'abondance du groupe des Amentacées ; tandis que les Conifères sont au nombre de trente-deux, le groupe précédent a cinquante-deux espèces, parmi lesquelles nous retrouvons en abondance les genres européens, tels que : *Alnus*, *Quercus*, *Salix*, *Fagus*, *Betula*, *Caspinus*, etc. Les familles suivantes constituent la flore arborescente de cette époque, outre celle que nous venons d'indiquer : Balsamiflorées, Laurinées, Thymélées, Santalacées, Cornées, Myrtacées, Calycanthées, Pomacées, Rosacées, Amygdalées, Légumineuses, Anacardiées, Juglandées, Rhamnées, Célastrinées, Sapindacées, Milacinées, Acérinées, Tiliacées, Magnoliacées, Capparidées, Sapotées, Styracées, Oléacées, Ébénacées, Ilicinées, Éricinées.

« Dans toutes ces familles se trouvent un grand nombre de genres européens, souvent même plus abondants en espèces qu'ils ne le sont maintenant. Ainsi, *comme le fait observer* M. Brongniart, *on compte dans cette flore quatorze espèces d'Érables ; treize espèces de Chênes*, et ces espèces proviennent de deux ou trois localités très-circonscrites, qui, dans l'époque actuelle, ne représenteraient probablement, dans un rayon de quelques lieues, que trois ou quatre espèces de ces genres. »

Une différence importante distingue la flore pliocène de celle des époques antérieures : c'est l'absence, dans les parages européens, de la famille des Palmiers, qui forme, au contraire, un caractère botanique essentiel de la période miocène. Nous ferons remarquer enfin que, malgré les analogies générales qui existent entre les végétaux de l'époque pliocène et ceux qui vivent actuellement dans les régions tempérées, aucune espèce ne paraît être identique avec les plantes qui croissent maintenant en Europe. Ainsi la végétation européenne, même à l'époque géologique la plus récente, différait, par les espèces, de la végétation qui la décore aujourd'hui.

Les animaux qui vivaient sur les continents pendant la période pliocène, vont nous présenter un grand nombre d'êtres aussi remarquables par leurs proportions que par leur structure. Nous appellerons spécialement l'attention sur les mammifères et sur un reptile fameux de l'ordre des batraciens.

Parmi les mammifères de la période pliocène, les uns, nés antérieurement à cette période, persistent encore, ou s'éteignent pendant sa durée : tel est le *Mastodonte*. Les autres nous offrent des genres entièrement inconnus jusque-là, et dont quelques-uns arriveront jusqu'à l'époque actuelle : tels sont l'*Hippopotame*, le *Chameau*, le *Cheval*, le *Bœuf*, le *Cerf*, etc.

Certaines espèces de grands Bœufs vivaient en nombreux troupeaux sauvages, dans les forêts de la contrée qui devait un jour être la France, particulièrement dans l'Auvergne et le Velay actuels. Leur taille dépassait de beaucoup celle des Aurochs ; ils ressemblaient aux Buffles sauvages de notre époque.

Le Cheval est celui de tous les animaux fossiles qui présente le plus de ressemblance avec les individus qui vivent de nos jours ; il était seulement plus petit, et ne dépassait pas la taille d'un âne.

Le *Mastodonte* que nous avons étudié dans la période précédente, vivait encore à l'époque pliocène. La figure 291 représente l'espèce qui vivait à cette époque, c'est-à-dire le *Mastodonte de Turin*, qui n'a, comme on le voit, que les deux grandes défenses de la mâchoire supérieure. Le Mastodonte qui vivait pendant la période miocène avait quatre défenses comme on l'a vu, p. 313.

L'Hippopotame, le Tapir, le Chameau, qui apparaissent pendant la période pliocène, ne présentent aucun caractère particulier.

Les Singes commençaient à abonder en espèces ; les Cerfs étaient déjà fort nombreux. Le Rhinocéros, qui avait commencé d'apparaître dans la période miocène, se montra surtout pendant cette période.

L'espèce de Rhinocéros propre au monde ancien est le Rhinocéros *tichorhynus*, c'est-à-dire à *cloison osseuse du nez*, nom qui rappelle la cloison osseuse qui séparait ses deux narines, disposition anatomique qui n'existe pas chez le Rhinocéros actuel. Deux cornes surmontaient le nez de cet animal, qui est unicorne dans l'espèce dite *des Indes* actuellement vivante [1].

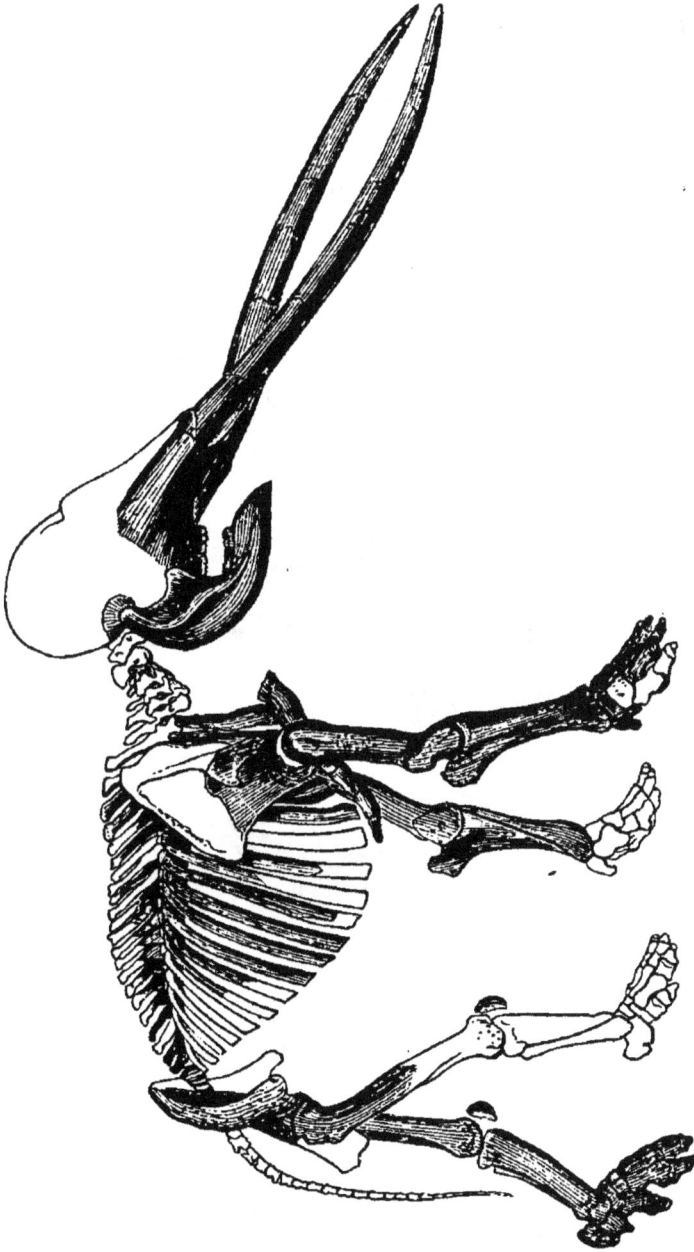

Fig. 291. Squelette du Mastodonte de Turin.

Le corps du *Rhinoceros tichorhynus* était couvert de poils

---

1. Les deux autres espèces vivantes, le Rhinocéros d'Afrique et celui de Sumatra, ont deux cornes, mais bien plus petites que celles du *Rhinoceros tichorhynus*.

très-abondants, et sa peau était dépourvue des rides et des squammes caleuses que l'on remarque sur la peau de notre Rhinocéros d'Afrique.

En même temps que cette espèce gigantesque, il existait un Rhinocéros nain, de la taille de nos cochons. Des espèces intermédiaires pour la grandeur existaient aussi, car on possède tous les ossements nécessaires. pour les reconstituer. Nous représentons sur la figure 292 la tête de *Rhinoceros tichorhynus*. Sur la figure 293, on voit un essai de restauration de la tête du même animal.

La forme recourbée des os nasaux du Rhinocéros fossile et sa forme gigantesque ont donné lieu à bien des contes et des

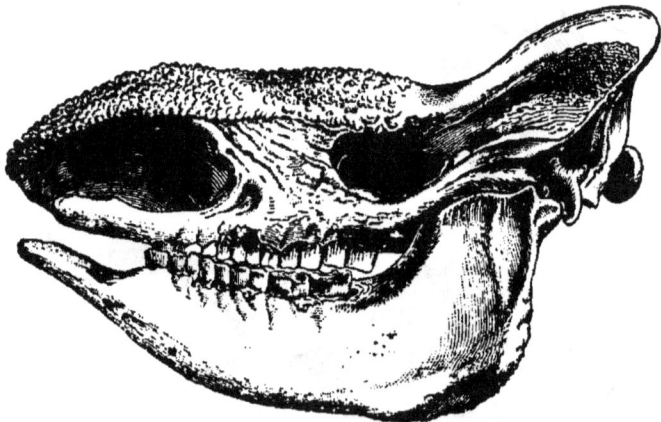

Fig. 292. Tête du Rhinocéros tichorhynus.

légendes populaires. Le fameux *Oiseau Rock*, qui joue un si grand rôle dans les mythes fabuleux des peuples de l'Asie, a pris son origine dans la découverte, au sein de la terre, de crânes et de cornes de Rhinocéros fossile. Les fameux *Dragons* de la tradition occidentale viennent de la même origine.

Dans la ville de Klagenfürt, en Carinthie, est une fontaine de grès sur laquelle est sculptée la tête d'un dragon monstrueux, aux pattes courtes et au front surmonté d'une corne robuste. Selon la tradition populaire, encore en vigueur à Klagenfürt, ce dragon se tenait dans une grotte, et il en sortait de temps en temps pour porter dans le pays l'épouvante et les ravages. Un audacieux chevalier tua le dragon, en payant de sa vie ce trait de courage. C'est, comme on le voit, la légende qui se trouve uniformément répétée dans une foule de pays, depuis le célèbre chevalier vainqueur du monstrueux dragon qui ravageait l'île de Rhodes, jusqu'à sainte Marthe, qui, à peu près à la même époque, apaisa la fabuleuse *Tarasque* de la cité languedocienne qui porte le nom de Tarascon, — sans oublier la *Bête du Gévaudan.*

Mais à Klagenfürt la légende populaire a heureusement

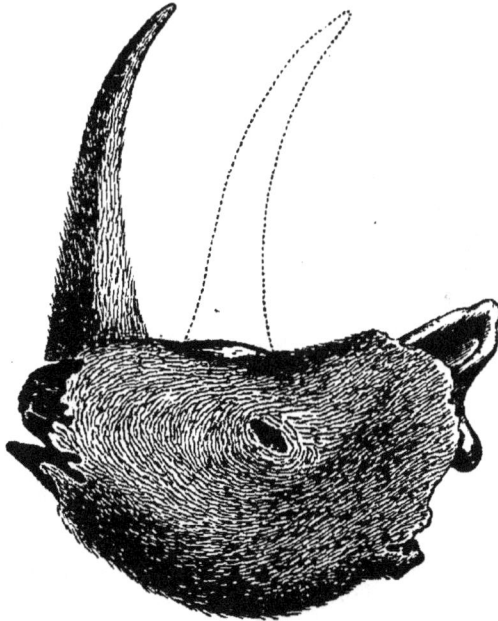

Fig. 293. Tête du Rhinocéros tichorhynus, d'après une restauration exécutée pour le cabinet de la Sorbonne, par M. Eugène Deslongchamps.

trouvé à qui parler. On conserve à l'hôtel de ville le crâne du prétendu dragon tué par le chevalier : ce crâne avait servi au sculpteur pour mouler la tête de sa statue. Or M. Unger, de Vienne, a reconnu au premier coup d'œil, dans cette pièce, le crâne d'un Rhinocéros fossile. La découverte de ce crâne dans une grotte avait engendré la fable du dragon et du chevalier.

C'est ainsi que toutes les légendes s'expliquent scientifiquement quand on peut remonter aux sources et raisonner sur des témoignages matériels.

Nous ferons connaître ici la découverte étonnante d'un *Rhi-*

noceros tichorhynus que le naturaliste Pallas, en 1771, vit de
ses propres yeux tout fraîchement retiré des glaces, conservant encore ses téguments, ses poils et sa chair.

C'est en décembre 1771 que l'on aperçut pour la première
fois le cadavre du Rhinocéros enseveli dans des sables glacés,
sur le bord du Viloui, rivière qui se jette dans la Léna, au-
dessous d'Iakoutsk (Sibérie), par 64° de latitude boréale. Nous
extrayons des *Voyages de Pallas* la relation qui va suivre.

« Je crois, dit Pallas, devoir parler d'une découverte intéressante que
je dois à M. Chevalier de Bril.

« Des Iakoutes, en chassant cet hiver près de Viloui, trouvèrent le
corps d'un gros animal inconnu. Le sieur Ivan Argounof, ou pravitel,
ou inspecteur du zimovié, avait fait passer à Irkoutsk, par la chancellerie d'Iakoutsk, la tête, un pied de devant et un de derrière de cet
animal. Le tout était très-bien conservé. Il dit dans son mémoire, daté
du 17 janvier 1772, qu'on avait trouvé dans le mois de décembre 1771
cet animal mort, et déjà très-corrompu, à environ quarante verstes au-
dessus du zimovié de Vilouiskoé, sur le sable du rivage, à une toise de
l'eau et à quatre toises d'une autre rive plus élevée et escarpée. Il était
enterré à moitié dans le sable. On l'a mesuré sur place ; il avait trois
aunes trois quarts de Russie de longueur, et on a estimé sa hauteur à
trois aunes et demie. Le corps de l'animal, encore dans toute sa grosseur, était revêtu de sa peau, qui ressemble à un cuir ; mais il était si
corrompu qu'on n'a pu enlever les pieds et la tête : on en a envoyé deux
à Irkoutsk, et un troisième à la chancellerie d'Iarkoutsk. Je vis à Irkoutsk
la tête et les pieds ; ils me parurent appartenir, au premier coup d'œil,
à un rhinocéros qui était dans toute sa force. La tête surtout était fort
reconnaissable, puisqu'elle était recouverte de son cuir. La peau avait
conservé toute son organisation extérieure, et on apercevait plusieurs
poils courts. Les paupières même ne paraissaient pas entièrement tombées en corruption. J'aperçus une matière dans la fossette du crâne, et
çà et là sous la peau, qui était le résidu des parties charnues putréfiées.
Je remarquai aux pieds des restes très-sensibles des tendons et des cartilages, où il ne manquait que la peau. La tête était dégarnie de sa corne,
et les pieds de leurs sabots. La place de la corne, le rebord de la peau
qui se forme autour d'elle, et la séparation qui existe dans les pieds de
devant et de derrière, sont des preuves certaines que cet animal était un
rhinocéros. J'ai rendu compte de cette singulière découverte dans une
dissertation insérée dans les *Mémoires de l'Académie de Pétersbourg* [1]. J'y
renvoie mes lecteurs, pour ne pas me répéter. Ils y verront les raisons
qui prouvent qu'un rhinocéros a pu pénétrer près de la Léna, dans les
contrées les plus septentrionales, et qui ont fait trouver en Sibérie tant

1. *Commentarii Acad. Petersb.*, tome XVII (1773).

de débris d'animaux étrangers. Je rapporterai seulement ici les observations que je dois à M. Argounof, parce qu'elles feront connaître la contrée où l'on a trouvé ces débris curieux, et la cause de leur longue conservation.

« Le pays arrosé par le Viloui est montagneux, toutes les couches de ces montagnes sont horizontales. Elles renferment des schistes séléniteux et calcaires, et des lits d'argile mêlés d'un grand nombre de pyrites. On rencontre, sur les rives du Viloui, du charbon de terre brisé ; il en existe probablement une mine plus haut, près de ce fleuve. Le ruisseau de Kemtendoï, qui avoisine une montagne entière de sélénite et de sel gemme, et celle-ci une montagne d'albâtre, est à plus de trois cents verstes, en remontant le Viloui, du lieu où l'on a trouvé ce rhinocéros. On voit près du fleuve un monticule en face de cette place. Elle a quinze toises d'élévation, et quoique sablonneuse, elle présente des couches de pierre meulière. Le corps du rhinocéros a dû être enterré dans un gros sable graveleux, près de cette colline ; la nature du sol, qui est toujours gelé, a dû l'y conserver. La terre ne dégèle jamais à une grande profondeur près du Viloui. Les rayons du soleil amollissent le sol à deux aunes de profondeur dans les places sablonneuses élevées. Les vallons, où le sol est moitié sable et moitié argile, sont encore gelés à la fin de l'été, à une demi-aune de leur surface. Sans cela, la peau de cet animal et plusieurs de ses parties n'auraient pas pu se conserver aussi longtemps. Cet animal n'a pu être transporté des pays méridionaux dans les contrées glaciales du Nord qu'à l'époque du déluge. Les chroniques les plus anciennes ne parlent d'aucuns changements plus récents dans le globe auxquels on puisse attribuer la cause de ces débris de rhinocéros et des os d'éléphant dispersés dans toute la Sibérie [1]. »

Dans l'extrait qui précède des *Voyages de Pallas,* l'auteur, pour ne pas se répéter, nous dit-il, renvoie le lecteur à un mémoire publié par lui antérieurement, et inséré dans les mémoires (*Commentarii*) de l'Académie de Pétersbourg. Ce mémoire, écrit en latin, comme tous les travaux de l'ancienne académie de Pétersbourg, n'a jamais été traduit. Nous allons en donner la traduction.

Le mémoire de Pallas a pour titre : *Sur quelques animaux de la Sibérie.* Après quelques considérations générales, l'auteur raconte ainsi les circonstances de la découverte du Rhinocéros fossile :

« Arrivé à Iakoutsk, au mois de mars de l'année 1772, une des premières choses curieuses qui me furent présentées, ce fut la tête fossile d'un animal énorme, encore pourvue de sa peau naturelle, et à laquelle adhéraient même de nombreux restes de muscles et de tendons. A sa

1. *Voyage de Pallas,* tome IV, p. 130-134.

forme et à ce qui restait des cornes, je reconnus sur-le-champ une tête de Rhinocéros. Frappé d'un fait si étrange, mais encore dans le doute, je fus bientôt confirmé dans mon opinion, quand on me montra aussi les pieds de l'animal, dont la partie de derrière était entière jusqu'au fémur. On voyait encore l'extrémité antérieure de ce pied. On reconnaissait dans tout cela non-seulement les traits caractéristiques du Rhinocéros, mais encore la peau, et qui plus est, les fibres les plus grosses des chairs durcies.

« Ces restes me furent donnés par Son Excellence le gouverneur de la province d'Irkoutsk et de toute la Sibérie orientale, le général Adam de Bril, chevalier de la Toison d'or. Ils me furent transmis ce même hiver, de Iakoutsk (district de Léna), par le préfet de cette ville, qui est située sur les bords du Viloui, fleuve qui coule sous le 64e degré environ de latitude nord, et se jette dans le Léna, un peu au-dessous du Iakoutsk.

« Je reçus à Irkoutsk, le 27 février 1772, la relation de la découverte de cet animal. Cette relation, composée par le préfet Jean Argounof, et écrite en langue russe, est datée du mois de décembre 1771, d'un petit bourg situé à l'embouchure du Viloui. J'en offris une copie fidèle à l'Académie ; en voici le contenu :

« Dans le présent mois de décembre, on a trouvé sur les bords du
« Viloui et au-dessous du bourg, à l'embouchure de ce fleuve, sous une
« roche escarpée, située environ à quarante stades russes des bords du
« fleuve, et à moitié enseveli dans le sable et l'eau, le cadavre d'un ani-
« mal dont la longueur était d'environ quinze palmes et la hauteur de
« dix. Le préfet atteste que ni les habitants russes du pays, ni aucune
« autre personne interrogée à ce sujet, n'ont reconnu cet animal pour
« avoir jamais existé sur cette plage. Cette trouvaille paraissait extraor-
« dinaire et tout à fait prodigieuse aux rustiques habitants de ces lieux ;
« et comme le gouverneur d'Irkoutsk avait prescrit par une lettre aux
« préfets de ce pays d'avoir à lui envoyer toutes les choses curieuses
« qu'on trouverait dans la province, on lui expédia aussitôt la tête de
« l'animal, avec les deux pieds parfaitement conservés. Le reste du
« cadavre était tout à fait corrompu, quoique enveloppé encore de sa
« peau naturelle ; il acheva de se décomposer sur les lieux mêmes, à
« l'exception d'un pied qui fut envoyé à la préfecture d'Iakoutsk. »

« La peau et les tendons de la tête et des pieds récemment découverts conservaient quelque souplesse, imbibés qu'ils étaient de l'humidité de la terre. Mais les chairs exhalaient une odeur fétide semblable à celle des latrines et de l'ammoniaque. Forcé de traverser le lac Baïkal avant la débâcle des glaces, je ne pus penser ni à faire une description plus soignée de cette trouvaille, ni à dessiner les parties du Rhinocéros fossile. Je les fis donc placer, sans quitter Irkoutsk, sur un fourneau, avec ordre qu'après mon départ on les desséchât peu à peu, et avec de grands soins qu'il faudrait continuer longtemps, en raison de la matière visqueuse qui en suintait sans cesse, et qu'on n'aurait pu chasser que par une forte chaleur. Il arriva par malheur, pendant cette opération, que la partie postérieure du haut de la cuisse du Rhinocéros et le pied furent brûlés dans le fourneau trop fortement échauffé par ceux à qui on les avait donnés à sécher. Il fallut donc les jeter. On me fit parvenir seulement la tête et l'extrémité du pied de derrière restées intactes et nullement endommagées par la dessiccation. Je les ai représentées avec beaucoup de soin à la quinzième planche ajoutée à mon ouvrage (fig. 1). Le pied de derrière y est de profil en la figure 2, et de face, figure 3. L'odeur des parties molles qui avaient encore conservé beaucoup de matière visqueuse dans leur intérieur, s'est changée, par la dessiccation, en une odeur qu'elles conservent encore, de chair putréfiée au soleil.

« Le Rhinocéros auquel ces membres ont appartenu n'était ni des plus grands de son espèce, ni fort avancé en âge, comme l'attestent les os de la tête qui sont moins soudés que dans les crânes que j'ai décrits autrefois. Il était toutefois évidemment adulte, comparaison faite de la grandeur de son crâne avec ceux des animaux de même espèce plus âgés qu'on a trouvés à l'état fossile dans les diverses régions de la Sibérie. La longueur entière de la tête, depuis le haut de la nuque jusqu'à l'extrémité de sa mâchoire osseuse dénudée, était de deux pieds trois pouces et demi de France. Les cornes n'ont point été apportées avec la tête ; elles avaient été sans doute enlevées par les eaux du fleuve ou par quelques-uns des chasseurs qui traversent ces contrées. On voit encore des vestiges évidents des deux cornes nasale et frontale. Le front inégal un peu protubérant entre les orbites, d'une forme ovaire rhomboïdale, est dépourvu de peau, et seulement recouvert d'un léger périoste corné et hérissé de poils tout droits, durs comme de la corne. Ce front a 5‴ 6″, et 5″ de largeur.

« La peau qui recouvrait la plus grande partie de la tête offrait, à l'état sec, une substance tenace et fibreuse semblable au cuir que le corroyeur prépare pour faire des sandales. Il était d'un brun noirâtre à l'extérieur, blanchâtre à l'intérieur ; mis au feu, il répandait l'odeur de cuir commun. La gueule, à l'endroit où devaient se trouver les lèvres, molles et charnues, était corrompue et lacérée ; elle présentait à nu les extrémités de l'os maxillaire. Sur le côté gauche, qui avait été probablement exposé plus longtemps aux injures de l'air, la peau était çà et là comme pourrie et toute rongée à la surface. Cependant la plus grande partie de la gueule, surtout du côté droit qui a été dessiné, était si bien conservée sur toute sa surface, que l'on y voit encore dans toute l'étendue de ce côté et même sur le devant, autour des orbites, les pores, ou pour mieux dire, les petits trous par où sans doute sortaient les poils. Dans le côté droit de la mâchoire, il reste encore en certains endroits de nombreux poils groupés en fascicules, la plupart usés jusqu'à la racine, et çà et là pourtant longs encore de deux ou trois lignes. Ils sont dirigés en haut et en bas, roides, et tous de couleur cendrée, excepté un ou deux tout noirs à chaque fascicule, encore un peu plus roides que les autres.

« Ce qu'il y a de plus étonnant, c'est que la peau qui recouvrait les orbites et formait les paupières était si bien conservée et si saine que l'on voyait encore les ouvertures des paupières, quoique déformées et à peine pénétrables au doigt ; la peau qui entoure les orbites, quoique desséchée, formait des rides circulaires. La cavité des yeux est remplie de matières soit argileuses, soit animales, telles que celles qui occupent encore une partie de la cavité du crâne. Sous la peau subsistent les fibres et les tendons, et surtout des restes de muscles temporaux ; enfin dans la gorge pendent de gros faisceaux de fibres musculaires.

« Les os dénudés sont jeunes et moins solides que dans les autres crânes fossiles de Rhinocéros. L'os qui forme le support des cornes nasales n'était point encore soudé au *vomer ;* il était dépourvu d'articulations comme les apophyses des os jeunes. Les extrémités des mâchoires ne conservent aucun vestige de dents ni d'alvéoles, mais elles sont recouvertes çà et là d'un reste de tégument. La première molaire est distante d'environ quatre pouces du bord extrême de la mâchoire. »

(Ici Pallas donne les mesures des différentes parties de la tête de l'animal. Nous supprimons ces détails.)

« Le pied qui me reste et qui forme, si je ne me trompe, la partie postérieure de la jambe gauche, a conservé non-seulement tout à fait intacte sa peau encore munie de ses poils ou de leurs racines, ainsi que les tendons et les ligaments du talon dans toute leur force, mais encore cette même peau tout entière jusqu'au pliant du genou. La place des muscles était remplie, au lieu de peau, d'un limon noir. L'extrémité du pied est fendue en trois angles, dont les parties osseuses existent avec le périoste, tenant encore çà et là ; les sabots cornés, s'étant détachés, ne m'ont pas été envoyés. Des poils adhèrent en beaucoup d'endroits de la peau ; ils sont longs d'une ligne à trois, assez roides et d'une couleur cendrée. Ce qu'il en reste prouve que le pied tout entier était couvert de faisceaux de poils réunis et pendants.

« On n'a jamais, que je sache, observé dans aucun des Rhinocéros qui ont été amenés de notre temps en Europe, une aussi grande quantité de poils que paraissent en avoir présenté la tête et le pied que nous avons décrits. Je laisse donc à décider si notre Rhinocéros de la Léna est né ou non dans un climat tempéré de l'Asie moyenne. En effet, les Rhinocéros, en m'appuyant sur les relations de voyages, se trouvent, je puis l'affirmer, dans les forêts de l'Inde du nord , et il est vraisemblable que ces animaux diffèrent, par une peau plus velue, de ceux qui vivent dans les zones brûlantes de l'Afrique, de même que les autres animaux d'un climat plus chaud sont ordinairement moins velus que ceux du même genre des contrées tempérées [1]. »

De tous les ruminants fossiles, le plus grand et assurément l'un des plus curieux est le *Sivatherium,* dont on a retrouvé les débris dans l'Inde, dans les monts Sivaliks, l'un des contreforts de l'Himalaya. Son nom est tiré de celui d'une idole (*Siva*) adorée dans cette partie des Indes.

Le *Sivatherium* avait la taille de l'Éléphant ; il appartenait au genre des Cerfs : c'est donc le Cerf le plus gigantesque qui ait jamais existé. Il ressemblait à notre Élan actuel, mais il était beaucoup plus gros et plus massif. La tête du *Sivatherium* pré-

---

1. *Commentarii Academiæ Petersburgicæ,* 1773.

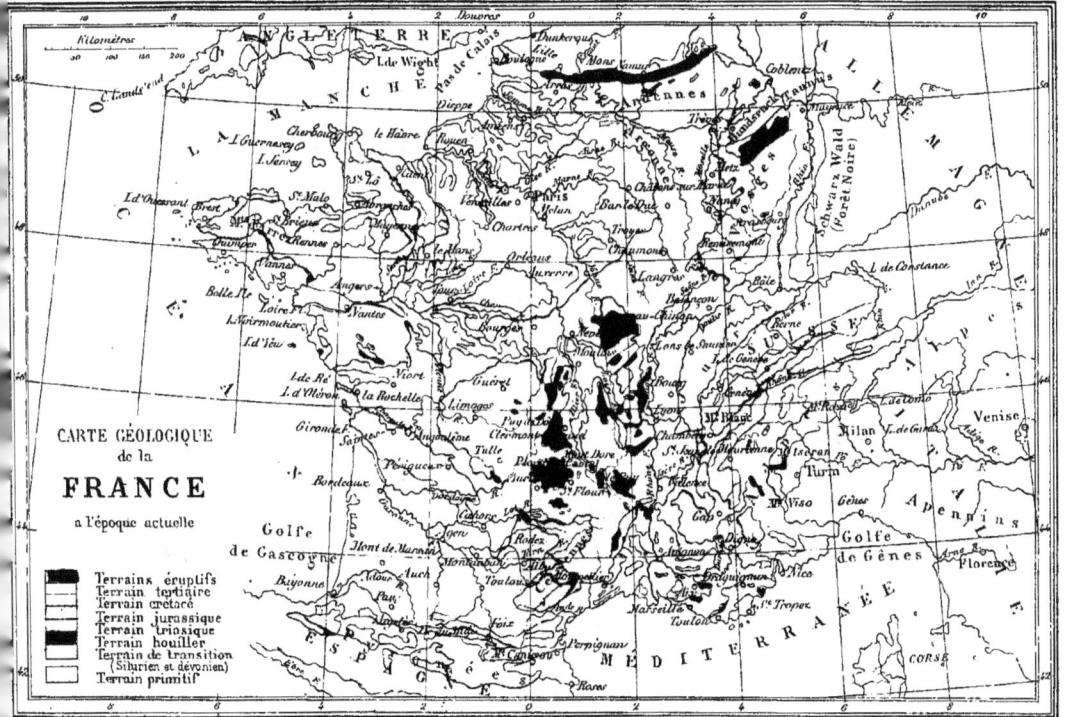

V

CARTE GÉOLOGIQUE
de la
FRANCE
a l'époque actuelle

- Terrains éruptifs
- Terrain tertiaire
- Terrain crétacé
- Terrain jurassique
- Terrain triasique
- Terrain houiller
- Terrain de transition (Silurien et dévonien)
- Terrain primitif

Kilomètres

ANGLETERRE

LA MANCHE

ALLEMAGNE

SUISSE

Alpes

Apennins

ESPAGNE

MÉDITERRANÉE

Golfe de Gascogne

Golfe de Gênes

CORSE

Gravé chez Erhard R.Bonaparte 42.　　　Dressé par Vuillemin.　　　Paris Imp.Janson, & R. Antoine Dubois.

sentait une disposition que l'on n'a trouvée sur aucun animal connu : elle était armée de quatre bois, dont deux au haut du front, et les deux autres, plus grands, plantés à la région des sourcils. Ces quatre bois, très-divergents, devaient donner à ce cerf colossal un aspect des plus étranges. La figure 294 re-

Fig. 294. Sivatherium restauré.

présente le *Sivatherium* restauré, tout autant qu'on peut le faire pour un animal dont on ne possède que la tête.

Comme pour rivaliser avec ces gigantesques mammifères, un grand nombre de reptiles vivaient encore sur les continents, bien que cette classe d'animaux eût beaucoup perdu du rôle important qu'elle jouait à l'époque secondaire.

De tous les reptiles qui appartiennent à la période pliocène, un seul nous occupera : c'est la Salamandre. Nos Salamandres actuelles sont des batraciens amphibies, à la peau nue, qui ont à peine une longueur de 50 centimètres ; la Salamandre de l'époque tertiaire avait les dimensions d'un Crocodile.

La découverte de la Salamandre fossile a valu à l'histoire de la géologie une page assez piquante, dont nous ne priverons pas nos lecteurs. Le squelette de ce Reptile a été longtemps considéré comme celui d'une victime humaine du déluge (*homo diluvii testis*). Il fallut tous les efforts de Camper et de Cuvier pour rayer ce préjugé de l'esprit du vulgaire et de celui des savants.

Sur la rive droite du Rhin, non loin de Constance, un peu au-dessus de Stein, et près du village d'OEningen, en Suisse, existent de belles carrières de calcaire schisteux. En raison des produits variés qu'elles renferment, ces carrières, qui appartiennent à l'époque tertiaire, ont été plusieurs fois décrites par les naturalistes, entre autres par Horace de Saussure, dans le troisième volume de ses *Voyages dans les Alpes*.

En 1725, on trouva dans ces carrières, incrusté dans un bloc, un squelette, remarquablement conservé. Scheuchzer, célèbre naturaliste suisse, qui alliait à ses études scientifiques les travaux du théologien, fut appelé pour prononcer sur la nature de cette relique des anciens âges. Il crut reconnaître dans ce squelette celui d'un homme, et sa conviction sur ce point se traduisit bientôt par les élans d'un véritable enthousiasme. En 1726, il donna, dans les *Transactions philosophiques de Londres*, la description de ces restes fossiles, et en 1731, il en fit l'objet d'une dissertation spéciale, qui avait pour titre : *Homo diluvii testis* (l'*Homme témoin du déluge*). Cette dissertation était accompagnée de la figure sur bois de l'*Homme témoin du déluge*. Scheuchzer revint sur ce sujet dans un autre de ses ouvrages, *Physica sacra*[1].

« Il est certain, écrivait-il, que ce schiste contient une moitié, ou peu s'en faut, du squelette d'un homme ; que la substance même des os, et, qui plus est, des chairs et des parties encore plus molles que les chairs, y sont incorporées dans la pierre ; en un mot, que c'est une des reliques les plus rares que nous ayons de cette race maudite qui fut ensevelie sous les eaux. La figure nous montre le contour de l'os frontal, les

---

1. *Bible en estampes où la physiologie (physica sacra) des merveilles naturelles mentionnées dans les saintes Écritures se trouve expliquée et démontrée*, par J. F. Scheuchzer. Ulm, 1731.

orbites avec les ouvertures qui livrent passage aux gros nerfs de la cinquième paire. On y voit des débris du cerveau, du sphénoïde, de la

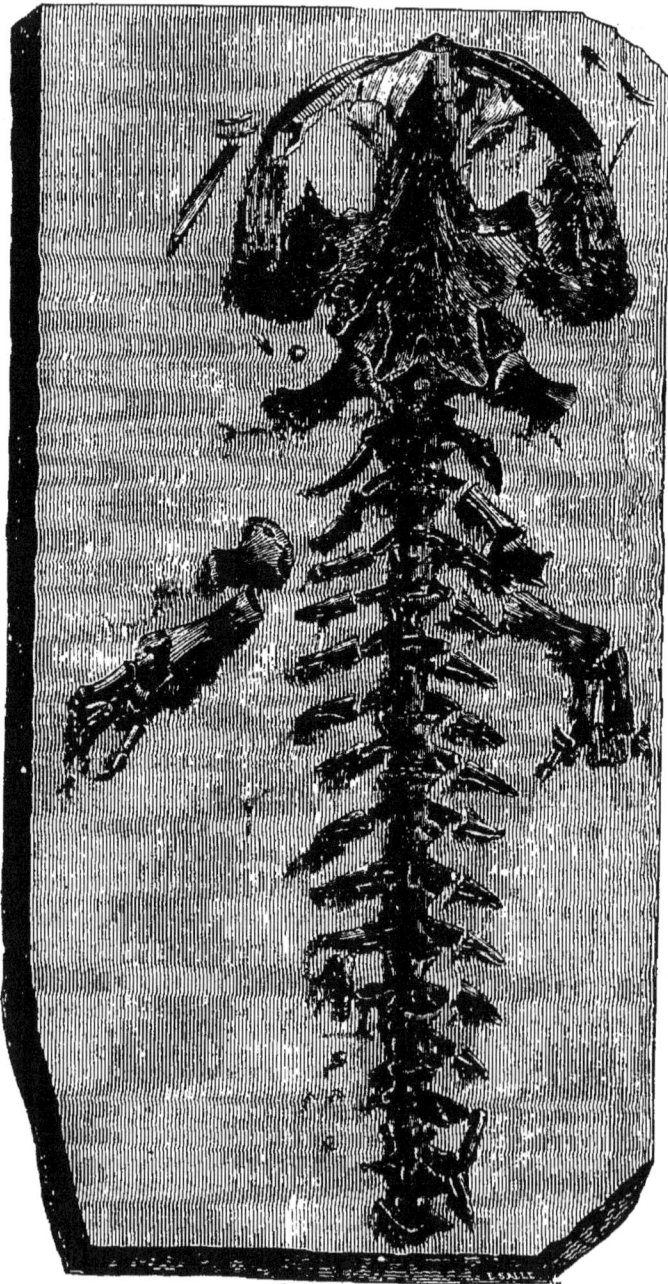

Fig. 295. Andrias Scheuchzeri. (1/5 G. N.)

racine du nez, un fragment notable de l'os maxillaire, et des vestiges du foie. »

Et notre pieux auteur de s'écrier, en prenant cette fois la forme lyrique :

> D'un vieux damné déplorable charpente,
> Qu'à ton aspect le pécheur se repente[1] !

Le lecteur a sous les yeux la figure du fossile du schiste d'Œningen (fig. 295). Il est évidemment impossible de trouver dans ce squelette ce que voulait y voir l'enthousiaste savant, et l'on peut apprécier par cet exemple à quelles erreurs peuvent quelquefois conduire l'aveuglement d'une opinion préconçue et l'esprit de système. Comment un naturaliste aussi éminent que Scheuchzer pouvait-il trouver dans cette tête énorme et dans ces membres supérieurs la moindre ressemblance avec les parties osseuses de l'homme ?

Le *Préadamite* (prédécesseur d'Adam), l'*Homme témoin du déluge*, fit grand bruit en Allemagne, et personne n'osa contester l'opinion émise par le naturaliste suisse, sous sa double autorité de théologien et de savant. C'est ainsi que, dans son *Traité des pétrifications*, publié en 1758, Gesner décrit avec admiration le fossile d'Œningen, qu'il attribue, avec Scheuchzer, à l'*homme antédiluvien*.

Pierre Camper fut le seul qui osât s'élever contre l'opinion alors universellement professée en Allemagne. S'étant transporté à Œningen, en 1787, pour y étudier le célèbre animal fossile, il n'eut pas de peine à se convaincre de l'erreur de Scheuchzer. Il reconnut que ce squelette était celui d'un reptile. Camper lui-même se trompa néanmoins sur la famille de reptiles à laquelle il fallait rapporter le prétendu témoin du déluge ; il le prit pour un saurien. « Un lézard pétrifié, écrivit Camper, peut-il passer pour un homme ! »

C'est à Cuvier qu'il appartenait de ranger dans sa véritable famille le fossile d'Œningen. Dans un mémoire sur ce sujet, Cuvier démontra que ce squelette avait appartenu à un de ces batraciens amphibies qui portent le nom de *Salamandre*.

« Prenez, disait Cuvier dans ce mémoire, un squelette de salamandre

---

1.   *Betrübtes Beingerüst von einem altem Sunder*
       Erweiche, Stein, das Herz der neuen Bosheitskinder!

et placez-le à côté du fossile, sans vous laisser détourner par la différence de grandeur, comme vous le pouvez aisément en comparant un dessin de salamandre de grandeur naturelle avec le dessin du fossile réduit au sixième de sa grandeur, et tout s'expliquera de la manière la plus claire.

« Je suis persuadé même, ajoutait notre grand naturaliste dans une édition postérieure de ce mémoire, que si l'on pouvait disposer du fossile, et y chercher un peu plus de détails, on trouverait des preuves encore plus nombreuses dans les faces articulaires des vertèbres, dans celles de la mâchoire, dans les vestiges de très-petites dents, et jusque dans les parties du labyrinthe de l'oreille. »

Et il invitait les propriétaires ou dépositaires du précieux fossile à procéder à cet examen.

Notre grand naturaliste eut la satisfaction de faire lui-même l'examen qu'il demandait pour la confirmation de ses vues. Se trouvant à Harlem, il demanda au directeur du Musée de faire creuser la pierre qui contenait le prétendu homme fossile, afin d'y mettre à découvert les os qui pouvaient encore y rester cachés. L'opération se fit en présence du directeur du Musée et d'un autre naturaliste. Un dessin du squelette de la Salamandre avait été placé près du fossile, par Cuvier. Il eut la satisfaction de reconnaître qu'à mesure que le ciseau creusait la pierre, quelqu'un des os que ce dessin avait annoncés d'avance apparaissait au jour.

Dans les sciences naturelles, il y a peu d'exemples de triomphe aussi éclatant, il y a peu de démonstrations aussi frappantes de la certitude des méthodes d'observation et d'induction sur lesquelles repose la paléontologie.

Pendant la période pliocène, des oiseaux d'espèces très-nombreuses, et qui vivent encore de nos jours, animaient les immenses solitudes que l'homme ne remplissait pas encore : des Vautours, des Aigles, des Cathartes, parmi les rapaces ; et parmi les autres genres d'oiseaux, des Goëlands, des Hirondelles, des Pies, des Perroquets, des Faisans, des Coqs, des Canards, etc.

Jetons un coup d'œil sur la Faune marine de la période pliocène.

C'est pendant cette période que les mers se sont peuplées pour la première fois de Cétacés, ou mammifères marins. Les genres Dauphin et Balænodon appartiennent à la période qui nous occupe.

La science est très-peu avancée dans la connaissance des espèces fossiles appartenant au genre des Dauphins et des Baleines. Quelques ossements de Dauphin, trouvés en différents lieux de la France, ont appris seulement que les espèces anciennes diffèrent de celles de nos jours.

La même remarque peut être faite pour le Narval, ce cétacé si remarquable par sa longue dent en forme de corne, animal qui fut de tout temps un objet de curiosité.

Les Baleines que l'on trouve dans les terrains correspondant à la période éocène, différaient peu des Baleines actuelles ; mais les observations que l'on a pu faire sur ces gigantesques débris des animaux de l'ancien monde, sont trop peu nombreuses pour que l'on ait pu en tirer une conclusion précise. Il est certain toutefois que les Baleines fossiles diffèrent de la Baleine actuelle par certains caractères tirés des os du crâne.

La découverte d'un énorme fragment de Baleine fossile, faite à Paris en 1779, dans la cave d'un marchand de vin de la rue Dauphine, fit une certaine sensation. La science prononça sans trop d'hésitation sur la véritable origine de ces ossements ; mais le public eut quelque peine à comprendre l'existence d'une Baleine dans la rue Dauphine.

C'est en faisant pratiquer des fouilles dans sa cave que le marchand de vin fit la découverte dont il s'agit. On rencontra sous la pioche, enfouie dans une argile jaunâtre, une énorme pièce osseuse. L'extraction complète de ce morceau eût présenté de grandes difficultés. Peu empressé de pousser plus loin ses recherches, notre homme se contenta de faire enlever, à l'aide du ciseau, une portion de cet os monstrueux. La pièce ainsi détachée pesait à elle seule 227 livres. Elle fut exposée chez le marchand de vin, où un grand nombre de curieux vinrent la voir.

Un naturaliste de cette époque, Lamanon, qui l'examina, conjectura qu'elle appartenait à la tête d'un cétacé. Quant à la pièce elle-même, elle fut achetée pour le musée de Teyler, à Harlem, où elle est encore.

Il n'existe au Muséum d'histoire naturelle de Paris qu'une copie de l'os du cétacé de la rue Dauphine, qui a reçu le nom scientifique de *Balænodon Lamanoni*. L'examen de cette figure conduisit Cuvier à reconnaître que cet os a appartenu à une espèce de Baleine antédiluvienne, qui différait non-seulement des espèces vivantes, mais encore de toutes les espèces connues jusqu'ici.

Depuis l'observation de Lamanon, d'autres ossements de Baleine ont été découverts dans le sol de différents pays, mais les études de ces fossiles ont toujours laissé à désirer. En 1806, une Baleine fossile fut déterrée à Monte-Pulgnasco par M. Cortesi; une autre fut trouvée en Écosse. En 1816, on découvrit également de nombreux os du même animal dans une petite vallée formée par un ruisseau se rendant à la Chiavane, l'un des affluents du Pô. Mais aucune étude rigoureuse ne fut entreprise au sujet de ces ossements.

Fig. 296. Cardium hians.
(1/2 G. N)

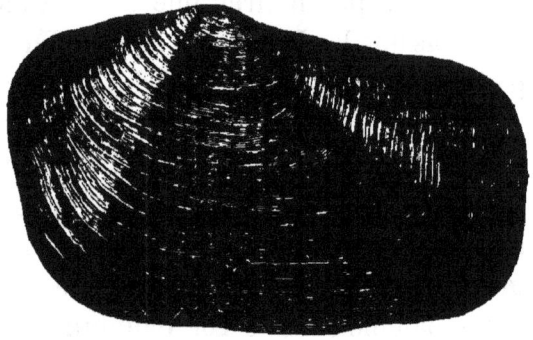

Fig. 297. Panopæa Aldovrandi.
(1/3 G. N.)

Cuvier a établi parmi les cétacés fossiles un genre particulier qu'il désigne sous le nom de *Ziphius*. Les animaux qui portent ce nom ne peuvent s'identifier ni aux Baleines, ni aux Cachalots, ni aux Hyperoodons. Ils tiennent dans l'ordre des cétacés la place que les Palæothériums et les Anoplothériums occupent dans l'ordre des pachydermes, ou celle que le Mégathérium et le Mégalonyx occupent dans l'ordre des édentés. Les *Ziphius* vivent encore aujourd'hui dans la Méditerranée.

Les espèces de Mollusques caractéristiques, c'est-à-dire qui servent à distinguer cette période de toutes les autres, sont nombreuses : nous citerons les plus connues. Telles sont:

Cardium hians (fig. 296); — *Panopæa Aldovrandi* (fig. 297); — *Pecten Jacobæus; — Fusus contrarius* (fig. 298) ; — *Murex alveolatus* (fig. 299); — *Cypræa coccinelloides; — Buccinum priewaticum; — Chenopus pespelicani* (fig. 300) ; — *Voluta Lamberti* (fig. 301).

Terrain pliocène. — On donne en Angleterre le nom de *crag*, et en Italie celui de *terrain subapennin*, aux dépôts formés pendant la période pliocène. Ces terrains, très-remarquables dans le comté de Suffolk, consistent en une série de couches marines de sable quartzeux, colorées en rougeâtre par des matières ferrugineuses.

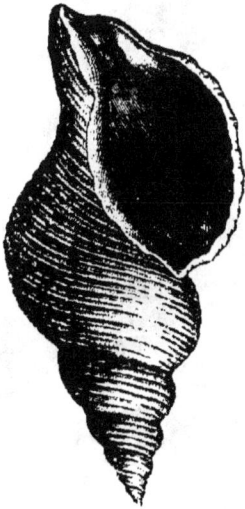

Fig. 299. Murex alveolatus.
(G. N.)

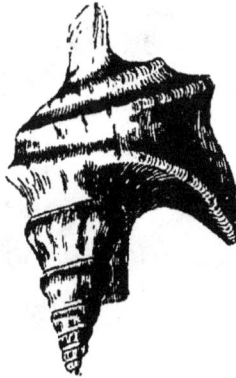

Fig. 298.
Fusus contrarius.
(1/2 G. N.)

Fig. 300.
Chenopus pespelicani.
(G. N.)

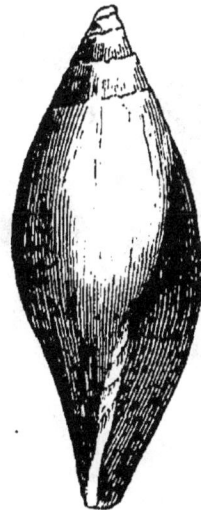

Fig. 301.
Voluta Lamberti.
(1/2 G. N.)

L'étage du *crag* forme, sur divers points de l'Europe, par exemple à Anvers (Belgique), de grandes accumulations. En France, on cite ceux de Carentan et de Perpignan, et l'on croit le reconnaître dans le bassin du Rhône. Le plus puissant dépôt de ce genre, composé d'argile et de sable alternant avec des marnes et des calcaires arénifères, constitue les *collines subapennines*, qui s'étendent sur les versants de la chaîne des Apennins. Cet étage se retrouve au val d'Arno supérieur, que nous

Fig. 302. Vue idéale de la terre pendant la période pliocène.

avons déjà cité. On a même signalé sa présence sur une grande étendue jusque dans la Nouvelle-Hollande. Enfin les sept collines de Rome paraissent composées en partie de couches marines tertiaires appartenant à la période pliocène.

La planche 302 représente une vue idéale de la terre pendant l'époque pliocène et sous les latitudes d'Europe. Au fond du tableau, une montagne, récemment soulevée, rappelle les agitations qui, pendant cette période, ont bouleversé le sol, en faisant apparaître une partie des montagnes actuelles. La végétation est presque identique à celle de nos jours. On y voit réunis les animaux les plus importants de cette période, tant pour les espèces fossiles que pour celles qui existent encore aujourd'hui.

Nous avons montré, dans une série successive de cartes, l'étendue des continents résultant des dépôts marins, dans la partie de l'Europe qui devait former la France. A la fin de la période qui vient de nous occuper, et par suite des dépôts laissés par les mers de l'époque tertiaire, le continent français se trouva formé tel qu'il existe actuellement. La carte placée à la page 351 représente donc les divers terrains qui forment le relief du sol dans la France actuelle. Elle a été dressée d'après les documents scientifiques les plus exacts, et notamment d'après la *Carte géologique de France*, due aux travaux de MM. Dufrénoy et Élie de Beaumont, exécutés par l'ordre du gouvernement et avec le concours des ingénieurs de l'État.

Après la carte géologique de la France, nous plaçons une seconde carte qui représente l'étendue et la nature géologique des terrains qui composaient l'Europe à la fin de l'époque tertiaire. Comme l'Europe n'a éprouvé aucun changement depuis l'époque tertiaire jusqu'à nos jours, ni dans l'étendue de ses divers continents, ni dans la composition des terrains qui formaient dès cette époque le relief du sol, elle n'est autre chose que la *Carte géologique de l'Europe actuelle*. Dressée sur les documents scientifiques les plus exacts, cette carte sera consultée par le lecteur avec intérêt et profit.

CARTE
GÉOLOGIQUE
DE L'EUROPE

ÉPOQUE QUATERNAIRE

ÉPOQUE QUATERNAIRE.

L'époque quartenaire de l'histoire de notre globe commence après l'époque tertiaire et se continue jusqu'à nos jours.

La tranquillité de notre globe ne sera troublée, pendant la durée de cette dernière époque, que par quelques cataclysmes dont la sphère sera restreinte et locale, et par un trouble passager qui surviendra dans sa température : les *déluges* et la *période glaciaire*, voilà deux premières particularités remarquables que va nous présenter cette époque. Mais le fait qui domine l'époque quaternaire, et en même temps toutes les phases que nous a présentées jusqu'ici l'histoire de la terre, c'est l'apparition de l'homme, œuvre culminante et suprême du Créateur de l'univers.

Dans cette dernière phase de l'histoire de la terre, nous établirons, en conséquence, ces trois divisions chronologiques ·

1° Les déluges de l'Europe ;

2° La période glaciaire ;

3° La création de l'homme et le déluge asiatique.

Avant d'exposer les trois ordres d'événements divers qui remplissent l'époque quaternaire, nous avons à présenter le tableau du règne organique, c'est-à-dire des espèces végétales et animales propres à cette époque.

Nous n'entrerons dans aucun développement particulier pour ce qui concerne les plantes. La végétation de l'époque quaternaire n'est autre, en effet, que celle de notre époque ; cette flore, c'est la flore de nos jours.

Ce que nous venons de dire pour les végétaux de l'époque

quaternaire, ou actuelle, nous pouvons le répéter pour les animaux. La création animale de l'époque quaternaire est celle que l'homme voit vivre et s'agiter sous ses yeux. Nous aurions donc supprimé toute description de ces auimaux, si quelques espèces appartenant à la création quaternaire n'avaient déjà disparu. Ces espèces dès maintenant éteintes, ces animaux dont la race, contemporaine des animaux actuels, est pourtant aujourd'hui effacée de la terre, nous sommes obligé de les décrire, comme nous avons décrit les espèces éteintes appartenant aux âges antérieurs. Elles ne sont pas nombreuses d'ailleurs, et se réduisent dans notre hémisphère aux suivantes : Mammouth (*Elephas primigenius*), Rhinocéros (*Rhinoceros tichorhinus*), Ours (*Ursus spelæus*), Tigre gigantesque (*Felis spelæa*), Hyène (*Hyena spelæa*), Bœuf (*Bos priscus* et *primigenius*), Cerf (*Cervus megaceros*), auxquelles il faut joindre le *Dinornis* et l'*Epiornis*, parmi les oiseaux. En Amérique existaient aussi, pendant l'époque quaternaire, des édentés de taille colossale et d'une structure toute particulière, le *Megatherium*, le *Megalonyx* et le *Mylodon*. Nous allons passer en revue ces animaux antédiluviens, en commençant par ceux de notre hémisphère.

La figure 303 représente le squelette du Mammouth. Sa taille dépassait celle des plus grands Éléphants actuels, car il avait de 5 à 6 mètres de hauteur. La courbure en demi-cercle de ses monstrueuses défenses, qui atteignent jusqu'à 4 mètres de longueur, différencie le Mammouth de l'Éléphant actuel des Indes. La forme de ses dents permet de le distinguer facilement de son congénère fossile, le Mastodonte. Tandis que les dents du Mastodonte sont surmontées d'éminences ou de tubérosités en forme de mamelons, les dents du Mammouth, semblables en cela à celles de l'Éléphant actuel, présentent une large surface unie, surmontée seulement de sillons réguliers à large courbure.

Les dents (fig. 304), chez le Mammouth comme chez l'Éléphant actuel, sont au nombre de quatre seulement, deux à chaque mâchoire, si l'animal est adulte. Sa tête allongée, son front concave, sa mâchoire courbe et tronquée en avant, caractérisent encore le Mammouth.

Il a été facile, comme on le verra plus loin, de connaître les formes générales, la structure de cet animal, et jusqu'à sa peau. On sait, à n'en pas douter, qu'il était revêtu de poils longs et serrés, et qu'une crinière flottait sur son cou et le

Fig. 303. Squelette du Mammouth (*Elephas primigenius*).

long de son épine dorsale. Sa trompe ressemblait à celle de l'Éléphant actuel des Indes. Son corps était plus lourd, et ses

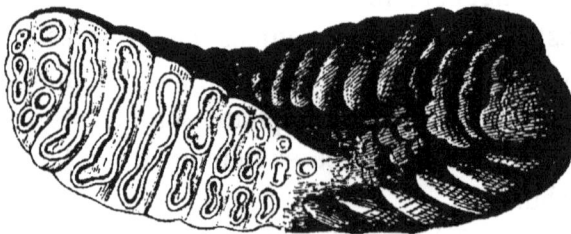

Fig. 304. Dents du Mammouth.

jambes plus courtes que celles de ce dernier animal, dont il avait d'ailleurs les mœurs et les habitudes.

Blumenbach a donné au Mammouth ou Éléphant fossile le nom spécifique d'*Elephas primigenius*.

Le Mammouth ou Éléphant fossile (fig. 305) est, sans aucun doute, le plus important de tous les animaux de l'ancien monde reconstitués, ressuscités, pour ainsi dire, par la science moderne. Aussi ne devons-nous pas craindre de nous étendre un peu longuement sur les principaux traits de son histoire, qui

Fig. 305. Mammouth restauré.

auront d'ailleurs l'avantage de nous donner l'explication de plusieurs faits consignés dans les annales de différents peuples.

A toutes les époques, et presque dans tous les pays, le hasard a fait découvrir dans le sol des ossements d'Éléphant. Pline nous a transmis la tradition, recueillie par l'historien Théophraste, qui écrivait 320 ans avant Jésus-Christ, de l'existence d'ossements ou d'ivoire fossile (*ebur fossile*), dans le sol de la Grèce [1].

Comme certains os de l'Éléphant ont quelque ressemblance

1. *Theophratus auctor est, et ebur fossile candido et nigro colore inveniri, et ossa e terra nasci, invenirique lapides osseos*, lib. XXXVI, cap. xxix. « Théophraste assure que l'on a trouvé de l'ivoire fossile noir et blanc, ainsi que des os transformés en pierres; ces os étaient nés de la terre. »

avec ceux de l'homme, on les a souvent pris pour des os humains. Dans les premiers temps de l'histoire, les grands ossements que l'on déterrait accidentellement, passaient pour avoir appartenu à des demi-dieux ou à des héros. On y vit plus tard des restes de géants. Nous avons déjà parlé de l'erreur qui fit prendre, chez les Grecs, une rotule d'Éléphant pour celle d'Ajax. C'est également à des os d'Éléphant fossile qu'il faut attribuer le géant dont parle Pline [1], et qui fut mis à découvert par un tremblement de terre. On doit encore rapporter à la même origine le prétendu corps d'Oreste, long de 7 coudées (4 mètres), qui fut découvert à Tégée par les Spartiates [2]; celui d'Astérius, fils d'Ajax, découvert dans l'île de Ladée, et long de 10 coudées, selon Pausanias; enfin les grands os qui furent trouvés dans l'île de Rhodes et dont parle Phlégon de Tralles [3].

On remplirait des volumes rien qu'avec les histoires de prétendus géants trouvés dans d'anciens tombeaux. Au reste, ces livres existent, et sont même assez nombreux dans la littérature du moyen âge; ils ont pour titre : *Gigantologie*. Tous les faits, plus ou moins réels, tous les récits, véridiques ou imaginaires, rassemblés dans ces recueils, peuvent s'expliquer par la découverte accidentelle d'os d'Éléphant, plutôt que de tout autre animal de notre époque ou de l'ancien monde.

On trouve répétée dans toutes les *Gigantologies* l'histoire du prétendu géant découvert, au quatorzième siècle, à Trapani, en Sicile, dont parle Boccace, et qu'on ne manqua point de prendre pour Polyphème; ainsi que l'histoire du géant trouvé, au seizième siècle, selon Fasellus, dans les environs de Palerme. Le même auteur cite d'autres parties de la Sicile, comme Melilli, entre Leontium et Syracuse, Carine, à 12 milles de Palerme, Calatrasi, Petralia, etc., où l'on déterra des os de géants.

Le P. Kircher parle de trois autres géants trouvés en Sicile, et dont il ne restait de bien complet que les dents [4].

En 1577, un ouragan ayant déraciné un chêne près du cloître

---

1. Lib. VII, cap. XVI.
2. Pline, *loc. cit.*; Aulu-Gelle, lib. XVI, cap. X.
3. Phlégon, *De mirabil.*, cap. XVI.
4. *Mundus subterraneus*, lib. VIII, cap. XIV, p. 39.

de Reyden, dans le canton de Lucerne, en Suisse, de grands ossements furent mis à nu. Sept années après, le célèbre médecin Félix Plater, professeur à Bâle, s'étant rendu à Lucerne, examina ces os, et déclara qu'ils ne pouvaient provenir que d'un géant. Le conseil de Lucerne consentit à lui envoyer ces ossements à Bâle, pour qu'il les soumît à un examen plus approfondi. Plater crut pouvoir attribuer au géant de Lucerne une taille de 19 pieds. Il fit dessiner un squelette humain sur cette proportion, et renvoya le dessin à Lucerne, avec les os[1].

De tous les os du géant de Lucerne il ne restait plus, en 1706, qu'une portion d'omoplate et un fragment du carpe. L'anatomiste Blumenbach, qui les vit au commencement de notre siècle, les reconnut parfaitement pour des os d'Éléphant.

Nous ne devons pas manquer d'ajouter, comme complément de cette histoire, que les habitants de Lucerne ont adopté, depuis le seizième siècle, l'image de ce prétendu géant comme support de leurs armes. Il est maintenant établi que ce prétendu géant n'est qu'un Mammouth. Ainsi les Lucernois ont fait involontairement ce qu'ont fait avec réflexion les habitants de Berne : l'ours des armes parlantes de la ville de Berne est le pendant du Mammouth des armoiries de Lucerne.

La littérature espagnole conserve le récit de beaucoup d'histoires de géants, déclarés tels au seul examen de leurs os. La prétendue dent de Saint-Christophe, que l'on fit voir à Louis Vivès, à Valence, dans l'église de Saint-Christophe, n'était certainement qu'une molaire d'Éléphant fossile. D'ailleurs, il ne faut pas trop s'étonner de voir, aux premiers siècles du christianisme, des ossements d'Éléphant pris pour des reliques de saints, car ce genre d'erreur s'est prolongé jusqu'aux confins de notre siècle. En 1789, les chanoines de Saint-Vincent faisaient promener processionnellement dans les rues et dans la campagne, pour obtenir de la pluie, un prétendu bras de saint, qui n'était autre que le fémur d'un Éléphant.

En 1456, sous le règne de Charles VII, on vit de ces prétendus os de géants apparaître sur le lit du Rhône. Le même phénomène se reproduisit sur les bords de ce fleuve, près du bourg

---

1. Ce dessin de Félix Plater se voit encore aujourd'hui à Lucerne, dans l'ancien collége des Jésuites.

de Saint-Peirat, vis-à-vis Valence. Le Dauphin, depuis Louis XI, qui résidait alors à Valence, fit recueillir ces os ; on les porta à Bourges, où ils restèrent longtemps exposés à la curiosité publique, dans l'intérieur de la Sainte-Chapelle.

Vers 1564, une découverte semblable eut lieu aux environs de la même ville de Valence. Deux paysans aperçurent, sur les bords du Rhône, le long d'un talus, de grands os qui sortaient de terre. Ils les portèrent au village voisin, où ils furent examinés par Cassanion, qui demeurait à Valence. C'est sans doute à ce propos que Cassanion écrivit son *Traité des géants*[1]. La description donnée par l'auteur[2], d'une dent de ce prétendu géant de Valence, suffit, selon Cuvier, pour prouver qu'elle appartenait à un Éléphant : elle avait 1 pied de longueur et pesait 8 livres.

C'est aussi sur les bords du Rhône, mais en Dauphiné, que fut trouvé, sous Louis XIII, le squelette du fameux Teutobocchus, dont nous avons parlé dans le précédent chapitre, à propos du Mastodonte.

En 1663, Otto de Guericke, l'illustre inventeur de la machine pneumatique, fut lui-même témoin, aux environs de Quedlinbourg, de la découverte d'os d'Éléphant enfouis dans un calcaire coquillier. On y trouva d'énormes défenses, qui auraient dû suffire à établir leur origine zoologique. On les prit pour des cornes, et l'illustre Leibniz composa, avec ces débris, un animal étrange, portant une corne au milieu du front, et à chaque mâchoire une douzaine de dents molaires longues d'un pied. Après avoir fabriqué ce fantastique animal, Leibniz le baptisa du nom d'*Unicornu fossile*. Dans la *Protogée* de Leibniz, ouvrage remarquable, d'ailleurs, comme le premier essai d'une théorie de la formation de la terre, on trouve la description et le dessin de cet être imaginaire.

Pendant plus de trente ans on a cru, en Allemagne, à l'*Unicornu fossile* de Leibniz. Il ne fallut rien moins, pour faire renoncer à cette idée, que la découverte, faite en 1696, dans la vallée de l'Unstrutt, du squelette entier d'un Mammouth, qui fut

---

1. *De gigantibus, auctore J. Cassanione Monostroliense.* Basil., 1580.
2. Page 62.

reconnu pour appartenir à cette espèce par Tinzel, bibliothécaire du duc de Saxe-Gotha, non toutefois sans une vive controverse contre des adversaires de tout genre.

En 1700, un soldat wurtembergeois remarqua par hasard
quelques os qui se montraient hors de terre, dans un sol argileux de la ville de Canstadt, non loin du fleuve Necker. Le duc
régnant, Everard Louis, à qui l'on avait dressé un rapport à ce
sujet, fit exécuter sur ce point des fouilles, qui durèrent plus
de six mois. On découvrit là un véritable cimetière d'Éléphants :
il y avait plus de soixante défenses. On garda les os entiers ;
quant aux débris, on les abandonna à la pharmacie de la cour.
Les soixante défenses figuraient parmi ces débris jugés sans valeur. On ne sut tirer autre chose de ces ossements qu'un vulgaire remède. Au siècle dernier on administrait, en Allemagne,
comme médicament, les ossements fossiles d'ours, qui sont
assez abondants dans ce pays : c'est ce que l'on appelait alors
Licorne fossile. Les magnifiques défenses des Mammouths trouvées à Canstadt servirent donc à combattre la fièvre ou la co-
lique. Quel être intelligent que ce pharmacien de la cour de
Wurtemberg !

On a fait, dans le dix-huitième siècle, un grand nombre de
découvertes semblables à celles qui viennent de nous occuper.
Ces récits nous entraîneraient trop loin. Le progrès des sciences
naturelles ne permettait plus alors des méprises aussi gros-
sières que celles que nous avons rapportées ; ces ossements
furent donc bien reconnus comme propres à l'Éléphant. Mais
l'érudition vint se mettre de la partie, et elle réussit à obscur-
cir une question parfaitement claire. Il fut donc déclaré que les
ossements trouvés en Italie, en Allemagne et en France provenaient des Éléphants qu'Annibal avait amenés de Carthage à
la suite de son armée, dans son expédition contre les Romains.
La considération qui va suivre paraissait particulièrement
triomphante aux yeux de ces savants terribles. La partie de la
France où l'on a trouvé le plus anciennement des os d'Éléphant,
est située aux environs du Rhône, et par conséquent dans les
lieux où le général carthaginois, et plus tard Domitius OEno-
barbus, conduisirent leurs armées, que suivaient un certain
nombre d'Éléphants armés en guerre.

Cuvier a pris la peine de réfuter cette objection, bien insignifiante aujourd'hui. Il faut lire dans son ouvrage sa dissertation savante sur le nombre d'Éléphants qui pouvaient rester à Annibal quand il pénétra dans les Gaules [1].

La meilleure réponse à faire à l'objection étrange élevée par les érudits du commencement de notre siècle, c'est de montrer la prodigieuse diffusion des ossements d'Éléphants fossiles, non-seulement dans l'Europe, mais dans le monde entier. Il n'est pas de région du globe dans laquelle on n'ait trouvé de ces débris. Dans le nord de l'Europe, dans la Scandinavie et l'Irlande ; dans le centre de l'Europe, l'Allemagne, la Pologne et la Russie moyenne ; dans le midi, en Grèce, en Espagne, en Italie ; en Afrique, en Asie, dans le nouveau monde, presque partout, en un mot, on a trouvé et l'on trouve encore des défenses, des dents molaires et des ossements de Mammouth. Ce qu'il y a de plus singulier, c'est que ces débris existent surtout en grand nombre dans les parties septentrionales de l'Europe, dans les régions glacées de la Sibérie, lieux qui seraient tout à fait inhabitables pour l'éléphant de nos jours.

« Il n'est, dit Pallas, dans toute la Russie asiatique, depuis le Don jusqu'à l'extrémité du promontoire des Tchutchis, aucun fleuve, aucune rivière, surtout de ceux qui coulent dans les plaines, sur les rives ou dans le lit desquels on n'ait trouvé quelques os d'Éléphant et d'autres animaux étrangers au climat. Mais les contrées élevées, les chaînes primitives et schisteuses en manquent, ainsi que de pétrifications marines, tandis que les pentes inférieures et les grandes plaines limoneuses et sablonneuses en fournissent partout aux endroits où elles sont rongées par les rivières et les ruisseaux, ce qui prouve qu'on n'en trouverait pas moins dans le reste de leur étendue, si on avait les mêmes moyens d'y creuser [2]. »

Chaque année, à l'époque du dégel, les rivières immenses qui descendent vers la mer Glaciale, dans le nord de la Sibérie, rongent de nombreuses portions de leurs rives, et y mettent à découvert les os que contenait le sol. On en trouve aussi beaucoup en creusant les puits et les fondations.

---

1. *Ossements fossiles*, tome I, p. 87-93, in-4°.
2. *Commentarii* de l'Académie de Pétersbourg pour 1772, tome XVII, p. 572.

Cuvier, dans son ouvrage sur les *Ossements fossiles*[1], donne une longue liste des lieux de la Russie dans lesquels on a fait les plus intéressantes découvertes de débris d'Éléphants.

Plus on avance vers le nord de la Russie, plus les gisements d'Éléphants fossiles deviennent abondants et étendus.

Malgré les témoignages, souvent renouvelés, d'un grand nombre de voyageurs, on a peine à croire à ce qui a été écrit touchant certaines îles de la mer Glaciale avoisinant les pôles. Voici, par exemple, ce que dit le rédacteur du *Voyage de Billing*, concernant quelques îles de la mer Glaciale situées au nord de la Sibérie, vis-à-vis les rivages qui séparent l'embouchure de la Lena de celle de l'Indigirska :

« Toute l'île (la plus voisine du continent, elle a trente-six lieues de long), excepté trois ou quatre petites montagnes de rochers, est un mélange de sable et de glace. Aussi lorsque le dégel fait tomber une partie du rivage, on trouve en abondance des os de Mammouth. Toute l'île, ajoute-t-il, suivant l'expression de l'ingénieur, est formée des os de cet animal extraordinaire, de cornes et de crânes de buffles ou d'un animal qui lui ressemble, et de quelques cornes de Rhinocéros[2]. »

La Nouvelle-Sibérie et l'île de Lachou ne sont, pour la plus grande partie, qu'une agglomération de sable, de glace et de dents d'Éléphant. A chaque tempête, la mer jette sur la plage de nouvelles quantités de défenses de Mammouth.

Les habitants de la Sibérie font un fructueux commerce de cet ivoire fossile. Tous les ans, on voit, pendant l'été, d'innombrables barques de pêcheurs se diriger vers les *îles à ossements*. et, pendant l'hiver, d'immenses caravanes prendre la même route, dans des traîneaux attelés de chiens. Tous ces convois reviennent chargés de défenses de Mammouth, pesant chacune de 150 à 400 livres.

L'ivoire fossile retiré des glaces du Nord s'importe en Chine et en Europe, où on le consacre aux mêmes usages que l'ivoire ordinaire, qui est fourni, comme on le sait, par deux animaux vivants, l'Éléphant et l'Hippopotame d'Afrique.

Les *îles à ossements* du nord de la Russie sont exploitées de-

---

1. Pages 148-151, in-4°, tome I.
2. *Voyage de Billing*, traduit par Castera, tom. I, p. 181.

puis cinq cents ans pour l'importation de l'ivoire en Chine, et depuis cent ans pour l'importation en Europe. On ne voit pas néanmoins que le rendement de ces mines étranges ait jamais diminué. Quel nombre de générations accumulées ne suppose pas une telle profusion de défenses et d'ossements !

L'abondance des débris d'Éléphants fossiles dans les steppes de la Russie a fait naître, chez les peuples de cette contrée, une légende d'origine fort ancienne. Les Russes du Nord croient que ces ossements proviennent d'un énorme animal qui vivait, comme la taupe, dans des trous creusés sous terre. Cet animal, disent les Russes, ne peut supporter la lumière ; il meurt dès qu'il aperçoit le jour.

C'est en Russie que l'Éléphant fossile a reçu le nom de *Mammout* ou de *Mammouth*, et ses défenses celui de *cornes de Mammout*. Pallas avance que ce nom est tiré du mot *mamma*, qui signifie *terre* dans quelque idiome tartare. Selon d'autres auteurs, ce nom proviendrait du mot arabe *behemot*, qui, dans le livre de Job, désigne un grand animal inconnu ; ou de l'épithète *mahemot*, que les Arabes ont coutume d'ajouter au nom de l'Éléphant quand il est de très-grande taille.

Une circonstance assez curieuse, c'est que cette même légende d'un animal vivant exclusivement sous terre existe chez les Chinois, qui désignent sous le nom de *tien-schu* le prétendu animal souterrain. On lit le passage suivant dans la grande *Histoire naturelle* qui fut composée en Chine au seizième siècle :

« L'animal nommé *tien-schu*, dont il est déjà parlé dans l'ancien ouvrage sur le cérémonial intitulé *Ly-ki* (ouvrage du cinquième siècle avant Jésus-Christ), s'appelle aussi *tyn schu* ou *yn-schu*, c'est-à-dire *la souris qui se cache*. Il se tient continuellement dans des cavernes souterraines ; il ressemble à une souris, mais égale en grandeur un buffle ou un bœuf. Il n'a point de queue, sa couleur est obscure. Il est très-fort et se creuse des cavernes dans les lieux pleins de rochers et de forêts. »

Un autre écrivain, cité dans le même passage, s'exprime ainsi :

« Le *tyn-schu* ne se tient que dans des endroits obscurs et non fréquentés. Il meurt sitôt qu'il voit les rayons du soleil ou de la lune ; ses pieds sont courts à proportion de sa taille, ce qui fait qu'il marche mal. Sa queue est longue d'une aune chinoise. Ses yeux sont petits et son cou courbe. Il est fort stupide et paresseux. Lors d'une inondation aux environs du fleuve *Tam-schuann-tuy* (en l'année 1571) il se montra beaucoup de tyn-schu dans la plaine ; ils se nourrissaient des racines de la plante *fu-kia.* »

L'existence, en Chine, des os et des défenses du Mammouth est suffisamment confirmée par le récit d'un ancien voyageur russe, Isbrant Ides, qui, en 1692, parcourut l'empire chinois. Dans l'extrait que nous allons rapporter, du récit de ce voyageur, on remarquera le fait, bien surprenant, de la découverte d'une tête et d'un pied de Mammouth qui s'étaient conservés dans la glace avec toutes leurs chairs.

« C'est dans les montagnes qui sont au nord-est de cette rivière (le Kata) qu'on trouve, dit ce voyageur, les dents et les os de Mammouth ; on en trouve aussi sur les rivages du fleuve Ienizea, des rivières de Trugan, Mungazea, Léna, aux environs de la ville de Iakutskoi, et jusqu'à la mer Glaciale. Toutes ces rivières passent au travers des montagnes dont nous venons de parler et, dans le temps du dégel, elles ont des cours de glaces si impétueux, qu'elles arrachent des montagnes, et roulent avec leurs eaux des masses de terre d'une grandeur prodigieuse. L'inondation finie, ces masses de terre restent sur leurs bords, et la sécheresse les faisant fendre, on trouve, au milieu, des dents de Mammouth et *quelquefois des Mammouths tout entiers.* Un voyageur qui venait à la Chine avec moi et qui allait tous les ans à la recherche des dents de Mammouth, m'assura avoir trouvé une fois, dans une pièce de terre gelée, la tête entière d'un de ces animaux dont la *chair* était corrompue ; *que les dents sortaient du museau comme celles des Éléphants,* et que ses compagnons et lui eurent beaucoup de peine à les arracher, aussi bien que quelques os de la tête, et entre autres celui du cou, lequel était encore comme teint de sang ; qu'enfin, ayant cherché plus avant dans la même pièce de terre, il y trouva un pied gelé d'une grosseur monstrueuse qu'il porta à la ville de Tragan. Ce pied avait, à ce que le voyageur m'a dit, autant de circonférence qu'un gros homme au milieu du corps.

« Les gens du pays ont diverses opinions au sujet de ces animaux. Les idolâtres, comme les Iakoutes, les Tunguses et les Ostiakes, disent que les Mammouths se tiennent dans des souterrains fort spacieux dont ils ne sortent jamais ; qu'ils peuvent aller çà et là dans ces souterrains, mais que, dès qu'ils ont passé dans un lieu, le dessus de la caverne s'élève et ensuite s'abîme, formant en cet endroit un précipice profond ; ils sont aussi persuadés qu'un Mammouth meurt aussitôt qu'il voit la lumière, et soutiennent que c'est ainsi que périssent ceux qu'on trouve morts sur les rivages des rivières voisines de leurs souterrains, où ces animaux s'avancent inconsidérément.

« Les vieux Russes de Sibérie croient que les Mammouths ne sont autre chose que des Éléphants, *quoique les dents que l'on trouve soient un peu plus recourbées et plus serrées dans la mâchoire que celles de ces derniers animaux.* Avant le déluge, disent-ils, le pays était fort chaud, et il y avait quantité d'Éléphants, lesquels flottèrent sur les eaux jusqu'à l'écoulement et s'enterrèrent ensuite dans le limon. Le climat était devenu très-froid après cette grande catastrophe, *le limon gela et avec lui les corps d'Éléphants, lesquels se conservent dans la terre sans corruption jusqu'à ce que le dégel les découvre.* »

Ce récit pourra sembler suspect à quelques lecteurs. On a quelque peine à croire à cette tête et à cette jambe retirées des glaces avec les chairs et la peau, quand on songe qu'il s'agit d'un animal dont l'espèce a disparu de notre globe depuis plus de dix mille ans. L'assertion d'Isbrant Ides, qui voyageait en 1692, a donc besoin d'être confirmée par des témoignages d'une date plus récente. Ces témoignages ne manquent point.

En 1800, un naturaliste russe, Gabriel Sarytschew, voyageait dans le nord de la Sibérie. Étant parvenu non loin de la mer Glaciale, il trouva sur les bords de l'Alasœia, rivière qui se jette dans cette mer, le cadavre entier d'un Mammouth environné de glace. Le corps était dans un état complet de conservation, car le contact permanent des glaces l'avait préservé de toute putréfaction. On sait qu'à la température de 0 degré et au-dessous, les substances animales ne se putréfient point; si bien que, dans nos ménages, on pourrait conserver indéfiniment la viande des animaux de boucherie, le gibier ou le poisson, en les maintenant sous une couche de glace. C'est ce qui était arrivé pour le Mammouth que Gabriel Sarytschew découvrit sur la rivière glacée de l'Alasœia, et qui avait été mis à nu par l'action du courant de ce fleuve. Le flot, creusant la berge, avait dégagé de la glace, où était emprisonné depuis des milliers d'années le monstrueux Pachyderme, qui se trouvait presque debout sur ses quatre pieds. Le corps, dans un état complet de conservation, renfermait encore ses chairs, ainsi que toute la peau, à laquelle de longs poils adhéraient en certaines places.

Le naturaliste russe Adams fit, en 1806, une découverte tout aussi extraordinaire que la précédente. Nous emprunterons le récit de ce fait à un passage des *Mémoires (Commentarii)* de *l'Académie de Pétersbourg*, qui a été traduit par Cuvier en ces termes :

« En 1799 , un pêcheur tongouse remarqua sur les bords de la mer Glaciale, près de l'embouchure de la Léna, au milieu des glaçons, un bloc informe qu'il ne put reconnaître. L'année d'après, il aperçut que cette masse était un peu dégagée, mais il ne devinait point encore ce que ce pouvait être. Vers la fin de l'été suivant , le flanc tout entier de l'animal et une de ses défenses étaient distinctement sortis des glaçons. Ce ne fut que la cinquième année que, les glaces ayant fondu plus vite que de coutume, cette masse énorme vint échouer à la côte sur un banc de sable. Au mois de mars 1804, le pêcheur enleva les défenses, dont il se défit pour une valeur de cinquante roubles. On exécuta, à cette occasion, un dessin grossier de l'animal.

« Ce ne fut que deux ans après et la septième année de la découverte, que M. Adams, adjoint de l'Académie de Pétersbourg, et professeur à Moscou, qui voyageait avec le comte Golovkin, envoyé par la Russie en ambassade à la Chine, ayant été informé à Iakoutsk de cette découverte, se rendit sur les lieux. Il y trouva l'animal déjà fort mutilé. Les Iakoutes du voisinage en avaient dépecé les chairs pour nourrir leurs chiens. Des bêtes féroces en avaient aussi mangé ; cependant le squelette se trouvait encore entier, à l'exception du pied de devant. L'épine du dos, une omoplate, le bassin et les restes des trois extrémités étaient encore réunis par les ligaments et par une portion de la peau. L'omoplate manquante se retrouva à quelque distance. La tête était couverte d'une peau sèche. Une des oreilles, bien conservée , était garnie d'une touffe de crins : on distinguait encore la prunelle de l'œil. Le cerveau se trouvait dans le crâne, mais desséché; la lèvre inférieure avait été rongée, et la lèvre supérieure détruite laissait voir les mâchelières. Le cou était garni d'une longue crinière. La peau était couverte de crins noirs et d'un poil ou laine rougeâtre ; ce qui en restait était si lourd, que dix personnes eurent beaucoup de peine à le transporter. On retira, selon M. Adams, plus de trente livres de poils et de crins, que les ours blancs avaient enfoncés dans le sol humide, en dévorant les chairs. L'animal était mâle ; ses défenses étaient longues de plus de neuf pieds en suivant les courbures, et sa tête, sans les défenses , pesait plus de quatre cents livres.

« M. Adams mit le plus grand soin à recueillir ce qui restait de cet échantillon unique d'une ancienne création; il racheta ensuite les défenses à Iakoutsk. L'empereur de Russie, qui a acquis de lui ce précieux monument moyennant la somme de huit mille roubles , l'a fait déposer à l'Académie de Pétersbourg.

« On a encore connaissance, ajoute Cuvier, d'individus pareils.

« M. Tilesius avait reçu, en 1805, et envoyé à M. Blumenbach, un faisceau de poils arrachés par un nommé Patapof, d'un cadavre de Mammouth, près des bords de la mer Glaciale. »

Fig. 306. Le squelette du Mammouth au Musée de Pétersbourg.

Les chiens et autres animaux voraces avaient dévoré les chairs du Mammouth trouvé aux bords de la mer Glaciale. Adams transporta ses os à Pétersbourg et en forma le plus beau squelette d'*Elephas primigenius* qui existe aujourd'hui. Ce squelette figure au Musée de Pétersbourg. A côté du squelette de ce Mammouth fameux, on a placé celui d'un Éléphant actuel des Indes, puis le corps d'un autre Éléphant actuel revêtu de sa peau, pour faire apprécier aux visiteurs les rapports de grandeur entre le Mammouth et l'Éléphant de nos jours. La figure 306 représente la salle du Musée de Pétersbourg qui contient ces trois pièces intéressantes [1].

On ne saurait douter, après de tels témoignages, de l'existence, dans les glaces du Nord, de restes encore entiers de Mammouth. Ces animaux auront péri subitement; saisi par la glace au moment de leur mort, leur cadavre aura été préservé de la putréfaction par la persistance et l'action continue du froid. Si l'on suppose qu'un de ces animaux soit tombé accidentellement dans les crevasses du glacier, on s'expliquera que son corps, enseveli tout aussitôt sous une glace éternelle, ait pu s'y maintenir intact pendant des milliers d'années.

Dans l'ouvrage de Cuvier sur les *Ossements fossiles*, on trouve une longue et minutieuse énumération des régions diverses de l'Allemagne, de la France, de l'Italie, etc., qui, de nos jours, ont fourni des os ou des défenses de Mammouth. Nous nous bornerons à citer comme spécimen deux de ces observations :

« En octobre 1816, dit Cuvier, il fut trouvé à Canstadt [2] un dépôt très-remarquable, que le roi Frédéric Ier fit déblayer et recueillir avec le plus grand soin. On assure même que la visite qu'y fit ce prince, si ardent pour tout ce qui avait quelque grandeur, contribua à la maladie dont il mourut peu de jours après. Un officier, M. Natter, avait commencé quelques recherches. En vingt-quatre heures on mit à découvert vingt

---

1. Les curieux pourront aller voir, au Muséum d'histoire naturelle de Paris, un morceau de peau, de la laine et quelques poils du Mammouth trouvé par Adams aux bords de la Léna. Ce fragment de peau ressemble à un carré de caoutchouc ou de cuir; les poils et la laine sont fauves ou noirs, rudes et longs. Les deux bocaux qui renferment ces curieuses reliques se trouvent dans la galerie haute du bâtiment affecté aux collections de géologie, armoire VIII, n°s 1501 et 1502.

2. C'est la même ville où l'on avait déjà découvert, en 1700, des ossements de Mammouth, comme nous l'avons rapporté page 360.

et une dents ou parties de dents et un grand nombre d'os. Le roi ayant ordonné de continuer les fouilles, dès le deuxième jour on trouva un groupe de treize défenses placées les unes près des autres et avec quelques mâchelières, comme si on les y avait entassées [exprès. C'est alors que le roi s'y transporta, et ordonna d'enlever le tout avec l'argile qui l'enveloppait, et en conservant à chaque objet sa position. La plus grande des défenses, quoiqu'elle eût perdu sa pointe et sa racine, était encore longue de huit pieds sur un pied de diamètre. On trouva aussi plusieurs défenses isolées ; une quantité de mâchelières depuis deux pouces jusqu'à un pied de longueur ; quelques-unes adhéraient encore à des portions de mâchoires. Tous ces morceaux étaient mieux conservés que ceux de 1700, ce qu'on attribue à la profondeur de leur gisement, et peut-être à une autre nature du sol. Les défenses étaient en général fort courbées. Il se trouvait dans le même dépôt, comme en 1700, des os de cheval, de cerf, une quantité de dents de rhinocéros, des dents que l'on jugea d'ours, et un échantillon que l'on crut pouvoir attribuer au tapir. L'endroit où s'est faite cette découverte se nomme Seelberg et est à environ six cents pas de la ville de Canstadt, mais de l'autre côté du Necker.

« Tous les bassins des grandes rivières d'Allemagne ont donné des os d'éléphant comme les endroits que nous venons de nommer ; et d'abord pour continuer le dénombrement de ceux qu'ont fournis les vallées qui aboutissent au Rhin, Canstadt n'est pas le seul lieu de celle du Necker et des vallons qui s'y rendent où l'on ait fait de pareilles découvertes. »

Cuvier rappelle ensuite les différentes parties de l'Allemagne où l'on a fait, après cette époque, des découvertes du même genre.

De toutes les parties de l'Europe, celles où l'on a rencontré le plus d'ossements d'Éléphants fossiles, c'est la vallée de l'Arno supérieur, dans le Piémont. On trouva là un véritable cimetière d'Éléphants. Leurs ossements étaient autrefois si communs dans cette vallée, que les paysans les employaient pêle-mêle avec les pierres, pour construire les murs et les maisons. Depuis qu'ils en connaissent le prix, ils les mettent en réserve pour les vendre aux voyageurs.

Les ossements et défenses de Mammouth se rencontrent en Amérique, aussi bien que dans notre hémisphère. Cuvier énumère les différentes parties de l'Amérique où les débris du Mammouth ont été trouvés, seuls ou mêlés à ceux du Mastodonte. Nous ne le suivrons pas dans cet exposé. Nous ajouterons seulement un fait postérieur à ceux qui ont été fournis par l'illustre naturaliste.

Le capitaine russe Kotzebue a trouvé des ossements de Mammouth sur la côte nord de l'Amérique. Ces ossements y sont tellement communs, que ses matelots en brûlèrent plusieurs morceaux à leurs feux. Adalbert de Chamisso, naturaliste, qui accompagnait Kotzebue, apporta en Europe une défense longue de 4 pieds et large de 5 pouces dans son plus grand diamètre.

Il est assez étrange que les Indes orientales, c'est-à-dire l'un des deux pays qui sont aujourd'hui, avec l'Afrique, les seuls asiles de la race des Éléphants, soient la seule contrée du globe où l'on n'ait pas découvert d'ossements fossiles de ces animaux.

En résumé, et d'après la longue énumération qui précède, on voit que, pendant la dernière période géologique dont nous esquissons l'histoire, le gigantesque Mammouth habitait toutes

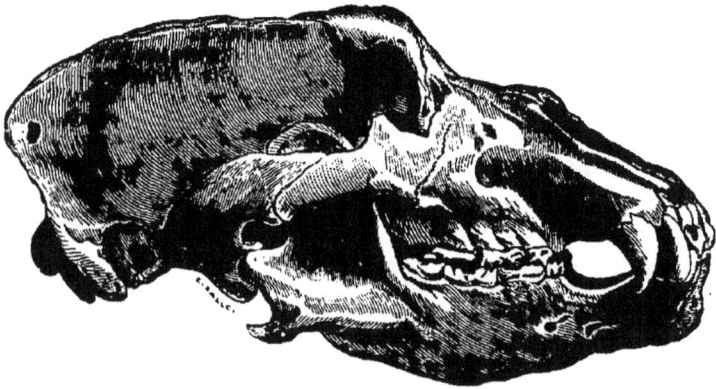

Fig. 307. Tête d'Ursus spelæus.

les régions du globe terrestre. Or, les contrées qui conviennent à la race actuelle de nos Éléphants sont l'Afrique et l'Inde, c'est-à-dire des régions au climat brûlant. Il faut conclure de là que la température terrestre était, à l'époque où ces animaux ont vécu, singulièrement plus élevée que de nos jours.

Parmi les carnivores antédiluviens, l'un des plus redoutables était certainement l'*Ursus spelæus* (Ours des cavernes). Cette espèce était d'un cinquième, ou même d'un quart, plus grande que celle de nos Ours bruns. Elle était aussi plus trapue. On en possède beaucoup de squelettes longs de 3 mètres et hauts de 2 mètres. L'*Ursus spelæus* abondait en France, en Belgique, en Allemagne, etc. Il y était si répandu, que les dents d'Ours antédiluviens ont fait longtemps partie, comme nous l'avons dit plus haut, de la matière médicale, sous le nom de *Licorne fossile*.

La figure 307 représente la tête de l'*Ursus spelæus*.

En même temps que l'*Ursus spelæus*, vivait en Europe un carnassier, le *Felis spelæa* ou *Tigre gigantesque*. Double de taille du tigre actuel, cet animal réunissait les caractères du lion et ceux du tigre. Ses restes, qu'on ne rencontre que rarement, assignent à l'animal vivant une longueur de plus de 4 mètres et une taille qui dépasse celle des plus grands de nos taureaux.

Les Hyènes aujourd'hui vivantes appartiennent à deux espèces : l'*Hyène rayée* et l'*Hyène tachetée*. Cette dernière présente une si grande conformité de structure avec l'Hyène de l'époque quaternaire, que Cuvier a cru pouvoir désigner cette dernière sous le nom d'*Hyène tachetée fossile*. Elle est seulement un peu plus grande que celle qui vit de nos jours.

La figure 308 représente la tête de l'*Hyæna spelæa*.

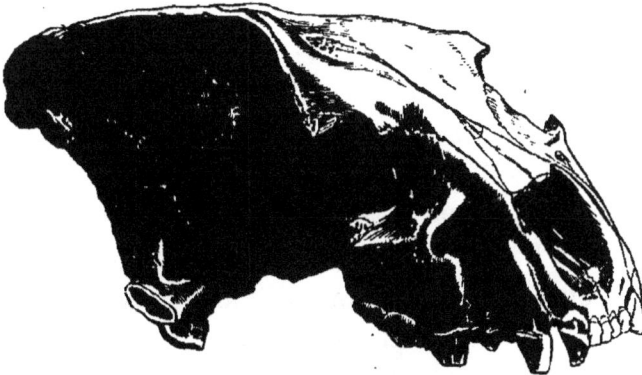

Fig. 308. Tête d'Hyæna spelæa.

Le Cheval remonte à l'époque quaternaire ou aux derniers temps de l'époque tertiaire. On trouve ses débris fossiles dans les mêmes terrains que ceux du Mammouth et du Rhinocéros. Il ne se distingue de nos Chevaux actuels que par sa taille, qui était plus petite. Les débris du Cheval fossile sont excessivement abondants dans les terrains quaternaires, non-seulement en Europe, mais encore en Amérique. Le Cheval sauvage a donc existé dans le Nouveau-Monde. On sait pourtant qu'à l'arrivée des Espagnols, les chevaux étaient inconnus en Amérique. Cette espèce s'y était éteinte, et sa disparition ne saurait, en aucune manière, être attribuée à l'action de l'homme.

Les Bœufs de l'époque quaternaire étaient sinon identiques, au moins très-voisins de nos espèces actuellement vivantes : c'étaient les *Bos priscus, primigenius* et *Pallasii*. Le premier, à jambes grêles, à front bombé plus large que haut, différait peu de l'*Auroch*, dont il se distinguait pourtant par une taille plus élevée et par des cornes plus grandes. On trouve les débris du *Bos priscus* en France, en Italie, en Allemagne, en Russie, en Amérique.

Le *Bos primigenius* serait, selon Cuvier, la souche de nos Bœufs domestiques.

Le *Bos Pallasii*, trouvé en Sibérie et en Amérique, ressemble beaucoup au *Buffle musqué* du Canada.

Dans les mêmes lieux où se trouvent les os des Bœufs fossiles, on a trouvé les restes de diverses espèces de Cerfs. La question paléontologique des Cerfs est fort obscure ; il est souvent difficile de déterminer si les restes d'un Cerf appartiennent à une espèce éteinte ou actuelle. Ce doute ne peut exister toutefois pour le *Cerf à bois gigantesque* (*Cervus megaceros*), un des plus magnifiques animaux antédiluviens.

Les débris du *Cervus megaceros* (fig. 309) se trouvent fréquemment en Irlande, dans les environs de Dublin, plus rarement en France, en Allemagne, en Pologne, en Italie. Intermédiaire entre le Cerf et l'Élan, le *Cervus megaceros* tenait de l'Élan par ses proportions générales et par la forme de son crâne, mais se rapprochait du Cerf par sa taille et la disposition de ses bois.

Si les magnifiques bois qui décoraient sa tête donnaient à cet animal un aspect imposant, ils devaient, d'un autre côté, le gêner beaucoup dans sa marche à travers les épaisses forêts de l'ancien monde. La longueur de ces bois est d'au moins 3 mètres ; ils sont tellement divergents que, mesurés d'une extrémité à l'autre, ils laissent un écartement de 3 à 4 mètres.

Les squelettes du *Cervus megaceros* se trouvent en Irlande, dans les dépôts et turfs calcaires qui s'étendent sous les immenses tourbières, ou dans la tourbe même, près de Curragh.

Ils se présentent en monceaux accumulés dans un petit espace, presque tous dans la même attitude, la tête haute, le cou tendu, les bois renversés et rabattus sur le dos, comme si l'animal, subitement enfoui dans un terrain marécageux, se fût efforcé, jusqu'au moment de sa mort, de chercher de l'air respirable.

Fig. 309. Cervus megaceros.

Il existe au cabinet de géologie de la Sorbonne un magnifique squelette complet de *Cervus megaceros*. Deux autres squelettes, aussi complets, se trouvent à Londres et à Vienne.

Passons maintenant aux grands édentés propres à l'Amérique. Le Glyptodon, le Mégathérium, le Mylodon et le Mégalonyx, n'ont jamais eu d'autre patrie que l'Amérique. Ils appartiennent à l'ordre des édentés, ordre caractérisé surtout par l'absence de dents sur le devant de la bouche. L'appareil masticateur des édentés ne se compose que des molaires et des canines ; quelquefois même les dents manquent complétement. Aussi ces animaux se nourrissent-ils principalement d'insectes ou de feuilles tendres. Les Tatous, les Pangolins et les Fourmiliers sont des exemples de cet ordre d'animaux. On peut ajouter, pour les mieux caractériser encore, que leurs ongles prennent un grand développement, et entourent, en grande partie, l'extrémité des doigts. Les édentés semblent ainsi établir le passage zoologique entre les mammifères onguiculés et les mammifères ongulés, dont l'extrémité du doigt est entourée par un sabot, comme on le voit chez les pachydermes et les ruminants.

Le *Glyptodon*, qui apparut pendant la période quaternaire, appartient, parmi les édentés, à la famille des *Tatous*. Les animaux de cette famille offrent, comme caractère particulier et bien remarquable, un test écailleux et dur, composé de compartiments semblables à de petits pavés, recouvrant leur tête, leur corps et souvent leur queue. Ce sont des mammifères qui semblent enfermés dans une écaille de tortue.

Le *Glyptodon* (fig. 310) se rapprochait beaucoup des *Dasypus* ou Tatous. Il avait seize dents à chaque mâchoire. Ces dents sont creusées latéralement de deux sillons larges et profonds, qui en divisent la surface molaire en trois portions : de là le nom de *Glyptodon*. Le pied de derrière était massif et présentait des phalanges unguéales courtes et déprimées. L'animal était enveloppé et protégé par une cuirasse, ou carapace solide, composée de plaques. Ces plaques, vues en dessous, paraissent hexagonales et sont unies par des sutures dentées; en dessus elles représentent des sortes de doubles rosettes.

Le *Glyptodon clavipes* vivait dans les pampas de Buenos-Ayres. Il n'avait pas moins de 2 mètres de longueur.

Le *Schistopleuron* ne diffère pas assez du *Glyptodon* pour que l'on puisse en faire un genre à part; ce n'est sans doute qu'une espèce du genre *Glyptodon* La différence entre ces deux animaux ne repose que dans la structure de la queue : massive chez le premier, elle est composée chez le second d'une dizaine d'an-

neaux. Pour le reste, organisation et habitudes, tout est identique. Le *Schistopleuron* était, comme le *Glyptodon*, un animal
herbivore, se nourrissant de racines et de débris végétaux.

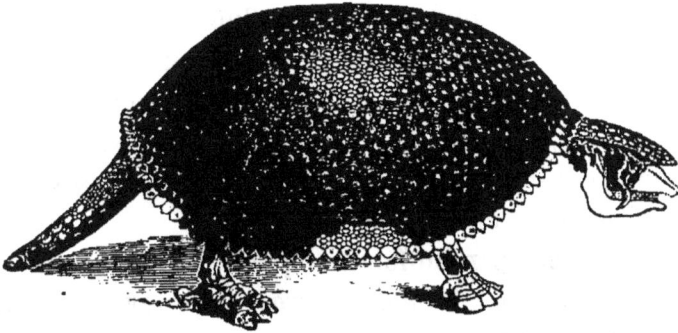

Fig. 310. Glyptodon clavipes. (1/30 G. N.)

La figure 310 représente le *Glyptodon clavipes* à l'état de squelette; la figure 311 représente le *Schistopleuron typus* restauré,
c'est-à-dire à l'état de vie.

Fig. 311. Schistopleuron typus. (1/20 G. N.)

C'était, au premier abord, un être bizarre, extraordinaire que
le *Megatherium* ou *Animal du Paraguay*. Si l'on jette les yeux sur
son squelette, qui fut retrouvé dans le Paraguay, à Buenos-Ayres,

en 1788, et qui existe aujourd'hui dans un état parfait de conservation au Muséum de Madrid, on sera frappé de sa structure
lourde, insolite, gauche et bizarre dans son ensemble et dans
toutes ses parties. Cet animal appartient à l'ordre actuel des
paresseux. Tout le monde a lu, dans Buffon, la description du
Paresseux, et, d'après le grand écrivain, on se représente ce
quadrupède comme étant, de tous les animaux, celui qui a reçu
en partage l'organisation la plus vicieuse, comme un être auquel la nature a interdit toute jouissance, et qui n'a vu le jour
que pour la fatigue et la misère.

L'idée exprimée par Buffon manquait pourtant de justesse.
L'examen attentif de l'*Animal du Paraguay* prouve que l'organisation de cet être antédiluvien ne saurait être considérée comme
gauche ni bizarre, eu égard au genre de vie de son individu.
Les particularités d'organisation qui rendent les mouvements
du Paresseux si lourds et si pénibles à la surface du sol, lui
viennent, au contraire, merveilleusement en aide pour vivre
sur les arbres, dont les feuilles lui servent exclusivement de
nourriture. De même, si l'on considère le *Megatherium* comme
ayant été créé pour fouiller la terre et se nourrir de racines
des arbres et des arbustes, chacun des organes de sa lourde
charpente paraîtra parfaitement approprié à son genre de vie et
bien adapté à l'objet spécial qui lui a été assigné par la
nature.

On doit placer le *Megatherium* entre notre Paresseux et notre
Tatou actuel. Comme le premier, il se nourrissait exclusivement de feuilles d'arbres; comme le second, il fouillait profondément le sol, pour y trouver à la fois sa nourriture et son
abri.

Le *Megatherium* était aussi gros qu'un Éléphant ou qu'un
Rhinocéros de la plus grande espèce. Son corps avait 4 mètres
de longueur et 2 mètres et demi de hauteur. Jetons un coup
d'œil sur chacun des organes principaux de son squelette
(fig. 312).

Sa tête ressemble beaucoup à celle du Paresseux. L'os très-
large qui descend de l'arcade zygomatique, le long de la joue,
devait fournir une puissante insertion aux muscles moteurs de
la mâchoire. La partie antérieure du museau est tellement dé-

veloppée, tellement criblée de trous pour le passage des nerfs et des vaisseaux, qu'il devait exister là, non pas une trompe, qui aurait été inutile à un animal muni d'un cou assez long, mais un groin analogue à celui du Tapir.

Sa mâchoire étant dépourvue de dents incisives, le *Megathe-rium* devait se nourrir d'herbes et de racines; la structure de ses dents molaires prouve qu'il n'était point carnivore. Chacune

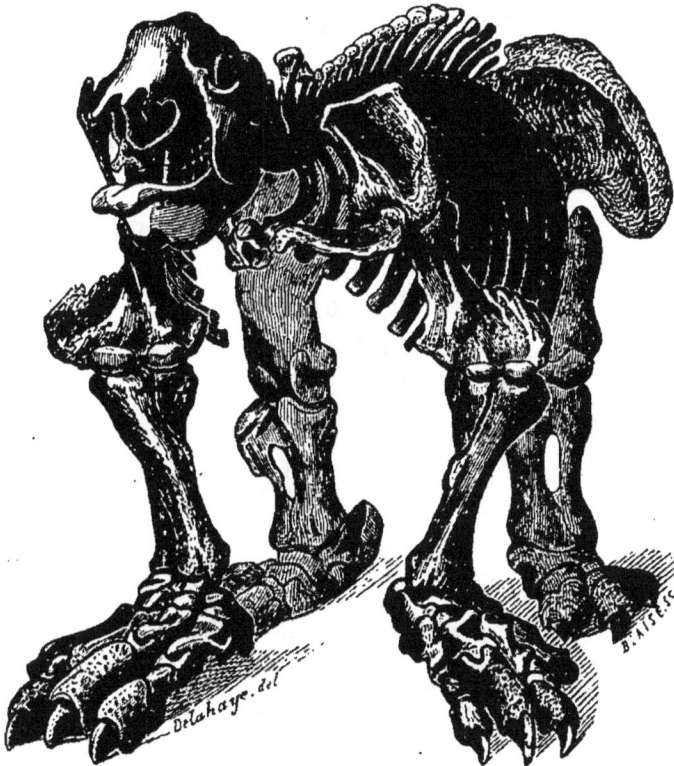

Fig. 312. Squelette du Mégathérium. (1/30 G. N.)

de ses dents ressemble à l'une des nombreuses denticules qui constituent la molaire composée de l'Éléphant.

Les vertèbres du cou, bien que puissantes, ont peu de volume en comparaison de celles de l'extrémité opposée du corps, car la tête est relativement légère et dépourvue de défenses. Les vertèbres lombaires prennent un accroissement correspondant à l'agrandissement énorme du bassin et des membres infé-rieurs. Les vertèbres de la queue sont énormes. Si on ajoute à ces organes osseux les muscles, les tendons et le tégument qui les recouvraient, on est conduit à admettre que la queue du *Megatherium* n'avait pas moins de 60 centimètres de diamètre. Il est probable que, comme les Tatous, le *Megatherium* se servait de sa queue pour supporter le poids énorme de son corps. Ce même organe devait aussi jouer un rôle formidable comme arme de défense, ainsi que cela a lieu chez les Pangolins et chez les Crocodiles.

Les pattes antérieures devaient avoir environ 1 mètre de long et le tiers de large. Elles formaient un instrument puissant pour fouiller la terre jusqu'aux plus grandes profondeurs où s'enfoncent les racines des végétaux. Les pieds antérieurs posaient sur le sol dans toute leur étendue. Solidement appuyé en arrière sur ses deux pieds postérieurs et sur sa queue, placé en avant sur l'un des pieds antérieurs, l'animal employait le pied antérieur libre à creuser la terre, pour déraciner les arbres. Les doigts des pieds antérieurs étaient, à cet effet, munis d'ongles gros et puissants, qui prenaient une position oblique par rapport au sol, de la même façon que les ongles fouisseurs de la taupe.

La solidité et l'étendue du bassin étaient énormes chez l'*Animal du Paraguay*. Ses immenses os iliaques sont presque à angle droit avec la colonne vertébrale. Leurs bords externes sont éloignés l'un de l'autre de plus d'un mètre et demi, disposition en rapport avec le mode de station de l'animal. Le fémur est trois fois plus épais que chez l'Éléphant, et les diverses particularités que présente la structure de cet os paraissent avoir eu pour but de fournir à toute sa charpente une solidité extrême par des proportions courtes et massives. Les deux os de la jambe sont, comme le fémur, courts, épais et solides; ils présentent de plus cette circonstance, qu'on ne rencontre que chez les Tatous et les Chlamyphores, animaux fouilleurs, d'être soudés entre eux par leurs extrémités.

L'organisation anatomique de ces membres dénote une locomotion lourde, lente et difficile, mais offre le support le plus solide et le plus admirablement combiné pour le poids d'une créature énorme et sédentaire, sorte de machine fouilleuse vivante, presque immobile et d'une puissance incalculable.

En résumé, le *Megatherium* (fig. 313) excédait en volume tous les édentés actuellement existants. Il avait la tête et les épaules du Paresseux ; ses pieds et ses jambes offraient réunis les caractères des Fourmiliers, des Tatous et des Chlamyphores. D'une taille énorme, puisqu'il avait 2 mètres et demi de hauteur, ses pieds étaient armés de griffes gigantesques. Sa queue lui servait de moyen de support et d'instrument de défense.

Fig. 313. Mégathérium restauré.

Un animal bâti dans d'aussi massives proportions ne pouvait évidemment ni grimper ni courir ; sa démarche devait être d'une lenteur excessive. Mais fallait-il des mouvements rapides à un être uniquement occupé à creuser la terre, pour y chercher des racines, et qui, par conséquent, changeait rarement de place ? Avait-il besoin d'agilité pour fuir ses ennemis, puisqu'il pouvait renverser le Crocodile d'un seul coup de sa queue ? A l'abri des atteintes des autres animaux, ce robuste herbivore devait vivre paisible et respecté dans les parages solitaires de l'Amérique.

Comme le *Megatherium*, le *Mylodon* (fig. 314) tenait de très-près aux Paresseux. Il habitait aussi exclusivement le Nouveau-Monde. Plus petit que le *Megatherium*, il n'en [différait guère que par la forme de ses dents. Ces organes n'étaient pas similaires et ne présentaient que des molaires à surface usée, plane, indiquant que l'animal se nourrissait de végétaux, pro-

Fig. 314. Mylodon robustus.

bablement de feuilles et de tendres bourgeons. Comme le *Mylodon* présente à la fois des sabots et des griffes à chaque pied, on a pensé qu'il formait un lien entre les animaux onguiculés et les animaux ongulés. On en connaît trois espèces, qui vivaient toutes trois dans les pampas de Buenos-Ayres.

Sur les indications de l'illustre Washington, l'un des premiers et des plus honorables présidents de la république des États-Unis, M. Jefferson, signala, dans une caverne de l'État de Virginie, les restes d'une espèce de Paresseux gigantesque,

dont un squelette complet fut plus tard découvert au Mississipi, dans un état si complet de conservation que les cartilages,
encore adhérents aux os, n'étaient point putréfiés. Jefferson
appela cette espèce *Megalonyx*. Cet animal avait de grands rapports avec le Paresseux. Sa taille dépassait celle du plus grand
Bœuf. Le museau pointu, les mâchoires armées de dents cylindriques, les membres antérieurs beaucoup plus longs que les
postérieurs, l'articulation du pied oblique sur la jambe, deux
doigts gros, courts, armés d'ongles longs très-forts, le doigt
index plus grêle, armé d'un ongle moins puissant, la queue
forte et solide, tels sont les traits saillants de l'organisation du
Megalonyx, dont les formes étaient un peu moins lourdes que
celles du *Megatherium*.

Nous avons réuni dans la planche 315 les grands édentés
qui habitaient exclusivement l'Amérique pendant l'époque
quaternaire. Le Glyptodon, le Mégathérium, le Mylodon, auxquels se joint le Mastodonte. Un petit singe macaque, l'*Oreopithecus*, qui avait commencé d'apparaître dès la période miocène, se suspend aux arbres de ce paysage, dont la végétation
est semblable à celle des régions actuelles de l'Amérique
équatoriale.

Telles sont les espèces de grands mammifères les plus com-
munes et les plus caractéristiques de l'époque quaternaire que
nous avions à signaler. Nous mentionnerons maintenant parmi
les oiseaux le gigantesque *Dinornis* de la Nouvelle-Zélande.
Si l'on en juge par le tibia, qui a 1 mètre de long, et par ses
œufs, qui sont beaucoup plus grands que ceux de l'Autruche,
sa taille devait être extraordinaire pour un oiseau.

La figure 316 représente le *Dinornis* restauré.

Quant à l'*Épiornis*, on n'a trouvé à l'état fossile que son
œuf.

Nous avons essayé de représenter, dans la figure 317, l'aspect de la terre en Europe pendant l'époque que nous venons
de décrire. L'Ours est placé à l'entrée de sa caverne, pour rappeler à la fois et son genre de vie et l'origine de son nom paléontologique (*Ursus spelæus*, Ours des cavernes); il achève de
ronger les os d'un Éléphant. Au-dessus de la caverne, l'Hyène

Fig. 315. Vue idéale d'un paysage d'Amérique pendant l'époque quaternaire.

(*Hyæna spelæa*) guette, d'un œil farouche, le moment de disputer ces restes à son redoutable rival. Des *Cerfs aux grands
bois*, mêlés à d'autres animaux de cette époque, courent dans
le vallon, que remplissent des arbres et arbustes, formant une
végétation identique à celle de nos jours. Des montagnes, récemment soulevées, se voient à l'horizon; elles sont recouvertes d'un manteau de neige glacée, pour rappeler l'arrivée

Fig. 316. Dinornis.

prochaine de cette *période glaciaire* qui va bientôt se manifester,
et qui, en refroidissant d'une manière inopinée une partie de
la terre, doit provoquer le rapide anéantissement des Mammouths et des Rhinocéros *tichorhinus*, et effacer leur race de la
surface du globe.

Tous les ossements fossiles appartenant aux grands mammifères que nous venons de décrire, se rencontrent dans les terrains de l'époque quaternaire ; mais les plus abondants de tous sont ceux de l'Éléphant et du Cheval. L'extrême profusion d'os de Mammouth enfouis dans les couches supérieures de notre globe n'est surpassée que par la prodigieuse quantité d'ossements de Cheval que recèlent ces mêmes couches. La singulière abondance des restes de ces deux animaux prouve que pendant l'époque quaternaire la terre donnait asile à d'immenses troupeaux d'Éléphants et de Chevaux. Il est probable que d'un pôle à l'autre, de l'équateur aux deux extrémités de l'axe du globe, la terre formait une sorte de prairie sans limites, et qu'un immense tapis de verdure recouvrait partout sa surface. Des pâturages aussi abondants étaient nécessaires pour suffire à l'entretien de cette prodigieuse quantité d'herbivores de grande taille et à leur incessante reproduction.

L'esprit peut à peine se représenter ces plaines immenses et verdoyantes du monde primitif, animées par la présence du nombre infini de leurs habitants. Par une température brûlante, des pachydermes aux formes monstrueuses, mais aux allures paisibles, se promenaient dans les hautes herbes, composées de graminées de toutes sortes; des Cerfs de la plus grande taille, la tête ornée de bois gigantesques, escortaient la lourde phalange des Mammouths, tandis que des Chevaux, aux formes petites et ramassées, galopaient ou gambadaient dans ces magnifiques horizons de verdure, dont nul œil humain ne contemplait encore l'agreste sérénité.

Cependant tout n'était pas joie et tranquillité dans ces tableaux champêtres de l'ancien monde : de voraces et redoutables carnassiers faisaient une guerre acharnée à ces troupeaux inoffensifs. Le Tigre et le Lion, l'Hyène farouche, l'Ours et le Chacal y choisissaient leur facile proie.

Fig. 317. Vue idéale de la terre pendant l'époque quaternaire. (Europe.)

LES DÉLUGES D'EUROPE.

Les terrains tertiaires, en plusieurs parties plus ou moins étendues de l'Europe, sont recouverts d'une couche de débris hétérogènes qui remplit les vallées. Cette couche est composée d'éléments très-divers, mais provenant toujours de fragments détachés des roches environnantes. Les érosions qui se remarquent au bas des collines, et qui ont agrandi les vallées déjà existantes, la masse de remblais accumulés en un même point, et qui sont formés de matériaux *roulés*, c'est-à-dire usés par la continuité du frottement pendant un long transport, tout indique que ces dénudations du sol, ces déplacements des corps les plus lourds à de grandes distances, sont dus à l'action violente et subite d'un large courant d'eau. Un flot immense a été lancé soudainement à la surface des terres; il a tout ravagé sur son passage, il a raviné profondément le sol, entraînant et poussant devant lui les débris de toutes sortes qu'il emportait dans sa course désordonnée. On donne le nom scientifique de *diluvium* au terrain remué et bouleversé qui, par son hétérogénéité, accuse à nos yeux le rapide passage de l'impétueux courant des eaux, et l'on désigne par le nom vulgaire de *déluge* le phénomène en lui-même.

A quelle cause attribuer ce subit et temporaire envahissement des continents par un courant d'eau rapide, mais passager? Au soulèvement d'une vaste étendue de terrain, à la formation d'une montagne dans le voisinage ou dans le bassin même des mers. Le terrain, subitement élevé par un mouvement de bas en haut de l'écorce terrestre, ou par un plissement, une ride formés à sa surface, a, par contre-coup, violemment agité les eaux, c'est-à-dire les parties mobiles de notre globe. Par cette brusque impulsion, ces eaux ont été lancées dans l'intérieur des terres; elles ont produit dans les plaines de terribles inondations; elles ont, pour un moment, couvert le sol de leurs ondes furieuses, mêlées aux débris des terrains dévastés par leur envahissement subit. Le phénomène a été brusque, mais court, comme le phénomène de plissement de l'écorce terrestre, comme le soulèvement de la montagne ou de la chaîne de montagnes qui l'avait provoqué; mais il s'est renouvelé à plusieurs reprises, témoins les vallées à étages des environs de Lyon et aussi celle de la Durance. Ces étages indiquent autant de lames successives. En outre, les déplacements des blocs minéraux de leur situation normale sont le témoignage, aujourd'hui parfaitement reconnaissable, de ce grand phénomène.

Il y a eu, sans doute, pendant les époques antérieures à l'époque quaternaire, des déluges tels que nous venons de les décrire. Les montagnes et chaînes de montagnes qui se sont formées par suite de plissements ou de fractures de la croûte solide du globe, effet de son refroidissement et de l'action incessante des feux souterrains, ont dû provoquer de semblables irruptions momentanées des eaux. Le fait est démontré pour les terrains houillers. On trouve quelquefois dans ces terrains des *conglomérats*[1] empâtés de blocs énormes. On en voit de beaux spécimens dans la vallée de Gier.

Cependant les témoignages visibles de ce phénomène, les preuves de cette dénudation, de ce ravinement du sol, les *poudingues* ou *conglomérats*, ne sont nulle part aussi accusés que dans les couches superposées, de loin en loin, aux terrains tertiaires, qui portent le nom géologique de *diluvium* et que l'on voit représentés sur le tableau colorié du frontispice de cet ouvrage. Le phénomène complet des déluges, tel que nous l'avons considéré, peut donc être regardé comme spécialement propre à l'époque quaternaire.

Comme nous le disions au début de ce chapitre, deux déluges fort distincts se sont succédé dans notre hémisphère pendant l'époque quaternaire. On peut distinguer les deux *déluges de l'Europe* et celui *de l'Asie*. Les deux déluges européens

---

1. On nomme ainsi les fragments de roches ou cailloux arrondis ou usés par l'action des eaux et réunis par un ciment minéral.

Fig. 318. Déluge du nord de l'Europe.

sont antérieurs à l'apparition de l'homme; le déluge asiatique a été postérieur à l'homme, et la race humaine, alors aux premiers temps de son existence, a eu certainement à souffrir de ce cataclysme.

Nous n'avons à parler, dans ce chapitre, que des deux déluges européens.

Le premier a sévi dans le nord de l'Europe. Il fut provoqué par le soulèvement des montagnes de la Norvége. Partant de la Scandinavie, le flot s'étendit et porta ses ravages dans les régions qui forment aujourd'hui la Suède et la Norvége, la Russie d'Europe et le nord de l'Allemagne. Le *déluge scandinave* a couvert d'un manteau de terrain meuble toutes les plaines et toutes les dépressions de l'Europe septentrionale.

Comme les régions au milieu desquelles s'opéra le soulèvement montagneux, comme les mers qui environnaient ces grands espaces, étaient en partie gelées et couvertes de glaces, vu leur élevation et leur voisinage du pôle, le flot liquide qui traversa subitement ces contrées entraînait dans ses ondes une masse énorme de glaçons. Le choc de ses blocs solides d'eau congelée dut contribuer à accroître l'étendue et l'intensité des ravages occasionnés par ce violent cataclysme, que nous représentons dans la planche 318.

Les preuves physiques de ce *déluge du nord de l'Europe* résultent pour nous de l'immense manteau de terrain meuble qui couvre aujourd'hui toutes les plaines et toutes les dépressions de l'Europe septentrionale. On a trouvé sur ce dépôt et dans son intérieur une foule de blocs que l'on désigne sous le nom caractéristique et significatif de *blocs erratiques*, et qui sont souvent d'un volume considérable. Tel est, par exemple, le bloc de granit que l'on a trouvé en Russie et qui a servi à former le piédestal de la statue de Pierre le Grand à Pétersbourg. Dans l'intérieur de la Russie, dont le sol est formé par le terrain de transition (terrain permien)[1], la présence de ce bloc de granit ne peut s'expliquer que par son transport sur les glaces, entraînées elles-mêmes par un courant diluvien. Tel est encore un autre bloc de granit du poids de 300 000 kilogrammes, qui fut

1. Voir la carte géologique de l'Europe, p. 351.

trouvé sur le sable dans les plaines septentrionales de la Prusse et dont on a fait une immense coupe pour le Musée de Berlin.

Le roi Gustave-Adolphe, tué en 1632, à la bataille de Lutzen, fut enterré sous le *dernier* bloc erratique descendu en Allemagne.

On a élevé en Allemagne au géologue Léopold de Buch un monument avec un bloc erratique venu de la Norvége.

Ces blocs erratiques que l'on rencontre dans les plaines de la Russie, de la Pologne, de la Prusse, et même de certaines parties orientales de l'Angleterre, sont composés, comme on vient de le voir par les deux exemples que nous venons de citer, de roches absolument étrangères à la région où ils gisent actuellement. Appartenant aux terrains primitifs de la Norvége, ils ont été entraînés, portés et protégés par les glaces à l'époque du déluge du Nord. Quelle immense force d'impulsion primitive avaient dù recevoir ces énormes blocs pour traverser la mer Baltique et arriver à la place où les contemplent aujourd'hui les regards surpris du géologue ou du penseur !

Le deuxième déluge européen a été le résultat de la formation et du soulèvement des Alpes. Il a rempli de débris et de terrains meubles toutes les vallées de la France, de l'Allemagne, de l'Italie, dans une circonférence ayant pour centre les Alpes. On peut encore distinguer aujourd'hui des effets de deux ordres différents, résultant de l'action puissante des masses d'eau violemment déplacées par ce gigantesque soulèvement. D'abord, de larges sillons ont été creusés par des eaux diluviennes, qui ont formé dans ces points des vallées profondes. Ensuite, ces vallées ont été comblées par des matériaux empruntés aux montagnes et transportés dans la plaine. Ces matériaux consistent en cailloux *roulés*, en limons argilosableux, ordinairement calcifères et ferrifères. Ce double effet se montre, avec plus ou moins de netteté, dans toutes les grandes vallées du centre et du midi de la France. La vallée de la Garonne est, à cet égard, pour ainsi dire classique. Aussi en donnerons-nous, comme exemple, une description sommaire.

A partir de la petite ville de Muret, il existe, sur la rive gauche de la Garonne, trois niveaux successifs, plans tous les trois, dont le plus inférieur est celui de la vallée proprement dite, et dont le plus élevé correspond au plateau de Saint-Gaudens. Ces trois niveaux sont parfaitement marqués dans le pays toulousain, qui présente d'une façon remarquable le phénomène diluvien. La ville de Toulouse repose elle-même sur une légère éminence de terrain diluvien. Les plateaux contrastent, par leur forme diluvienne plane, avec les collines mamelonnées de la Gascogne ou du Languedoc. Ils sont essentiellement constitués par une couche de gravier et de cailloux roulés ou ovalaires, mêlés et recouverts d'un dépôt sableux et terreux. Ces cailloux sont constitués principalement par des quartzites bruns ou noirs extérieurement, par des parties dures de grès noirs anciens et de grès rouges. La terre meuble qui accompagne les cailloux et le gravier est un mélange argilo-sableux d'une couleur rougeâtre ou jaunâtre, à cause de l'oxyde de fer qui entre dans sa composition. Dans la vallée proprement dite, on retrouve les cailloux des plateaux associés à quelques autres espèces minérales plus rares aux niveaux supérieurs. Des dents de Mammouth ou de Rhinocéros *tichorhinus* ont été trouvées en divers points sur les bords de cette vallée.

Les petites vallées, tributaires de la vallée principale, paraissent avoir été creusées secondairement, en partie dans le dépôt diluvien, et leurs alluvions, essentiellement terreuses, ont été formées aux dépens du terrain tertiaire et du diluvium lui-même.

Le temple antique du Parthénon, en Grèce, s'élève sur une éminence de terrain diluvien.

Dans la vallée du Rhin, en Alsace et dans plusieurs parties isolées de l'Europe, domine une sorte particulière de *diluvium :* il consiste en un limon d'un gris jaunâtre, composé d'une matière argileuse, mélangée de carbonate de chaux, de sable quartzeux et micacé et d'oxyde de fer. Ce limon, que les géologues désignent sous le nom de *lehm* ou *lœss*, atteint, en quelques pays une épaisseur considérable. Il est très-reconnaissable aux environs de Paris. Il s'élève un peu à droite et à gauche, au-dessus de la base des montagnes de la forêt Noire et des Vosges.

Les fossiles que renferment les dépôts diluviens en général

consistent en coquilles terrestres, lacustres ou fluviatiles, actuellement vivantes pour la plupart, auxquelles il faut joindre les restes des mammifères dont nous avons déjà signalé l'existence à l'époque quaternaire.

Mais ces restes, on les retrouve souvent accumulés en quantités extraordinaires dans des espaces ou cavités connues sous le nom de *cavernes* ou de *brèches osseuses*, qui, de tout temps, ont fixé l'attention des savants et des personnes étrangères à la science. Il ne sera pas hors de propos de résumer ici l'état actuel de nos connaissances concernant les *cavernes à ossements* et les *brèches osseuses*.

Cavernes à ossements. — Les cavernes à ossements ne sont pas de simples cavités creusées dans le roc, à quelques pieds de profondeur. Elles consistent ordinairement en une série de grottes nombreuses, communiquant entre elles par d'étroites ouvertures, qu'on ne peut franchir qu'en rampant, et qui s'étendent souvent à des distances considérables. Il en existe au Mexique qui ont une longueur de plusieurs lieues. L'une des plus remarquables de l'Europe est celle de Gailenreuth, en Franconie (Bavière). Le Harz contient plusieurs belles cavernes, entre autres la *caverne de Baumann*, d'où l'on a retiré beaucoup d'ossements. La caverne de Kirkdale, située à 40 kilomètres d'York, a été explorée avec grand soin par le géologue Buckland, qui en a fait le sujet d'une monographie intéressante [1].

Un naturaliste moderne, visitant la caverne d'Adelsberg, en Carniole, parcourut une suite de chambres étendues dans la même direction sur une longueur de 3 lieues. La rencontre d'un lac l'empêcha de pousser plus loin ce voyage de découvertes souterraines.

Les parois intérieures des cavernes à ossements sont, en général, arrondies, sillonnées, et présentent des traces de l'action érosive des eaux. Ces caractères échappent souvent à l'observateur, parce que les parois de ces cavernes sont recouvertes par des revêtements de calcaire concrétionné en *stalactites* et

---

1. *Reliquiæ diluvianæ*, in-4°.

stalagmites, c'est-à-dire de cristaux ou d'amas de carbonate de chaux, provenant de dépôts laissés par les eaux infiltrées du dehors à l'intérieur de la caverne. Les stalactites et les stalagmites calcaires ornent les parois de ces antres ténébreux des plus brillants et des plus pittoresques décors.

Sous le revêtement stalagmitique, le sol de ces cavités offre fréquemment des dépôts limoneux et ferrugineux. C'est en creusant le sol de ces cavernes que l'on découvre les ossements d'animaux antédiluviens, mêlés de coquilles, de fragments de roches et de cailloux roulés.

La distribution des os au milieu des limons argilo-graveleux est aussi irrégulière que possible. Les squelettes ne sont presque jamais entiers ; les os ne sont même pas rapprochés dans leur position naturelle, d'après les animaux auxquels ils ont appartenu. On trouve des ossements de petits rongeurs accumulés dans le crâne d'un grand carnassier ; des dents d'Ours, d'Hyène, de Rhinocéros sont cimentées avec des cubitus ou des mâchoires de ruminant. Les os sont très-souvent usés et roulés, comme ils le seraient s'ils avaient subi un transport de très-grande distance ; d'autres sont fissurés ; certains néanmoins sont à peine altérés. Leur état de conservation varie avec la situation géographique des cavernes.

Les ossements que l'on trouve le plus fréquemment dans les cavernes proviennent des carnassiers de l'époque quaternaire (Ours, Hyène, Lion, Tigre, etc.). Les animaux des plaines, et notamment les grands pachydermes (Mammouth, Rhinocéros), ne s'y rencontrent que très-rarement, et toujours en petit nombre. De la caverne de Gailenreuth on a extrait plus de mille squelettes, dont huit cents de la grande espèce d'*Ursus spelæus,* et quatre-vingts de la petite espèce ; et deux cents d'Hyènes, de Loups, de Lions, de Gloutons. Dans la caverne de Kirkdale on a découvert les débris d'environ trois cents Hyènes, appartenant à des individus de différents âges. On y a trouvé aussi des os de Loup, de Lièvre, de Rat d'eau et d'oiseaux, mêlés à ceux de quelques herbivores. Buckland constata que les os autres que ceux d'Hyènes avaient été rongés ; il reconnut la présence de nombreux *coprolithes* d'Hyènes, ainsi que les traces du passage fréquent de ces animaux à l'entrée de la grotte.

Buckland conclut de ces remarques que les Hyènes seules avaient habité ces repaires, et que ces animaux accumulaient dans les cavernes, pour s'en repaître, les cadavres d'herbivores dont on y retrouve les débris. Faisons toutefois remarquer que l'opinion du géologue anglais ne saurait être généralisée. Dans le plus grand nombre des cavernes, les os des mammifères sont brisés, usés par le frottement d'un long transport, *roulés*, selon l'expression géologique, enfin cimentés par un même limon et avec les fragments des roches de la contrée voisine. A côté d'ossements d'Hyènes, on trouve non-seulement des os d'herbivores inoffensifs, mais encore des restes de Lions et d'Ours. Toutes ces circonstances se réunissent pour établir que les os qui remplissent les cavernes ont été entraînés, pêle-mêle, dans ces anfractuosités, par le rapide courant des flots diluviens. Les grottes ossifères se trouvent le plus souvent vers l'entrée des vallées, dans les plaines, ou à une hauteur qui ne dépasse jamais les limites du phénomène diluvien. Il est donc à supposer que, dans le plus grand nombre des cas, les animaux, surpris et tués par des torrents impétueux et soudains, ont été entraînés et engloutis dans les cavernes que le flot rencontrait sur son passage en balayant la terre. Les os ont été ensevelis, de cette manière, dans le limon diluvien.

Nous devons signaler, pour être complet, une explication qui a été donnée de la présence des ossements dans les cavernes. Quelques géologues ont prétendu que ces antres avaient servi de refuge à des animaux blessés ou malades. Il est certain que l'on voit, de nos jours, des animaux malades ou mortellement atteints se réfugier dans des fissures de rochers ou dans des creux de troncs d'arbres, pour y mourir, et c'est pour cette raison que l'on trouve si rarement des squelettes d'animaux en plein champ ou dans les forêts. Cette circonstance peut s'être présentée quelquefois. Concluons, en définitive, qu'outre le mode de remplissage le plus général des cavernes à ossements, qu'il faut, comme nous venons de le dire, attribuer au courant des eaux diluviennes, les deux autres causes de remplissage que nous avons énumérées, c'est-à-dire le séjour habituel des animaux carnassiers et destructeurs ou la retraite des animaux malades, peuvent être invoquées dans quelques cas particuliers.

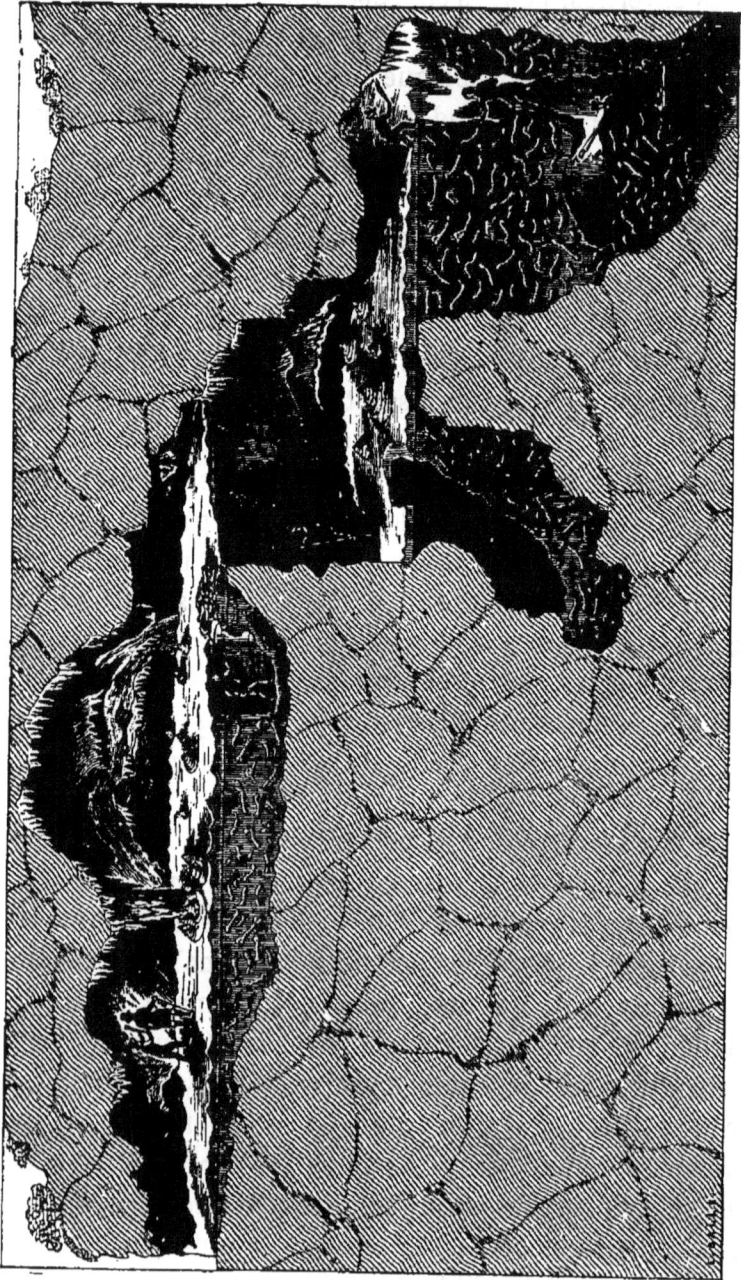

Fig. 319. Coupe verticale de la caverne de Galenreuth en Franconie (Bavière).

Quelle est l'origine géologique des *cavernes?* Comment ont pu se produire ces immenses excavations? Nous les considérons, avec beaucoup de naturalistes modernes, comme des *fentes* ou *fractures* du globe produites par le grand phénomène géologique ordinaire, c'est-à-dire par l'effet du refroidissement terrestre. Ces *fentes* ou *fractures* sont, d'ordinaire, remplies par l'injection de matières ignées lancées de l'intérieur, et qui viennent combler ces immenses vides. Par une circonstance particulière, ces fentes ne sont pas comblées ; la matière centrale du globe n'est pas venue les remplir, de sorte que ces énormes boursouflures sont restées vides à l'intérieur de la terre. Il n'est pas inutile de faire remarquer, pour appuyer cette hypothèse, que presque toutes les cavernes se rencontrent dans des contrées qui ont été le théâtre de dislocations et sont creusées dans le calcaire. Ainsi, ce sont particulièrement les terrains jurassique et néocomien qui offrent de vastes cavernes. Cependant il en existe de fort belles dans le terrain silurien : telle est la *grotte des Demoiselles* près de Ganges (Hérault).

Il faut ajouter, pour donner l'explication complète de la formation des cavernes, que la plupart de ces vastes excavations internes du sol ont été agrandies par des courants d'eaux souterraines qui en ont érodé les parois, et ont beaucoup augmenté, de cette manière, leurs dimensions primitives. ·

Les cavernes à ossements les plus célèbres sont celles de Gailenreuth, en Franconie (Bavière), que nous représentons ici (fig. 319), celles de Nabeustein et de Brumberg, dans le même pays ; celles du Hartz et des environs de Liége ; celles du Yorkshire, du Devonshire et du Derbyshire, en Angleterre ; de Palerme et de Syracuse, en Sicile. Il faut citer, en France, celles de Lunel Viel (Hérault), des Cévennes, de la Franche-Comté, etc.

Brèches osseuses. — Les *brèches osseuses* ne diffèrent des cavernes que par leur forme. Ce sont des amas conglomérés, composés de débris de diverses roches et d'os, cimentés par un limon calcaire, et qui remplissent des boyaux ou des fissures des terrains. La plupart des brèches osseuses qui existent en Europe sont disposées comme une sorte de ceinture autour de la Méditerranée : ce qui indique bien qu'elles sont toutes rattachées à une même fente du globe. Les brèches osseuses les plus remarquables se voient à Cette, à Antibes, à Nice, sur les côtes de l'Italie, aux îles de Corse et de Sardaigne, etc.

On rencontre à peu près dans les *brèches osseuses* les mêmes ossements que dans les cavernes ; seulement les débris fossiles des ruminants y sont en plus grande abondance. Les mêmes ossements se trouvent dans les brèches osseuses des côtes de la Méditerranée, ce qui doit faire présumer qu'elles ont dû se former en même temps et de la même manière.

La proportion des ossements aux fragments de pierre et au ciment varie, dans les brèches osseuses, suivant les localités. Dans les brèches de Cagliari, où les débris de ruminants sont moins abondants que dans celles de Gibraltar et de Nice, les ossements les plus connus, et qui appartiennent à de petits rongeurs, sont, pour ainsi dire, plus abondants que le limon qui les empâte. On y a trouvé trois ou quatre espèces d'oiseaux, que l'on a rapportées aux genres Merle et Alouette. On a trouvé dans les brèches de Nice les restes de quelques grands carnassiers, parmi lesquels Cuvier a signalé deux espèces voisines du Lion et de la Panthère. A San Siro, en Sicile, les brèches ont offert les os d'une espèce de Chien.

Mais les brèches osseuses ne sont pas seulement propres à l'Europe ; on en rencontre dans toutes les parties du globe, et celles qu'on a découvertes récemment en Australie correspondent entièrement aux brèches osseuses de la Méditerranée, dans lesquelles un ciment rouge ocreux relie des fragments de roches et des os : on y a trouvé quatre espèces de Kangurous.

PÉRIODE GLACIAIRE.

Les deux cataclysmes dont nous venons de présenter le tableau avaient surpris l'Europe au moment de l'expansion d'une création puissante. L'essor de la nature animée, l'évolution des êtres, se trouvèrent arrêtés dans les parties de notre hémisphère où s'étaient produits ces gigantesques ébranlements du sol, suivis de ces courtes mais terribles submersions des continents. La vie organique se remettait à peine de cette secousse violente, lorsqu'une seconde atteinte, plus grave peut-être, vint l'assaillir. Les parties septentrionales et centrales de l'Europe, ces vastes contrées qui s'étendent de la Scandinavie à la Méditerranée et au Danube, furent en proie à un refroidissement soudain. Une température glaciale les saisit. Les plaines de l'Europe, ornées naguère de cette végétation luxuriante que les ardeurs d'un climat brûlant avaient développée et entretenue, ces pâturages sans fin que remplissaient des troupeaux de grands Éléphants, d'agiles Chevaux, de robustes Hippopotames et de grands Carnassiers, se trouvèrent tout d'un coup recouverts d'un manteau de neige et de glace.

A quelle cause attribuer un phénomène si imprévu et s'exerçant avec une telle intensité ? Dans l'état présent de nos connaissances, aucune explication plausible de ce fait ne saurait être hasardée. L'astre central qui distribue au monde la chaleur et la vie, le soleil, perdit-il, pendant un certain temps, de sa puissance calorifique ? Cette explication serait insuffisante, puisqu'à cette époque la chaleur solaire n'exerçait sur la terre qu'une très-faible influence. Les courants marins (*gulf-stream*) qui portent, de l'océan Atlantique vers le nord et l'ouest de l'Europe, des eaux chaudes qui élèvent la température de nos continents, ces courants furent-ils un moment détournés ? Aucune hypothèse, nous le répétons, n'a pu expliquer jusqu'ici le *cataclysme* ou la *période glaciaire*, et il ne faut mettre aucune hésitation à confesser notre ignorance sur la cause de cet étrange, de ce mystérieux épisode de l'histoire de la terre.

Mais, si la cause réelle du refroidissement qui suivit les deux déluges européens est encore pour nous un problème insoluble, ses effets sont parfaitement appréciables. Le refroidissement subit des parties septentrionales et centrales de l'Europe eut pour résultat l'anéantissement de la vie organique dans ces contrées. Tous les cours d'eau, les rivières et les fleuves, les mers et les lacs, se trouvèrent gelés. Comme le dit Agassiz dans son premier ouvrage sur *les Glaciers*[1] : « Un vaste manteau de neige et de glace recouvrit les plaines, les vallées, les mers et les plateaux. Toutes les sources tarirent, tous les fleuves cessèrent de couler. Au mouvement d'une création nombreuse et agissante, succéda un silence de mort. » Un grand nombre d'animaux périrent de froid. Les Éléphants et les Rhinocéros périrent par millions au sein de leurs pâturages, subitement transformés en champs de glace ou de neige. C'est alors que ces deux espèces disparurent et furent effacées de la création. D'autres animaux succombèrent, sans toutefois que leur race pérît en entier. Le soleil, qui naguère éclairait de verdoyantes plaines, en se levant sur ces steppes glacées, ne fut salué que par le sifflement des vents du nord et l'horrible fracas des crevasses qui s'ouvraient de toutes parts, sous la chaleur de ses rayons, dans l'immense glacier qui servait de tombeau à tant d'êtres animés.

Comment faire accepter du lecteur cette idée que des plaines, aujourd'hui riantes et fertiles, ont été couvertes jadis, et pendant un temps fort long, d'un immense linceul de glace et de neige ? Pour la faire admettre, ou pour en établir les preuves, il faut porter son attention sur une partie de l'Europe. Il faut choisir un pays où existe encore aujourd'hui le *phénomène glaciaire*, et prouver que ce phénomène, aujourd'hui localisé dans ces contrées, s'est étendu pendant les temps géologiques, à des espaces infiniment plus vastes. Nous choisirons par exemple les glaciers des Alpes. Nous allons montrer que les glaciers de

---

1. In-8°. Neuchâtel, 1840.

la Suisse et de la Savoie n'ont pas toujours été circonscrits dans leurs limites actuelles, qu'ils ne sont, pour ainsi dire, que les miniatures des gigantesques glaciers des temps passés, et qu'ils s'étendaient jadis dans toutes les grandes plaines qui partent du pied de la chaîne des Alpes.

Pour établir ces preuves, nous sommes obligé d'entrer dans quelques considérations sur les glaciers actuels, sur leur mode de formation et les phénomènes qui leur sont propres.

Les neiges qui, pendant tout le cours de l'année, tombent sur les montagnes, ne fondent point, mais se maintiennent à l'état solide quand ces montagnes dépassent la hauteur d'environ 3000 mètres. Lorsque ces neiges sont accumulées, par grandes épaisseurs, dans des vallées ou dans de profondes anfractuosités du sol, elles durcissent, et sous l'influence de la pression résultant de leur poids, par suite de l'introduction, à travers leur substance, d'une certaine quantité d'eau provenant de la fusion momentanée des couches superficielles, elles se transforment en une masse cristalline, à structure grenue, que les naturalistes suisses désignent sous le nom de *névé*. Des fusions et des congélations successives, provoquées par la chaleur du jour et le froid de la nuit, l'infiltration de l'air et de l'eau dans ses interstices, transforment plus tard ce *névé* en une glace homogène et azurée, remplie d'une infinité de petites bulles d'air : c'est ce que l'on nommait autrefois *glace bulleuse*. Enfin, ces masses congelant d'une manière plus complète, l'eau vient remplacer les bulles d'air. Alors la transformation est achevée : la glace est homogène, et elle présente ces belles teintes d'azur que ne se lasse pas d'admirer le touriste qui parcourt les magnifiques glaciers de la Suisse et de la Savoie.

Telle est l'origine, tel est le mode de formation des glaciers des Alpes, dont le pied descend quelquefois jusqu'à de grands villages, comme ceux de Chamonix en Savoie, de Cormayeur en Piémont, de Grindelwald en Suisse.

Une importante propriété des glaciers, c'est d'avoir, dans le sens de leur pente générale, un mouvement de translation qui leur fait parcourir annuellement une certaine distance. Le glacier de l'Aar, en Suisse, par exemple, avance de 71 mètres chaque année.

Sous l'influence de la pente, du poids de la masse de glace, et de la fusion de la partie qui touche le sol, le glacier tend toujours à avancer ; mais par l'effet de la température ambiante, son extrémité antérieure fondant rapidement, il tend à reculer. C'est la différence entre ces deux actions qui constitue le mouvement progressif réel du glacier.

Le frottement que le glacier exerce sur son fond et sur ses parois, doit nécessairement laisser des traces sur les roches avec lesquelles il se trouve en contact. Sur tout le passage d'un glacier, on remarque, en effet, que les roches sont polies, nivelées, arrondies et, comme on dit, *moutonnées*. Ces roches présentent, en outre, des stries dirigées dans le sens de la marche du glacier, et qui résultent d'un véritable burinage produit sur leurs parois précédemment polies, par des fragments anguleux et durs enchâssés dans la glace, à peu près comme le diamant du vitrier est fixé au bout de l'instrument qui sert à rayer le verre.

Dans un travail que nous aurons à citer plusieurs fois, M. Ch. Martins explique comme il suit le mécanisme physique par lequel les roches granitiques, entraînées dans le mouvement de progression d'un glacier, ont rayé, strié, moutonné les roches moins dures que ce glacier a rencontrées pendant sa marche ; comment, enfin, elles ont dénudé le terrain que leur masse a longtemps pressé sous son poids.

« Le frottement que le glacier exerce sur son fond et sur ses parois est trop considérable, dit M. Ch. Martins, pour ne pas laisser de traces sur les roches avec lesquelles il se trouve en contact ; mais son action est différente suivant la nature minéralogique de ces roches et la configuration du lit qu'il occupe. Si l'on pénètre entre le sol et la surface inférieure du glacier, en profitant des cavernes de glace qui s'ouvrent quelquefois sur ses bords ou à son extrémité, on rampe sur une couche de cailloux ou de sable fin imprégné d'eau. Si l'on enlève cette couche, on reconnaît que la roche sous-jacente est nivelée, polie, usée par le frottement et recouverte de stries rectilignes ressemblant tantôt à de petits sillons, plus souvent à des rayures parfaitement droites qui auraient été gravées à l'aide d'un burin ou même d'une aiguille très-fine. Le mécanisme par lequel ces stries ont été gravées est celui que l'industrie emploie pour polir les pierres ou les métaux. A l'aide d'une poudre fine appelée *émeri*, on frotte la surface métallique et on lui donne un éclat qui provient de la réflexion de la lumière par une infinité de petites stries extrêmement ténues. La couche de cailloux et de boue interposée entre le glacier et le roc subjacent, voilà l'émeri. Le roc est la surface métallique, et la masse du glacier, qui presse et déplace la couche de boue en descendant continuellement vers la plaine, représente l'action de la main du polisseur. Aussi les stries dont nous parlons sont-elles toujours dirigées dans le sens de la marche du glacier ; mais comme celui-ci est sujet à de petites déviations latérales, les stries se croisent quelquefois en formant entre elles des angles très-petits. Si l'on examine les roches qui bordent le glacier, on retrouve les mêmes stries burinées sur les parties qui ont été en contact avec la masse congelée. Souvent j'ai pris plaisir à briser la glace qui pressait le rocher, et sous cette glace je trouvais des surfaces polies et couvertes de stries. Les cailloux et les grains de sable qui les avaient gravées étaient encore enchâssés dans le glacier comme le diamant du vitrier est fixé au bout de l'instrument qui lui sert à rayer le verre.

« La netteté et la profondeur des stries dépendent de plusieurs circonstances ; si la roche en place est calcaire, et que l'émeri se compose de cailloux et de sable provenant de roches plus dures, telles que le gneiss, le granit ou la protogine, les stries seront très-marquées. C'est ce que l'on peut vérifier au pied des glaciers de Rosenlaui et des Grindelwald, dans le canton de Berne. Au contraire, si la roche est gneissique, granitique ou serpentineuse, c'est-à-dire très-dure, les stries seront moins profondes et moins marquées, comme on peut s'en assurer aux glaciers de l'Aar, de Zermatt et de Chamonix. Le poli sera le même dans les deux cas, et il est souvent aussi parfait que celui des marbres qui ornent nos édifices.

« Les stries gravées sur les rochers qui contiennent ces glaciers sont en général, horizontales ou parallèles à la surface. Toutefois, aux rétrécissements des vallées, ces stries se redressent et se rapprochent de la verticale. Il ne faut point s'en étonner. Forcé de franchir un détroit, le glacier se relève sur les bords et remonte le long des flancs de la montagne qui lui barre le passage. C'est ce qu'on voit admirablement près des chalets de la Stieregg, étroit défilé que le glacier inférieur de Grindelwald est obligé de franchir avant de s'épancher dans la vallée de même nom. Sur la rive droite du glacier, les stries sont inclinées de 45° à l'horizon : sur la rive gauche, celui-ci s'élève quelquefois jusqu'aux forêts voisines, et entraîne de grosses mottes de terre chargées de touffes de rhododendrons et de bouquets d'aunes, de bouleaux et de sapins. Les roches tendres ou feuilletées sont brisées et démolies par la force prodigieuse du glacier. Les roches dures lui résistent ; mais la surface de ces roches, aplanie, usée, polie et striée, témoigne assez de l'énorme pression qu'elles ont eu à supporter. C'est ainsi qu'au glacier de l'Aar, le pied du promontoire sur lequel s'élève le pavillon de M. Agassiz est poli sur une grande hauteur, et sur la face tournée vers le haut de la vallée j'ai observé des stries inclinées de 64°. La glace redressée contre cet escarpement semblait vouloir l'escalader ; mais le roc de granit tenait bon, et le glacier était obligé de le contourner lentement.

« En résumé, la pression considérable d'un glacier, jointe à son mou-

vement de progression, agit à la fois sur le fond et sur les flancs de la
vallée qu'il parcourt. Il polit tous les rochers assez résistants pour n'être
pas démolis par lui, et leur imprime souvent une forme particulière et
caractéristique. En détruisant toutes les aspérités de ces rochers, il en
nivelle la surface et les arrondit en amont, tandis qu'en aval ils conservent quelquefois leurs formes abruptes, inégales et raboteuses. On comprend, en effet, que l'effort du glacier porte principalement sur le côté
tourné vers le cirque d'où il descend, de même que les piles d'un pont
sont plus fortement endommagées en amont qu'en aval par les glaçons
que le fleuve charrie pendant l'hiver. Vu de loin, un groupe de rochers
ainsi arrondis rappelle l'aspect d'un troupeau de moutons; de là le nom de
roches moutonnées que de Saussure leur a donné et qui leur est resté [1]. »

Il est un autre phénomène qui joue un grand rôle dans l'histoire des glaciers actuels, et de ceux qui couvraient autrefois la Suisse : nous voulons parler des fragments, souvent
énormes, de rochers que les glaciers transportent et entraînent
dans leur mouvement de progression.

Les cimes des Alpes sont exposées à des dégradations continuelles. Formées de roches granitiques, roches éminemment
altérables par l'action de l'air et de l'eau, elles se désagrégent,
et tombent souvent en morceaux plus ou moins volumineux.

« Les masses de neige, dit M. Ch. Martins, qui pèsent sur les Alpes
pendant l'hiver, la pluie qui s'infiltre entre leurs couches pendant l'été,
l'action subite des eaux torrentielles, celle plus lente, mais plus puissante encore, des affinités chimiques, dégradent, désagrégent et décomposent les roches les plus dures. Leurs débris tombent des sommets
dans les cirques occupés par les glaciers, sous forme d'éboulements
considérables accompagnés d'un bruit effrayant et de grands nuages
de poussière. Même au cœur de l'été, j'ai vu ces avalanches de pierre
se précipiter du haut des cimes du Schreckhorn, et former sur la neige
immaculée une longue traînée noire composée de blocs énormes et d'un
nombre immense de fragments plus petits. Au printemps, une fonte
rapide de neiges de l'hiver engendre souvent des torrents accidentels
d'une violence extrême. Si la fusion est lente, l'eau s'insinue dans les
moindres fissures des rochers, s'y congèle et fend les masses les plus
réfractaires. Les blocs détachés des montagnes ont quelquefois des dimensions gigantesques; on en trouve dont la longueur atteint 20 mètres,
et ceux qui mesurent 10 mètres dans tous les sens ne sont pas rares dans
les Alpes [2]. »

1. *Revue des Deux-Mondes*, 1er mars 1847, p. 925 et suiv.
2. *Ibid.*, p. 927.

Ainsi, l'action des infiltrations aqueuses, suivies de la gelée, la décomposition chimique que subit le granit sous l'influence de l'air humide, dégradent, désagrégent les roches qui constituent les montagnes encaissantes des glaciers. Des blocs de dimensions quelquefois considérables tombent souvent au pied de ces montagnes, à la surface du glacier. S'il était immobile, ces débris s'accumuleraient à sa base, et y formeraient un amas de ruines amoncelées sans ordre ; mais la progression lente, le déplacement continuel du glacier, amènent dans la distribution de ces blocs un certain arrangement. Les blocs tombés sur ses bords participent à son mouvement et marchent avec lui. Mais d'autres éboulements arrivent, pour ainsi dire, chaque jour ; dès lors ces nouveaux débris se mettent à la suite des premiers, et tous, réunis, forment une file de matériaux qui longent le bord du glacier. Ces traînées régulières de rochers portent le nom de *moraines*. Quand les rochers tombent sur les deux bords du glacier, provenant alors de deux montagnes qui encaissent ce glacier, il y a deux traînées ou deux files parallèles de débris : on nomme cette double traînée *moraines latérales*. Il y a aussi des *moraines médianes*, qui se forment lorsque deux glaciers viennent à confluer de manière que la moraine latérale droite de l'un s'adosse à la moraine latérale gauche de l'autre. Enfin, il y a des moraines *frontales* ou *terminales*, qui ne reposent pas sur les glaciers, mais à leur point de terminaison dans les vallées, et qui sont dues à l'accumulation des blocs tombés de l'escarpement terminal du glacier et arrêtés par un obstacle.

La figure 320 représente un glacier de la Suisse actuelle. On y voit réunies les particularités physiques géologiques propres à ces masses énormes d'eaux congelées ; les moraines y sont *latérales*, c'est-à-dire formées d'une double file de matériaux.

Transportés lentement à la surface du glacier, tous les blocs de rochers des moraines conservent sans altération leurs formes originelles ; le tranchant de leurs arêtes n'est jamais altéré par ce transport doux et presque insensible. Les agents atmosphériques pourraient seuls entamer ou détruire ces roches. Les blocs formés de roches dures et résistantes conservent donc, à peu de chose près, la forme et le volume qu'ils

Fig. 320. Glacier actuel de la Suisse.

avaient après leur chute à la surface du glacier. Mais il n'en est pas de même des blocs et des débris enclavés entre la roche et le glacier, soit sur son fond, soit sur ses parois latérales. Quelques-uns, sous l'action puissante et continue de ce gigantesque laminoir, se réduisent en un impalpable limon; d'autres sont taillés à facettes; d'autres sont arrondis et présentent une foule de stries entre-croisées dans tous les sens. Ces cailloux striés ont une grande importance pour l'étude de l'ancienne extension des glaciers : ils témoignent, là où on les rencontre, de l'existence de glaciers antérieurs; car le glacier façonne, use, strie les cailloux, tandis que l'eau ne les strie pas : elle les polit, elle les arrondit, elle en efface même les stries naturelles.

Ainsi les blocs volumineux transportés à de grandes distances de leur véritable gisement géologique, c'est-à-dire les *blocs erratiques* selon le terme consacré, les surfaces polies et striées, les éminences moutonnées, les *moraines*, enfin les cailloux usés, polis, taillés à facettes, sont des traces physiques des glaciers en mouvement, et leur présence seule donne au naturaliste la preuve suffisante qu'un glacier a autrefois existé dans les lieux où on les rencontre.

Le lecteur comprendra maintenant comment on peut, de nos jours, reconnaître l'existence d'anciens glaciers dans les différents lieux du monde. Partout où l'on trouvera à la fois des *blocs erratiques* et des *moraines*, partout où l'on observera en même temps des traces consistant en roches polies et striées dans le même sens, on pourra prononcer avec certitude sur l'existence d'un glacier pendant les temps géologiques. Prenons quelques exemples.

Dans les Alpes, à Pravolta, en se dirigeant vers le mont *Santo-Prime*, on trouve, sur un terrain calcaire, le bloc granitique que nous représentons dans la figure 321. Ce bloc erratique existe avec des milliers d'autres, sur les pentes de la montagne. Il a environ 18 mètres de long, 12 de large et 8 de hauteur. Ses arêtes ne sont nullement endommagées. Des stries parallèles se remarquent le long des roches environnantes. Tout cela démontre avec évidence qu'un glacier se prolongeait autrefois dans cette partie des Alpes, où l'on n'en voit

plus aujourd'hui. C'est donc un glacier qui, dans son mouvement de progression, a porté et déposé là cet énorme fardeau.

Dans les montagnes du Jura, sur la colline de Fourvières, à
Lyon, éminence calcaire, on trouve des blocs de granit, évi-

Fig. 321. Bloc erratique des Alpes.

demment détachés des Alpes, et qui ont été charriés jusque-là
par les glaciers de la Suisse.

La figure théorique 322 met en évidence le mode de transport
et de dépôt de ces blocs. A représente, par exemple, le sommet
des Alpes; B, les montagnes du Jura, ou la colline de Fourvières, à Lyon. Aux temps géologiques, le glacier ABC s'étendait
depuis les Alpes jusqu'à la montagne B. Les débris granitiques
qui se détachaient des montagnes alpines tombaient à la surface du glacier. Le mouvement de progression de ce glacier
transporta ces blocs jusqu'à la sommité B. Plus tard, quand

la température du globe s'est relevée, et que les glaces se sont fondues, les blocs D et E ont été tranquillement déposés dans les lieux où on les trouve, sans qu'ils aient eu à souffrir la moindre atteinte, le moindre choc, dans ce singulier transport.

On trouve aujourd'hui les traces très-reconnaissables des anciens glaciers des Alpes fort loin de leurs limites actuelles. Des amas de débris de toutes grosseurs, comprenant des blocs à angles tranchants, se trouvent dans les plaines de la Suisse. On voit souvent des blocs *perchés* sur des points des Alpes situés bien au-dessus des glaciers actuels, ou dispersés dans toute la plaine qui sépare les Alpes du Jura, ou même repo-

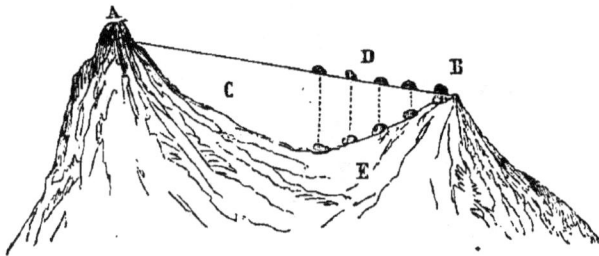

Fig. 322. Transport et dépôt des blocs granitiques par les glaciers.

sant, dans un équilibre incroyable, vu leur grande masse, à une hauteur considérable sur le flanc oriental de cette chaîne de montagnes. C'est à l'aide de ces indices que le géologue a pu retrouver, jusqu'à des·distances extrêmement éloignées, les traces des anciens glaciers des Alpes, les suivre dans tout leur parcours, fixer leur point d'origine et leur point d'arrêt. C'est ainsi qu'on a constaté que l'humble mont de Sion, renflement mollassique situé au nord de Genève, était le point où venaient converger trois grands glaciers antédiluviens : celui du Rhône, qui remplissait tout le bassin du Léman, ou lac de Genève; celui de l'Isère, qui débouchait par les lacs d'Annecy et du Bourget; et celui de l'Arve, qui avait pour berceau la vallée de Chamonix.

Voici, d'après M. G. de Mortillet, qui a étudié avec grand soin cette question géologique, quelles étaient l'étendue et la situation des anciens glaciers des Alpes.

Sur le versant septentrional existait le *glacier du Rhin,* qui occupait tout le bassin du lac de Constance et s'étendait jusque sur les parties limitrophes de l'Allemagne ; — celui de la *Linth*, qui s'arrêtait à l'extrémité du lac de Zurich : cette ville est bâtie sur sa moraine terminale ; — celui de la *Reuss*, qui a couvert le lac des Quatre-Cantons des blocs arrachés aux cimes du Saint-Gothard ; — celui de l'*Aar*, dont les dernières moraines couronnent les collines des environs de Berne ; — celui de l'*Arve* et celui de l'*Isère*, qui débouchaient par les lacs d'Annecy et du Bourget ; — celui du *Rhône*, le plus important de tous. C'est ce dernier glacier qui a porté sur les flancs du Jura, à la hauteur de 1040 mètres au-dessus du niveau de la mer, les *blocs erratiques*. Le glacier du Rhône prenait naissance dans toutes les vallées latérales formées par les deux chaînes parallèles du Valais. Il remplissait le Valais et s'étendait dans la plaine comprise entre les Alpes et le Jura, depuis le fort de l'Écluse, près de la perte du Rhône, jusque dans les environs d'Aarau.

Les débris de roches transportés par la mer de glace qui occupait toute la plaine suisse, prenaient, vers le nord, la direction de la vallée du Rhin. Du côté opposé, le glacier du Rhône, après avoir atteint la plaine suisse, obliquait vers le sud, recevait le glacier de l'Arve, puis celui de l'Isère, passait entre le Jura et les montagnes de la Grande-Chartreuse, recouvrait la Bresse, presque tout le Dauphiné, et venait se terminer aux environs de Lyon.

Sur le versant méridional des Alpes, les anciens glaciers, d'après la carte qui en a été dressée par M. G. de Mortillet, occupaient toutes les grandes vallées, à partir de celle de la Doire, à l'ouest, jusqu'à celle du Tagliamento, à l'est.

« Le glacier de la *Doire*, dit M. de Mortillet, dont nous abrégeons beaucoup le texte, débouchait dans la vallée du Pô, tout près de Turin. Celui de la *Doire-baltée* débouchait dans la plaine d'Ivrée, où il a laissé un magnifique hémicycle de collines qui formaient sa moraine terminale. Celui de la *Toce* venait se heurter, dans le bassin du lac Majeur, contre le glacier du Tessin, et se jetait dans la vallée du lac d'Orta, à l'extrémité méridionale duquel se trouvent des moraines terminales. Celui du *Tessin* remplissait le bassin du lac Majeur et s'étalait entre Lugano et Varèse. Celui de l'*Adda* remplissait le bassin du lac de Côme et venait s'étaler entre Mendrizio et Lecco, en décrivant un vaste demi-cercle. Celui de l'*Oglio* se terminait un peu au delà du lac d'Iseo. Celui de l'*Adige*, ne pouvant continuer son trajet par Reveredo, où la vallée devient très-étroite, allait remplir l'immense bassin du lac de Garde ; à Novi, il a laissé une magnifique moraine, dont le Dante a parlé dans son *Inferno*. Celui de la *Brenta* s'étendait sur le plateau de cette commune. La *Drave* et le *Tagliamento* avaient aussi leurs glaciers. Enfin, les glaciers occupaient toutes les vallées des Alpes autrichiennes et bavaroises[1]. »

On trouve dans plusieurs autres contrées de l'Europe des traces de l'existence d'anciens glaciers. Les Pyrénées, la Corse, le Jura, les Vosges, etc., ont été positivement occupés, pendant les temps géologiques, par ces vastes plaines de glace. Le glacier de la Moselle était le plus considérable des Vosges : recevant de nombreux affluents, il avait 36 kilomètres de long et 2 kilomètres de large ; sa moraine frontale la plus inférieure, qui est située un peu au-dessous de Remiremont, n'a pas moins de 2 kilomètres de longueur.

Mais le phénomène d'extension des glaciers, que nous venons d'étudier dans les Alpes, ne s'est pas produit seulement dans le centre de l'Europe. Les mêmes traces de leur ancienne existence s'observent dans tout le nord de l'Europe, dans la Russie, l'Islande, la Prusse, l'Angleterre, l'Irlande, une partie de l'Allemagne, le nord et même quelques points du midi de l'Espagne, etc. On trouve en Angleterre des blocs granitiques qui proviennent des montagnes de la Norvége. Évidemment, ces blocs sont descendus le long d'un glacier qui s'étendait du pôle nord de l'Europe jusqu'à l'Angleterre. Ils ont, de cette manière, franchi la mer Baltique et la mer du Nord, et sont venus se joindre aux débris analogues apportés par le premier déluge, le *déluge du Nord*, dont il a été question plus haut, et dont il est difficile de distinguer avec exactitude dans ce cas particulier les origines respectives. En Prusse, les mêmes traces sont appréciables. Il faut les rapporter aux deux phénomènes de l'extension des anciens glaciers et du déluge du Nord.

Ainsi, pendant l'époque quaternaire, les glaciers, aujourd'hui limités aux régions polaires, ou aux lieux montagneux d'une altitude considérable, descendaient fort loin de leurs limites actuelles ; leurs nappes immenses et uniformes, vaste linceul de la vie organique, couvraient alors une partie de l'Europe.

M. Édouard Collomb, à qui l'on doit de nombreuses re-

---

1. *Carte des anciens glaciers des Alpes*, in-8°, 1860, p. 8-10.

cherches sur les anciens glaciers, a bien voulu dresser pour
notre ouvrage la carte placée en regard de cette page, et qui
résume l'état de nos connaissances actuelles sur l'extension des
glaciers en Europe pendant l'époque quaternaire. Les géologues
verront assurément avec intérèt ce travail, le premier qui ait
encore été tenté pour représenter graphiquement l'état actuel
de nos connaissances sur l'extension des anciens glaciers en
Europe[1]. M. Collomb, dans la note que nous nous bornons à

1. Voici les principaux éléments scientifiques qui ont été consultés et mis à
profit par M. Édouard Collomb pour le tracé de cette carte.

Espagne et Pyrénées. — Dans la Sierra Nevada, au sud de l'Espagne, l'existence des anciens glaciers a été constatée en premier lieu par M. P. Schimper,
célèbre naturaliste voyageur, auteur du grand travail sur les végétaux fossiles
du grès des Vosges, aujourd'hui professeur à Strasbourg, en compagnie d'un
naturaliste de Mulhouse, M. Dollfus-Ausset, qui a commencé en 1863 la publication des premiers volumes d'un ouvrage vraiment monumental sur les glaciers
actuels. Depuis cette époque, M. E. Collomb lui-même, qui a exploré l'Espagne
en vue d'un travail géologique sur ce pays, a visité trois fois cette chaîne, et a
constaté les mêmes faits.

Le premier observateur qui ait reconnu l'existence d'anciens glaciers dans les
Pyrénées, est un géologue d'un grand renom, M. de Charpentier, mort il y a
quelques années. Depuis, d'autres géologues ont constaté les mêmes faits, et
M. E. Collomb, dans ces dernières années, a plusieurs fois exploré lui-même
toute la chaîne des Pyrénées à ce point de vue.

Pour la chaîne Cantabrique, suite des Pyrénées, les indications ont été fournies verbalement à M. E. Collomb par M. Casiano de Prado, inspecteur général
des mines en Espagne.

Angleterre, Écosse et Irlande. — Des données excellentes ont été empruntées
à l'ouvrage publié par M. Lyell, en 1863, sur *l'Antiquité de l'homme* (*Anti-
quity of man*), non traduit encore dans notre langue. M. Lyell ne donne point
de carte, mais il a soin d'indiquer les auteurs anglais qui ont étudié les régions
dans lesquelles il admet l'existence d'anciens dépôts glaciaires.

Vosges et forêt Noire. — M. Collomb a publié une carte des anciens glaciers
des Vosges; M. Hoggard et autres géologues ont publié des travaux qui ont
depuis longtemps jugé la question.

Alpes. — Presque tous les géologues suisses, depuis M. de Charpentier, se
sont occupés de l'ancienne extension des glaciers des Alpes. On a choisi, pour
fixer la limite des anciens glaciers du côté de la France, les travaux de MM. Lory,
Benoît, etc. Pour la partie sud des Alpes sur le versant italien, on s'est con-
formé à la carte récemment publiée par D. de Mortillet, que nous citons plus
haut. Pour la partie nord et le centre, M. E. Collomb a fait usage d'un docu-
ment précieux : c'est une carte inédite de M. le professeur Morlot, de Lausanne,
où sont tracées des limites fort exactes. Pour la partie des Alpes qui se bifurque
en Autriche, les renseignements publiés jusqu'à ce jour n'ont pas le même caractère de certitude. Le tracé de ce côté ne peut donc être considéré que
comme approximatif.

France centrale. — M. Collomb avait eu l'idée de signaler l'existence des anciens glaciers dans la France centrale. Mais, d'après M. Lecoq, juge compétent

(TABLEAU DE LA NATURE , PAR LOUIS FIGUIER .)

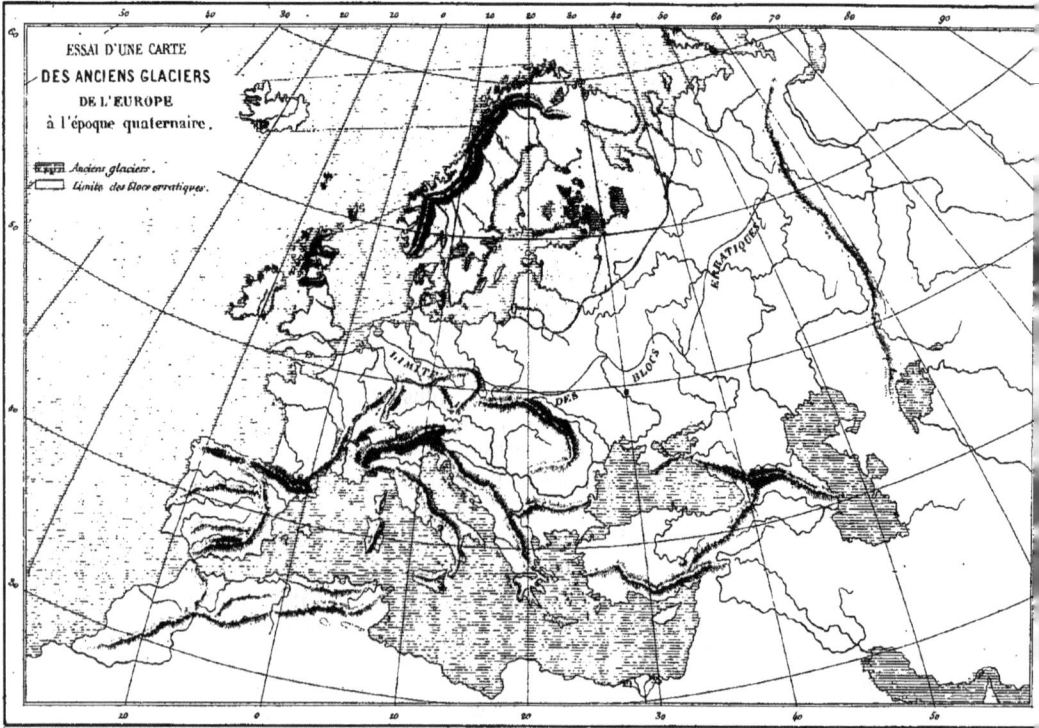

ESSAI D'UNE CARTE
DES ANCIENS GLACIERS
DE L'EUROPE
à l'époque quaternaire.

reproduire, commente et explique en ces termes cette *Carte des anciens glaciers :*

« On peut diviser en deux régions orographiques l'espace occupé par les anciens glaciers quaternaires : 1° la région du Nord, depuis le 52e ou 55e degré de latitude jusqu'au pôle boréal ; 2° la région de l'Europe centrale et en partie méridionale.

« La région du Nord qui a été couverte par les anciens glaciers comprend toute la Péninsule scandinave, la Suède et la Norvége, puis une partie de la Russie occidentale à partir du Niemen au Nord en décrivant une courbe qui passe près des sources du Dnieper et du Volga en se dirigeant jusqu'au bord de l'océan Glacial. Cette région comprend encore l'Islande, puis l'Écosse, l'Irlande, les îles qui en dépendent, enfin une grande partie de l'Angleterre.

« Cette région est bordée sur tout son périmètre par une large bande de 2 à 5 degrés de largeur, sur laquelle on reconnaît l'existence de blocs erratiques du Nord ; elle comprend la région moyenne de la Russie d'Eu-

pour tout ce qui concerne le plateau central de la France, et d'après M. Ch. Martins, bien qu'il soit probable que ces régions ont été envahies par des glaciers, à l'époque quaternaire, les observations faites sur le terrain, l'absence des stries de rochers et de véritables moraines, ne permettent pas d'appuyer cette assertion de données certaines. En l'absence de preuves suffisantes, on a dû laisser en blanc le massif central de la France.

Chaîne des Karpathes. — Les données ont été fournies par M. le professeur Ch. Martins, qui les tient lui-même d'un naturaliste voyageur, M. Lalanne.

Caucase. — Les renseignements ont été donnés libéralement à M. E. Collomb par un savant voyageur russe, M. Abich, habile dessinateur, qui a recueilli dans ces montagnes des vues et des coupes géologiques prouvant incontestablement l'existence des anciens glaciers.

Nord de l'Europe. — Les savants géologues de Copenhague, de Christiania et de Stockholm sont maintenant à peu près tous d'accord pour reconnaître, d'après les observations d'un grand nombre de voyageurs anglais, allemands et suisses qui ont exploré cette contrée, que d'anciens glaciers ont couvert la Péninsule scandinave tout entière, et une partie du Danemark et de la Russie.

La limite de la teinte bleu foncé indiquant les anciens glaciers qui passent dans l'intérieur de la Russie n'a pas la même garantie de certitude, parce qu'elle n'a pas encore été bien étudiée et qu'elle traverse un pays de grandes plaines dans lesquelles les accidents géographiques sont rares, et où par conséquent les dépôts glaciaires, c'est-à-dire les moraines et les stries de roches, sont difficiles à reconnaître sur le terrain.

Quant à la limite bleu clair qui marque la trace d'arrêt des blocs erratiques de la Scandinavie, elle a été très-exactement définie par trois illustres voyageurs, M. de Verneuil (de l'Institut) et MM. Murchison et Keyserling, qui ont fait figurer cette ligne sur leur belle carte géologique de la Russie d'Europe.

Ajoutons que cette carte, une fois dressée par l'auteur, a été soumise par lui à plusieurs géologues de Paris et de la province, très-compétents dans la matière, entre autres à MM. d'Archiac, Daubrée, Ch. Martins, Delesse, Lory, etc., qui ne l'ont point désapprouvée.

rope, comme la Pologne, une partie de la Prusse, du Danemark, et vient se perdre en Hollande à la hauteur de Zuiderzée ; elle entame la partie sud de l'Angleterre, et l'on en trouve un lambeau en France, sur la lisière du Cotentin.

« Les anciens glaciers de l'Europe centrale se composent d'abord du grand massif des Alpes. A l'ouest et au nord, ils s'étendaient dans la vallée du Rhône jusqu'à Lyon ; puis, en dépassant la ligne de faîte du Jura, ils passaient près de Bâle, couvraient le lac de Constance, s'étendaient au delà en Bavière et en Autriche. Sur le versant sud des Alpes, ils contournaient le sommet de la mer Adriatique, passaient près d'Udinet, couvraient Peschiera, Solferino, Côme, Varèse, Ivrée, s'allongeaient jusque près de Turin et venaient se terminer dans la vallée de la Stura, près du col de Tende.

« Dans les Pyrénées, les anciens glaciers ont occupé toutes les principales vallées de cette chaîne, soit du versant français, soit du versant espagnol, surtout les vallées du centre qui comprennent celles de Luchon, d'Aure, de Baréges, de Cauterets, d'Ossau, etc. Dans la chaîne Cantabrique, prolongement des Pyrénées, on a reconnu aussi l'existence d'anciens glaciers.

« Dans les Vosges et la forêt Noire, ils ont couvert toute la partie sud de ces montagnes. Dans les Vosges, les traces principales se trouvent dans les vallées de Saint-Amarin, de Giromagny, de Munster, de la Moselle, etc.

« Dans les Karpathes et dans le Caucase, on a reconnu aussi l'existence d'anciens glaciers très-étendus.

« Dans la Sierra Nevada au sud de l'Espagne, montagnes de 3500 mètres, les vallées qui descendent du Picacho de Veleta et du Mulhacen ont été, à l'époque quaternaire, encombrées par d'anciens glaciers. »

Ce qui s'est produit dans notre hémisphère s'est présenté d'une manière plus grandiose encore en Amérique. Le phénomène glaciaire paraît même avoir pris, dans cette partie du monde, une extension et une gravité bien supérieures à ce qui s'est passé en Europe.

Pour expliquer l'existence permanente de ce manteau de glace qui recouvrait des contrées aujourd'hui florissantes, il n'est pas d'ailleurs nécessaire de faire intervenir l'hypothèse d'un froid extraordinaire. Un abaissement de quelques degrés de la température moyenne du lieu a pu suffire à produire cet effet général. Voici comment s'exprime à ce sujet M. Ch. Martins.

« La température moyenne de Genève est de 9°,5. Sur les montagnes environnantes, la limite des neiges perpétuelles se trouve à 2700 mètres au-dessus de la mer. Les grands glaciers de la vallée de Chamonix descendent à 1550 mètres au-dessous de cette ligne. Cela posé, supposons que la température moyenne de Genève s'abaisse de 4° seulement et devienne par conséquent 5°,5. Le décroissement de la température avec la hauteur étant de 1° pour 188 mètres, la limite des neiges éternelles s'abaissera de 750 mètres et ne sera plus qu'à 1955 mètres au-dessus de la mer. On accordera sans difficulté que les glaciers [de Chamonix descendraient au-dessous de cette nouvelle limite d'une quantité au moins égale à celle qui existe entre la limite actuelle et leur extrémité inférieure. Or, actuellement, le pied de ces glaciers est à 1150 mètres au-dessus de l'Océan; avec un climat plus froid de 4°, il sera de 750 mètres plus bas, c'est-à-dire au niveau de la plaine suisse. Ainsi donc l'abaissement de la ligne des neiges éternelles suffirait pour faire descendre le glacier de l'Arve jusqu'aux environs de Genève.... Le climat, qui a favorisé le développement prodigieux des glaciers, n'a rien dont nous ne puissions nous faire une idée fort exacte: c'est le climat d'Upsal, de Stockholm, de Christiania, et de] la partie septentrionale de l'Amérique dans l'État de New-York.... Diminuer de quatre degrés la température moyenne d'une contrée pour expliquer une des plus grandes révolutions du globe est à coup sûr une des hypothèses les moins hardies que la géologie se soit permises [1]. »

En prouvant que les glaciers ont couvert pendant un certain temps une partie de l'Europe, qu'ils se sont étendus depuis le pôle nord jusqu'au nord de l'Italie et au Danube, nous avons suffisamment établi la réalité de cette *période glaciaire*, qu'il faut considérer comme un épisode curieux, autant que certain, de l'histoire de la terre. Une telle masse de glaces ne pouvait couvrir le sol sans que la température de l'air fût abaissée au moins de quelques degrés au-dessous de zéro. Mais la vie organique est incompatible avec une telle température. C'est donc à cette cause qu'il faut attribuer la disparition de quelques espèces animales et végétales, en particulier la mort des Rhinocéros et des Éléphants, qui, avant ce subit et extraordinaire refroidissement du globe, paraissent s'être confinés, par bandes immenses, dans l'Europe septentrionale, dans cette Sibérie où l'on trouve aujourd'hui de si prodigieuses quantités de leurs restes.

Le fait que nous avons raconté de la découverte de cadavres entiers de Rhinocéros et d'Éléphants, encore couverts de leurs poils et garnis de leurs chairs, vient à l'appui de l'hypothèse

---

1. *Revue des Deux-Mondes*, loc. cit.

que nous venons de développer de l'existence d'une période glaciaire. Cuvier a dit, en parlant des cadavres de ces quadrupèdes que la glace a saisis et qui se sont conservés jusqu'à nos jours, avec leur peau, leurs poils et leurs chairs :

« S'ils n'eussent été gelés aussitôt que tués, la putréfaction les aurait décomposés. Et d'un autre côté, cette gelée éternelle n'occupait pas auparavant les lieux où ils ont été saisis, car ils n'auraient pas pu vivre sous une pareille température. C'est donc le même instant qui a fait périr ces animaux et qui a rendu glacial le pays qu'ils habitaient. Cet événement a été subit, instantané, sans aucune gradation [1]. »

Comment expliquer la *période glaciaire?* A quelle cause attribuer ce refroidissement subit d'une partie de l'Europe, suivi d'un prompt retour à la température normale? Aucune explication plausible n'a pu, nous le répétons, être donnée de cet événement étrange. Dans les sciences il ne faut jamais craindre de dire : *Je ne sais pas.*

---

1. *Ossements fossiles. Discours sur les révolutions du globe.*

LA CRÉATION DE L'HOMME

ET LE DÉLUGE ASIATIQUE.

C'est après la période glaciaire que naquit le genre humain[1]. D'où venait-il?

Il venait d'où était venu le premier brin d'herbe qui apparut sur les roches brûlantes des mers siluriennes; d'où étaient venues les différentes races d'animaux qui se sont remplacées sur le globe, en s'élevant sans cesse dans l'échelle de la perfection. Il émanait de la volonté suprême de l'Auteur des mondes qui composent l'univers.

La terre a traversé bien des phases depuis l'instant où, selon l'expression des livres saints, « elle était informe et toute nue ; où les ténèbres couvraient la face de l'abîme ; où l'esprit de Dieu était porté sur les eaux. » Nous avons parcouru toutes ces phases ; nous avons vu notre globe nageant dans l'espace, à l'état de nébulosité gazeuse, se condenser en liquide, et commencer à se solidifier à sa surface. Nous avons présenté le tableau des agitations intestines, des bouleversements, des dislocations partielles que la terre subissait, d'une manière non interrompue lorsqu'elle ne pouvait résister encore à l'impulsion des vagues de la mer enflammée qu'emprisonnait sa frêle écorce. Nous avons vu cette enveloppe se consolider, et les cataclysmes géologiques perdre de leur gravité et de leur fré-

---

1. La découverte d'une mâchoire humaine fossile faite par M. Boucher de Perthes au mois d'avril 1863, dans les terrains quaternaires de Moulin-Quignon, aux environs d'Abbeville, jointe à une masse de faits antérieurement connus, et qui révélaient l'existence dans ces mêmes terrains de vestiges de l'industrie humaine, tels que haches de silex, débris de foyers et de poteries, est venue établir d'une manière éclatante l'existence de l'homme pendant la période quaternaire et avant le déluge asiatique. C'est d'après les faits anciennement connus que nous avions placé, dans les premières éditions de cet ouvrage, la naissance du genre humain pendant l'époque quaternaire. La découverte de l'homme fossile faite en 1863, par M. Boucher de Perthes, n'a donc fait que confirmer les vues déjà émises dans ce livre en 1862.

quence à mesure que cette croûte solide augmentait d'épaisseur. Nous avons assisté à l'œuvre de la création organique.
Nous avons vu la vie apparaître sur le globe, naître les premières plantes et les premiers animaux. Nous avons vu cette
création organique se multiplier, se compliquer, se perfectionner constamment, à mesure que nous avancions dans les phases progressives de l'histoire du globe.

Nous arrivons à la plus grande époque de cette histoire, au
couronnement de l'édifice, *si parva licet componere magnis*.

A la fin de l'époque tertiaire, les continents et les mers
avaient pris les limites respectives qu'ils présentent aujour-
d'hui. Les bouleversements du sol, les fractures du globe et
les éruptions volcaniques qui en sont la conséquence, ne s'exer-
çaient qu'à de rares intervalles, n'occasionnant que des désas-
tres restreints et locaux. L'atmosphère était d'une sérénité parfaite. Les fleuves et les rivières coulaient entre des rives
tranquilles. La nature animée était celle de nos jours. Une végétation abondante, diversifiée par l'existence, désormais ac-
quise, des climats, embellissait la terre. Une multitude d'animaux peuplaient les eaux, les continents et les airs. Cependant
l'œuvre de la création n'était pas achevée. Il manquait un être capable de comprendre ces merveilles et d'admirer cette œuvre sublime; il manquait une âme pour adorer et remercier le Créateur.

Dieu créa l'homme.

Qu'est-ce que l'homme?

On pourrait dire que l'homme est un être intelligent et mo-
ral; mais ce ne serait donner qu'une idée incomplète de sa
nature. Franklin a dit que l'homme est celui qui sait se fabri-
quer des outils! C'est reproduire une partie de la première défi-
nition, en la rabaissant. Aristote avait appelé l'homme « l'être
sage, « ζῶον πολιτικόν. Linné, dans son *Système de la nature*, après
avoir donné à l'homme le nom de *sage (homo sapiens)*, écrit,
après ce nom générique, ces mots profonds : *Nosce te ipsum.*

Un naturaliste moderne, Isidore Geoffroy Saint-Hilaire, a dit
après Linné: « La plante *vit;* l'animal *vit et sent;* l'homme *vit,
sent et pense*[1]. » C'est l'animal qui est ici rabaissé. L'animal,

1. Voltaire avait déjà fait les mêmes rapprochements. « Le fabricateur éternel a donné aux hommes organisation, sentiment et intelligence; aux animaux,

en bien des occasions, pense, raisonne, délibère avec lui-même, et agit en vertu d'une décision mûrement pesée[1]; il n'est donc pas réduit à la simple sensation.

Pour définir exactement l'être humain, nous croyons qu'il faut caractériser la nature et la portée de son intelligence. Dans certains cas, l'intelligence de l'animal atteint presque jusqu'à la nôtre; mais l'intelligence de l'homme est armée d'une faculté qui lui est propre, ce qui fait que Dieu, en le créant, a ajouté un degré entièrement nouveau à l'échelle ascendante des êtres animés. Cette faculté, spéciale au genre humain, c'est celle de l'*abstraction*.

Nous dirons donc que l'homme est un être *intelligent et doué de la faculté d'abstraire*.

C'est par la faculté de l'abstraction que l'homme s'est élevé à un degré inouï de puissance matérielle et morale. C'est par l'abstraction qu'il a soumis la terre à son empire et qu'il élève son âme aux sublimes contemplations. Grâce à la faculté d'abstraire, l'homme a conçu l'idéal et réalisé la poésie; il a conçu l'infini et créé les sciences mathématiques. Tel est l'immense degré qui sépare le genre humain des animaux, ce qui en fait un être à part et absolument nouveau sur le globe. Comprendre l'idéal et l'infini, créer la poésie et l'algèbre, voilà l'homme. Trouver et comprendre cette formule :

$$(a+b)^2 = a^2 + 2\,ab + b^2,$$

ou l'idée algébrique des quantités négatives, c'est le propre de l'homme.

C'est encore le caractère de l'être humain, d'exprimer et de comprendre des pensées comme celles qui vont suivre :

> J'étais seul près des flots, par une nuit d'étoiles :
> Pas un nuage aux cieux, sur les mers pas de voiles;
> Mais yeux plongeaient plus loin que le monde réel,
> Et les vents et les mers, et toute la nature

sentiment et ce que nous appelons instinct; aux végétaux, organisation seule. Sa puissance agit donc continuellement sur ces trois règnes. » (Voltaire, édit Palissot. Paris, 1792, tome XXXVI, p. 428. — *Dialogues et entretiens philosophiques*, Sophronime et Adelos.)

1. Voir les *Lettres* de Georges Leroy *sur les animaux*; les Mémoires de Frédéric Cuvier sur *l'instinct et l'intelligence des animaux*; l'ouvrage de Lallemand sur *l'Éducation physique*; *l'Esprit des bêtes*, par Toussenel, etc.

> Semblaient interroger dans un confus murmure,
> Les flots des mers, les feux du ciel.

> Et les étoiles d'or, légions infinies,
> A voix haute, à voix basse, avec mille harmonies
> Disaient, en inclinant leur couronne de feu ;
> Et les flots bleus, que rien ne gouverne et n'arrête,
> Disaient, en recourbant l'écume de leur crête :
> « C'est le Seigneur, le Seigneur Dieu[1] ! »

La *Mécanique céleste* de Laplace, et *les Orientales* de Victor Hugo, tels sont les fruits de la faculté de l'abstraction.

En 1800, on conduisit au médecin Pinel un être à demi sauvage, qui vivait dans les bois, grimpait dans les arbres, couchait sur les feuilles sèches, et se sauvait à l'approche des hommes. Des chasseurs l'avaient ramassé ; il était sans voix et sans intelligence : on l'appelait *le petit sauvage de l'Aveyron*. Les savants de Paris disputèrent longtemps sur l'origine de cet étrange individu. Était-ce un singe? un homme sauvage?

Le docteur Itard, qui a publié une intéressante relation de l'histoire du *sauvage de l'Aveyron*, a écrit ce qui suit :

« Il descendait quelquefois seul dans le jardin des sourds-muets, et allait s'asseoir sur le bord du bassin ; alors son balancement diminuait par degrés, son corps devenait tranquille ; sa figure prenait bientôt un caractère prononcé de rêverie mélancolique ; il demeurait ainsi des heures entières, regardant attentivement la surface de l'eau sur laquelle il jetait de temps en temps des brins de feuilles desséchées !... Lorsque pendant la nuit et par un beau clair de lune les rayons lumineux venaient à pénétrer dans sa chambre, il manquait rarement de se lever et de se placer devant la fenêtre : il restait là une partie de la nuit, debout, immobile, le cou tendu, les yeux fixés vers la campagne éclairée par la lune, livré à une sorte d'extase contemplative !... »

Cet être était certainement un homme. On n'a jamais observé, dans le singe le plus intelligent, ces manifestations rêveuses, cette vague conception de l'idéal, en d'autres termes cette faculté d'abstraire, qui est le propre de l'humanité.

Pour annoncer dignement le nouvel habitant qui va remplir le globe de sa présence, celui qui vient admirer, comprendre, dominer et asservir la création, il ne faut rien moins que la langue antique et vénérée de Moïse, que Bossuet, dans son éloquent langage, appelle « le plus ancien des historiens, le plus sublime des philosophes, le plus sage des législateurs. »

1. Victor Hugo, *les Orientales.*

Écoutons en conséquence les paroles de Moïse, le législateur inspiré :

« L'Éternel dit ensuite : « Faisons l'homme à notre image et à notre
« ressemblance, et qu'il commande aux poissons de la mer, aux oiseaux
« du ciel, aux bêtes, à toute la terre et à tous les reptiles qui se meu-
« vent sur la terre.... Dieu créa donc l'homme à son image : il le créa à
l'image de Dieu, et il les créa mâle et femelle....

« Dieu vit toutes les choses qu'il avait faites, et qu'elles étaient très-
bonnes. »

On a écrit des volumes sur la question de l'unité du genre humain, c'est-à-dire pour décider s'il y a eu plusieurs centres de création de l'homme, ou si la souche de notre espèce est unique. Nous pensons, avec beaucoup de naturalistes, que la souche de l'humanité est unique, et que les diverses races humaines, les nègres et la race jaune, ne sont que le résultat de l'influence du climat sur l'organisme.

Nous considérons le genre humain comme ayant apparu pour la première fois, après le mystère divin et éternellement impé-nétrable pour nous de son mode de création, dans les riches plaines de l'Asie, aux bords riants de l'Euphrate, comme l'en-seignent les traditions des plus anciens peuples. C'est au milieu de cette nature riche et puissante, sous le climat brillant, sous le ciel radieux de l'Asie, à l'ombre de ces masses luxuriantes de verdure qui embaumaient les airs de suaves parfums, que nous aimons à nous représenter le premier homme sorti du sein de Dieu.

Nous sommes loin, on le voit, de partager l'opinion des natu-ralistes qui se représentent l'homme, aux débuts de l'existence de son espèce, comme une sorte de singe, à la face hideuse, au corps poilu, habitant les cavernes comme les ours et les lions, et participant des instincts brutaux de ces animaux féroces. Sans doute l'homme primitif a traversé une période dans la-quelle il a dû disputer sa vie aux bêtes féroces, et vivre en sau-vage dans les bois ou les savanes où la Providence l'avait jeté. Mais cette période d'éducation n'a pas dû être longue, et l'homme, être éminemment sociable, a promptement trouvé dans sa réunion en groupes animés des mêmes désirs, rappro-chés par les mêmes intérêts, le moyen de dompter les animaux,

de triompher des éléments, de se préserver des périls innombrables qui le menaçaient, et de soumettre à son empire les
autres habitants du sol.

« Les premiers hommes, dit Buffon, témoins des mouvements convul-
sifs de la terre, encore récents et très-fréquents, n'ayant que les montagnes pour asile contre les inondations, chassés souvent de ces mêmes
asiles par le feu des volcans, tremblants sur une terre qui tremblait sous
leurs pieds, nus d'esprit et de corps, exposés aux injures de tous les éléments, victimes de la fureur des animaux féroces, dont ils ne pouvaient
éviter de devenir la proie ; tous également pénétrés du sentiment commun d'une terreur funeste, tous également pressés par la nécessité,
n'ont-ils pas cherché à se réunir, d'abord pour se défendre par le nombre, ensuite pour s'aider à travailler de concert à se faire un domicile
et des armes ? Ils ont commencé par aiguiser en forme de hache ces
cailloux durs, ces jades, ces *pierres de foudre*, que l'on a cru tombées
des nues et formées par le tonnerre, et qui néanmoins ne sont que les
premiers monuments de l'art de l'homme dans l'état de pure nature : il
aura bientôt tiré du feu de ces mêmes cailloux, en les frappant les uns
contre les autres, il aura saisi la flamme des volcans, ou profité du feu
de leurs laves brûlantes pour le communiquer, pour se faire jour dans
les forêts, les broussailles : car avec le secours de ce puissant élément,
il a nettoyé, assaini, purifié les terrains qu'il voulait habiter ; avec la
hache de pierre, il a tranché, coupé les arbres, menuisé les bois, façonné
ses armes et les instruments de première nécessité ; et, après s'être munis de massues et d'autres armes pesantes et défensives, ces premiers
hommes n'ont-ils pas trouvé le moyen d'en faire d'offensives plus légères
pour atteindre de loin un cerf ? Un tendon d'animal, des fils d'aloès, ou
l'écorce souple d'une plante ligneuse, leur ont servi de corde pour
réunir les deux extrémités d'une branche élastique dont ils ont fait leur
arc ; ils ont aiguisé plusieurs petits cailloux pour en armer la flèche ;
bientôt ils auront eu des filets, des radeaux, des canaux, et s'en son
tenus là tant qu'ils n'ont formé que de petites nations composées de
quelques familles ou plutôt de parents issus d'une même famille, comme
nous le voyons encore aujourd'hui chez les sauvages qui veulent demeu-
rer sauvages, et qui le peuvent, dans les lieux où l'espace libre ne leur
manque pas plus que le gibier, le poisson et les fruits. Mais dans tous
ceux où l'espace s'est trouvé confiné par les eaux, ou resserré par les
hautes montagnes, ces petites nations, devenues trop nombreuses, ont
été forcées de partager leur terrain entre elles, et c'est de ce moment
que la terre est devenue le domaine de l'homme ; il en a pris possession
par ses travaux de culture, et l'attachement à la patrie a suivi de très-
près les premiers actes de sa propriété ; l'intérêt particulier faisant partie
de l'intérêt national, l'ordre, la police et les lois ont dû succéder et la
société prendre de la consistance et des forces[1]. »

1. *Époques de la nature*, tome XII de l'édition in-18 de l'Imprimerie royale.
Paris, 1778, p. 322-325.

Fig. 323. Apparition de l'homme.

On aime à citer ces pages d'un grand écrivain. Mais combien l'illustre naturaliste eût ajouté à l'éloquence de son langage, à la force de ses traits, si, de son temps, la science eût été en possession des notions qui nous sont aujourd'hui acquises : s'il eût pu nous peindre l'homme, aux premiers temps de sa création, en présence de l'immense population animale qui occupait alors la terre, aux prises avec ces bêtes féroces qui remplissaient les forêts de l'ancien monde! L'homme, d'une organisation très-faible, dépourvu d'armes naturelles pour l'attaque ou la défense, incapable de s'élever dans les airs comme l'oiseau, ou de vivre longtemps sous l'eau comme le poisson ou le reptile, semblait voué à une prompte destruction. Mais il était marqué au front du sceau divin. Grâce au don supérieur d'une intelligence exceptionnelle, cet être, en apparence misérable, devait peu à peu dépeupler la terre de ses farouches habitants, pour n'y laisser subsister que ceux qu'il réservait à ses besoins ou à ses désirs, et par la culture il devait changer en entier l'aspect primitif des continents.

L'opinion qui place la naissance de l'homme aux abords de l'Euphrate, dans l'Asie centrale, est confirmée par un événement d'une haute importance dans l'histoire de l'humanité, et qu'une foule de traditions concordantes, conservées chez différents peuples, placent dans le même lieu. Nous voulons parler du déluge de l'Asie.

Le déluge asiatique, dont l'histoire sacrée nous a transmis le souvenir, fut provoqué par le soulèvement d'une partie de la longue chaîne de montagnes qui fait suite au Caucase. La terre s'étant entr'ouverte par une de ces déchirures, résultat inévitable de son refroidissement, une éruption de matières volcaniques s'échappa de ce cratère immense. Des masses de vapeurs d'eau accompagnaient l'éruption des laves épanchées de l'intérieur du globe : ces vapeurs, se condensant, retombèrent en pluie, et les plaines furent noyées sous ce volcan de boue. L'inondation des plaines dans un rayon très-étendu fut le résultat momentané de ce soulèvement, la formation du mont Ararat en fut la conséquence permanente.

Ecoutons le récit de cet événement donné, dans la Genèse, par l'historien sacré :

« L'année 660 de la vie de Noé, dit Moïse, le dix-septième jour du second mois de la même année, les sources du grand abîme des eaux furent rompues, et les cataractes du ciel furent ouvertes.

Et la pluie tomba sur la terre pendant quarante jours et quarante nuits....

« Les eaux crurent et grossirent prodigieusement au-dessus de la terre et toutes les hautes montagnes qui sont sous le ciel furent couvertes. L'eau ayant gagné le sommet des montagnes s'éleva encore de quinze

Fig. 324. Mont Ararat.

coudées plus haut. Toute chair qui se meut sur la terre en fut consumée ; tous les oiseaux, tous les animaux, toutes les bêtes et tout ce qui rampe sur la terre, tous les hommes moururent, et généralement tout ce qui a vie et respire sous le ciel.

« Toutes les créatures qui étaient sur la terre, depuis l'homme jusqu'aux bêtes, tant celles qui rampent que celles qui volent dans l'air, tout périt ; il ne demeura que Noé seul et ceux qui étaient avec lui dans l'arche.

« Et les eaux couvrirent toute la terre pendant cent cinquante jours. »

Toutes les particularités du récit biblique peuvent s'expliquer par l'éruption volcanique et boueuse qui précéda la formation du mont Ararat. Les eaux qui produisirent l'inondation de ces contrées provenaient d'une éruption volcanique accompagnée d'énormes masses de vapeurs. Ces vapeurs se condensant en eau, retombèrent sur la terre et inondèrent les plaines étendues qui partent aujourd'hui du pied de l'Ararat, immense gibbosité montagneuse.

Le mot *toute la terre* qui se trouve dans la traduction de la Bible connue sous le nom de Vulgate mérite une explication ; il ne saurait être considéré que comme figuré et métaphorique. Un géologue à qui l'on doit un savant livre intitulé *la Cosmogonie de Moïse*, Marcel de Serres, a donné une explication parfaitement admissible de cette expression du texte sacré. Il a prouvé que par le mot *haarets*, que l'on traduit à tort, selon lui, par *toute la terre*, Moïse n'a entendu désigner que la partie du globe qui était alors peuplée, et nullement sa surface entière. Le mot *haarets* n'a pas toujours, selon Marcel de Serres, la signification que lui accorde la Vulgate, il est pris fort souvent dans le sens de *région, pays, contrée.*

Marcel de Serres explique de la même manière l'expression *toutes les montagnes*, qui se trouve dans la traduction de la Vulgate.

« Moïse, dit Marcel de Serres, n'a pu entendre par ces mots *toutes les montagnes*, que celles qu'il connaissait. Le nombre en était peu considérable ; il se bornait aux contrées habitées à son époque ; dès lors il devait faire allusion à elles seules, lorsqu'il parlait de la grandeur du déluge.

« Aussi plusieurs interprètes ont traduit ce passage non d'un manière littérale, mais en restreignant les eaux du déluge aux contrées fréquentées par les hommes.

« Ainsi, M. Glaire, dans la *Chrestomathie hébraïque* qu'il a mise à la suite de sa *Grammaire*, a traduit ce passage dans ce sens : « Les eaux « s'étaient si prodigieusement accrues, que les plus hautes montagnes « du vaste horizon en furent couvertes, etc. » Cette traduction donne à ce passage un sens moins étendu que la Vulgate, puisqu'elle restreint aux montagnes bornées par l'horizon celles que les eaux couvrirent et inondèrent. »

Rien n'empêche de voir dans le déluge asiatique, conformément au texte de la Genèse, un moyen dont Dieu se servit pour châtier et punir la race humaine, alors au début de son existence, et qui s'écartait des voies qu'il lui avait tracées. Ce qui paraît établi, c'est la naissance du genre humain dans les contrées qui partent du pied du Caucase, dans les lieux qui forment aujourd'hui une partie de la Perse ; et ce qui est certain, c'est le soulèvement d'une chaîne de montagnes, précédé d'une éruption volcanique boueuse, qui noya les territoires, entièrement composés, dans ces régions, de plaines d'une grande étendue.

Le déluge biblique est donc réel. Plusieurs peuples en ont d'ailleurs conservé la tradition.

Moïse le fait remonter à quinze ou dix-huit cents ans avant l'époque à laquelle il écrit.

Bérose, historien chaldéen qui écrivait à Babylone au temps d'Alexandre, a composé une histoire de Chaldée, dans laquelle il remonte jusqu'à la naissance du monde, et parle du déluge universel, dont il place l'époque immédiatement avant Bélus, père de Ninus.

Les *Védas*, ou livres sacrés des Indiens, qui ont été composés dans le même temps que la Genèse, il y a environ 3300 ans, font remonter le déluge à 1500 ans avant leur époque.

Les Guèbres parlent du même désastre comme ayant eu lieu à la même date.

Confucius, célèbre philosophe chinois, né vers l'an 551 avant Jésus-Christ, commence l'histoire de la Chine en parlant d'un empereur nommé Jas, et il représente cet empereur comme occupé à faire écouler les eaux qui, s'étant élevées *jusqu'au ciel, baignaient encore le pied des plus hautes montagnes*, couvraient les collines moins élevées et rendaient les plaines impraticables.

Ainsi, nous le répétons, le déluge biblique est réel ; seulement, il fut local, comme *tous les phénomènes de ce genre*, et fut la conséquence du soulèvement des montagnes de l'Asie occidentale.

Un déluge tout à fait moderne peut nous donner d'ailleurs une idée très-exacte de ces sortes de phénomènes. Nous rappellerons les circonstances qu'il a présentées, pour mieux faire comprendre la véritable nature du déluge qui ravagea quelques contrées de l'Asie pendant la période quaternaire.

A six journées de marche de la ville de Mexico, se trouvait,

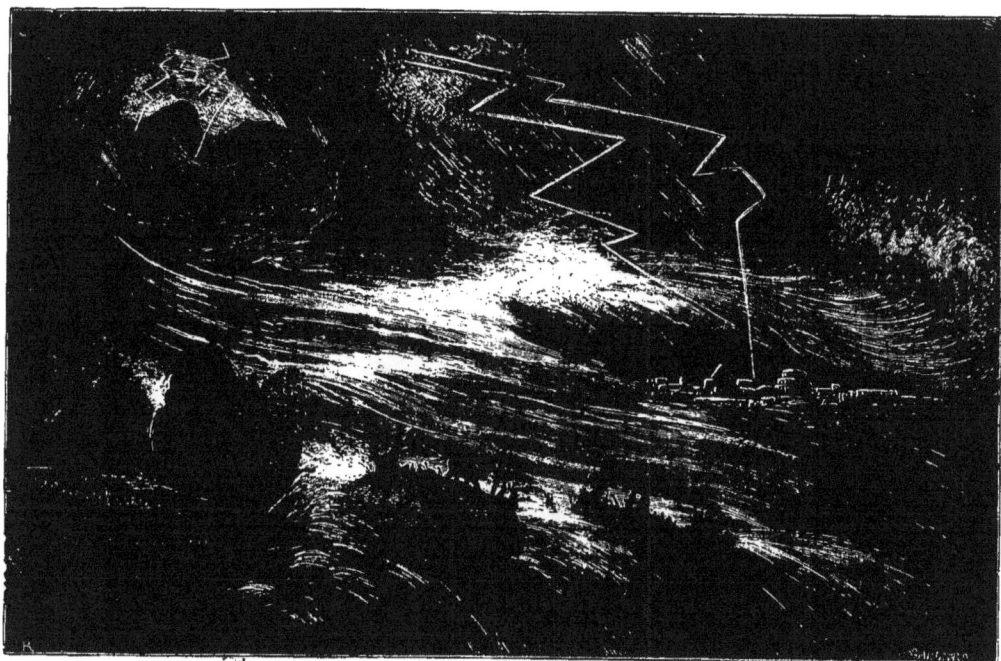

Fig. 325. Le déluge asiatique.

en 1759, une contrée fertile et bien cultivée, où croissaient en abondance le riz, le maïs et les bananes. Au mois de juin, d'effroyables tremblements de terre agitèrent le sol, et ces tremblements se renouvelèrent sans cesse pendant deux mois entiers. Dans la nuit du 28 au 29 septembre, la terre éprouva une violente convulsion ; un terrain de plusieurs lieues d'étendue se souleva peu à peu, et finit par atteindre une hauteur de 150 mètres, sur une surface de plusieurs lieues carrées. Le terrain ondulait comme les vagues de la mer sous le souffle de la tempête ; des milliers de monticules s'élevaient et s'abîmaient tour à tour ; enfin un gouffre immense s'ouvrit : de la fumée, du feu, des pierres embrasées et des cendres furent lancés à une hauteur prodigieuse. Six montagnes surgirent de ce gouffre béant, parmi lesquelles le volcan auquel on a donné le nom de *Jorullo* s'élève maintenant à 550 mètres au-dessus de l'ancienne plaine.

Au moment où commençait l'ébranlement du sol, *les deux rivières Rio de Cuitimba et Rio San-Pedro, refluant en arrière, inondèrent toute la plaine occupée aujourd'hui par le Jorullo;* mais dans le terrain qui montait toujours, un gouffre s'ouvrit et les engloutit. Elles reparurent à l'ouest, sur un point très-éloigné de leur ancien lit.

Cette inondation ne peut-elle nous rappeler les phénomènes du déluge de Noé?

Terrain quaternaire. — Outre les dépôts résultant des déluges partiels que nous avons signalés en Europe et en Asie, il s'est produit, pendant l'époque quaternaire, un certain nombre de terrains par suite des dépôts des mers et des *alluvions*, c'est-à-dire des atterrissements des fleuves. Ces terrains sont toutefois peu nombreux et très-disséminés.

Les terrains *quaternaires*, stratifiés aussi régulièrement que ceux qui appartiennent aux époques antérieures, se distinguent de ceux de l'époque tertiaire, avec lesquels on pourrait quelquefois les confondre, par leur situation, le plus souvent sur le littoral des mers, et par la prédominance des espèces de coquilles identiques avec celles qui vivent actuellement dans les mers voisines.

Une formation marine qui, après avoir constitué les côtes de la Sicile, principalement du côté de Girgenti, de Syracuse, de Catane et de Palerme, occupe le centre de l'île et s'y élève à des hauteurs atteignant jusqu'à 900 mètres, est le plus remarquable des grands dépôts quaternaires européens. Cette formation se compose de deux assises principales : l'inférieure consiste en argiles ou marnes bleuâtres; l'autre est composée de calcaire grossier ou compacte. Toutes deux renferment des coquilles analogues à celles de la Méditerranée actuelle.

Ce même terrain existe dans les îles voisines, particulièrement en Sardaigne et à Malte.

Le terrain des pampas de l'Amérique méridionale, qui consiste en une terre argileuse d'un brun rouge foncé, avec lits horizontaux de concrétions marneuses et de tuf calcarifère, et qui recèle des coquilles actuellement vivantes dans l'Atlantique, ou identiques aux coquilles d'eau douce de la contrée, doit être considéré comme un dépôt quaternaire, plus étendu encore que le précédent.

On accorde la même origine géologique aux sables du grand désert de l'Afrique, au terrain argilo-sableux des steppes de la Russie orientale, et au terreau noir, fertile, des plaines méridionales du même empire.

On rapporte aux dépôts quaternaires les travertins de la Toscane, des environs de Naples et de Rome. Il en est de même des tufs qui constituent essentiellement le sol napolitain.

Quant aux sédiments littoraux qu'on rapporte à l'époque quaternaire, ils sont d'une étendue très-restreinte, mais assez répandus en diverses localités. On les trouve sur la côte occidentale de la Norvége, sur les côtes de l'Angleterre ; en France, un long liséré de terrain quaternaire se voit sur le littoral de l'ancienne Guienne et dans quelques autres points du littoral de l'Océan. Les alluvions des fleuves, jointes aux dépôts marins, ont formé ces dépôts, qui se voient surtout près des embouchures de ces cours d'eau.

LES

ROCHES ÉRUPTIVES

LES

ROCHES ÉRUPTIVES.

Rien n'est plus difficile qu'une histoire chronologique des évolutions et des changements que notre planète a subis depuis son origine jusqu'aux temps historiques. Les phénomènes, de nature fort diverse, qui ont concouru à façonner son énorme masse et à lui donner sa structure actuelle, se sont produits presque simultanément. Le dépôt des terrains sédimentaires a été constamment interrompu, entravé, par de violents phénomènes d'éruption; par l'éjaculation, à travers les couches sédimentaires, de roches ignées lancées de l'intérieur incandescent du globe. Avec ce trouble et ce pêle-mêle d'actions, un exposé historique rigoureusement chronologique devient impossible, car on ne peut distinguer dans cette continuelle complexité de phénomènes ce qui est fondamental de ce qui est accidentel et secondaire. Pour jeter quelque clarté sur cette matière ardue, nous avons partagé en deux parties les faits relatifs à la formation progressive du globe terrestre actuel. Nous avons commencé par faire l'histoire des terrains sédimentaires, que l'ancienne géologie appelait *terrains neptuniens*, afin de rappeler que ces terrains doivent leur origine aux dépôts laissés par les mers de l'ancien monde. Mais après l'étude des *terrains neptuniens*, reste celle des *roches plutoniennes*, pour employer une expression scientifique déjà un peu surannée. Après avoir exposé la formation des terrains sédimentaires, nous avons donc à parler des *roches ignées,* ou des *roches éruptives,* comme on les nomme aujourd'hui. La description de ce dernier et important ensemble de formations géologiques complétera la physionomie de notre planète.

Nous aurions pu sans doute faire l'histoire des formations éruptives aux époques mêmes de ces phénomènes, c'est-à-dire les rattacher aux époques de transition, secondaire et tertiaire. Mais cet exposé eût été trop fractionné et trop souvent interrompu; d'autre part, notre récit aurait perdu de son homogénéité et de sa rapidité. Nous avons espéré être plus net et plus clair en groupant dans un dernier chapitre toutes les formations éruptives.

Les roches qui sont venues du centre de la terre, à l'état de fusion ignée, se trouvent mêlées ou intercalées avec les masses stratifiées de toutes les époques, surtout des époques anciennes. Les terrains auxquels ces roches ont donné naissance, présentent un grand intérêt, d'abord parce qu'ils entrent dans la constitution de l'écorce terrestre, ensuite parce qu'ils ont imprimé au sol, lors de leur éruption, des traits caractéristiques de configuration et de structure; enfin à cause des métaux qu'ils livrent à l'industrie humaine.

D'après l'ordre historique de leur apparition, nous classerons les formations éruptives en deux groupes :

1° Les *éruptions plutoniques,* qui ont produit la série, extrêmement variée, des granits de diverse nature, les syénites, les protogines, les porphyres, etc.

2° Les *éruptions volcaniques,* d'origine plus récente que les premières, qui ont donné la succession des trachytes, des basaltes et des laves modernes.

ÉRUPTIONS PLUTONIQUES.

Les éruptions de *granit ancien* sont survenues pendant l'époque primitive. Ces roches se présentent quelquefois sous la forme de masses considérables ; mais l'écorce du globe étant encore mince et perméable, devait se prêter à de fortes imbibitions granitiques : de là les *gneiss*, dont il a été question dès le début. En vertu de sa faible cohésion, l'écorce primitive du globe a dû

Fig. 326. Injection du gneiss par des filons de granit (montagnes du cap Wrath, en Écosse).

se laisser déchirer dans tous les sens, et de là des filons ramifiés parfois très-irréguliers, dont la figure 326, qui représente une injection de granit à travers le gneiss, peut donner une idée.

Ces *granits anciens* se montrent, en France, dans les Vosges, dans l'Auvergne, à l'Espinouse (Languedoc), au Plan-de-la-Tour (Provence), dans la chaîne cévenole, au mont Pilat près de Lyon et dans la partie méridionale des chaînes lyonnaises. Ils ne donnent que rarement naissance à des accidents de paysage hardis ou grandioses ; car ayant eu à supporter le poids des intempéries atmosphériques depuis les premiers temps de la consolidation du globe, les roches ont été fort émoussées. C'est seulement dans les cas où des dislocations récentes y ont formé des cassures qu'elles acquièrent un caractère pittoresque.

Le granit, quand il est sain, fournit de bons matériaux de construction ; mais il ne faut pas se figurer qu'il jouisse de l'extrême dureté dont les poëtes l'ont bien gratuitement doté. Sa texture grenue le fait rejeter pour l'empierrement des routes, parce qu'il se laisse réduire trop facilement en poussière. Avec son marteau, le géologue en façonne aisément des échantillons ; et en 1856, à Bomarsund (Russie), les boulets de nos vaisseaux ont largement démontré que les remparts de granit se laissent démolir aussi facilement que ceux qui sont construits en pierres calcaires.

La *syénite*, dans laquelle une partie du mica est remplacée par de l'amphibole, a surgi après le granit et fort souvent à côté de cette roche. Ainsi les deux extrémités des Vosges, vers Belfort et Strasbourg, sont éminemment syénitiques, tandis que leur partie intermédiaire, vers Colmar, est granitique. Dans le Lyonnais, la région sud est granitique, la région nord, à partir de l'Arbresle, est en grande partie syénitique. La syénite se montre encore dans le Limousin.

La constitution minéralogique de la syénite, dans laquelle entre un feldspath souvent rose, en fait une roche d'autant plus belle que l'amphibole vert ou presque noir rehausse, par son contraste, l'effet de coloration. Aussi quelquefois cette roche est-elle exploitée pour l'ornementation architecturale. Il en existe des scieries aux environs de Plancher-les-Mines, dans les Vosges. On en trouve le type le plus parfait en Égypte, non loin de la ville de Syène, qui lui a donné son nom.

C'est avec la syénite que les anciens Égyptiens ont taillé leurs sphinx et leurs colonnes monumentales. Le piédestal de la statue de Pierre le Grand, à Saint-Pétersbourg ; le revêtement du soubassement de la colonne Vendôme, à Paris ; l'obélisque de Louqsor, aujourd'hui à Paris, sont en syénite.

La syénite se désagrège plus facilement que le granit, et comme

cette roche contient des nœuds dont les parties sont très-conden-
sées, ces nœuds demeurent souvent en forme de grosses boules
au milieu des débris provenant de l'altération de l'ensemble.

Il faut remarquer encore que les masses syénitiques sont souvent fort hétérogènes. L'amphibole vient à manquer quelquefois, et on peut alors n'y voir qu'un granit ancien. Dans d'autres
cas, l'amphibole devient tellement prédominante qu'il en résulte un diorite à gros ou à petits grains. Le géologue doit tenir
compte de ces transitions, pour ne pas se laisser induire en
erreur par quelques aspects trompeurs.

La *protogine* est une autre sorte de granit : la *chlorite* y tient
la place du mica. Excessivement variable dans sa texture, la
protogine passe de l'aspect granitoïde le plus complet à celui
d'un porphyre, de manière à présenter de continuels sujets
d'incertitude et à rendre fort difficile la déterminationde son
âge géologique. Cependant on peut croire qu'elle est venue au
jour avant et pendant la période houillère. En effet, au Creusot,
la protogine a refoulé le terrain houiller, de manière à s'épancher par-dessus, si bien qu'il serait possible de foncer des puits
qui, de la protogine, pénétreraient dans les couches de charbon.
Quelque chose d'analogue se manifeste auprès du Mont-Blanc.
Le célèbre colosse qui domine cette chaîne et les aiguilles qui
lui font suite, sont composés de protogine. Là, cette roche a
manifestement agi sur les terrains houillers en les torturant et
en les métamorphisant; mais comme aucune action de ce genre
ne se laisse découvrir dans le terrain triasique juxtaposé, on
doit admettre qu'à l'époque de la sédimentation du grès bigarré
les émissions protogineuses avaient cessé.

Il faut savoir, du reste, que si la protogine forme autour du
Mont-Blanc des aiguilles si hardies, cette circonstance ne tient
qu'à la verticalité de la montagne et à l'excessive rigueur des
saisons qui démolissent et abattent continuellement toutes les
parties de la roche altérées par les agents atmosphériques. En
effet, là où la protogine se trouve dans des climats plus doux,
par exemple autour du Creuzot et à Pierre-sur-Autre, dans la
chaîne du Forez, les montagnes ne montrent pas ces pics escarpés qui hérissent la chaîne du Mont-Blanc. Seulement des
ganglions résistants forment quelquefois des *roches branlantes*,

ainsi nommées parce que reposant, par leur base convexe, sur
un piédestal également convexe, mais en sens opposé, il est facile
de faire balancer ces blocs mal assis, tandis qu'en raison de leur
masse il faudrait plusieurs paires de bœufs pour les déplacer.

Cette aptitude à se façonner spontanément en boules ou en
ellipsoïdes appartient d'ailleurs à d'autres roches granitoïdes,
et même à certains grès. Les *pierres branlantes* ont souvent
donné lieu à des légendes et à des mythes populaires.

Les éruptions de granit, de protogine et de porphyre ont
débuté, selon M. Fournet, durant la période carbonifère, car
on trouve des cailloux porphyriques dans les conglomérats
houillers; elles continuèrent pendant la période triasique, puisque, dans certaines parties de l'Allemagne, les filons d'un porphyre traversent les grès bigarrés. Les syénites ont spécialement réagi sur les dépôts siluriens, et jusque sur les parties
inférieures du terrain carbonifère.

Le *porphyre* est une variété de granit dont les éléments minéralogiques, c'est-à-dire le quartz, le feldspath et le mica, sont
noyés dans une pâte non cristalline, agglutinant, réunissant les
cristaux de quartz, de feldspath et de mica, qui sont, au contraire, contigus dans le granit. La pâte des porphyres est essentiellement composée de feldspath et d'une quantité plus ou
moins grande de silice, sur laquelle se dessinent ordinairement des cristaux feldspathiques, plus ou moins volumineux.

La variété de leurs caractères minéralogiques, l'admirable poli
qu'ils peuvent acquérir et qui leur prête un aspect éminemment favorable à l'ornementation, donnent aux porphyres une
importance industrielle et artistique qui serait plus grande encore si la difficulté de les tailler n'en rendait le prix très-élevé.

Les *porphyres*, pris à part, offrent une pâte générale essentiellement composée de feldspath compacte, dans laquelle
se dessinent des cristaux d'orthose, largement et parfois très-
régulièrement developpés. A côté de ces cristaux d'orthose s'im-
plantent souvent des globules, ou bien des cristaux, de quartz,
également terminés aux deux bouts en forme de dodécaèdres
bipyramidés. A ces éléments s'ajoutent des lamelles d'un mica
d'aspect chloriteux. En somme, on réserve le nom de *porphyres*

quartzifères à ceux qui montrent ces cristaux siliceux ; les autres sont désignés par le nom simple de *porphyre*.

Ces porphyres possèdent divers degrés de dureté et de compacité. Quand une belle couleur rouge sombre, qui contraste avec le blanc du feldspath, se joint à la dureté, il en résulte une pierre magnifique, susceptible de prendre le poli et de servir à la décoration des édifices, à la construction des vases, des colonnes, etc. Le *porphyre rouge d'Égypte*, dit *antique*, était particulièrement recherché par les anciens, qui en faisaient des sépulcres, des baignoires, des obélisques. La plus grande masse connue de ce porphyre est l'obélisque de Sixte-Quint, élevé à Rome. On voit aussi dans le musée du Louvre, à Paris, de magnifiques bassins et des statues faites de cette roche.

Malgré sa compacité, le porphyre se désagrége comme les autres roches. On a pu s'assurer de cette circonstance à Paris, où l'un des sphinx apportés d'Égypte, étant placé par hasard sous une des gouttières du Louvre, ne tarda pas à s'exfolier, tandis qu'il avait tenu bon pendant des siècles sous le climat de l'Égypte. Dans nos contrées les porphyres sont fréquemment décomposés et rendus méconnaissables[1].

Les *serpentines* sont des *talcs* compactes, qui doivent au silicate de magnésie leur structure grasse et onctueuse. Leur peu de dureté permet de les travailler au tour, et d'en façonner des vases de formes diverses. On en construit des poêles qui supportent bien le feu. La *serpentine* qu'on exploite au bord du lac de Côme, et qui porte le nom de *pierre ollaire*, est excellente pour cet usage.

La serpentine se montre dans les Vosges, dans le Limousin, dans le Lyonnais, dans le Var. Elle occupe d'immenses surfaces dans les Alpes, ainsi que dans les Apennins. Une partie des roches stratifiées de la Toscane a été soulevée et culbutée par ses éruptions, et il en est de même dans l'île d'Elbe.

1. En France, les roches porphyriques percent sur divers points, mais elles ne sont abondantes que dans la partie nord-est du plateau central et dans quelques parties du Midi. Elles forment des montagnes de forme conique ; offrant presque toujours sur leurs flancs des dépressions considérables ; dans les Vosges, elles atteignent jusqu'à 1000 et 1500 mètres d'élévation.

ROCHES VOLCANIQUES.

Considérées dans leur ensemble, les masses volcaniques peuvent se grouper en trois formations distinctes, dont nous parlerons dans l'ordre suivant, qui est celui de leur ancienneté relative :

1° *Formation trachytique ;*

2° *Formation basaltique ;*

3° *Formation lavique.*

Formation trachytique. — Les éruptions de trachyte ont apparu vers le milieu de la période tertiaire, et se sont prolongées jusqu'à la fin de cette période.

Les trachytes présentent la plus grande analogie de composition avec les porphyres feldspathiques, mais leurs caractères minéralogiques sont différents. Leur tissu est poreux ; leur pâte blanche, grise, noirâtre, jaunâtre ; elle présente des cristaux disséminés de feldspath, d'amphibole et de mica. L'aspect extérieur des trachytes est d'ailleurs très-variable.

Dans le centre de la France, le trachyte forme les trois centres montagneux les plus élevés : le groupe du Cantal, celui des monts Dores et la chaîne du Velay.

Le groupe du Cantal est un cône irrégulier, surbaissé, évidé à son centre, dont la base, à peu près circulaire, occupe une surface qui a près de 15 lieues de diamètre. Le groupe trachytique proprement dit s'élève à la partie centrale, et se compose de hautes montagnes, d'où partent des contre-forts qui s'abaissent peu à peu, pour se terminer par des plateaux plus ou moins inclinés. Ces montagnes centrales ont une hauteur qui varie entre 1400 et 1800 mètres. Une variété de trachyte, dite *phonolithe*, forme, au centre, des escarpements trachytiques qui encaissent les vallées principales, des pics élancés, comme on le

Fig. 327. Groupe des monts Dores, en Auvergne (pic de Sancy).

voit dans la figure 328, qui représente l'un des pics phonoli-
thiques du Cantal.

Le groupe des monts Dores est un cône qui occupe un espace
à peu près circulaire de 5 lieues de diamètre. La masse trachytique qui constitue cette gibbosité montagneuse, est d'une épaisseur moyenne de 400 à 800 mètres, en y comprenant les couches de matières pulvérulentes, de conglomérats ponceux, de
tufs qui en forment la base et entre lesquelles on voit des as-

Fig. 328. Pic phonolithique du Cantal.

sises de lignite. Le tout se superpose à un plateau primitif de
1000 mètres environ de hauteur. Déchiré et morcelé par de
profondes vallées, le pâté ne s'en exhausse pas moins graduellement jusqu'au pic de Sancy (fig. 327), qui atteint une élévation de 1887 mètres.

Sur le même plateau que les monts Dores, à 12 kilomètres
au nord de ses dernières pentes, la formation trachytique se
prolonge en quatre dômes arrondis : ceux du Puy-de-Dôme,

du Sarcouy, du Clierzou et du Petit-Suchet. La roche a pris
une physionomie particulière qui lui a valu le nom de *domite*.
Le Puy-de-Dôme nous présente un bel et frappant exemple d'une
roche trachytique éruptive.

La chaîne du Velay forme une zone composée de pics et de
plateaux indépendants qui forment sur l'horizon un long rideau
bizarrement découpé. La nudité des montagnes, leur formes
aiguës ou arrondies, quelquefois terminées par des plateaux
escarpés, donnent à la contrée une physionomie pittoresque et
caractéristique. Le pic de Mésenc, qui s'élève à 1774 mètres, est
le point culminant de cette chaîne. Les phonolithes qui la constituent ont dû faire éruption en un grand nombre de points,
suivant une fissure dirigée du nord-nord-ouest au sud-sud-est.

Sur les bords du Rhin et dans la Hongrie, la formation trachytique offre des caractères identiques à ceux que nous venons
d'indiquer pour la France. En Amérique, elle est principalement représentée par d'immenses cônes superposés à la chaîne
des Andes. Le colosse du Chimborazo est un de ces cônes trachytiques.

Formation basaltique. — Les éruptions basaltiques ont apparu
pendant les périodes secondaire et tertiaire. Le basalte, lave
essentiellement pyroxénique, noire et compacte, est la roche
dominante de cette formation. Il existe des basaltes en courants bien déterminés qui se rattachent à des cratères encore apparents aujourd'hui; leur origine ignée ne saurait donc ·
être mise en doute. Un des exemples les plus frappants de
cratère basaltique nous est fourni par la montagne ou le cratère de la *Coupe*, dans le Vivarais. Sur les flancs de cette montagne on aperçoit les traces qu'a laissées le courant de basaltes
liquéfiés; au pied de la montagne existe le basalte prismatique.
La planche 329 donne l'idée exacte de cette curieuse coulée basaltique.

Le basalte éruptif a quelquefois formé des plateaux. La figure 330 montre théoriquement et sans qu'il soit nécessaire de
rien ajouter, le mode de formation de ces plateaux.

Beaucoup de ces nappes basaltiques constituent des plateaux
très-étendus et d'une épaisseur considérable. D'autres forment

Fig· 329. Montagne et cratère basaltique de la Çoupe, dans le Vivarais.

des lambeaux d'un même tout, plus ou moins disloqués ; d'autres enfin se présentent en buttes isolées et très-éloignées de

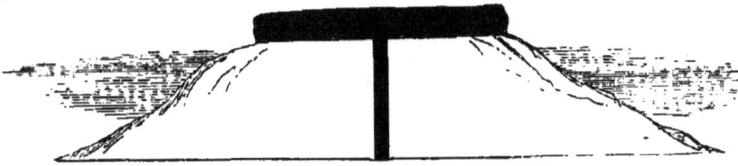

Fig. 330.

formations congénères (fig. 331). Enfin on trouve des basaltes en filons plus ou moins puissants. Le centre de la France et les

Fig. 331.
Basalte en buttes isolées.

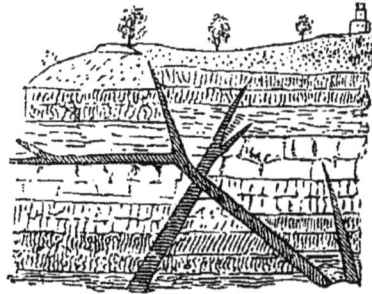

Fig. 332.
Filons basaltiques de Villeneuve-de-Berg

bords du Rhin nous en offrent beaucoup d'exemples. Ces filons donnent quelquefois la preuve bien évidente que la matière ne s'est pas introduite par en haut, et qu'elle ne peut être que le résultat d'une injection de l'intérieur de la terre à l'extérieur. Ils se terminent, en effet, par le haut en masses effilées, quelquefois bifurquées, qui se perdent dans la roche qu'elles traversent. Tel est le cas des filons basaltiques de Villeneuve-de-Berg (fig. 332).

Un des caractères les plus frappants des basaltes c'est leur structure souvent prismatique. Comme cette lave est homogène et à grains très-fins, les lois qui déterminent la direction des fissures de retrait dans les corps qui passent de l'état liquide à l'état solide par le refroidissement, deviennent ici très-manifestes. Aussi les terrains basaltiques ont-ils été de tout temps remarqués à cause de la forme et de l'agencement pittoresques de leurs laves. Ces laves basaltiques représentent souvent des colonnades de prismes réguliers, ayant généralement cinq ou

six pans, et dont la disposition paraît perpendiculaire aux surfaces de refroidissement (fig. 333). D'autres fois, toutes les co-

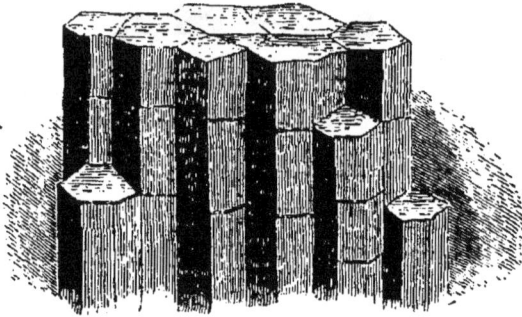

Fig. 333. Basalte en colonnes prismatiques.

lonnes, brisées au même niveau, présentent des sortes de pavés
composés de pièces à pans régulièrement accolés, qui s'étendent
sur un espace plus ou moins considérable, et qui sont placés en
amphithéâtre les uns au-dessus des autres. On a de tout temps

Fig. 334. Chaussée des Géants, au bord de la rivière du Volant, dans l'Ardèche.

donné le nom de *chaussées des géants* ou de *pavés des géants* à
ces curieuses dispositions des basaltes. En France, le Vivarais, le

Velay et l'Ardèche sont remplis de ces chaussées basaltiques. Nous donnons ici (fig. 334) le dessin d'une chaussée basaltique

Fig. 335. Grotte trappéenne de Fingal, dans l'île de Staffa : aspect intérieur.

située sur les bords de la petite rivière du Volant, dans le département de l'Ardèche.

L'Irlande a toujours été citée pour ses imposantes chaussées

Fig. 336. Grotte trappéenne de l'île de Staffa : aspect extérieur.

des géants. La grotte de Fingal (fig. 335), dans l'île de Staffa, est, sous ce rapport, d'une renommée, on peut le dire, banale.

La grotte de Fingal est creusée au milieu d'immenses colonnes prismatiques de trapp qui sont continuellement battues par les vagues. La figure 336 représente un autre aspect de la même grotte trappéenne de l'île de Staffa.

Les laves basaltiques, par leur irruption à l'intérieur des terres, suivie de leur séparation en colonnes régulières, ont formé quelquefois des grottes. Il existe, entre Trèves et Coblentz, une grotte très-remarquable en ce genre; elle est connue sous le nom de *grotte des Fromages*, parce que ces colonnes sont formées de pièces arrondies superposées (fig. 337).

Fig. 337. Grotte des Fromages.

Si l'on considère que dans les *basaltes en nappe* la partie inférieure est compacte, souvent divisée en colonnes prismatiques, et la partie supérieure poreuse, celluleuse, scoriacée, divisée irrégulièrement ; — que les points de séparation des assises offrent de petits lits de fragments de ces pierres poreuses connues sous le nom de *lapilli* ; — que la partie inférieure de leur masse présente une multitude d'appendices qui pénètrent dans les terrains meubles où elles reposent, ce qui dénote une matière liquide qui s'est moulée dans ses crevasses ; — que les terres voisines sont souvent calcinées sur une épaisseur plus ou moins considérable, et les débris de végétaux qu'elles renferment charbonnés, etc., on ne pourra conserver le moindre doute sur l'origine ignée des dépôts basaltiques. Arrivé au jour par certaines crevasses, le basalte liquide s'est répandu, a coulé sur la surface horizontale du sol. Cette lave n'aurait pu, en effet, prendre une surface unie et une épaisseur constante si elle s'était répandue sur des plans inclinés.

Formation lavique. — La formation lavique comprend à la fois les volcans éteints et les volcans actuellement en activité.

La première formation est représentée en France par des volcans situés dans les anciennes provinces de l'Auvergne, du Velay et du Vivarais, mais principalement par environ cinquante cônes volcaniques, hauts de 200 à 300 mètres, composés de scories et de pouzzolanes, alignés sur un plateau granitique qui domine la ville de Clermont-Ferrand, et qui se sont produits à la suite d'une fracture longitudinale de l'écorce terrestre, allant du nord au sud. C'est la *Chaîne des Puys*, qui a 30 kilomètres de longueur. Par leur structure cellulaire et poreuse, grenue et cristalline, les laves des coulées-de ces volcans feldspathiques ou pyroxéniques se distinguent facilement des laves analogues provenant des formations basaltique ou trachytique, qui se présentent comme elles sous forme de coulées. Leur surface est irrégulière, hérissée d'aspérités formées par les entassements des blocs anguleux.

Les volcans de la *Chaîne des Puys*, que l'on voit représentés dans la planche 338, sont si parfaitement conservés, leurs laves sont si fréquemment superposées aux coulées basaltiques, et présentent une composition et une texture si distinctes, qu'on n'a pas de peine à établir qu'ils sont postérieurs à la formation basaltique et d'un âge très-récent. Cependant ils ne paraissent pas appartenir aux temps historiques, car nulle tradition n'atteste leur irruption.

Nous nous arrêterons plus longtemps sur les volcans actuels.

Tout ce qui concerne les volcans s'explique sans peine par la théorie, que nous avons si souvent indiquée, des fractures du globe résultant de son refroidissement. Les divers phénomènes que nous présentent les volcans actuels sont, comme l'a dit de Humboldt, « le résultat de la réaction du noyau fluide interne de notre planète sur son écorce extérieure. »

On nomme *volcan* tout conduit qui établit une communication permanente entre l'intérieur de la terre et sa surface, conduit qui donne passage, par intervalles, à des éruptions de matière lavique, ou de *laves*. La figure 339 montre, d'une manière théorique, le mécanisme géologique de l'éruption d'un volcan.

Fig. 339. Volcan actuel.

On évalue à environ trois cents le nombre des volcans actuellement en ignition à la surface de la terre. On les partage en deux groupes : les volcans *isolés* ou *centraux* et les volcans disposés en *séries*. Les premiers sont des volcans actifs, autour desquels peuvent s'établir des bouches éruptives secondaires, toujours en relation avec la bouche principale. Les seconds sont disposés comme des cheminées de forge, le long de fentes qui se prolongent sur de grands espaces. Vingt, trente cônes volcaniques et plus peuvent s'élever au-dessus d'une pareille fente de la croûte terrestre, fente dont la direction se manifeste par leur propre direction linéaire. Quelquefois ces fentes se trouvent sur la crête de chaînes de montagnes élevées et disloquées, comme par exemple sur les Andes de l'Amérique méridionale.

Fig. 338. Volcans éteints formant la chaîne des Puys, en Auvergne.

Dans la mer, les séries de volcans se montrent sous forme de groupes d'îles disposées en séries longitudinales.

On range parmi les volcans centraux : ceux des îles *Lipari*, qui ont, comme centre, le Stromboli, en activité permanente; l'*Etna*, le *Vésuve*, les volcans des *Açores*, des *Canaries*, des îles du *Cap-Vert*, des îles *Gallapagos*, des îles *Sandwich*, des îles *Marquises*, des îles de la *Société*, des îles de l'*Amitié*, de l'île *Bourbon*, enfin l'*Ararat*.

On range parmi les volcans en séries : la série des volcans de la Sonde, qui, sous le rapport des matières éjaculées et de la violence des éruptions, renferme les bouches à feu les plus remarquables du globe; — la série des Moluques et des Philippines; — celle des îles du Japon, des îles Marianne; — celle du Chili; — la double série des sommets volcaniques près de Quito; — celle des Antilles, du Guatémala, du Mexique.

Les bouches des cheminées volcaniques se trouvent presque toujours au sommet d'une montagne conique, plus ou moins isolée; elles consistent en une ouverture en forme d'entonnoir, qu'on appelle *cratère*, et qui se prolonge en bas dans l'intérieur de la cheminée volcanique. Le cône qui supporte le cratère est composé, pour la plus grande partie, de laves ou de produits d'éjection; aussi le désigne-t-on sous le nom de *cône d'éjection* ou *de scories*. Il est beaucoup de volcans qui consistent uniquement dans le *cône de scories :* tel est celui de l'île de Barren, dans

Fig. 340. Volcan de l'île de Barren, dans le golfe du Bengale.

le golfe du Bengale (fig. 340). D'autres offrent, au contraire, un cône d'une très-faible dimension, malgré la hauteur considérable de la chaîne volcanique. On peut citer comme exemple le cratère qui se forma au Vésuve en 1829 (fig. 341).

Ce cône volcanique a depuis longtemps disparu. En 1865, nous avons fait l'ascension du Vésuve et vu de près son cratère. Ce cratère n'est autre chose qu'une vaste échancrure qui creuse le sommet presque tout entier de la montagne. C'est une sorte de chaudière immense, à bords taillés en entonnoir, et d'où s'exhalent, comme d'un vase placé sur le feu, des masses continuelles de vapeurs d'eau brûlantes.

Fig. 341. Cratère du Vésuve formé en 1829.

La fréquence et l'intensité des éruptions ne sont nullement liées aux dimensions de la montagne volcanique.

L'éruption d'un volcan est ordinairement annoncée par un bruit souterrain, accompagné de secousses, d'ébranlements du sol, et quelquefois de véritables tremblements de terre. Le bruit, qui provient d'une très-grande profondeur, se fait entendre sur une large étendue de pays, comme s'il partait du voisinage. Il ressemble à un feu bien nourri d'artillerie ou de·

mousqueterie. Quelquefois, c'est comme le roulement sourd d'un tonnerre souterrain. Des crevasses se produisent souvent, aux époques des éruptions, sur un rayon considérable. Les figures 342, 343, 344 et 345 représentent la disposition de quelques-unes de ces crevasses du sol.

L'éruption commence par une forte secousse qui ébranle l'intérieur de la montagne. L'ascension des masses fluides et des vapeurs chaudes se révèle, dans certains cas, par la fonte des neiges sur les flancs du cône d'éjection. En même temps que se produit la secousse qui triomphe des dernières résistances

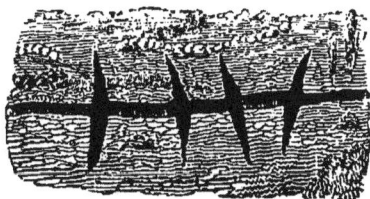

Fig. 342.

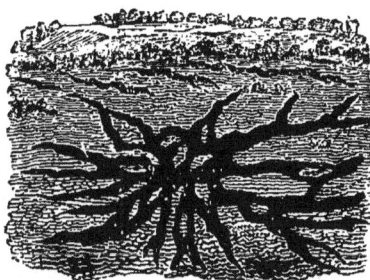

Fig. 343.

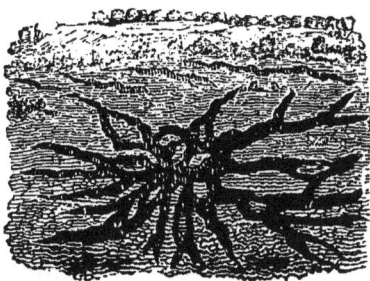

Fig. 344.

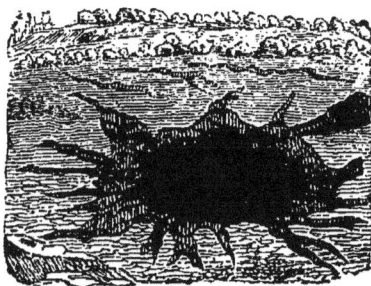

Fig. 345.

de la croûte solide du sol, il s'échappe du fond du cratère une masse considérable de gaz, et particulièrement de vapeurs d'eau.

Les vapeurs d'eau, il importe de le remarquer, sont la cause essentielle des terribles effets mécaniques dont s'accompagnent les éruptions des volcans actuels. Les éruptions de matières granitiques, porphyriques, trachytiques et quelquefois même basaltiques, sont arrivées au sol sans provoquer ces violentes explosions, ces formidables éjections de roches et de pierres

qui accompagnent les éruptions des volcans modernes. Les granits, les porphyres, les trachytes et les basaltes se sont épan-
chés sans violence à l'extérieur, parce que la vapeur d'eau n'accompagnait pas ces roches liquéfiées, et telle est la circonstance
qui explique la tranquillité des épanchements anciens, comparée à la violence et aux terribles effets des éruptions des volcans actuels. Bien établi par les investigations de la science, ce
fait nous donne l'explication des puissants effets mécaniques
des volcans modernes, qui contrastent avec les tranquilles
éruptions des âges primitifs.

Dans les premiers moments d'une éruption volcanique, les
masses de pierres et de cendres qui comblaient le cratère sont
projetées en l'air par l'action, brusquement développée, de
l'élasticité de la vapeur. Cette vapeur se dégage au travers des
laves rouges de feu, sous la forme de grandes bulles arrondies,
qui tournoient dans l'air au-dessus du cratère et s'étendent en
couronnes d'autant plus larges qu'elles s'élèvent plus haut. Ces
masses de vapeurs finissent par former des nuages pelotonnés
d'une éblouissante blancheur, qui suivent la direction du vent.
Pline le Jeune compare à la cime étagée d'un sapin les nuages
que forme au sein des airs la vapeur d'eau provenant d'une
éruption volcanique.

Ces nuages volcaniques sont gris ou noirs, selon que la quantité de *cendres* (c'est-à-dire de matière pulvérulente qu'ils em-
portent mélangée à la vapeur d'eau) est plus ou moins considérable. Dans quelques éruptions, on a remarqué que ces nuages,
en s'abaissant jusqu'au sol, répandaient une odeur particulière
d'acide chlorhydrique ou sulfureux ; on a même trouvé ces
deux acides mélangés à l'eau des pluies provenant de la réso-
lution de ces nuages.

Les nuages pelotonnés de vapeurs qui partent des volcans
sont sillonnés d'éclairs continus suivis de violents coups de
tonnerre ; en se condensant, ils forment de désastreuses averses
qui tombent sur les flancs de la montagne. Beaucoup d'éruptions, connues sous le nom de *volcans de boue* ou de *volcans
d'eau*, ne sont autre chose que ces mêmes pluies entraînant
avec elles et laissant tomber sur le sol des cendres, des pierres
et des scories.

Passons aux phénomènes dont le cratère est le théâtre pendant l'éruption même. On y constate d'abord un mouvement incessant d'ascension et d'abaissement de la lave fluide qui remplit l'intérieur du cratère. Ce double mouvement est souvent interrompu par de violentes explosions de gaz. Le cratère de Kilauea, dans l'île de Havaï (Sandwich), contient un lac de matière fondue large de 500 mètres. Ce lac subit ce double mouvement d'élévation et d'abaissement. Chacune des bulles de vapeur qui sort du cratère pousse vers le haut la lave fondue; elle s'élève et éclate à la surface avec une force considérable. Une partie de la lave, à demi refroidie et scorifiée, est ainsi projetée vers le haut, et les divers fragments sont lancés avec violence dans toutes les directions, comme ceux d'une bombe qui éclate.

Le plus grand nombre des fragments lancés verticalement dans les airs retombe dans le cratère. Beaucoup s'accumulent sur le bord de l'ouverture et ajoutent de plus en plus à la hauteur du cône d'éruption. Les fragments plus légers et de petites dimensions, comme aussi les cendres fines, sont entraînés par les spirales de vapeur et portés sur des étendues de pays souvent très-considérables. En 1794, les cendres du Vésuve furent lancées jusqu'au fond de la Calabre; en 1812, celles du volcan de Saint-Vincent, dans les Antilles, furent portées à l'est jusqu'à la Barbade, et y répandirent une telle obscurité, qu'en plein jour on ne voyait pas à se conduire. Enfin quelques masses de laves, puissantes et isolées, sont projetées en dehors de la gerbe de scories; elles sont arrondies par suite de leur mouvement de tournoiement dans l'air et portent le nom de *bombes volcaniques*.

Nous avons déjà fait remarquer que la lave qui, à l'état liquide, remplit le cratère et la cheminée intérieure du volcan, a été poussée en haut par les vapeurs d'eau. Dans beaucoup de cas, la force mécanique de cette vapeur est si considérable qu'elle lance la lave par-dessus les bords du cratère, et qu'il se forme ainsi un torrent de feu qui se répand le long de la montagne. Ce débordement n'a lieu au sommet de la montagne que dans les volcans d'une faible hauteur; dans les volcans élevés, la montagne se fend d'ordinaire près de sa base, et c'est par cette fente que le torrent de lave s'épanche sur le pays environnant.

L'écoulement de la lave donne lieu à des phénomènes qui sont très-différents, selon le degré de fluidité de la lave, selon sa température et le degré d'inclinaison de la montagne.

Une fois épanchée, la lave se refroidit assez vite ; elle durcit et présente une croûte écaillée par suite du refroidissement ; par ses interstices, on voit encore s'échapper des jets de vapeur d'eau. Mais, sous cette croûte superficielle, la lave continue d'être liquide ; elle ne se refroidit que peu à l'intérieur de sa masse. Elle chemine avec une extrême lenteur, entravée qu'elle est dans sa progression par les débris des roches qui s'entassent au-devant de cette rivière brûlante et sont charriées par son cours.

La vitesse avec laquelle se meut un courant de lave dépend de son degré de fluidité, de sa masse et de la pente du sol. On a constaté que certains courants de lave parcouraient en une heure plus de 1000 mètres ; mais leur vitesse est d'ordinaire beaucoup moindre : un homme à pied peut souvent la dépasser. Ces courants varient beaucoup en dimensions. Le courant le plus considérable de la lave de l'Etna a, sur quelques points, une épaisseur de 35 mètres et une largeur d'un mille et demi géographique. La plus grande masse lavique qui ait été épanchée dans les temps historiques est celle du Skaptor Jokul, en Islande, en 1783. Elle forma deux courants dont les extrémités étaient éloignées l'une de l'autre de 20 lieues, et qui, de distance en distance, présentaient une largeur de 3 lieues et une épaisseur de 200 mètres.

Un effet tout particulier et qui ne fait que simuler l'activité volcanique s'observe dans les localités où existent des *volcans de boue*. La plupart de ces volcans présentent de petites éminences coniques, avec une dépression dans leur intérieur. Ils versent au dehors de la boue poussée par des gaz et de la vapeur d'eau. La température des matières lancées au dehors est d'ordinaire peu élevée. La boue, généralement grisâtre, à odeur de pétrole, est soumise aux mêmes mouvements alternatifs que la lave fondue dans les volcans proprement dits. Les gaz qui projettent à l'extérieur cette argile fluide, mélangée de

Fig. 346. Volcan d'air à Turbaco (Amérique méridionale).

sels, de gypse, de naphte, de soufre, quelquefois même d'ammoniaque, sont habituellement l'hydrogène carboné et l'acide carbonique. Tout porte à croire qu'ils proviennent, au moins en grande partie, des réactions qui s'effectuent entre les divers éléments du sous-sol sous l'influence de l'eau qui s'y infiltre, entre des marnes bitumineuses, des carbonates complexes, et probablement l'acide carbonique de sources acidules. M. Fournet a vu en Languedoc, près de Roujan, des ébauches de ces sortes de formations; et d'ailleurs non loin de là existe la source bitumineuse de Gabian.

Les volcans de boue, ou *salses*, se présentent en un assez grand nombre de lieux à la surface de la terre. Il en existe beaucoup dans les environs de Modène; on en voit en Sicile, entre Arragona et Girgenti. Pallas en a observé en Crimée, dans la presqu'île de *Kertch*, à l'île de Taman; de Humboldt en a décrit et figuré dans la province de Carthagène, dans l'Amérique méridionale; on en cite enfin à l'île de la Trinité et dans l'Indoustan. Nous représentons sur la figure 346 les *volcans d'air* ou *de boue* de Turbaco dans la province de Carthagène (Amérique méridionale), que de Humboldt a figurés dans son *Voyage aux régions équatoriales*.

On trouve, dans certaines contrées, des buttes formées de matières argileuses résultant des anciennes déjections d'un volcan de boue, duquel tout dégagement de gaz, d'eau et de terre a depuis longtemps cessé. Quelquefois ce phénomène reprend avec violence son cours interrompu. De légers tremblements de terre s'y font alors sentir, et des blocs de terre desséchée étant projetés au loin, de nouveaux flots de boue se font jour.

Revenons aux volcans ordinaires, c'est-à-dire à ceux qui lancent des laves.

A la fin d'une éruption lavique, quand l'activité du volcan commence à s'affaiblir, l'émission du cratère est réduite à des dégagements plus ou moins abondants de gaz, qui s'échappent par une multitude de fissures du sol, mêlés à de la vapeur d'eau.

Le plus grand nombre de volcans qui se sont ainsi éteints forment ce qu'on appelle les *solfatares*. L'hydrogène sulfuré qui se dégage des fissures du sol se décompose au contact de l'air, en formant de l'eau par l'action de l'oxygène atmosphérique, et laissant du soufre, qui se dépose ainsi en masses considérables sur les parois du cratère et dans les fentes du sol. Telle est l'origine géologique du soufre que l'on recueille à Pouzzole, près de Naples.

Le soufre joue dans l'industrie un rôle considérable. C'est, en effet, avec le soufre extrait des terres qui environnent les bouches des volcans éteints, c'est-à-dire avec les produits des *solfatares*, que l'on prépare l'acide sulfurique, agent fondamental d'une foule d'industries dans les deux mondes, et qui est devenu un des plus puissants éléments de notre production manufacturière.

Les sources d'eau bouillante connues sous le nom de *geysers* sont une autre émanation minérale qui se rattache aux anciens cratères. Elles sont continues ou intermittentes. On trouve en Islande un grand nombre de ces sources jaillissantes. L'un des *geysers* de l'Islande projette une colonne d'eau de 6 mètres de diamètre, s'élevant parfois à 50 mètres de hauteur. L'eau, en se refroidissant, laisse déposer la silice qu'elle tenait en dissolution.

La figure 347 représente les geysers de l'Islande.

La phase dernière de l'activité volcanique, c'est un dégagement d'acide carbonique sans élévation de température. Dans les lieux où se manifestent ces émanations continues de gaz acide carbonique, on reconnaît l'existence d'anciens volcans dont les dégagements sont le phénomène terminal. C'est ce que l'on observe de la façon la plus remarquable en Auvergne, où existent une multitude de sources acidules, c'est-à-dire chargées d'acide carbonique. Pendant qu'il créait les mines de Pontgibaud, M. Fournet eut à lutter contre ces émanations, qui parfois s'effectuaient avec une puissance explosive. Des jets d'eau s'élançaient à de grandes distances dans les galeries, en ronflant comme la vapeur qui s'échappe de la chaudière d'une locomotive. Le liquide qui remplissait un puits abandonné de l'exploitation fut, à deux reprises, soulevé par de violentes effervescences. Elles vidèrent à moitié cette excavation, et les torrents du gaz se répandant dans la vallée asphyxièrent un cheval et une troupe d'oies. Les mineurs étaient obligés de

s'enfuir en toute hâte au moment des éructations gazeuses, et
ils devaient se tenir droits, afin de ne pas plonger la tête dans
l'acide carbonique que sa pesanteur maintient vers le bas des
galeries. Il y a loin de là au petit effet de la *grotte du Chien*,
située près de Naples, qui excite la surprise des badauds, et que

Fig. 347. Geysers de l'Islande.

l'on trouve mentionnée dans tous nos livres, comme si la
France n'avait pas aussi ses *merveilles de la nature!*

Le même fait se manifeste avec une intensité bien supérieure
à Java, dans la vallée dite *du Poison*, qui est pour les habitants
un véritable objet de terreur. Dans cette vallée redoutable, le
sol est partout couvert de squelettes et de carcasses de tigres,
de chevreuils, de cerfs, d'oiseaux, et même d'ossements humains, car l'asphyxie frappe tout être vivant qui s'aventure
dans ces lieux désolés.

Les volcans actuellement en activité sont, comme nous l'avons
dit, très-nombreux et répandus sur toute la surface du globe.
Les plus connus sont ceux du Vésuve, près de Naples, de
l'Etna, en Sicile, et de Stromboli, dans les îles Lipari. Donnons quelques rapides indications sur chacun de ces volcans
actuels.

Le Vésuve est de tous les volcans celui qui a été le mieux étudié ; c'est le volcan pour ainsi dire classique. Personne n'ignore qu'il s'ouvrit pour la première fois l'an 79 après Jésus-Christ. Cette éruption célèbre coûta la vie au naturaliste Pline. Après bien des mutations, le cratère actuel du Vésuve consiste en une profonde excavation qui forme comme une sorte de vaste chaudière creusée au sommet de la montagne, et d'où s'exhalent sans cesse des gaz et de la vapeur d'eau.

Le mont Vésuve était primitivement la montagne à laquelle on donne aujourd'hui le nom de *Somma*. L'immense cône, qui seul porte aujourd'hui le nom de Vésuve, s'est formé lors de la fameuse éruption de l'an 79, qui ensevelit sous des avalanches de débris de ponce pulvérulente les villes d'Herculanum, de Pompéi et de Stabies. Le Vésuve a vomi, depuis l'origine, des déjections de nature variée et des courants de lave. Ses éruptions ne sont séparées, de nos jours, que par des intervalles de quelques années.

Les îles Lipari renferment le volcan de Stromboli, continuellement en ignition, et qui forme ce fameux phare naturel de la mer Tyrrhénienne, tel qu'Homère l'a observé, tel qu'on l'avait vu avant le vieil Homère, et tel qu'on le voit encore de nos jours. Ses éruptions sont continues. Le cratère d'où elles s'élancent ne se trouve pas à la pointe de l'éminence conique de l'île, mais sur un de ses côtés, à peu près aux deux tiers de la hauteur. Il est en partie rempli de lave fondue, qui s'y trouve continuellement soumise à un mouvement alternatif d'ascension et d'abaissement. Ce mouvement est provoqué par la montée de bulles de vapeur qui s'élèvent à la surface et projettent au dehors une haute colonne de cendres. Pendant la nuit, ces nuages de vapeur resplendissent d'une magnifique réverbération rouge, qui éclaire d'une sinistre lueur l'île et la mer environnante.

Situé sur la côte orientale de la Sicile, l'Etna paraît, au premier coup d'œil, avoir une structure beaucoup plus simple que celle du Vésuve. Ses pentes sont moins rapides, plus uniformes de tous côtés ; sa base représente à peu près la forme d'un bouclier. La partie inférieure de l'Etna, ou la région cultivée de cette montagne, est inclinée d'environ 3°. La région moyenne, ou celle des forêts, est plus rapide ; elle mesure 8° d'inclinaison. La montagne se termine par un cône de forme elliptique, de 32° d'inclinaison, qui porte en son milieu, au-dessus d'une terrasse presque horizontale, le cône d'éruption, avec son cratère arrondi. Ce cratère est à 3300 mètres d'altitude. Il ne donne point issue à des laves, mais seulement à des gaz. Les laves sortent par soixante cônes plus petits qui se sont formés sur les pentes du volcan. On peut, en regardant la montagne du sommet, se convaincre que ces cônes sont disposés en rayons et placés sur des fentes qui convergent vers le cratère comme vers un centre.

Ajoutons, pour compléter cette trop rapide esquisse des phénomènes volcaniques actuels, qu'il existe des volcans sous-marins. Si l'on n'en connaît qu'un petit nombre, cela tient à ce que leur apparition au sein des eaux est presque constamment suivie d'une disparition plus ou moins complète. Toutefois, des phénomènes très-puissants et très-visibles nous donnent une démonstration suffisante de la persistance continuelle des actions volcaniques au-dessus du bassin des mers. Au milieu des eaux de l'Océan, on voit quelquefois apparaître subitement des îles sur des points où les navigateurs n'en avaient jamais aperçu. C'est ainsi que l'on a vu de nos jours se former l'île Julia ou Ferdinanda. Apparue au sud-ouest de la Sicile en 1831, elle s'abîma deux mois après sous les vagues [1]. A diverses époques, et notamment en 1811, il se forma des îles nouvelles dans les Açores. Il s'en éleva à plusieurs reprises autour de l'Islande et sur beaucoup d'autres points.

L'île qui apparut en 1796, à dix lieues de la pointe septentrionale d'Unalaska, l'une des îles Aléoutiennes, est particulièrement célèbre. On vit d'abord sortir du sein de la mer une colonne de fumée ; ensuite un point noir, d'où s'élançaient des gerbes enflammées, apparut à la surface de l'eau. Pendant plusieurs mois que dura ce phénomène, l'île s'accrut en largeur et en hauteur. Enfin on ne vit plus sortir que de la fumée ; au bout de quatre ans, cette dernière trace des convulsions volca-

---

1. Voir dans notre ouvrage la Terre et les Mers, deuxième édition, page 356, la description de l'île Ferdinanda, avec les dessins originaux de cette île volcanique.

niques avait même complétement cessé. L'île continua néanmoins à grandir et à s'élever ; elle formait en 1806 un cône surmonté de quatre autres plus petits.

Dans l'enceinte comprise entre les îles Santorin, Therasia et Aspronisi, dans la Méditerranée, s'éleva, cent quatre-vingt-six ans avant notre ère, l'île d'*Hiera*, qui s'accrut encore par des îlots soulevés sur ses bords pendant les années 19, 726 et 1427. On a vu apparaître en 1773 Micra-Kameni, et Nea-Kameni en 1707. Ces îles s'accrurent successivement en 1709, 1711, 1712, etc. Selon les anciens, Santorin, Therasia et Aspronisi avaient apparu, plusieurs siècles avant Jésus-Christ, à la suite de tremblements de terre d'une grande violence.

MÉTAMORPHISME DES ROCHES.

Les roches composant l'écorce terrestre ne sont pas restées telles qu'elles s'étaient formées à l'origine. Elles ont très-fréquemment éprouvé des altérations qui ont modifié d'une manière complète leurs propriétés physiques ou chimiques. On appelle *roches métamorphiques* celles qui présentent ce caractère. Les phénomènes qui se rattachent à cette question importante et nouvelle, ont beaucoup attiré, dans ces derniers temps, l'attention des géologues. Notre ouvrage serait incomplet si nous ne donnions une idée sommaire des faits du *métamorphisme*. C'est ce que nous allons essayer dans les pages qui vont suivre. Nous prendrons en partie pour guide, dans cet exposé, les travaux publiés par M. Delesse[1], le savant géologue et ingénieur de l'École normale, à Paris.

Pour mettre quelque clarté dans l'exposé de la question du *métamorphisme des roches*, nous distinguerons, avec la plupart des géologues, le *métamorphisme spécial* et le *métamorphisme général*.

Métamorphisme spécial. — Lorsqu'une roche éruptive pénètre dans l'écorce terrestre, elle fait subir aux roches qu'elle traverse un métamorphisme, que l'on nomme *spécial*, ou de *contact*. Ce métamorphisme s'observe très-bien près de la limite de la roche éruptive. Il doit être attribué, soit à cette roche elle-même, soit aux dégagements de gaz, de vapeurs, d'eaux minérales et thermales, qui ont accompagné son éruption. Il varie non-seulement avec la roche éruptive, mais encore avec la roche encaissante. C'est ce que nous allons établir par quelques exemples.

Considérons d'abord des roches ayant une origine ignée bien certaine, telles que les laves rejetées par les volcans.

---

1. *Études sur le métamorphisme des roches*, in-8°, 1858. — Id., in-4°, 1860.

Les laves font éprouver à la roche encaissante des modifications bien caractéristiques. La structure de cette roche devient prismatique, fendillée, souvent même celluleuse et scoriacée. Le bois et les combustibles atteints par les laves sont partiellement ou complétement carbonisés. Le calcaire prend une structure grenue et cristalline; il se change en *calcaire saccharoïde*. Les roches siliceuses ne se transforment pas en quartz hyalin, mais elles sont corrodées; et se combinant avec les bases, elles donnent des silicates vitreux et celluleux. Il en est à peu près de même pour les roches argileuses, qui s'agglutinent et prennent fréquemment une couleur rouge brique.

La roche encaissante est souvent imprégnée de fer oligiste. Elle est aussi pénétrée par des vapeurs d'acide chlorhydrique ou sulfurique, et par divers sels formés par ces acides.

` A une certaine distance du contact, l'action de l'eau, secondée par la chaleur, produit de la silice, de la chaux carbonatée, de l'aragonite, des zéolithes et des minéraux variés.

Au contact immédiat des laves, toutes les roches métamorphiques prennent donc des caractères qui dénotent l'action d'une forte chaleur. Elles sont le plus souvent anhydres ; elles portent des traces bien évidentes de calcination, de ramollissement et même de fusion. Lorsqu'on y voit apparaître les hydrosilicates, les carbonates, la silice et les minéraux associés, ce n'est le plus souvent qu'à une certaine distance du contact. La formation de ces minéraux doit alors être attribuée à une action combinée de l'eau et de la chaleur, et cette dernière cause cesse de jouer le rôle principal.

Les roches volcaniques hydratées, telles que les basaltes, et en général les roches trappéennes, produisent encore des effets de métamorphisme dans lesquels intervient la chaleur. Toutefois ces effets sont assez bornés; l'action de l'eau est en réalité la plus importante.

Voici quelles sont les métamorphoses que l'on observe dans la structure et dans la composition minéralogique de la roche encaissante.

La structure de séparation devient fragmenteuse, polyédrique, pseudo-régulière et même prismatique. Elle est surtout prismatique dans les combustibles, les grès, les argiles; cependant elle peut l'être aussi dans les roches feldspathiques et même dans les calcaires. Les prismes sont perpendiculaires à la surface de contact. Leur longueur dépasse quelquefois 2 mètres. Le plus généralement ils renferment encore de l'eau ou des matières volatiles.

Ces caractères s'observent très-bien au contact des nappes de basalte qui se sont épanchées sur des argiles, près Clermont, en Auvergne, à Polignac et aux environs du Puy en Velay.

Si un filon de basalte ou de trapp a traversé une couche de houille ou de lignite, on trouve le combustible fortement *métamorphisé* à son contact. Quelquefois il est devenu cellulleux et il a été changé en *coke*. C'est notamment ce qui a lieu dans le bassin houiller de Brassac. Mais le plus souvent le combustible a perdu tout ou partie de ses matières bitumineuses et volatiles, et il s'est *métamorphisé* en anthracite. Nous citerons comme exemple le lignite du mont Meissner.

Dans quelques cas exceptionnels, le combustible peut même être changé en graphite, près de son contact avec le *trapp*. C'est ce qu'on observe à la mine de houille de New-Cumnock, en Écosse.

Quand, près de son contact avec une roche *trappéenne*, un combustible a été métamorphisé en coke ou en anthracite, il est en outre très-fréquemment imprégné par de l'oxyde de fer hydraté, par de l'argile, par de la chaux carbonatée spathique, par de la pyrite de fer et par divers minéraux des filons. Il peut arriver de plus, qu'il se réduise à un état pulvérulent, qui rend ce combustible impropre à aucun usage. C'est ce que l'on remarque dans une mine de houille de Newcastle jusqu'à la distance de 30 mètres d'un épanchement de trapp.

Lorsque le basalte et le trapp ont traversé des roches calcaires, ils les ont plus ou moins altérées aux points du contact. Le métamorphisme qu'ils ont exercé se révèle par un changement de couleur et d'aspect se manifestant le long des parois du filon, souvent aussi par le développement de la structure cristalline. Le calcaire devient alors grenu, saccharoïde : il se change en *marbre*.

L'action du basalte sur le calcaire s'observe, par exemple, à Villeneuve-de-Berg (fig. 332). Mais c'est surtout aux environs de Belfast, dans le nord-est de l'Irlande, qu'on voit très-bien la craie changée en calcaire saccharoïde près de son contact avec le trapp. Quelquefois même le métamorphisme s'étend à plusieurs mètres du contact; de plus, des zéolithes ainsi que d'autres minéraux, se sont développés dans le calcaire devenu cristallin.

Lorsque du grès se trouve au contact d'une roche trappéenne, il présente aussi des traces non équivoques de métamorphisme. Il perd sa couleur rouge et devient blanc, gris, verdâtre ou noirâtre. On y distingue des veines parallèles, qui lui donnent une structure jaspée, et il se divise en prismes, perpendiculaires aux parois des filons. Il prend alors un éclat lustré et même vitreux. Quelquefois encore il a été pénétré par des zéolithes. Le grès bigarré de l'Allemagne, qui est traversé par des filons de basalte, montre souvent ces phénomènes de métamorphisme. Ces mêmes phénomènes sont surtout bien caractérisés à Wildenstein, dans le Wurtemberg.

Les roches argileuses n'échappent pas plus que les autres au métamorphisme, lorsqu'elles se trouvent en contact avec des roches éruptives trappéennes. Dans ces circonstances, elles changent de couleur et prennent une structure veinée ou prismatique. En même temps leur dureté augmente, et elles deviennent lithoïdes. Elles peuvent aussi devenir celluleuses, et il se forme dans leurs cavités des zéolithes, de la chaux carbonatée spathique, ainsi que les minéraux qui remplissent habituellement les amygdaloïdes. Quelquefois encore leurs fissures sont tapissées par les minerais métalliques et par les divers minéraux qui les accompagnent dans les gîtes métallifères. Généralement, elles perdent une partie de leur eau et de leurs carbonates. Dans d'autres circonstances elles se sont combinées avec de l'oxyde de fer et des alcalis. C'est ce qui a été constaté, par exemple, à Essey (département de la Meurthe), où un grès très-argileux se trouve changé en jaspe porcelanite près de son contact avec un filon de basalte.

Jusqu'ici nous avons parlé seulement du métamorphisme provoqué par les roches volcaniques. Quelques mots suffiront pour faire apprécier le métamorphisme exercé par les porphyres et les granits.

Au contact du granit on trouve la houille changée en anthracite ou en graphite. Il importe toutefois de remarquer que la houille n'a jamais été métamorphisée en coke. Quant au calcaire, il s'est quelquefois transformé en marbre, et l'on trouve même dans son intérieur divers minéraux, notamment des silicates à base de chaux, tels que le grenat, le pyroxène, l'amphibole. Les grès et les argiles ont également été altérés.

La roche encaissante et la roche éruptive sont encore imprégnées assez souvent par le quartz, par la chaux carbonatée, par la baryte sulfatée, par la chaux fluatée, par l'oxyde de fer, la galène, la pyrite de cuivre et en un mot par les minéraux des gîtes métallifères. Ces minéraux se présentent d'ailleurs avec les caractères qui leur sont habituels dans les filons.

Métamorphisme général. — Les roches sédimentaires ont quelquefois éprouvé un métamorphisme indépendant de toute action directe exercée sur elles par les roches éruptives. Ce métamorphisme s'est produit sur une échelle beaucoup plus grande que le premier. Il s'observe sur des régions entières, dans lesquelles il a modifié simultanément les différentes roches. C'est le métamorphisme qu'on nomme *général* ou *normal*.

Pour donner une idée de ce métamorphisme, nous allons suivre ses effets dans des roches de même nature, et nous indiquerons les caractères que ces roches présentent successivement à mesure que l'intensité du métamorphisme devient de plus en plus grande.

Les combustibles, qui ont une composition toute spéciale et très-différente de celle des autres roches, se prêtent très-bien à l'étude de ce genre de métamorphisme. Or, lorsqu'on descend dans la série des terrains sédimentaires, on voit les combustibles changer complétement de caractères; de la tourbe qui se forme encore à l'époque actuelle, on passe au lignite, à la houille, à l'anthracite et même au graphite. Leur densité augmente, et varie au moins du simple au double. L'hydrogène, l'azote et surtout l'oxygène, vont en diminuant très-rapidement. Par suite, les matières volatiles et bitumineuses se réduisent de plus en plus; tandis qu'au contraire la proportion de carbone va en augmentant.

Ce métamorphisme des combustibles, qui a lieu dans des

terrains de différents âges, peut aussi s'observer dans une même couche. Par exemple, dans le terrain houiller des États-Unis, qui s'étend à l'ouest des Alleghanys, la houille renferme une proportion de matières volatiles qui va successivement en diminuant à mesure qu'on se rapproche de ces montagnes et surtout des roches granitiques. Cette proportion s'élève à 50 pour 100 sur l'Ohio ; mais elle tombe à 40 sur le Manon-Gahela, et même à 16 quand on atteint les Alleghanys. Enfin, dans les régions les plus bouleversées, en Pensylvanie et dans le Massachusetts, la houille s'est métamorphisée en anthracite et même en graphite.

Le calcaire est l'une des roches sur lesquelles on peut suivre le plus facilement les effets du métamorphisme général. Lorsqu'il n'a pas été modifié, il se trouve habituellement dans les terrains sédimentaires, à l'état de calcaire compacte, de calcaire grossier, ou de calcaire pulvérulent, comme la craie. Mais considérons-le dans les montagnes, surtout dans celles qui sont en même temps granitiques, telles que les Pyrénées, les Vosges et les Alpes. Nous verrons alors ses caractères se modifier complétement. Dans les vallées profondes et allongées des Alpes, par exemple, on peut suivre les altérations du calcaire sur une longueur de plusieurs lieues. Les couches perdent de plus en plus leur régularité, à mesure qu'on se rapproche du centre de la chaîne. Elles finissent même par se réduire à des lentilles et à des ganglions, qui sont enclavés au milieu des schistes cristallins ou dans des roches granitiques. Vers les hautes régions des Alpes, le calcaire se divise en fragments pseudo-réguliers ; il est plus fortement cimenté, plus lithoïde, plus sonore. Sa couleur devient plus pâle et passe du noir au gris, par la disparition des matières organiques et bitumineuses qui l'imprégnaient. En outre, sa structure cristalline augmente d'une manière insensible. Il peut même se métamorphiser en un agrégat de cristaux microscopiques, et passer enfin à un calcaire blanc, saccharoïde.

Ce métamorphisme s'est produit sans que le calcaire ait été décomposé, ou ramolli et demi-fondu par la chaleur, c'est-à-dire rendu plastique, car on y retrouve des fossiles, encore reconnaissables, et notamment des Ammonites et des Bélemnites. La présence de ces fossiles permet de constater de proche en proche, que c'est bien le calcaire jurassique gris noirâtre qui s'est transformé en calcaire blanc saccharoïde.

Si le calcaire soumis au métamorphisme était parfaitement pur, il prendrait simplement une structure cristalline. Mais il est généralement mélangé à du sable et à diverses matières argileuses qui se sont déposées en même temps que lui, ces matières forment alors de nouveaux minéraux. Ces derniers ne sont pas disséminés au hasard; ils se sont développés dans le sens de la schistosité du calcaire et dans ses fissures, en sorte qu'ils présentent des nodules, des veines et quelquefois des filons.

Parmi les principaux minéraux du calcaire saccharoïde, citons le graphite, le quartz, des silicates très-variés, tels que l'andalousite, le disthène, la serpentine, le talc, le grenat, le pyroxène, l'amphibole, l'épidote, la chlorite, les micas, les feldspaths. Enfin le spinelle, le corindon, la chaux phosphatée, le fer oxydulé et oligiste, la pyrite de fer, les divers minéraux des filons, figurent encore parmi ceux qui existent le plus habituellement dans le calcaire saccharoïde.

Lorsque le calcaire métamorphique est suffisamment pur, on l'emploie comme marbre blanc, ou statuaire. Telle est l'origine géologique du *marbre de Carrare*, qui s'exploite dans les Alpes Apuennes. Examinez cependant ce marbre à la loupe, et vous reconnaîtrez qu'il contient encore des veines noirâtres et des paillettes de graphite. Souvent même il existe au milieu de ses plus beaux blocs, des géodes, qui sont tapissées par des cristaux de quartz, ayant une limpidité parfaite. Ces défauts accidentels sont très-redoutés par les sculpteurs; rien ne trahit du dehors leur existence.

Dans le marbre de Paros, même lorsqu'il est fort transparent, on observe très-souvent des paillettes de mica. Dans les anciennes carrières, leur abondance est telle, qu'elle a empêché jusqu'à présent d'en reprendre l'exploitation.

Quand le mica développé dans le calcaire saccharoïde prend une couleur verte et forme des veines, on a le *marbre cipolin*, qui existe en Corse, et dans le val Godemar dans les Alpes.

Quelques marbres blancs s'exploitent en France, notamment

à Loubie, à Sost, à Saint-Béat, dans les Pyrénées, et au Chippal, dans les Vosges. Tous ces marbres ne sont que des calcaires métamorphiques.

Les marbres blancs, presque exclusivement employés dans le monde entier, sont ceux de Carrare. Ils proviennent du métamorphisme d'un calcaire appartenant au terrain du lias. Ils ne sont pas pénétrés par des roches éruptives auxquelles on puisse attribuer leur structure cristalline; mais ils ont été soumis sur une grande échelle à un métamorphisme général.

Il est facile de comprendre que les couches calcaires n'ont pas éprouvé un métamorphisme aussi énergique, sans que les couches de grès et d'argile qui leur étaient associées, aient éprouvé quelque modification du même genre. Les couches siliceuses accompagnant le calcaire saccharoïde ont, en effet, un caractère tout particulier. Elles sont formées de petits grains de quartz hyalin qui sont plus ou moins soudés l'un à l'autre, et rappellent entièrement ceux du calcaire saccharoïde. Entre ces grains, il s'est généralement développé des lamelles d'un mica à éclat nacré et soyeux, dont la couleur est blanche, rouge ou verte; en un mot, il s'est produit un *quartzite*. Des veines de quartz traversent souvent ce quartzite dans tous les sens. Indépendamment du mica, il peut d'ailleurs contenir différents minéraux que nous avons déjà mentionnés dans le calcaire, et particulièrement des silicates tels que le disthène, l'andalousite, la starisotide, le grenat, l'amphibole.

Les couches argileuses présentent de même une série de métamorphoses analogues aux précédentes. On en suit bien toutes les gradations, lorsqu'on se dirige vers des massifs granitiques, comme ceux qui constituent les Alpes, les Pyrénées, la Bretagne.

Le schiste peut être considéré comme le premier degré de métamorphisme de certaines roches argileuses. En effet, le schiste n'est plus susceptible de se délayer dans l'eau comme l'argile; il est devenu lithoïde et il a pris une densité plus grande. Mais ce qui le distingue surtout, c'est sa structure feuilletée.

L'expérience a montré que, lorsqu'on soumet une substance à une forte pression, on y détermine une structure feuilletée dans un sens perpendiculaire à celui dans lequel la pression s'exerce. Tout porte donc à croire que la pression est la cause principale de la formation du schiste, c'est-à-dire des argiles feuilletées.

La variété de schiste la mieux caractérisée est l'*ardoise*, qui s'emploie pour couvrir les toits, et qui en France donne lieu à des exploitations très-importantes dans les Ardennes, ainsi que dans les environs d'Angers.

Dans certains gisements, le schiste devient pétro-siliceux ; il se charge même de cristaux de feldspath. Cependant il se présente encore en couches parallèles, et on y rencontre même des débris fossiles qui sont reconnaissables. Citons, par exemple, les environs de Thann dans les Vosges, où des empreintes végétales se sont parfaitement conservées dans un schiste métamorphique, au milieu duquel se sont développés des cristaux de feldspath.

Le micaschiste, qui est formé de quartz et de mica, se trouve habituellement associé aux roches qui ont pris la structure cristalline et provient aussi d'un métamorphisme énergique de couches qui étaient originairement argileuses. On y trouve d'ailleurs la mâcle, le disthène, la starisotide, l'amphibole, et les divers minéraux que nous avons cités précédemment. Cette roche métamorphique s'observe très-bien dans la Bretagne, dans les Vosges, dans les Pyrénées. A mesure qu'on se rapproche des massifs granitiques, on voit sa structure cristalline augmenter de plus en plus.

En exposant les principaux faits relatifs au métamorphisme, nous n'avons rien dit des causes qui les ont produits. Ces causes sont, en effet, assez mystérieuses encore.

En ce qui concerne le métamorphisme spécial, la cause est toutefois assez facilement reconnaissable. Cette cause, c'est la chaleur. Quand une roche fait éruption du sein de la terre, à l'état de fusion ignée, on comprend qu'elle doive produire dans les couches qu'elle traverse, des altérations tenant à l'influence de la chaleur. C'est ce qui est évident pour les laves. D'un autre côté, comme il existe toujours de l'eau dans l'inté-

rieur de la terre, cette eau se trouvant portée à une température élevée, par le passage ou la présence de la roche éruptive,
et tenant en dissolution différentes substances minérales, doit
aussi contribuer, pour sa part, d'une manière efficace, au
métamorphisme.

Si la roche n'a pas fait éruption à l'état de fusion ignée,
c'est évidemment l'eau qui joue le rôle le plus important dans
le métamorphisme spécial qu'elle produit.

Dans le métamorphisme général, l'eau paraît encore être le
principal agent. En s'infiltrant à travers les couches, ce liquide
a modifié leur composition, soit en dissolvant certaines substances, soit en introduisant dans les gîtes métallifères des
substances nouvelles que nous voyons se former encore sous nos
yeux dans les sources minérales. Elle a contribué à rendre
plastiques les dépôts sédimentaires, et à permettre le développement de cette structure cristalline qui est l'un des principaux
caractères des roches métamorphiques.

Ajoutons que son action a été secondée par d'autres agents,
notamment par la chaleur et la pression, qui avaient d'autant
plus d'énergie, que le métamorphisme s'opérait à une plus
grande profondeur dans l'écorce terrestre.

Telle est l'explication que l'on peut donner des causes générales du métamorphisme des roches.

ÉPILOGUE

ÉPILOGUE.

Après avoir étudié l'histoire de notre globe, nous sera-t-il permis de jeter un coup d'œil sur l'avenir qui l'attend?

L'état actuel de la terre peut-il être considéré comme définitif? Les ébranlements qui ont façonné son relief, et se sont traduits par les irruptions des Alpes en Europe, du mont Ararat en Asie, des Cordillères dans le nouveau monde, seront-ils les derniers? En un mot la sphère terrestre conservera-t-elle à jamais la forme que nous lui connaissons, et dont les cartes géographiques ont, pour ainsi dire, incrusté les contours dans notre mémoire?

Il est difficile de répondre avec assurance à cette question. Toutefois, les connaissances qu'ont maintenant acquises nos lecteurs, leur permettront de se faire à cet égard une opinion fondée sur l'analogie et l'induction scientifiques.

Quelles sont les causes qui ont produit les reliefs actuels du globe, et réparti diversement sur sa surface les continents et les eaux? La cause primordiale c'est, comme nous l'avons dit si souvent, le refroidissement de la terre et la solidification progressive de ses parties internes encore liquides. Ce sont les plis, les ridements et les fractures ainsi déterminés dans l'écorce solide du globe, qui ont provoqué la formation des principales montagnes, creusé les grandes vallées, fait surgir certains continents et submergé d'autres rivages. La seconde cause qui a contribué à former de vastes terrains, réside dans les dépôts sédimentaires des eaux, qui ont eu pour résultat de créer de nouveaux continents en comblant le bassin des mers anciennes.

Mais ces deux causes, le refroidissement terrestre et les dépôts sédimentaires aqueux, persistent de nos jours, bien qu'à
un degré affaibli. L'épaisseur de l'écorce solide du globe n'est
qu'une insignifiante fraction de sa masse solide intérieure. La
cause principale des grandes dislocations du sol est donc, pour
ainsi dire, à nos portes ; elle nous menace sans cesse : les tremblements de terre et les éruptions volcaniques, encore fréquents
aujourd'hui, nous en donnent de sinistres et incontestables
preuves. D'un autre côté, nos mers forment des atterrissements
continus. Le fond de la mer Baltique, par exemple, s'élève graduellement, par suite de dépôts qui combleront en entier son
lit, dans un intervalle de temps qu'il ne serait pas impossible
de calculer.

Il est donc probable que le relief actuel du sol et les limites
respectives des continents et des eaux n'ont rien de définitif,
et qu'ils sont, au contraire, destinés à se modifier dans l'avenir.

Un problème plus ardu que le précédent, et pour lequel l'induction scientifique et l'analogie sont des guides moins sûrs,
est celui de la perpétuité de notre espèce. L'homme est-il con-
damné à disparaître un jour de la surface de la terre, comme
les races animales qui ont précédé et préparé sa venue ? Une
nouvelle *période glaciaire*, analogue à celle qui a sévi pendant
l'époque quaternaire, viendrait-elle mettre un terme à son
existence ? Comme les Trilobites de la période silurienne,
comme les grands reptiles du lias, comme les Mastodontes de
l'époque tertiaire et les Mégathériums de l'époque quaternaire,
l'espèce humaine doit-elle un jour s'anéantir, et disparaître du
globe, par une simple extinction naturelle ? Ou bien, faut-il
admettre que l'homme, doué de l'attribut de la raison, marqué, pour ainsi dire, du sceau divin, soit le dernier et le suprême terme de la création ?

La science ne saurait prononcer entre ces deux questions, qui
surpassent la compétence et sortent du cercle du raisonnement
humain. Il n'est pas impossible que l'homme ne soit qu'un
degré dans l'échelle ascendante et progressive des êtres animés.
La puissance divine qui a jeté sur la terre, la vie, le sentiment
et la pensée ; qui a donné à la plante l'organisation, à l'animal
le mouvement, le sentiment et l'intelligence ; à l'homme, en

outre de ces dons multiples, la faculté de la raison, doublée
elle-même de l'idéal, se réserve peut-être de créer un jour, à
côté de l'homme, ou après lui, un être supérieur encore. Cet
être nouveau, que semblent avoir pressenti la religion et la
poésie modernes, dans le type éthéré et radieux de l'ange chré-
tien, serait pourvu de facultés morales dont la nature et l'essence échappent à notre esprit, et dont nous ne pouvons pas
plus concevoir la notion que l'aveugle-né ne conçoit les
couleurs ou le sourd-muet les sons. *Erunt æquales angelis
Dei*, « ils seront semblables aux anges de Dieu, » dit l'Écriture
en parlant des hommes ressucités pour la vie éternelle.

Pendant l'époque primitive, le *règne minéral* existe seul ; les
roches sont tout ce qui forme la terre brûlante, silencieuse et
déserte. Pendant l'époque de transition, le *règne végétal*, nouvellement créé, s'étend sur le globe entier, qu'il recouvre bientôt, d'un pôle à l'autre, d'une masse non interrompue de verdure immuable. Pendant les époques secondaire et tertiaire, le
règne végétal et le *règne animal* se partagent à peu près exactement la terre. A l'époque quaternaire apparaît le *règne humain*. Est-il dans les destinées futures de notre planète de
recevoir un hôte de plus, et après les quatre règnes qui l'occupent, de voir apparaître un *règne nouveau*, dont les attributs ne
peuvent être pour nous qu'un impénétrable mystère, et qui
différerait des autres règnes autant que l'homme diffère de
l'animal et la plante du rocher ?

On doit se contenter de poser, sans espoir de le résoudre,
ce problème redoutable. Ce grand mystère, selon la belle expression de Pline, « est caché dans la majesté de la nature, »
latet in majestate naturæ, ou, pour mieux dire, dans la pensée
et la toute-puissance du Créateur des mondes qui forment
l'univers.

FIN.

INDEX MÉTHODIQUE

DES TERRAINS COMPOSANT L'ÉCORCE STRATIFÉE DU GLOBE, AVEC
LES ÉTAGES ET ASSISES QUI ENTRENT DANS LA COMPOSITION DE
CES TERRAINS.

TERRAIN PRIMITIF.

Étage du granit.
Étage du gneiss.
Étage du micaschiste.
Étage des schistes chloriteux.

TERRAIN SILURIEN.

Étage silurien inférieur (comprenant les couches cumbriennes).
Étage silurien supérieur.

TERRAIN DÉVONIEN.

Vieux grès rouge et grauwacke.

TERRAIN CARBONIFÈRE.

Étage du calcaire carbonifère.
Étage bouiller.

TERRAIN PERMIEN.

Étage du nouveau grès rouge.
Étage du grès des Vosges.
Étage du zechstein.

TERRAIN TRIASIQUE.

Étage conchylien.......... { Assise du grès bigarré.
                            { Assise du muschelkalk.
Étage saliférien, ou marnes irisées.

TERRAIN JURASSIQUE.

Étage du lias............ { Assise de l'infra-lias.
                          { Assise du lias inférieur.
                          { Assise du lias moyen.
                          { Assise du lias supérieur.

Étage de l'oolithe inférieure..	Assise de l'oolithe inférieure proprement dite. Assise de l'argile à foulon ou fullers'earth. Assise de la grande oolithe.
Étage de l'oolithe moyenne..	Assise callovienne. Assise oxfordienne. Assise corallienne.
Étage de l'oolithe supérieure.	Assise kimmeridgienne. Assise portlandienne.

TERRAIN CRÉTACÉ.

| Étage crétacé inférieur..... | Assise néocomienne.
Assise aptienne.
Assise glauconneuse. |
| Étage crétacé supérieur..... | Assise turonienne.
Assise sénonienne.
Assise du Maëstricht. |

TERRAIN ÉOCÈNE.

Étage de l'argile plastique et des sables inférieurs.
Étage du calcaire grossier.
Étage du gypse.

TERRAIN MIOCÈNE.

Étage des sables de Fontainebleau ou sables supérieurs.
Étage de la molasse.
Étage des faluns.

TERRAIN PLIOCÈNE.

Étage du crag.

TERRAIN QUATERNAIRE.

Diluvium.
Alluvions récentes.

INDEX MÉTHODIQUE

DES ESPÈCES FOSSILES ANIMALES, CITÉES DANS CET OUVRAGE, DISTRIBUÉES SELON LES PÉRIODES GÉOLOGIQUES OU LES TERRAINS AUXQUELS ELLES APPARTIENNENT.

PÉRIODE SILURIENNE INFÉRIEURE (terrain silurien inférieur).

Ogygia Guettardi (crustacé).
Trinucleus Pongerardi (id.).
Paradoxides spinulosus (id.).
Nereites cumbriensis (annélide).
Graphtolites (bryozoaire).
Lingule (mollusque).
Gyroceras (id.).
Lituites cornu-arietis (id.).
Orthonota (id.).
Hemicosmites pyriformis (zoophyte).

PÉRIODE SILURIENNE SUPÉRIEURE (terrain silurien supérieur).

Calymene Blumenbachii (crustacé).
Phragmoceras (mollusque).
Pentamerus Knightii (id).
Halysites labyrinthica (zoophyte).
Orthis rustica (mollusque).
Pterygotus bilobus (crustacé).
Eurypterus remipes (id.).

PÉRIODE DEVONIENNE (terrain devonien).

Pterichthys cornutus (poisson).
Coccosteus (id.).

Cephalaspis (poisson).
Acanthodes (id.).
Climatius (id.).
Diplacanthus (id.).
Serpule (annélide).
Arges (crustacé).
Strigocephalus Burtini (mollusque).
Davidsonia Verneuilli (id.).
Uncites gryphus (id.).
Calceola sandalina (id.).
Atrypa reticularis (id.).
Spirigera concentrica (id.).
Leptœna Murchisoni (id.).
Clymenia Segwicki (id.).
Goniatites (id.).
Cupressocrinus crassus (zoophyte).
Hemicosmites (id.).
Pleurodyction problematicum (id.).

SOUS-PÉRIODE DU CALCAIRE CARBONIFÈRE (terrain du calcaire carbonifère).

Psammodus (poisson).
Coccosteus (id.).
Holoptychius (id.).
Megalichthys (id.).
Productus Martini (mollusque).
Productus semi-reticulatus (id.).
Productus giganteus (id.).
Spirifer trigonalis (id.).
Spirifer glaber (id.).
Terebratula hastata (id.).

Bellerophon costatus (mollusque).
Orthoceras (id).
Goniatites evolutus (id.).
Platycrinus (zoophyte).
Cyathocrinus (id.).
Lithostrotion basaltiforme (id.)
Lonsdaleia floriformis (id.).
Amplexus coralloides (id.).
Fenestrella (bryozoaire).
Polypora (id.).
Foraminifères (zoophytes).
Lasmocyathus (id.).
Chætetes (id.).
Polypora pluma (bryozoaire).
Aploceras (mollusque).
Bellerophon (id.)
Nautilus Konincki (id.).
Productus (id.).
Cyathophyllum (zoophyte).
Chonetes (mollusque).

SOUS-PÉRIODE HOUILLÈRE (terrain
houiller).

Archægosaurus minor (reptile).
Holoptychius (poisson).
Megalichthys (id.).
Amblypterus (id.).

PÉRIODE PERMIENNE (terrain permien).

Protorosaurus (reptile).
Platysomus (poisson).
Palæoniscus (id.).
Spirifer undulatus (mollusque).
Productus horridus (id.)
Strophalosia Schlotheimii (id.).
Fenestrella (bryozoaire).

SOUS-PÉRIODE CONCHYLIENNE (terrain
conchylien).

Natica Gaillardoti (mollusque).
Rostellaria antiqua (id.).
Lima lineata (id.).
Ceratites nodosus (id.).
Avicula socialis (id.).
Terebratula communis (id.).
Mytilus eduliformis (id.).
Myophoria Goldfussi (id.).
Possidonomyia minuta (id.).
Encrinus moniliformis (zoophyte).
Avicula subcostata (mollusque).

Patella lineata (mollusque).
Myophoria pesanseris (id.).
Phytosaurus (reptile).
Capitosaurus (id.).
Sphærodus (poisson).
Picnodus (id.).
Labyrinthodon (reptile).
Anomopteris (id.).

SOUS-PÉRIODE SALIFÉRIENNE (terrain
saliférien).

Myophoria lineata (mollusque).
Patella lineata (id.).
Stellispongia variabilis (zoophyte).
Orthoceras (mollusque).
Ammonites Metternichii (id.).
Productus Leonhardi (id.).
Avicula salinaria (id.).

SOUS-PÉRIODE DU LIAS (terrain du lias).

Asterias lombricalis (zoophyte).
Palæcoma Fustembergii (id.).
Pentacrinus fasciculosus (id.).
Ostrea arcuata (mollusque).
Ammonites bifrons (id.).
Ammonites Nodotianus (id.).
Ammonites bisulcatus (id.).
Ammonites margaritatus (id.).
Belemnites acutus (id.).
Belemnites pistiliformis (id).
Belemnites sulcatus (id.).
Lima gigantea (id.).
Lepidotus gigas (poisson).
Tetragonolepis (id.).
Acrodus nobilis. (id.).
Hybodus reticulatus (id.).
Ichthyosaurus communis (reptile).
Ichthyosaurus platyodon (id.).
Plesiosaurus macrocephalus (id.).
Plesiosaurus dolichodeirus (id.).
Pterodactylus macronyx (id.).
Pterodactylus crassirostris (id.)
Teleosaurus Chapmanni (id.).

OOLITHE INFÉRIEURE (terrain oolithique
inférieur).

Thylacotherium (mammifère didelphe).
Plascolotherium (id.).
Ammonites Humphrysianus (mollus-
que).

Ammonites bullatus (mollusque).
Ammonites Brongniarti (id.).
Nautilus lineatus (id.).
Terebratula digona (id.).
Rhynchonella spinosa (id.).
Pleurotomaria conoidea (id.).
Ostrea Marshii (id.).
Lima proboscidea (id.).
Entalophora cellarioides (bryozoaire).
Eschara Ranviliana (id.).
Bidiastopora cervicornis (id.).
Apiocrinus elegans (zoophyte).
Hyboclypus gibberulus (id.).
Dysaster Eudesii (id.).
Montlivaltia caryophyllata (id.).
Anabacia orbulites (id.).
Cryptocœnia bacciformis (id.).
Eunomia radiata (id.).
Teleosaurus cadomensis (reptile).
Libellule (insecte).
Plesiosaure (reptile).
Ichthyosaure (id.).

OOLYTHE MOYENNE (terrain oolithique moyen).

Pterodactylus crassirostris (reptile).
Pleurosaurus (id.).
Geosaurus (id.).
Ramphorhynchus (id.).
Teleosaurus cadomensis (id.).
Hyléosaure (id.).
Eryon arctiformis (crustacé).
Aptychus sublævis (mollusque).
Libellule (insecte).
Punaises (id.).
Abeilles (id.).
Papillon (id.).
Belemnites hastatus (mollusque).
Ammonites refractus (id.).
Ammonites Jason (id.).
Ammonites cordatus (id.).
Ostrea dilatata (id.).
Terebratula diphya (id.).
Diceras arietina (id.).
Nerinea hieroglyphica (id.).
Cidaris glandiferus (zoophyte).
Apiocrinus Roissyanus (id.).
Saccocoma pectinata (id.).
Millericrinus Nodotianus (id.).
Comatula costata (id.).
Hemicidaris crenularis (id.).
Cribrospongia reticulata (id.).
Thecosmilia annularis (zoophyte).
Thamnastræa (id.).

Phytogyra magnifica (zoophyte).
Dendastræa ramosa (id.).

COLITHE SUPÉRIEURE (terrain oolithique supérieur).

Macrorhynchus (reptile).
Pœcilopleuron Buklandi (id.).
Hyléosaure (id.).
Sphalacotherium (mammifère didelphe).
Cetiosaurus (reptile).
Teleosaurus intermedius (id.).
Steneosaurus (id.)
Streptospondylus (id.).
Emys (id.).
Platemys (id.).
Archæopteryx lithographica (oiseau).
Crocodileimus (reptile).
Ramphorhynchus (id.).
Ammonites decipiens (mollusque).
Ammonites giganteus (id.).
Natica elegans (id.).
Natica hemispherica (id.).
Pterocera Ponti (id.).
Ostrea deltoïdea (id.).
Ostrea virgula (id.).
Trigonia gibbosa (id.).
Pholadomya multicostata (id.).
Pholadomya acuticostata (id.).
Terebratula subsella (id.).
Hemicidaris purbeckensis (id.).
Paludine (mollusque).
Physe (id.).
Unio (id.).
Planorbe (id.).
Cypris (crustacé).
Astéries (zoophyte).

PÉRIODE CRÉTACÉE INFÉRIEURE (terrain crétacé inférieur).

Étage néocomien.

Hyléosaure (reptile).
Mégalosaure (id.).
Iguanodon Mantelli (id.).
Beryx Lewesiensis (poisson).
Osmeroides Mantelli (id.).
Odontaspis (id.).
Ammonites radiatus (mollusque).
Crioceras Duvalii (id.).
Ancyloceras Duvalianus (id.).
Hamites (id.).
Ancyloceras Matheronianus (id.).

Rhynchoteutis Astieriana (mollusque).
Ostrea aquila (id.).
Pterocera oceani (id.).
Fusus neocomiensis (id.).
Perna mulleti (id.).
Ostrea Couloni (id.).
Cardium peregrinum (id.).
Janira atava (id.).
Pholadomya elongata (id.).
Terebratula sella (id.).
Rhynconella sulcata (id.).
Terebratella Astieriana (id.).
Caprotina ammonia (id.).
Caprotina Lonsdalii (id.).
Radiolites neocomiensis (id.).
Spantagus retusus (zoophytes).
Nucleolites Olfersii (id.).
Pygaulus Moulinsii (id.).
Cupulospongia cupuliformis (id.).
Tetracœnia Dupiniana (id.).
Cypris spinigera (crustacé).
Cypris wealdensis (id.).
Melania (mollusque).
Paludina (id.).
Cyrena (id.).
Unio wealdensis (id.).
Mytilus (id.).
Cyclas (id.).
Ostrea (id.).

Étage glauconieux.

Conotheutis Dupinianus (mollusque).
Ammonites nisus (id.).
Ammonites Deluci (id.).
Ammonites rothomagensis (id.).
Turrilites catenatus (id.).
Rostellaria carinata (id.).
Solarium ornatum (id.).
Pterodonta inflata (id.).
Avellana cassis (id.).
Thetis lævigata (id.).
Ostrea carinata (id.).
Ostrea columba (id.).
Nucula bivirgata (id.).
Inoceramus sulcatus (id.).
Cardium hillanum (id.).
Terebratula biplicata (id.).
Sphærulites agariciformis (id.).
Discoidea cylindrica (id.).
Discoidea subuculus (id.).
Pygaster truncatus (id.).
Gonyopygus major (id.).
Cyathina Bowerbankii (id.).
Chrysalinida gradata (id.).

Cuneolina pavonia (mollusque).
Siphonia pyriformis (id.).

SOUS-PÉRIODE CRÉTACÉE SUPÉRIEURE
(terrain crétacé supérieur).

Nautilus sublævigatus (mollusque).
Nautilus Danicus (id.).
Ammonites rusticus (id.).
Belemnitella mucronata (id.).
Belemnitella quadrata (id.).
Voluta elongata (id.).
Phorus canaliculatus (id.).
Nerinæa bisulcata (id.).
Pleurotomaria Santonensis (id.).
Natica supracretacea (id.).
Trigonia scabra (id.).
Inoceramus problematicus (id.).
Inoceramus Lamarkii (id.).
Clavagella cretacea (id.).
Pholadomya æquivalvis (id.).
Spondylus spinosus (id.).
Ostrea vesicularis (id.).
Ostrea larva (id.).
Janira quadricostata (id.).
Arca Gravesii (id.).
Crania Ignabergensis (id.).
Terebratula obesa (id.).
Terebratula carnea (id.).
Hippurites Toucasianus (id.).
Hippurites organisans (id.).
Caprina Aguilloni (id.).
Radiolites radiosus (id.).
Radiolites acuticostus (id.).
Reticulipora obliqua (bryozaire).
Ananchytes ovata (zoophyte).
Micraster cor anguinum (id.).
Hemiaster bucardium (id.).
Galerites albogalerus (id.).
Hemiaster Fourneli (id.).
Cidaris Forchammeri (id.).
Palæocoma Furstembergii (id.).
Cyclolites elliptica (id.).
Thecosmilia rudis (id.).
Enallocœnia ramosa (id.).
Meandrina Pyrenaica (id.).
Synhelia Sharpeana (id.).
Orbitoides media (id.).
Lituola nautilidea (id.).
Flabellina rugosa (id.).
Coscinopora cupuliformis (zoophyte).
Camerospongia fungiformis (id.).
Mosasaure (reptile).

ÉPOQUE TERTIAIRE.

PÉRIODE ÉOCÈNE (terrain éocène).

Oiseau de Montmartre.
Vespertilio Parisiensis (mammifère).
Alligator toliapicus (reptile).
Trionyx (id.).
Palæotherium (mammifère).
Anoplotherium (id.).
Xiphodon (id.).
Chœropotamus ou Cochon de fleuve (id.).
Adapis (id.).
Lophiodon (id.).
Platax altissimus (poisson).
Rhombus minimus (id.).
Cardita planicosta (mollusque).
Cardita pectuncularis (id.).
Nerita Schemideliana (id.).
Cyclostoma Arnouldi (id.).
Helix hemispherica (id.).
Physa columnaris (id.).
Physa gigantea (id.).
Cypræa elegans (id.).
Crassatella ponderosa (id.).
Typhis tubifer (id.).
Limnæa pyramidalis (id.).
Cassis cancellata (id.).
Cerithium hexagonum (id.).
Cerithium acutum (id.).
Cerithium mutabile (id.).
Cerithium lapidum (id.).
Laganum reflexum (zoophyte).
Nummulites lævigata (id.).
Nummulites planulata (id.).
Nummulites scabra (id.).
Tantalus (oiseau).
Anodontes (mollusque).
Lebias cephalotes (poisson).

PÉRIODE MIOCÈNE (terrain éocène).

Pithecus antiquus (mammifère).
Dryopithecus (id.).
Mesopitheçus (id.).
Dinotherium giganteum (id.).
Mastodon arvernensis (id.).
Conus (mollusque).
Turbinella (id.).
Ranella (id.).
Dolium (id.).

Polystomella (zoophyte).
Dendritina (id.).
Bolivina (id.).
Pagurus (crustacé).
Astacus (id.).
Portunus (id.).
Cancer macrocheilus (id.).
Hela speciosa (id.).
Ostrea longirostris (mollusque).
Ostrea cyathula (id.).
Ostrea crassissima (id.).
Cytherea incrassata (id.).
Cytherea elegans (id.).
Cerithium mutabile (id.).
Cerithium plicatum (id.).
Cerithium Lamarkii (id.).
Lymnea carnea (id.).
Planorbis cornu (id.).
Helix Moroguesi (id.).
Cyprea globosa (id.).
Murex Turonensis (id.).
Conus Mercati (id.).
Carinaria Hugardi (id.).
Meandropora cerebriformis (bryo-zoaire).
Scutella subrotunda (zoophyte).
Cliona Duvernoyi (id.).

PÉRIODE PLIOCÈNE (terrain pliocène).

Mastodonte (mammifère).
Bœuf (id.).
Hippopotame (id.).
Tapir (id.).
Chameau (id.).
Rhinoceros leptorhynus (id.).
Singe (id.).
Ziphius (id.).
Dauphin (id.).
Baleine (id.).
Cheval (id.).
Cerf (Sivatherium) (id.).
Salamandre (reptile).
Aigle (oiseau).
Vautour (id.).
Catharte (id.).
Goëland (id.).
Hirondelle (id.).
Pie (id.).
Perroquet (id.).
Faisan (id.),
Canard (id.).
Cardium hians (mollusque).
Panopæa Aldorrandi (id.).
Pecten Jacobæus (id.).

Fusus contrarius (mollusque.).
Murex alveolatus (id.).
Cypræa coccinelloides (id.).
Voluta Lamberti (id.)
Chenopus pespelicani (id.).
Buccinum prismaticum (id.).

Megatherium (mammifère.).
Mylodon (id.).
Megalonyx (id.).
Dinornis (oiseau).
Epiornis (id.).
Palapteryx (id.).

ÉPOQUE QUATERNAIRE (terrain quaternaire).

Elephas primigenius (mammifère).
Rhinoceros tichorhynus (id.).
Ursus spelæus (id.).
Hyena spelæa (mammifère).
Bos priscus (id.).
Bos primigenius (id.).
Megaceros hibernicus (id.).

ESPÈCES PERDUES DEPUIS LES TEMPS HISTORIQUES.

Le dronte (oiseau).
Le nothornis (id.).
La rythine (mammifère du genre des lamantins.

Le *castor* et l'*auroch* ont presque entièrement disparu depuis quelques siècles.

TABLE DES MATIÈRES.

Pages.

PRÉFACE 1

CONSIDÉRATIONS GÉNÉRALES.................. 21

ÉPOQUE PRIMITIVE.. 45

ÉPOQUE DE TRANSITION........................... 67

   Période silurienne......................... 74
    Sous-période silurienne inférieure................... 77
    Sous-période silurienne supérieure........................... 82
   Période devonienne.................... 87
   Période carbonifère.. 98
    Sous-période du calcaire carbonifère............................ 103
    Sous-période houillère....................................... 116
   Période permienne... 136

ÉPOQUE SECONDAIRE.. 147

   Période triasique.. 150
    Sous-période conchylienne.................................. 151
    Sous-période saliférienne................................... 162
   Période jurassique.. 171
    Sous-période du lias....................................... 171
    Sous-période oolithique (oolithe inférieure, oolithe moyenne et oolithe
      supérieure)................................... 202
   Période crétacée........ 235
    Sous-période crétacée inférieure........... 244
    Sous-période crétacée supérieure....................... .. 262

ÉPOQUE TERTIAIRE........ 281

   Période éocène............................ 286
   Période miocène 308
   Période pliocène.. 328

ÉPOQUE QUATERNAIRE.. 351

   Les déluges d'Europe.. 389
   Période glaciaire... 402
   La création de l'homme et le déluge asiatique.......... 421

ROCHES ÉRUPTIVES... 437

   Éruptions plutoniques.. 441
   Eruptions volcaniques....................................... 446
   Métamorphisme des roches.................................. 475

ÉPILOGUE... 487

INDEX MÉTHODIQUE DES TERRAINS STRATIFIÉS.................... 490

INDEX MÉTHODIQUE DES FOSSILES................................ 492

INDEX ALPHABÉTIQUE

DES ANIMAUX ET PLANTES FOSSILES DES ROCHES ET DES TERRAINS
MENTIONNÉS DANS CET OUVRAGE.

A

Acanthodes...................... 92
Acrodus nobilis................. 179
Adapis........................ 297
Alligator de l'île de Wight...... 292
Ammonite restaurée 174
Ammonites bifrons..... 175
— bisulcatus.......... 175
— Brongniarti...... .. 204
— bullatus........... 204
— cordatus........... 220
— decipiens........... 226
— Deluci............. 258
— giganteus.......... 226
— Humphrysianus...... 204
— Jason........... ... 220
— margaritatus....... 175
— nisus.............. 258
— Nodotianus......... 175
— radiatus........... 252
— refractus.......... 220
— rothomagensis....... 258
— rusticus........... 263
Amplexus coralloïdes........... 112
Anabacia orbulites............. 206
Ananchytes ovata.............. 266
Ancyloceras Duvalianus........ 252
— Matheronianus...... 252
Annélides tubicoles............ 92
Annularias fertilis............. 102
— brevifolia........... 118
— floribunda.......... 137
Anomopteris.................. 155
Anoplotherium commune....... 295
— leporinum........ 295
— minimum et obli-
quum.................. 296

Apiocrinus elegans............. 205
— Roissyanus........... 220
Aptychus sublævis............. 219
Arca Gravesii.................. 265
Archæopteryx ou oiseau de Solen-
Hofen....................... 225
Archegosaurus minor........... 122
Argile plastique et sables infé-
rieurs (Étage du terrain éocè-
ne)......................... 305
Arthrotaxis................... 210
Asteria lombricalis............. 172
Asterocanthus................. 225
Asterophyllites... 101
— coronata........ 91
— foliosa.......... 120
Atrypa reticularis.............. 94
Avellana cassis................ 259
— socialis............... 151
Avicula subcostata..... 152

B

Baculites..................... 251
Balænodon Lamanoni........... 344
Basalte....................... 450
Bélemnite restaurée........... 176
Belemnitella mucronata......... 263
Belemnites acutus............. 178
— hastatus........... 220
— pistilliformis....... 178
— sulcatus........... 178
Bellerophon costatus........... 110
— huilcus........... 112
Beryx Lewesiensis............. 247
Bidiastopora cervicornis....... 205
Bos Pallasii.................. 373
— primigenius 373

Brachyphyllum.................. 210
— majus 212
— Moreanum 212
Brèches osseuses................ 400
Buccinum priewaticum......... 347
Buthrotephis.................. 81

C

Calamite restaurée............. 105
Calamites arenaceus........... 155
— gigas........... 137
— cannæformis........ 118
— Suckovii........... 118
Calcaire grossier (Étage du terrain éocène)................ 305
Calcaire oolithique............. 202
Calceola sandalina............. 94
Calymene Blumenbachii........ 82
Camerospongia fungiformis...... 269
Cancer macrocheilus..... 321
Capitosaurus.................. 152
Caprina Agullloni 266
Caprotina ammonia........... 255
— Lonsdalii........... 255
Cardita pectuncularis.......... 300
— planicosta.............. 300
Cardium hians................ 247
— hillanum 260
— peregrinum............252
Carinaria Hugardi............ 322
Cassis...................... 298
— cancellata.............. 301
Cavernes à ossements........... 396
Cephalaspis.................. 92
Ceratites nodosus.............. 151
Cerithium acutum.............. 301
— mutabile........ 301, 321
— hexagonum.......... 301
— Lamarkii 321
— lapidum 301
— plicatum............. 321
Cervus megaceros.............. 373
Cetiosaurus.................. 225
Chama ammonia.............. 255
Chameau 330
Chæropotamus ou Cochon de fleuve.... 297
Chenopus pespelicani........... 347
Cheval. 325
Chondrites................... 277
Chrysalidina gradata........... 361
Cidaris Forchammeri........... 267
— glandiferus......... 220
Cimoliornis................. 244

Clavagella cretacea............. 264
Climatius..................... 92
Climenia Sedgwicki............. 94
Cliona Duvernoyi 322
Cocosteus 92
Comatula costata.............. 222
Comptonites.................. 241
Confervites................... 277
Coniopteris Murrayana......... 208
Conotheutis Dupinianus........ 258
Conus Mercati................ 322
Coprolithes 185
Coryphodon.................. 306
Coscinopora cupuliformis...... 269
Crag (du terrain pliocène)...... 348
Crania Ignabergensis............ 265
Crassatella ponderosa.......... 301
Crednaria................... 241
Crematopteris................ 155
Crepidula.................... 298
Cribrospongia reticulata........ 222
Crioceras Duvalii............. 252
Crocodileimus................. 227
Cryptocœnia bacciformis........ 206
Cuneolina pavonia 261
Cupressocrinus crassus......... 94
Cupulospongia cupuliformis..... 255
Cyathina Bowerbankii.......... 260
Cyathocrinus................. 111
Cyclostoma Arnouldi.......... 301
Cycollites elliptica............. 267
Cypræa cocicnelloides.......... 347
— elegans............. 301
— globosa............. 321
Cypris spinigera............. 256
— wealdensis............. 256
Cytherea elegans.............. 321
— incrassata............. 821

D

Dauphin..................... 343
Davidsonia Verneuilli.......... 94
Dendrastræa ramosa........... 223
Diceras arietina.............. 220
Dinornis restauré.............. 382
Dinotherium 310
Diplacanthus................. 92
Discoidea cylindrica........... 260
— subuculus.......... 260
Dronte...................... 14
Dryopithecus................. 319
Dysaster Eudesii.......... 206

E

Elephas primigenius........... 355

Emys................ 225
Enallocœnia ramosa............ 267
Encrinus liliiformis............. 152
— moliniformis............ 151
Entalophora cellarioides......... 205
Epiornis.................... 382
Equisetites columnaris......... 165
Equisetum...... 155
Eryon arctiformis.............. 219
Eschara Ranviliana............ 205
*Étage callowien (du terrain ooli-
thique moyen)*................ 224
*Étage corallien (du terrain ooli-
thique moyen)*................ 224
*Étage danien (du terrain crétacé
supérieur)*............... ... 278
*Étage glauconieux (du terrain
crétacé inférieur)*............ 261
Étage gypseux (du terrain éocène). 305
*Étage kimmeridgien (du terrain
oolithique supérieur)* 228
*Étage néocomien (du terrain cré-
tacé inférieur)* 251
*Étage oxfordien (du terrain ooli-
thique moyen)*. 224
*Étage portlandien (du terrain ooli-
thique supérieur)*............ 228
*Étage senonien (du terrain cré-
tacé supérieur)*.............. 277
*Étage turonien (du terrain cré-
tacé supérieur)*.............. 277
Eunomia radiata.............. 206
Eurypterus remipes........... 84

F

Faluns (Étage du terrain miocène) 326
Felis spelæa............. 372
Fenestella.................. 112
Fer oligiste.. 233
Flabellaria maxima............ 287
Flabellina rugosa.............. 268
*Formation wealdienne (du terrain
crétacé inférieur, étage néoco-
mien)*.................... 256
Fougère restaurée............ .. 109
Fusulina cylindrica............ 112
Fusus contrarius.............. 347
— neocomiensis........ ... 252

G

Galerites albogalerus.......... 267
Ganodus.................. .. 203
Gastornis..... 306
Geosaurus........ 215

Glyptodon.. 375
Goniatites................ 87, 94
Goniatites evolutus............ 110
Goniopygus major............. 260
Granits 441
Graphtolites 80
Gyroceras....... 80

H

Haidingera speciosa............ 155
Halysites labyrinthica..... 83
Hamites.................... 252
Harpa..................... 298
Hela speciosa 321
Helix hemispherica........... 301
— Moroguesi.............. 321
Hemiaster bucardium 266
— Fourneli........ 267
Hemicidaris crenularis......... 222
— Purbeckensis........ 227
Hemicosmites pyriformis........ 81
Hippopotame................ 330
Hippurites organisans........... 265
— Toucasianus........ 265
Holoptychius 110
Hyboclipus gibberulus.......... 206
Hybodus reticulatus. 179
Hyena spelæa...... 372
Hyléosaure........ . ... 219, 245
Hymenophyllites... 102

l

Ichthyosaure........ 180
Iguanodon.................... 247
Inoceramus Lamarkii.......... 284
— problematicus...... 264
— sulcatus.......... 260

J

Janira atava......... 252
— quadricostata............ 265

L

Labyrinthodon ou Cheirotherium. 152
Laves....... 457
Lebias cephalotes.............. 307
Leganum reflexum............. 302
Lehm ou Lœss............... 395
Lepidodendron crenatum........ 117
— carinatum .. 101, 106
— elegans......... 117

Lepidodendron elongatum....... 137
—   Sternbergii . 107, 117
Lepidotus........................ 225
Lepidotus gigas.................. 179
Leptœna Murchisoni..... 94
Lias......................... 201
Libellula....................... 215
Lima lineata................... 151
— myophoria ... . 151 -
Lima proboscidea 205
Lineatus...................... 205
Lithostrothion basaltiforme...... 112
Lituites cornu-arietis.......... 80
Lituola nautiloidea........ 268
Lomatophloyos crassicaule.. 101, 106
Lonsdaleia floriformis.. 112
Lophiodon...................... 297
Lycopodites falcatus........... 208
Lymnea carnea 321
— pyramidalis............ 301

M

Macrorhyncus................. 225
Mammouth.................... 354
Mastodonte................... 312
Meandrina Pyrenaica.......... 268
Meandropora cerebriformis...... 322
Megalichthys................. 110
Megalonyx.................... 347
Megalosaure 245
Megatherium 376
Mesopithecus 319
Micraster cor anguinum........ 266
Microdon..................... 225
Millericrinus Nodotianus....... 222
Molasse (étage du terrain mio-
cène)........................ 326
Montlivaltia caryophyllata....... 206
Mosasaure................ 243, 269
Murex alveolatus............. 347
— Turonensis 322
Mylodon.................... 381
Myophoria Goldfusii 151
— lineata............. 170
— pesanseris 152
Mytilus eduliformis........... 151

N

Natica...................... 151
— elegans............... 226
— Gallardoti......... ... 151
— hemispherica........... 2.6
— supracretacea........... 264
Nautilus Danicus,........... 263
— Koninckii........... 112

Nautilus lineatus.............. 204
— sublævigatus 263
Nereites cumbriensis.......... 79
Nerinea bisulcata............ 263
— hieroglyphica......... 220
Nerita Schmidelliana.......... 301
Neuropteris elegans.......... 155
Nevropteris heterophylla....... 117
— tenuifolia......... 137
Nœggerathia expansa........ 137
Nothosaurus... 152
Nucleolites Olfersii.......... 255
Nucula bivirgata............ 260
Nummulites lævigata 302
— planulata......... 302
— scabra........... 302

O

Odontaspis.................. 247
Odontopteris Schlotheimii.. ... 117
Ogygia Guettardi.. 79
Oiseau de Montmartre........ 291
— de Solenhofen......... 225
Oliva...................... 298
Ophiopsis.................. 203
Orbitoides media....... 268
Oreopithecus............... 382
Orthis rustica............. 83
Orthoceras................ 110
Orthonota................ 71
Osmeroides Mantelli......... 247
Ostrea aquila.............. 252
— arcuata.............. 171
— carinata............. 259
— columba............. 259
— Couloni.............. 252
— crassissima.......... 321
— cyathula............. 321
— deltoidea............ 226
— dilatata............. 220
— larva............... 265
— longirostris.......... 321
— Marshii.............. 205
— vesicularis........... 264
— virgula............. 226
Otozamites................ 209

P

Pachypteris lanceolata......... 208
— mycrophylla....... 212
Palæocoma Fustembergii... 172, 267
Palæoniscus............... 137
Palæophicus.. 81
Palæotherium 294
Palæoxyris Munsteri.......... 166

Palmier fossile restauré........ 242
Panopæa Aldovrandi........... 347
Paradoxides spinulosus......... 79
Patella lineata................. 152
Pecopteris aquilina............ 117
— Desnoyersi......... 208
Pecopteris Martinsii........... 137
— Stuttgartiensis....... 165
Pecten Jacobæus.............. 347
Pentacrinus fasciculosus........ 172
Pentamerus Knightii........... 83
Perna Mulleti................ 252
Phascolotherium............. 203
Phlebopteris Philipsii.......... 208
Pholadomya acu'icostata........ 227
— multicostata....... 226
— æquivalvis........ 264
— elongata.......... 252
Phorus canaliculatus.......... 263
Phragmoceras...... 82
Physa columnaris............. 301
Phytogyra magnifica.......... 223
Phytosaurus.................. 152
Picnodus.................... 152
Pigaulus Moulinsii............ 255
Pinites...................... 241
Placodus.................... 111
Plagiostoma giganteum........ 178
Planorbis cornu.............. 321
Platax altissimus............. 300
Platemys................. 225
Platycrinus.................. 80
Platysomus.................. 137
Plesiosaure.................. 187
Pleuronectes................. 298
Pleurosaurus................. 215
Pleurotomaria conoidea........ 204
— Fleuriausa....... 264
— Santonensis..... 264
Plicatula placunea............ 255
Pœcilopleuron............... 225
Polypora................... 112
Porphyre.................... 444
Possidonia minuta............ 151
Presleria antiqua............. 166
Productus aculeatus........... 138
— horridus......... 138
— Martini.......... 110
— semireticulatus....... 110
— subaculeatus........ 67
Protogine................... 443
Protosaurus.................. 137
Protopteris Buvigneri.......... 241
— Singeri........ 241
Psammodus.................. 110
Psaronius................... 137
Pterichthys cornutus.......... 92

Pterigotus bilobus.............. 84
Pterocea oceani............... 252
Ptérodactyle.................. 193
Pterodactylus crassirostris....... 194
Pterodonta inflata............. 259
Pterophyllum Jœgeri........... 166
— Munsteri........ 166
Pygaster truncatus............. 260
Pygaulus Moulinsii............ 255

R

Radiolites acuticostus.......... 266
— neocomiensis......... 255
— radiosus............ 266
Ramphorynchus.............. 215
Reticulipora obliqua........... 266
Rhinoceros tichorhynus........ 331
Rhombus minimus............ 300
Rhynchonella sulcata.......... 255
Rynchoteutis Astieriana........ 252
Rostellaria antiqua............ 151
— carinata............ 259
Rudistes..................... 248

S

Saccocoma pectinata........... 222
Salamandre (Andrias Scheuchzeri) 340
Sargassites.................. 277
Scaphites.................... 248
Schistopleuron............... 375
Scutella subrotunda........... 322
Serpentine................... 445
Sigillaria.................... 101
— lævigata........... 118
— pachyderma.......... 118
Siphonia pyriformis........... 261
Sivatherium................. 338
Solarium ornatum............ 259
Spatangus retusus............ 255
Sphærodus................. 152
Sphenopteris Hæninghaussi..... 117
Sphenophyllum dentatum....... 120
Sphenopteris................. 165
— dichotoma......... 137
— laxus............. 109
Sphenothallus................ 81
Sphenophyllites.............. 102
Sphærulites agariciformis....... 260
Spirifer glaber............... 110
— trigonalis............ 110
— undulatus........... 138
Spirigera concentrica.......... 94
Spondylus spinosus........... 264
Stellispongia variabilis......... 170
Stenosaurus.................. 225

Stigmaria...................... 103
Streptospondylus.............. 325
Strigocephalus Burtini.. 94
Strophalosia Schlotheimii........ 138
Strophodus.................... 225
Syénite....................... 442
Synhelia Sharpeana...... 268

T

Tantalus...................... 302
Tapir......................... 330
Taxites....................... 210
Taxodites Munsterianus 166
Teleosaurus................... 205
—   cadomensis........ 216
Terebratella Astieriana......... 255
—   biplicata 260
Terebratula communis..... 151
—   digona............. 204
—   diphya............. 220
—   hastata............ 110
—   obesa............. 265
—   sella.............. 252
—   subsella........... 227
—   spinosa............ 204
Terrain primitif...... 65
—   *crétacé supérieur*....... 277
—   *crétacé inférieur*....... 251
—   *du calcaire carbonifère*. 115
—   *conchylien*........... 161
—   *devonien*............. 95
—   *éocène*.............. 305
—   *houiller*............ 131
—   *infra-liasique*...... 202
—   *du lias*.............. 201
—   *miocène*............. 326
—   *oolithique inférieur*.... 210
—   *oolithique moyen*....... 222
—   *oolithique supérieur*.... 228
—   *permien*............. 141
—   *pliocène*............. 348
—   *silurien inférieur*...... 77
—   *silurien supérieur*...... 82
—   *saliférien*............ 167
Tetracœnia Dupiniana.......... 255
Tetragonolepis 179

Thamnastræa.................. 223
Thecosmilia annularis........... 223
—   rudis............ 267
Thetis lævigata................ 259
Thuites....................... 210
Thylacotherium 203
Toxoceras. 251
Trachyte...................... 446
Trigonia gibbosa........... 226
—   scabra............... 264
Trilobites................... 79
Trinucleus Pongerardi..... 79
Trionyx... 292
Triton........................ 298
Turrilites..................... 251
—   catenatus............. 258
Typhis tubifer............... 301

U

Uncites gryphus... 94
Unio wealdensis................ 256
Ursus spelæus...... 371

V

Vespertilio Parisiensis. 292
Volcans modernes.............. 457
Voltzia heterophylla 155
Voluta elongata... 263
—   Lamberti............... 347

W

Walchia hypnoïdes.. 137
—   Schlotheimii.......... 137
Widdringtonia................. 210

X

Xiphodon gracile.............. 296

Z

Zamites...................... 198
—   Moreani............. 212
Zosteres..................... 192
Zosterites................... 277

FIN DE L'INDEX ALPHABÉTIQUE.

8444. — Imprimerie générale de Ch. Lahure, rue de Fleurus, 9, à Paris.

www.ingramcontent.com/pod-product-compliance
Lightning Source LLC
Chambersburg PA
CBHW060920220326
41599CB00020B/3035